砂浆配合比速查速算手册

（含软件）

根据 JGJ/T 98—2010 编制

赵海江 编著

中国建筑工业出版社

图书在版编目（CIP）数据

砂浆配合比速查速算手册（含软件）/赵海江编著.
北京：中国建筑工业出版社，2012
ISBN 978-7-112-13961-3

Ⅰ.①砂… Ⅱ.①赵… Ⅲ.①砌筑砂浆-配合料-比例-手册 Ⅳ.①TQ177.6-62

中国版本图书馆 CIP 数据核字（2012）第 011230 号

砂浆配合比速查速算手册（含软件）
根据 JGJ/T 98—2010 编制
赵海江 编著

*

中国建筑工业出版社出版、发行（北京西郊百万庄）
各地新华书店、建筑书店经销
北京红光制版公司制版
北京云浩印刷有限责任公司印刷

*

开本：850×1168 毫米 横 1/32 印张：8¾ 字数：222 千字
2012 年 3 月第一版 2014 年 6 月第二次印刷
定价：30.00 元（含光盘）
ISBN 978-7-112-13961-3
(21974)

版权所有 翻印必究
如有印装质量问题，可寄本社退换
（邮政编码 100037）

本手册依据《砌筑砂浆配合比设计规程》(JGJ/T 98—2010)编写,包括:水泥石灰混合砂浆配合比;粉煤灰混合砂浆配合比;沸石粉混合砂浆配合比;水泥砂浆配合比;粉煤灰水泥砂浆配合比;沸石粉水泥砂浆配合比。

为使广大读者更便捷地使用配合比手册,编者将编制本手册使用的辅助软件奉献给大家,软件中包含的配合比计算,可以满足常规的砂浆配合比设计要求,同时混合砂浆一类的配合比设计,在软件中可以出具简易的计算书,使用者可以根据自己的经验对部分数据自己输入数值,调配出符合实践及适应经济成本考虑的砂浆配合比。

本书可供施工人员、建筑材料从业人员使用。

* * *

责任编辑:郭　栋
责任设计:张　虹
责任校对:刘梦然　赵　颖

说　　明

　　根据中华人民共和国住房和城乡建设部第 798 号文要求：行业标准《砌筑砂浆配合比设计规程》(JGJ/T 98—2010) 从 2011 年 8 月 1 日起开始实施，原《砌筑砂浆配合比设计规程》(JGJ/T 98—2000) 同时废止。本手册依据《砌筑砂浆配合比设计规程》(JGJ/T 98—2010) 编写，由于时间仓促加上编者水平有限，手册中难免存在一些缺点和错误，欢迎广大读者批评指正。

　　为使广大读者更便捷地使用配合比手册，编者将编制本手册使用的辅助软件奉献给大家，软件中包含的配合比计算，可以满足常规的砂浆配合比设计要求，同时混合砂浆一类的配合比设计，在软件中可以出具简易的计算书，使用者可以根据自己的经验对部分数据自己输入数值，调配出符合实践及适应经济成本考虑的砂浆配合比，今后编者将按读者提出的意见，不断进行纠正，在软件升级版本中供大家更好地参考、比对。

目 录

一、本手册的编制和使用说明 …………………………………………………… 1
二、水泥石灰混合砂浆配合比 …………………………………………………… 3
    M5.0 水泥石灰混合砂浆配合比 ……………………………………………… 4
    M7.5 水泥石灰混合砂浆配合比 ……………………………………………… 10
    M10 水泥石灰混合砂浆配合比 ……………………………………………… 16
    M15 水泥石灰混合砂浆配合比 ……………………………………………… 22
三、粉煤灰混合砂浆配合比 ……………………………………………………… 28
    M5.0 粉煤灰混合砂浆配合比 ………………………………………………… 29
    M7.5 粉煤灰混合砂浆配合比 ………………………………………………… 65
    M10 粉煤灰混合砂浆配合比 ………………………………………………… 89
    M15 粉煤灰混合砂浆配合比 ………………………………………………… 107
    M20 粉煤灰混合砂浆配合比 ………………………………………………… 125
四、沸石粉混合砂浆配合比 ……………………………………………………… 143
    M5.0 沸石粉混合砂浆配合比 ………………………………………………… 144
    M7.5 沸石粉混合砂浆配合比 ………………………………………………… 150

  M10 沸石粉混合砂浆配合比 ································· 156
  M15 沸石粉混合砂浆配合比 ································· 162
  M20 沸石粉混合砂浆配合比 ································· 168
五、水泥砂浆配合比 ··· 174
  M5.0 水泥砂浆配合比 ······································ 175
  M7.5 水泥砂浆配合比 ······································ 178
  M10 水泥砂浆配合比 ······································· 181
  M15 水泥砂浆配合比 ······································· 184
  M20 水泥砂浆配合比 ······································· 187
  M25 水泥砂浆配合比 ······································· 190
  M30 水泥砂浆配合比 ······································· 193
六、粉煤灰水泥砂浆配合比 ······································· 196
  M5.0 粉煤灰水泥砂浆配合比 ································ 197
  M7.5 粉煤灰水泥砂浆配合比 ································ 200
  M10 粉煤灰水泥砂浆配合比 ································· 209
  M15 粉煤灰水泥砂浆配合比 ································· 218
七、沸石粉水泥砂浆配合比 ······································· 227
  M5.0 沸石粉水泥砂浆配合比 ································ 228
  M7.5 沸石粉水泥砂浆配合比 ································ 231

M10 沸石粉水泥砂浆配合比 ……………………………………………………………… 234
M15 沸石粉水泥砂浆配合比 ……………………………………………………………… 237
M20 沸石粉水泥砂浆配合比 ……………………………………………………………… 240
M25 沸石粉水泥砂浆配合比 ……………………………………………………………… 243
M30 沸石粉水泥砂浆配合比 ……………………………………………………………… 246
"建筑砂浆配合比设计软件"使用说明 …………………………………………………… 249

一、本手册的编制和使用说明

砂浆是由胶结料、细骨料、掺加料和水按适当比例配合、拌制并经硬化而成的土木工程材料。砂浆根据用途分为砌筑砂浆和抹面砂浆。砌筑砂浆是将砖、石、砌块等粘结成为砌体的砂浆；抹面砂浆是粉刷在地面、墙面及梁、柱等结构表面的砂浆。其中，砌筑砂浆的性能与其组成材料、配合比及施工水平等因素密切相关。砌筑砂浆的配合比是指砂浆中各组成材料数量之间的比例关系，它对砂浆的经济技术指标有重要影响。为确保砂浆质量，做到经济合理，砌筑砂浆的配合比应根据原材料性能、砂浆的技术要求及施工水平进行计算，并经试验室试配试验，进行必要的调整后确定。

本手册是试验和施工人员在砂浆配合比设计时为减少计算工作而编制的，主要依据是《砌筑砂浆配合比设计规程》(JGJ/T 98—2010)，并参考了以下规程和标准：

《砌体结构工程施工质量验收规范》(GB 50203—2011)

《建设用砂》(GB/T 14684—2011)

《粉煤灰在混凝土与砂浆中应用技术规程》(JGJ 28—86)

《天然沸石粉在混凝土与砂浆中应用技术规程》(JGJ/T 112—1997)

《建筑生石灰》(JC/T 479—92)

《建筑生石灰粉》(JC/T 480—92)

《通用硅酸盐水泥》(GB 175—2007)

《砌筑水泥》(GB/T 3183—2003)

在采用本手册的配合比时,应注意以下几点:

1. 配制砂浆的水泥、砂、掺加料和水等原材料的质量必须符合国家现行有关标准的规定,使用前应进行必要的送样检测,其材料检测数据结果可以作为本手册参照条目的依据。

2. 本手册在编制计算时,砂子干燥状态堆积密度取值,按粗砂为 $1510kg/m^3$,中砂为 $1450kg/m^3$,细砂为 $1390kg/m^3$ 选取;如所使用砂的堆积密度值与上述值有显著差异,应根据砂的堆积密度值调整。

3. 由于水泥强度等级值的富余系数因水泥生产厂家而异,按《砌筑砂浆配合比设计规程》(JGJ/T 98—2010)中规定,在无 γ_c 的统计资料时取 1.0;在本手册编制中,在混合砂浆中将每一强度等级选取了两个水泥实测强度。如实际试配的砂浆强度富余较多,可将配合比调整至按水泥强度等级值加 5MPa 的该组数据,建议从附赠的辅助软件中输入数值,提取配合比。

4. 砂浆是一种非匀质的建筑材料,各地使用的水泥、砂、掺加料及施工工艺、气温条件等都存在差异,这些因素均对砂浆的强度和性能有影响。因此,应加强砂浆的试配验证工作,实事求是地使用本手册的配合比,进行必要的调整。

5. 本手册的配合比仅是指导砂浆试配的一种参考。如有与国家规范、标准要求不符,则应按国家规范和标准执行。

二、水泥石灰混合砂浆配合比

表中符号说明：

Q_{C0}——每立方米砂浆的水泥用量（kg）；

Q_{D0}——每立方米砂浆的石灰用量（kg）；

Q_{S0}——每立方米砂浆的砂子用量（kg）；

Q_C——水泥用量；

Q_D——石灰用量；

Q_S——砂子用量。

M5.0水泥石灰混合砂浆配合比

砂浆强度等级：M5.0　　施工水平：优良　　配制强度：5.75MPa

水泥强度等级	水泥实际强度(MPa)	石灰膏稠度(mm)	材料用量（kg/m³）									配合比（重量比）		
			粗砂			中砂			细砂			粗砂	中砂	细砂
			水泥 Q_{C0}	石灰 Q_{D0}	砂 Q_{S0}	水泥 Q_{C0}	石灰 Q_{D0}	砂 Q_{S0}	水泥 Q_{C0}	石灰 Q_{D0}	砂 Q_{S0}	水泥:石灰:砂 $Q_C:Q_D:Q_S$	水泥:石灰:砂 $Q_C:Q_D:Q_S$	水泥:石灰:砂 $Q_C:Q_D:Q_S$
32.5	32.5	120	212	138	1510	212	138	1450	212	138	1390	1:0.65:7.14	1:0.65:6.85	1:0.65:6.57
		110	212	137	1510	212	137	1450	212	137	1390	1:0.65:7.14	1:0.65:6.85	1:0.65:6.57
		100	212	134	1510	212	134	1450	212	134	1390	1:0.63:7.14	1:0.63:6.85	1:0.63:6.57
		90	212	131	1510	212	131	1450	212	131	1390	1:0.62:7.14	1:0.62:6.85	1:0.62:6.57
		80	212	129	1510	212	129	1450	212	129	1390	1:0.61:7.14	1:0.61:6.85	1:0.61:6.57
		70	212	127	1510	212	127	1450	212	127	1390	1:0.60:7.14	1:0.60:6.85	1:0.60:6.57
		60	212	125	1510	212	125	1450	212	125	1390	1:0.59:7.14	1:0.59:6.85	1:0.59:6.57
		50	212	122	1510	212	122	1450	212	122	1390	1:0.58:7.14	1:0.58:6.85	1:0.58:6.57
		40	212	120	1510	212	120	1450	212	120	1390	1:0.57:7.14	1:0.57:6.85	1:0.57:6.57
		30	212	119	1510	212	119	1450	212	119	1390	1:0.56:7.14	1:0.56:6.85	1:0.56:6.57
	37.5	120	183	167	1510	183	167	1450	183	167	1390	1:0.91:8.23	1:0.91:7.91	1:0.91:7.58
		110	183	165	1510	183	165	1450	183	165	1390	1:0.90:8.23	1:0.90:7.91	1:0.90:7.58
		100	183	162	1510	183	162	1450	183	162	1390	1:0.88:8.23	1:0.88:7.91	1:0.88:7.58
		90	183	158	1510	183	158	1450	183	158	1390	1:0.86:8.23	1:0.86:7.91	1:0.86:7.58
		80	183	155	1510	183	155	1450	183	155	1390	1:0.84:8.23	1:0.84:7.91	1:0.84:7.58
		70	183	153	1510	183	153	1450	183	153	1390	1:0.84:8.23	1:0.84:7.91	1:0.84:7.58
		60	183	150	1510	183	150	1450	183	150	1390	1:0.82:8.23	1:0.82:7.91	1:0.82:7.58
		50	183	147	1510	183	147	1450	183	147	1390	1:0.80:8.23	1:0.80:7.91	1:0.80:7.58
		40	183	145	1510	183	145	1450	183	145	1390	1:0.79:8.23	1:0.79:7.91	1:0.79:7.58
		30	183	143	1510	183	143	1450	183	143	1390	1:0.78:8.23	1:0.78:7.91	1:0.78:7.58

砂浆强度等级：M5.0　　施工水平：优良　　配制强度：5.75MPa

水泥强度等级	水泥实际强度(MPa)	石灰膏稠度(mm)	材料用量（kg/m³）									配合比（重量比）		
			粗砂			中砂			细砂			粗砂	中砂	细砂
			水泥 Q_{C0}	石灰 Q_{D0}	砂 Q_{S0}	水泥 Q_{C0}	石灰 Q_{D0}	砂 Q_{S0}	水泥 Q_{C0}	石灰 Q_{D0}	砂 Q_{S0}	水泥:石灰:砂 $Q_C:Q_D:Q_S$	水泥:石灰:砂 $Q_C:Q_D:Q_S$	水泥:石灰:砂 $Q_C:Q_D:Q_S$
42.5	42.5	120	162	188	1510	162	188	1450	162	188	1390	1:1.16:9.33	1:1.16:8.96	1:1.16:8.59
		110	162	186	1510	162	186	1450	162	186	1390	1:1.15:9.33	1:1.15:8.96	1:1.15:8.59
		100	162	183	1510	162	183	1450	162	183	1390	1:1.13:9.33	1:1.13:8.96	1:1.13:8.59
		90	162	179	1510	162	179	1450	162	179	1390	1:1.10:9.33	1:1.10:8.96	1:1.10:8.59
		80	162	175	1510	162	175	1450	162	175	1390	1:1.08:9.33	1:1.08:8.96	1:1.08:8.59
		70	162	173	1510	162	173	1450	162	173	1390	1:1.07:9.33	1:1.07:8.96	1:1.07:8.59
		60	162	169	1510	162	169	1450	162	169	1390	1:1.05:9.33	1:1.05:8.96	1:1.05:8.59
		50	162	166	1510	162	166	1450	162	166	1390	1:1.02:9.33	1:1.02:8.96	1:1.02:8.59
		40	162	164	1510	162	164	1450	162	164	1390	1:1.01:9.33	1:1.01:8.96	1:1.01:8.59
		30	162	162	1510	162	162	1450	162	162	1390	1:1.00:9.33	1:1.00:8.96	1:1.00:8.59
	47.5	120	145	205	1510	145	205	1450	145	205	1390	1:1.42:10.43	1:1.42:10.01	1:1.42:9.60
		110	145	203	1510	145	203	1450	145	203	1390	1:1.40:10.43	1:1.40:10.01	1:1.40:9.60
		100	145	199	1510	145	199	1450	145	199	1390	1:1.37:10.43	1:1.37:10.01	1:1.37:9.60
		90	145	195	1510	145	195	1450	145	195	1390	1:1.35:10.43	1:1.35:10.01	1:1.35:9.60
		80	145	191	1510	145	191	1450	145	191	1390	1:1.32:10.43	1:1.32:10.01	1:1.32:9.60
		70	145	189	1510	145	189	1450	145	189	1390	1:1.30:10.43	1:1.30:10.01	1:1.30:9.60
		60	145	185	1510	145	185	1450	145	185	1390	1:1.28:10.43	1:1.28:10.01	1:1.28:9.60
		50	145	181	1510	145	181	1450	145	181	1390	1:1.25:10.43	1:1.25:10.01	1:1.25:9.60
		40	145	179	1510	145	179	1450	145	179	1390	1:1.23:10.43	1:1.23:10.01	1:1.23:9.60
		30	145	176	1510	145	176	1450	145	176	1390	1:1.22:10.43	1:1.22:10.01	1:1.22:9.60

砂浆强度等级：M5.0　　施工水平：一般　　配制强度：6.00MPa

水泥强度等级	水泥实际强度(MPa)	石灰膏稠度(mm)	材料用量（kg/m³）									配合比（重量比）		
			粗砂			中砂			细砂			粗砂	中砂	细砂
			水泥Q_C	石灰Q_D	砂Q_S	水泥Q_C	石灰Q_D	砂Q_S	水泥Q_C	石灰Q_D	砂Q_S	水泥:石灰:砂 $Q_C:Q_D:Q_S$	水泥:石灰:砂 $Q_C:Q_D:Q_S$	水泥:石灰:砂 $Q_C:Q_D:Q_S$
32.5	32.5	120	214	136	1510	214	136	1450	214	136	1390	1:0.63:7.05	1:0.63:6.77	1:0.63:6.49
		110	214	134	1510	214	134	1450	214	134	1390	1:0.63:7.05	1:0.63:6.77	1:0.63:6.49
		100	214	132	1510	214	132	1450	214	132	1390	1:0.62:7.05	1:0.62:6.77	1:0.62:6.49
		90	214	129	1510	214	129	1450	214	129	1390	1:0.60:7.05	1:0.60:6.77	1:0.60:6.49
		80	214	126	1510	214	126	1450	214	126	1390	1:0.59:7.05	1:0.59:6.77	1:0.59:6.49
		70	214	125	1510	214	125	1450	214	125	1390	1:0.58:7.05	1:0.58:6.77	1:0.58:6.49
		60	214	122	1510	214	122	1450	214	122	1390	1:0.57:7.05	1:0.57:6.77	1:0.57:6.49
		50	214	120	1510	214	120	1450	214	120	1390	1:0.56:7.05	1:0.56:6.77	1:0.56:6.49
		40	214	118	1510	214	118	1450	214	118	1390	1:0.55:7.05	1:0.55:6.77	1:0.55:6.49
		30	214	117	1510	214	117	1450	214	117	1390	1:0.55:7.05	1:0.55:6.77	1:0.55:6.49
	37.5	120	186	164	1510	186	164	1450	186	164	1390	1:0.89:8.14	1:0.89:7.81	1:0.89:7.49
		110	186	163	1510	186	163	1450	186	163	1390	1:0.88:8.14	1:0.88:7.81	1:0.88:7.49
		100	186	159	1510	186	159	1450	186	159	1390	1:0.86:8.14	1:0.86:7.81	1:0.86:7.49
		90	186	156	1510	186	156	1450	186	156	1390	1:0.84:8.14	1:0.84:7.81	1:0.84:7.49
		80	186	153	1510	186	153	1450	186	153	1390	1:0.82:8.14	1:0.82:7.81	1:0.82:7.49
		70	186	151	1510	186	151	1450	186	151	1390	1:0.81:8.14	1:0.81:7.81	1:0.81:7.49
		60	186	148	1510	186	148	1450	186	148	1390	1:0.80:8.14	1:0.80:7.81	1:0.80:7.49
		50	186	145	1510	186	145	1450	186	145	1390	1:0.78:8.14	1:0.78:7.81	1:0.78:7.49
		40	186	143	1510	186	143	1450	186	143	1390	1:0.77:8.14	1:0.77:7.81	1:0.77:7.49
		30	186	141	1510	186	141	1450	186	141	1390	1:0.76:8.14	1:0.76:7.81	1:0.76:7.49

砂浆强度等级：M5.0　　施工水平：一般　　配制强度：6.00MPa

水泥强度等级	水泥实际强度(MPa)	石灰膏稠度(mm)	材料用量（kg/m³）								配合比（重量比）		
			粗砂			中砂			细砂			粗砂	中砂	细砂
			水泥Q_{C0}	石灰Q_{D0}	砂Q_{S0}	水泥Q_{C0}	石灰Q_{D0}	砂Q_{S0}	水泥Q_{C0}	石灰Q_{D0}	砂Q_{S0}	水泥:石灰:砂 $Q_C:Q_D:Q_S$	水泥:石灰:砂 $Q_C:Q_D:Q_S$	水泥:石灰:砂 $Q_C:Q_D:Q_S$
42.5	42.5	120	164	186	1510	164	186	1450	164	186	1390	1:1.14:9.22	1:1.14:8.85	1:1.14:8.49
		110	164	184	1510	164	184	1450	164	184	1390	1:1.13:9.22	1:1.13:8.85	1:1.13:8.49
		100	164	181	1510	164	181	1450	164	181	1390	1:1.10:9.22	1:1.10:8.85	1:1.10:8.49
		90	164	177	1510	164	177	1450	164	177	1390	1:1.08:9.22	1:1.08:8.85	1:1.08:8.49
		80	164	173	1510	164	173	1450	164	173	1390	1:1.06:9.22	1:1.06:8.85	1:1.06:8.49
		70	164	171	1510	164	171	1450	164	171	1390	1:1.05:9.22	1:1.05:8.85	1:1.05:8.49
		60	164	168	1510	164	168	1450	164	168	1390	1:1.02:9.22	1:1.02:8.85	1:1.02:8.49
		50	164	164	1510	164	164	1450	164	164	1390	1:1.00:9.22	1:1.00:8.85	1:1.00:8.49
		40	164	162	1510	164	162	1450	164	162	1390	1:0.99:9.22	1:0.99:8.85	1:0.99:8.49
		30	164	160	1510	164	160	1450	164	160	1390	1:0.98:9.22	1:0.98:8.85	1:0.98:8.49
	47.5	120	147	203	1510	147	203	1450	147	203	1390	1:1.39:10.30	1:1.39:9.90	1:1.39:9.49
		110	147	201	1510	147	201	1450	147	201	1390	1:1.37:10.30	1:1.37:9.90	1:1.37:9.49
		100	147	197	1510	147	197	1450	147	197	1390	1:1.35:10.30	1:1.35:9.90	1:1.35:9.49
		90	147	193	1510	147	193	1450	147	193	1390	1:1.32:10.30	1:1.32:9.90	1:1.32:9.49
		80	147	189	1510	147	189	1450	147	189	1390	1:1.29:10.30	1:1.29:9.90	1:1.29:9.49
		70	147	187	1510	147	187	1450	147	187	1390	1:1.28:10.30	1:1.28:9.90	1:1.28:9.49
		60	147	183	1510	147	183	1450	147	183	1390	1:1.25:10.30	1:1.25:9.90	1:1.25:9.49
		50	147	179	1510	147	179	1450	147	179	1390	1:1.22:10.30	1:1.22:9.90	1:1.22:9.49
		40	147	177	1510	147	177	1450	147	177	1390	1:1.21:10.30	1:1.21:9.90	1:1.21:9.49
		30	147	175	1510	147	175	1450	147	175	1390	1:1.19:10.30	1:1.19:9.90	1:1.19:9.49

砂浆强度等级：M5.0　　施工水平：较差　　配制强度：6.25MPa

水泥强度等级	水泥实际强度(MPa)	石灰膏稠度(mm)	材料用量（kg/m³）									配合比（重量比）		
			粗砂			中砂			细砂			粗砂	中砂	细砂
			水泥Q_C	石灰Q_D	砂Q_S	水泥Q_C	石灰Q_D	砂Q_S	水泥Q_C	石灰Q_D	砂Q_S	水泥:石灰:砂 $Q_C:Q_D:Q_S$	水泥:石灰:砂 $Q_C:Q_D:Q_S$	水泥:石灰:砂 $Q_C:Q_D:Q_S$
32.5	32.5	120	217	133	1510	217	133	1450	217	133	1390	1:0.62:6.97	1:0.62:6.69	1:0.62:6.41
		110	217	132	1510	217	132	1450	217	132	1390	1:0.61:6.97	1:0.61:6.69	1:0.61:6.41
		100	217	129	1510	217	129	1450	217	129	1390	1:0.60:6.97	1:0.60:6.69	1:0.60:6.41
		90	217	127	1510	217	127	1450	217	127	1390	1:0.58:6.97	1:0.58:6.69	1:0.58:6.41
		80	217	124	1510	217	124	1450	217	124	1390	1:0.57:6.97	1:0.57:6.69	1:0.57:6.41
		70	217	123	1510	217	123	1450	217	123	1390	1:0.57:6.97	1:0.57:6.69	1:0.57:6.41
		60	217	120	1510	217	120	1450	217	120	1390	1:0.55:6.97	1:0.55:6.69	1:0.55:6.41
		50	217	117	1510	217	117	1450	217	117	1390	1:0.54:6.97	1:0.54:6.69	1:0.54:6.41
		40	217	116	1510	217	116	1450	217	116	1390	1:0.54:6.97	1:0.54:6.69	1:0.54:6.41
		30	217	115	1510	217	115	1450	217	115	1390	1:0.53:6.97	1:0.53:6.69	1:0.53:6.41
	37.5	120	188	162	1510	188	162	1450	188	162	1390	1:0.86:8.04	1:0.86:7.72	1:0.86:7.40
		110	188	161	1510	188	161	1450	188	161	1390	1:0.85:8.04	1:0.85:7.72	1:0.85:7.40
		100	188	157	1510	188	157	1450	188	157	1390	1:0.84:8.04	1:0.84:7.72	1:0.84:7.40
		90	188	154	1510	188	154	1450	188	154	1390	1:0.82:8.04	1:0.82:7.72	1:0.82:7.40
		80	188	151	1510	188	151	1450	188	151	1390	1:0.80:8.04	1:0.80:7.72	1:0.80:7.40
		70	188	149	1510	188	149	1450	188	149	1390	1:0.79:8.04	1:0.79:7.72	1:0.79:7.40
		60	188	146	1510	188	146	1450	188	146	1390	1:0.78:8.04	1:0.78:7.72	1:0.78:7.40
		50	188	143	1510	188	143	1450	188	143	1390	1:0.76:8.04	1:0.76:7.72	1:0.76:7.40
		40	188	141	1510	188	141	1450	188	141	1390	1:0.75:8.04	1:0.75:7.72	1:0.75:7.40
		30	188	139	1510	188	139	1450	188	139	1390	1:0.74:8.04	1:0.74:7.72	1:0.74:7.40

砂浆强度等级：M5.0　　施工水平：较差　　配制强度：6.25MPa

水泥强度等级	水泥实际强度(MPa)	石灰膏稠度(mm)	材料用量（kg/m³）									配合比（重量比）		
			粗砂			中砂			细砂			粗砂	中砂	细砂
			水泥Q_{C0}	石灰Q_{D0}	砂Q_{S0}	水泥Q_{C0}	石灰Q_{D0}	砂Q_{S0}	水泥Q_{C0}	石灰Q_{D0}	砂Q_{S0}	水泥:石灰:砂 $Q_C:Q_D:Q_S$	水泥:石灰:砂 $Q_C:Q_D:Q_S$	水泥:石灰:砂 $Q_C:Q_D:Q_S$
42.5	42.5	120	166	184	1510	166	184	1450	166	184	1390	1:1.11:9.11	1:1.11:8.75	1:1.11:8.39
		110	166	182	1510	166	182	1450	166	182	1390	1:1.10:9.11	1:1.10:8.75	1:1.10:8.39
		100	166	179	1510	166	179	1450	166	179	1390	1:1.08:9.11	1:1.08:8.75	1:1.08:8.39
		90	166	175	1510	166	175	1450	166	175	1390	1:1.06:9.11	1:1.06:8.75	1:1.06:8.39
		80	166	171	1510	166	171	1450	166	171	1390	1:1.03:9.11	1:1.03:8.75	1:1.03:8.39
		70	166	170	1510	166	170	1450	166	170	1390	1:1.02:9.11	1:1.02:8.75	1:1.02:8.39
		60	166	166	1510	166	166	1450	166	166	1390	1:1.00:9.11	1:1.00:8.75	1:1.00:8.39
		50	166	162	1510	166	162	1450	166	162	1390	1:0.98:9.11	1:0.98:8.75	1:0.98:8.39
		40	166	160	1510	166	160	1450	166	160	1390	1:0.97:9.11	1:0.97:8.75	1:0.97:8.39
		30	166	158	1510	166	158	1450	166	158	1390	1:0.96:9.11	1:0.96:8.75	1:0.96:8.39
	47.5	120	148	202	1510	148	202	1450	148	202	1390	1:1.36:10.18	1:1.36:9.78	1:1.36:9.37
		110	148	200	1510	148	200	1450	148	200	1390	1:1.35:10.18	1:1.35:9.78	1:1.35:9.37
		100	148	196	1510	148	196	1450	148	196	1390	1:1.32:10.18	1:1.32:9.78	1:1.32:9.37
		90	148	192	1510	148	192	1450	148	192	1390	1:1.29:10.18	1:1.29:9.78	1:1.29:9.37
		80	148	188	1510	148	188	1450	148	188	1390	1:1.27:10.18	1:1.27:9.78	1:1.27:9.37
		70	148	186	1510	148	186	1450	148	186	1390	1:1.25:10.18	1:1.25:9.78	1:1.25:9.37
		60	148	182	1510	148	182	1450	148	182	1390	1:1.22:10.18	1:1.22:9.78	1:1.22:9.37
		50	148	178	1510	148	178	1450	148	178	1390	1:1.20:10.18	1:1.20:9.78	1:1.20:9.37
		40	148	176	1510	148	176	1450	148	176	1390	1:1.18:10.18	1:1.18:9.78	1:1.18:9.37
		30	148	173	1510	148	173	1450	148	173	1390	1:1.17:10.18	1:1.17:9.78	1:1.17:9.37

M7.5 水泥石灰混合砂浆配合比

砂浆强度等级：M7.5　　施工水平：优良　　配制强度：8.63MPa

水泥强度等级	水泥实际强度(MPa)	石灰膏稠度(mm)	材料用量（kg/m³）									配合比（重量比）		
			粗砂			中砂			细砂			粗砂	中砂	细砂
			水泥 Q_{C0}	石灰 Q_{D0}	砂 Q_{S0}	水泥 Q_{C0}	石灰 Q_{D0}	砂 Q_{S0}	水泥 Q_{C0}	石灰 Q_{D0}	砂 Q_{S0}	水泥:石灰:砂 $Q_C:Q_D:Q_S$	水泥:石灰:砂 $Q_C:Q_D:Q_S$	水泥:石灰:砂 $Q_C:Q_D:Q_S$
32.5	32.5	120	241	109	1510	241	109	1450	241	109	1390	1:0.45:6.27	1:0.45:6.02	1:0.45:5.77
		110	241	108	1510	241	108	1450	241	108	1390	1:0.45:6.27	1:0.45:6.02	1:0.45:5.77
		100	241	106	1510	241	106	1450	241	106	1390	1:0.44:6.27	1:0.44:6.02	1:0.44:5.77
		90	241	104	1510	241	104	1450	241	104	1390	1:0.43:6.27	1:0.43:6.02	1:0.43:5.77
		80	241	102	1510	241	102	1450	241	102	1390	1:0.42:6.27	1:0.42:6.02	1:0.42:5.77
		70	241	100	1510	241	100	1450	241	100	1390	1:0.42:6.27	1:0.42:6.02	1:0.42:5.77
		60	241	98	1510	241	98	1450	241	98	1390	1:0.41:6.27	1:0.41:6.02	1:0.41:5.77
		50	241	96	1510	241	96	1450	241	96	1390	1:0.40:6.27	1:0.40:6.02	1:0.40:5.77
		40	241	95	1510	241	95	1450	241	95	1390	1:0.39:6.27	1:0.39:6.02	1:0.39:5.77
		30	241	94	1510	241	94	1450	241	94	1390	1:0.39:6.27	1:0.39:6.02	1:0.39:5.77
	37.5	120	209	141	1510	209	141	1450	209	141	1390	1:0.68:7.23	1:0.68:6.95	1:0.68:6.66
		110	209	140	1510	209	140	1450	209	140	1390	1:0.67:7.23	1:0.67:6.95	1:0.67:6.66
		100	209	137	1510	209	137	1450	209	137	1390	1:0.66:7.23	1:0.66:6.95	1:0.66:6.66
		90	209	134	1510	209	134	1450	209	134	1390	1:0.64:7.23	1:0.64:6.95	1:0.64:6.66
		80	209	131	1510	209	131	1450	209	131	1390	1:0.63:7.23	1:0.63:6.95	1:0.63:6.66
		70	209	130	1510	209	130	1450	209	130	1390	1:0.62:7.23	1:0.62:6.95	1:0.62:6.66
		60	209	127	1510	209	127	1450	209	127	1390	1:0.61:7.23	1:0.61:6.95	1:0.61:6.66
		50	209	124	1510	209	124	1450	209	124	1390	1:0.60:7.23	1:0.60:6.95	1:0.60:6.66
		40	209	123	1510	209	123	1450	209	123	1390	1:0.59:7.23	1:0.59:6.95	1:0.59:6.66
		30	209	122	1510	209	122	1450	209	122	1390	1:0.58:7.23	1:0.58:6.95	1:0.58:6.66

砂浆强度等级：M7.5　　施工水平：优良　　配制强度：8.63MPa

水泥强度等级	水泥实际强度(MPa)	石灰膏稠度(mm)	材料用量（kg/m³）								配合比（重量比）		
			粗 砂			中 砂			细 砂			粗 砂	中 砂	细 砂
			水泥 Q_C	石灰 Q_D	砂 Q_S	水泥 Q_C	石灰 Q_D	砂 Q_S	水泥 Q_C	石灰 Q_D	砂 Q_S	水泥:石灰:砂 $Q_C:Q_D:Q_S$	水泥:石灰:砂 $Q_C:Q_D:Q_S$	水泥:石灰:砂 $Q_C:Q_D:Q_S$
42.5	42.5	120	184	166	1510	184	166	1450	184	166	1390	1:0.90:8.20	1:0.90:7.87	1:0.90:7.55
		110	184	164	1510	184	164	1450	184	164	1390	1:0.89:8.20	1:0.89:7.87	1:0.89:7.55
		100	184	161	1510	184	161	1450	184	161	1390	1:0.87:8.20	1:0.87:7.87	1:0.87:7.55
		90	184	158	1510	184	158	1450	184	158	1390	1:0.86:8.20	1:0.86:7.87	1:0.86:7.55
		80	184	154	1510	184	154	1450	184	154	1390	1:0.84:8.20	1:0.84:7.87	1:0.84:7.55
		70	184	153	1510	184	153	1450	184	153	1390	1:0.83:8.20	1:0.83:7.87	1:0.83:7.55
		60	184	149	1510	184	149	1450	184	149	1390	1:0.81:8.20	1:0.81:7.87	1:0.81:7.55
		50	184	146	1510	184	146	1450	184	146	1390	1:0.79:8.20	1:0.79:7.87	1:0.79:7.55
		40	184	144	1510	184	144	1450	184	144	1390	1:0.78:8.20	1:0.78:7.87	1:0.78:7.55
		30	184	143	1510	184	143	1450	184	143	1390	1:0.77:8.20	1:0.77:7.87	1:0.77:7.55
	47.5	120	165	185	1510	165	185	1450	165	185	1390	1:1.12:9.16	1:1.12:8.80	1:1.12:8.44
		110	165	183	1510	165	183	1450	165	183	1390	1:1.11:9.16	1:1.11:8.80	1:1.11:8.44
		100	165	180	1510	165	180	1450	165	180	1390	1:1.09:9.16	1:1.09:8.80	1:1.09:8.44
		90	165	176	1510	165	176	1450	165	176	1390	1:1.07:9.16	1:1.07:8.80	1:1.07:8.44
		80	165	172	1510	165	172	1450	165	172	1390	1:1.05:9.16	1:1.05:8.80	1:1.05:8.44
		70	165	170	1510	165	170	1450	165	170	1390	1:1.03:9.16	1:1.03:8.80	1:1.03:8.44
		60	165	167	1510	165	167	1450	165	167	1390	1:1.01:9.16	1:1.01:8.80	1:1.01:8.44
		50	165	163	1510	165	163	1450	165	163	1390	1:0.99:9.16	1:0.99:8.80	1:0.99:8.44
		40	165	161	1510	165	161	1450	165	161	1390	1:0.98:9.16	1:0.98:8.80	1:0.98:8.44
		30	165	159	1510	165	159	1450	165	159	1390	1:0.97:9.16	1:0.97:8.80	1:0.97:8.44

砂浆强度等级：M7.5　　施工水平：一般　　配制强度：9.00MPa

水泥强度等级	水泥实际强度（MPa）	石灰膏稠度（mm）	材料用量（kg/m³）									配合比（重量比）		
			粗砂			中砂			细砂			粗砂	中砂	细砂
			水泥Q_{C0}	石灰Q_{D0}	砂Q_{S0}	水泥Q_{C0}	石灰Q_{D0}	砂Q_{S0}	水泥Q_{C0}	石灰Q_{D0}	砂Q_{S0}	水泥:石灰:砂 $Q_C:Q_D:Q_S$	水泥:石灰:砂 $Q_C:Q_D:Q_S$	水泥:石灰:砂 $Q_C:Q_D:Q_S$
32.5	32.5	120	245	105	1510	245	105	1450	245	105	1390	1:0.43:6.17	1:0.43:5.93	1:0.43:5.68
		110	245	104	1510	245	104	1450	245	104	1390	1:0.43:6.17	1:0.43:5.93	1:0.43:5.68
		100	245	102	1510	245	102	1450	245	102	1390	1:0.42:6.17	1:0.42:5.93	1:0.42:5.68
		90	245	100	1510	245	100	1450	245	100	1390	1:0.41:6.17	1:0.41:5.93	1:0.41:5.68
		80	245	98	1510	245	98	1450	245	98	1390	1:0.40:6.17	1:0.40:5.93	1:0.40:5.68
		70	245	97	1510	245	97	1450	245	97	1390	1:0.40:6.17	1:0.40:5.93	1:0.40:5.68
		60	245	95	1510	245	95	1450	245	95	1390	1:0.39:6.17	1:0.39:5.93	1:0.39:5.68
		50	245	93	1510	245	93	1450	245	93	1390	1:0.38:6.17	1:0.38:5.93	1:0.38:5.68
		40	245	92	1510	245	92	1450	245	92	1390	1:0.37:6.17	1:0.37:5.93	1:0.37:5.68
		30	245	91	1510	245	91	1450	245	91	1390	1:0.37:6.17	1:0.37:5.93	1:0.37:5.68
	37.5	120	212	138	1510	212	138	1450	212	138	1390	1:0.65:7.12	1:0.65:6.84	1:0.65:6.56
		110	212	137	1510	212	137	1450	212	137	1390	1:0.64:7.12	1:0.64:6.84	1:0.64:6.56
		100	212	134	1510	212	134	1450	212	134	1390	1:0.63:7.12	1:0.63:6.84	1:0.63:6.56
		90	212	131	1510	212	131	1450	212	131	1390	1:0.62:7.12	1:0.62:6.84	1:0.62:6.56
		80	212	128	1510	212	128	1450	212	128	1390	1:0.61:7.12	1:0.61:6.84	1:0.61:6.56
		70	212	127	1510	212	127	1450	212	127	1390	1:0.60:7.12	1:0.60:6.84	1:0.60:6.56
		60	212	124	1510	212	124	1450	212	124	1390	1:0.59:7.12	1:0.59:6.84	1:0.59:6.56
		50	212	121	1510	212	121	1450	212	121	1390	1:0.57:7.12	1:0.57:6.84	1:0.57:6.56
		40	212	120	1510	212	120	1450	212	120	1390	1:0.57:7.12	1:0.57:6.84	1:0.57:6.56
		30	212	119	1510	212	119	1450	212	119	1390	1:0.56:7.12	1:0.56:6.84	1:0.56:6.56

砂浆强度等级：M7.5　　施工水平：一般　　配制强度：9.00MPa

水泥强度等级	水泥实际强度(MPa)	石灰膏稠度(mm)	材料用量（kg/m³）									配合比（重量比）		
			粗 砂			中 砂			细 砂			粗 砂	中 砂	细 砂
			水泥Q_{C0}	石灰Q_{D0}	砂Q_{S0}	水泥Q_{C0}	石灰Q_{D0}	砂Q_{S0}	水泥Q_{C0}	石灰Q_{D0}	砂Q_{S0}	水泥:石灰:砂 $Q_C:Q_D:Q_S$	水泥:石灰:砂 $Q_C:Q_D:Q_S$	水泥:石灰:砂 $Q_C:Q_D:Q_S$
42.5	42.5	120	187	163	1510	187	163	1450	187	163	1390	1:0.87:8.07	1:0.87:7.75	1:0.87:7.43
		110	187	161	1510	187	161	1450	187	161	1390	1:0.86:8.07	1:0.86:7.75	1:0.86:7.43
		100	187	158	1510	187	158	1450	187	158	1390	1:0.84:8.07	1:0.84:7.75	1:0.84:7.43
		90	187	155	1510	187	155	1450	187	155	1390	1:0.83:8.07	1:0.83:7.75	1:0.83:7.43
		80	187	152	1510	187	152	1450	187	152	1390	1:0.81:8.07	1:0.81:7.75	1:0.81:7.43
		70	187	150	1510	187	150	1450	187	150	1390	1:0.80:8.07	1:0.80:7.75	1:0.80:7.43
		60	187	147	1510	187	147	1450	187	147	1390	1:0.78:8.07	1:0.78:7.75	1:0.78:7.43
		50	187	143	1510	187	143	1450	187	143	1390	1:0.77:8.07	1:0.77:7.75	1:0.77:7.43
		40	187	142	1510	187	142	1450	187	142	1390	1:0.76:8.07	1:0.76:7.75	1:0.76:7.43
		30	187	140	1510	187	140	1450	187	140	1390	1:0.75:8.07	1:0.75:7.75	1:0.75:7.43
	47.5	120	167	183	1510	167	183	1450	167	183	1390	1:1.09:9.02	1:1.09:8.66	1:1.09:8.30
		110	167	181	1510	167	181	1450	167	181	1390	1:1.08:9.02	1:1.08:8.66	1:1.08:8.30
		100	167	177	1510	167	177	1450	167	177	1390	1:1.06:9.02	1:1.06:8.66	1:1.06:8.30
		90	167	173	1510	167	173	1450	167	173	1390	1:1.04:9.02	1:1.04:8.66	1:1.04:8.30
		80	167	170	1510	167	170	1450	167	170	1390	1:1.01:9.02	1:1.01:8.66	1:1.01:8.30
		70	167	168	1510	167	168	1450	167	168	1390	1:1.00:9.02	1:1.00:8.66	1:1.00:8.30
		60	167	164	1510	167	164	1450	167	164	1390	1:0.98:9.02	1:0.98:8.66	1:0.98:8.30
		50	167	161	1510	167	161	1450	167	161	1390	1:0.96:9.02	1:0.96:8.66	1:0.96:8.30
		40	167	159	1510	167	159	1450	167	159	1390	1:0.95:9.02	1:0.95:8.66	1:0.95:8.30
		30	167	157	1510	167	157	1450	167	157	1390	1:0.94:9.02	1:0.94:8.66	1:0.94:8.30

砂浆强度等级：M7.5　　施工水平：较差　　配制强度：9.38MPa

水泥强度等级	水泥实际强度(MPa)	石灰膏稠度(mm)	材料用量（kg/m³）									配合比（重量比）		
			粗 砂			中 砂			细 砂			粗 砂	中 砂	细 砂
			水泥 Q_{C0}	石灰 Q_{D0}	砂 Q_{S0}	水泥 Q_{C0}	石灰 Q_{D0}	砂 Q_{S0}	水泥 Q_{C0}	石灰 Q_{D0}	砂 Q_{S0}	水泥:石灰:砂 $Q_C:Q_D:Q_S$	水泥:石灰:砂 $Q_C:Q_D:Q_S$	水泥:石灰:砂 $Q_C:Q_D:Q_S$
32.5	32.5	120	248	102	1510	248	102	1450	248	102	1390	1:0.41:6.08	1:0.41:5.84	1:0.41:5.59
		110	248	101	1510	248	101	1450	248	101	1390	1:0.40:6.08	1:0.40:5.84	1:0.40:5.59
		100	248	99	1510	248	99	1450	248	99	1390	1:0.40:6.08	1:0.40:5.84	1:0.40:5.59
		90	248	96	1510	248	96	1450	248	96	1390	1:0.39:6.08	1:0.39:5.84	1:0.39:5.59
		80	248	94	1510	248	94	1450	248	94	1390	1:0.38:6.08	1:0.38:5.84	1:0.38:5.59
		70	248	93	1510	248	93	1450	248	93	1390	1:0.38:6.08	1:0.38:5.84	1:0.38:5.59
		60	248	91	1510	248	91	1450	248	91	1390	1:0.37:6.08	1:0.37:5.84	1:0.37:5.59
		50	248	89	1510	248	89	1450	248	89	1390	1:0.36:6.08	1:0.36:5.84	1:0.36:5.59
		40	248	88	1510	248	88	1450	248	88	1390	1:0.36:6.08	1:0.36:5.84	1:0.36:5.59
		30	248	87	1510	248	87	1450	248	87	1390	1:0.35:6.08	1:0.35:5.84	1:0.35:5.59
	37.5	120	215	135	1510	215	135	1450	215	135	1390	1:0.63:7.01	1:0.63:6.73	1:0.63:6.46
		110	215	133	1510	215	133	1450	215	133	1390	1:0.62:7.01	1:0.62:6.73	1:0.62:6.46
		100	215	131	1510	215	131	1450	215	131	1390	1:0.61:7.01	1:0.61:6.73	1:0.61:6.46
		90	215	128	1510	215	128	1450	215	128	1390	1:0.59:7.01	1:0.59:6.73	1:0.59:6.46
		80	215	125	1510	215	125	1450	215	125	1390	1:0.58:7.01	1:0.58:6.73	1:0.58:6.46
		70	215	124	1510	215	124	1450	215	124	1390	1:0.58:7.01	1:0.58:6.73	1:0.58:6.46
		60	215	121	1510	215	121	1450	215	121	1390	1:0.56:7.01	1:0.56:6.73	1:0.56:6.46
		50	215	119	1510	215	119	1450	215	119	1390	1:0.55:7.01	1:0.55:6.73	1:0.55:6.46
		40	215	117	1510	215	117	1450	215	117	1390	1:0.54:7.01	1:0.54:6.73	1:0.54:6.46
		30	215	116	1510	215	116	1450	215	116	1390	1:0.54:7.01	1:0.54:6.73	1:0.54:6.46

砂浆强度等级：M7.5　　施工水平：较差　　配制强度：9.38MPa

水泥强度等级	水泥实际强度(MPa)	石灰膏稠度(mm)	材料用量 (kg/m³)								配合比（重量比）		
			粗 砂			中 砂			细 砂			粗 砂	中 砂	细 砂
			水泥 Q_{C0}	石灰 Q_{D0}	砂 Q_{S0}	水泥 Q_{C0}	石灰 Q_{D0}	砂 Q_{S0}	水泥 Q_{C0}	石灰 Q_{D0}	砂 Q_{S0}	水泥:石灰:砂 $Q_C:Q_D:Q_S$	水泥:石灰:砂 $Q_C:Q_D:Q_S$	水泥:石灰:砂 $Q_C:Q_D:Q_S$
42.5	42.5	120	190	160	1510	190	160	1450	190	160	1390	1:0.84:7.95	1:0.84:7.63	1:0.84:7.32
		110	190	158	1510	190	158	1450	190	158	1390	1:0.83:7.95	1:0.83:7.63	1:0.83:7.32
		100	190	155	1510	190	155	1450	190	155	1390	1:0.82:7.95	1:0.82:7.63	1:0.82:7.32
		90	190	152	1510	190	152	1450	190	152	1390	1:0.80:7.95	1:0.80:7.63	1:0.80:7.32
		80	190	149	1510	190	149	1450	190	149	1390	1:0.78:7.95	1:0.78:7.63	1:0.78:7.32
		70	190	147	1510	190	147	1450	190	147	1390	1:0.77:7.95	1:0.77:7.63	1:0.77:7.32
		60	190	144	1510	190	144	1450	190	144	1390	1:0.76:7.95	1:0.76:7.63	1:0.76:7.32
		50	190	141	1510	190	141	1450	190	141	1390	1:0.74:7.95	1:0.74:7.63	1:0.74:7.32
		40	190	139	1510	190	139	1450	190	139	1390	1:0.73:7.95	1:0.73:7.63	1:0.73:7.32
		30	190	138	1510	190	138	1450	190	138	1390	1:0.72:7.95	1:0.72:7.63	1:0.72:7.32
	47.5	120	170	180	1510	170	180	1450	170	180	1390	1:1.06:8.88	1:1.06:8.53	1:1.06:8.18
		110	170	178	1510	170	178	1450	170	178	1390	1:1.05:8.88	1:1.05:8.53	1:1.05:8.18
		100	170	175	1510	170	175	1450	170	175	1390	1:1.03:8.88	1:1.03:8.53	1:1.03:8.18
		90	170	171	1510	170	171	1450	170	171	1390	1:1.01:8.88	1:1.01:8.53	1:1.01:8.18
		80	170	167	1510	170	167	1450	170	167	1390	1:0.98:8.88	1:0.98:8.53	1:0.98:8.18
		70	170	166	1510	170	166	1450	170	166	1390	1:0.97:8.88	1:0.97:8.53	1:0.97:8.18
		60	170	162	1510	170	162	1450	170	162	1390	1:0.95:8.88	1:0.95:8.53	1:0.95:8.18
		50	170	158	1510	170	158	1450	170	158	1390	1:0.93:8.88	1:0.93:8.53	1:0.93:8.18
		40	170	157	1510	170	157	1450	170	157	1390	1:0.92:8.88	1:0.92:8.53	1:0.92:8.18
		30	170	155	1510	170	155	1450	170	155	1390	1:0.91:8.88	1:0.91:8.53	1:0.91:8.18

M10 水泥石灰混合砂浆配合比

砂浆强度等级：M10　　施工水平：优良　　配制强度：11.50MPa

水泥强度等级	水泥实际强度(MPa)	石灰膏稠度(mm)	材料用量（kg/m³）							配合比（重量比）		
			粗 砂			中 砂			细 砂			粗 砂	中 砂	细 砂
			水泥 Q_{C0}	石灰 Q_{D0}	砂 Q_{S0}	水泥 Q_{C0}	石灰 Q_{D0}	砂 Q_{S0}	水泥 Q_{C0}	石灰 Q_{D0}	砂 Q_{S0}	水泥:石灰:砂 $Q_C:Q_D:Q_S$	水泥:石灰:砂 $Q_C:Q_D:Q_S$	水泥:石灰:砂 $Q_C:Q_D:Q_S$
32.5	32.5	120	270	80	1510	270	80	1450	270	80	1390	1:0.30:5.59	1:0.30:5.37	1:0.30:5.15
		110	270	79	1510	270	79	1450	270	79	1390	1:0.29:5.59	1:0.29:5.37	1:0.29:5.15
		100	270	78	1510	270	78	1450	270	78	1390	1:0.29:5.59	1:0.28:5.37	1:0.28:5.15
		90	270	76	1510	270	76	1450	270	76	1390	1:0.28:5.59	1:0.28:5.37	1:0.28:5.15
		80	270	74	1510	270	74	1450	270	74	1390	1:0.27:5.59	1:0.27:5.37	1:0.27:5.15
		70	270	74	1510	270	74	1450	270	74	1390	1:0.27:5.59	1:0.27:5.37	1:0.27:5.15
		60	270	72	1510	270	72	1450	270	72	1390	1:0.27:5.59	1:0.27:5.37	1:0.27:5.15
		50	270	70	1510	270	70	1450	270	70	1390	1:0.26:5.59	1:0.26:5.37	1:0.26:5.15
		40	270	70	1510	270	70	1450	270	70	1390	1:0.26:5.59	1:0.26:5.37	1:0.26:5.15
		30	270	69	1510	270	69	1450	270	69	1390	1:0.25:5.59	1:0.25:5.37	1:0.25:5.15
	37.5	120	234	116	1510	234	116	1450	234	116	1390	1:0.50:6.45	1:0.50:6.20	1:0.50:5.94
		110	234	115	1510	234	115	1450	234	115	1390	1:0.49:6.45	1:0.49:6.20	1:0.49:5.94
		100	234	113	1510	234	113	1450	234	113	1390	1:0.48:6.45	1:0.48:6.20	1:0.48:5.94
		90	234	110	1510	234	110	1450	234	110	1390	1:0.47:6.45	1:0.47:6.20	1:0.47:5.94
		80	234	108	1510	234	108	1450	234	108	1390	1:0.46:6.45	1:0.46:6.20	1:0.46:5.94
		70	234	107	1510	234	107	1450	234	107	1390	1:0.46:6.45	1:0.46:6.20	1:0.46:5.94
		60	234	104	1510	234	104	1450	234	104	1390	1:0.45:6.45	1:0.45:6.20	1:0.45:5.94
		50	234	102	1510	234	102	1450	234	102	1390	1:0.44:6.45	1:0.44:6.20	1:0.44:5.94
		40	234	101	1510	234	101	1450	234	101	1390	1:0.43:6.45	1:0.43:6.20	1:0.43:5.94
		30	234	100	1510	234	100	1450	234	100	1390	1:0.43:6.45	1:0.43:6.20	1:0.43:5.94

砂浆强度等级：M10　　施工水平：优良　　配制强度：11.50MPa

水泥强度等级	水泥实际强度(MPa)	石灰膏稠度(mm)	材料用量（kg/m³）								配合比（重量比）		
			粗砂			中砂			细砂			粗砂	中砂	细砂
			水泥Q_{C0}	石灰Q_{D0}	砂Q_{S0}	水泥Q_{C0}	石灰Q_{D0}	砂Q_{S0}	水泥Q_{C0}	石灰Q_{D0}	砂Q_{S0}	水泥:石灰:砂 $Q_C:Q_D:Q_S$	水泥:石灰:砂 $Q_C:Q_D:Q_S$	水泥:石灰:砂 $Q_C:Q_D:Q_S$
42.5	42.5	120	206	144	1510	206	144	1450	206	144	1390	1:0.70:7.31	1:0.70:7.02	1:0.70:6.73
		110	206	142	1510	206	142	1450	206	142	1390	1:0.69:7.31	1:0.69:7.02	1:0.69:6.73
		100	206	139	1510	206	139	1450	206	139	1390	1:0.67:7.31	1:0.67:7.02	1:0.67:6.73
		90	206	136	1510	206	136	1450	206	136	1390	1:0.66:7.31	1:0.66:7.02	1:0.66:6.73
		80	206	133	1510	206	133	1450	206	133	1390	1:0.65:7.31	1:0.65:7.02	1:0.65:6.73
		70	206	132	1510	206	132	1450	206	132	1390	1:0.64:7.31	1:0.64:7.02	1:0.64:6.73
		60	206	129	1510	206	129	1450	206	129	1390	1:0.63:7.31	1:0.63:7.02	1:0.63:6.73
		50	206	126	1510	206	126	1450	206	126	1390	1:0.61:7.31	1:0.61:7.02	1:0.61:6.73
		40	206	125	1510	206	125	1450	206	125	1390	1:0.60:7.31	1:0.60:7.02	1:0.60:6.73
		30	206	123	1510	206	123	1450	206	123	1390	1:0.60:7.31	1:0.60:7.02	1:0.60:6.73
42.5	47.5	120	185	165	1510	185	165	1450	185	165	1390	1:0.89:8.17	1:0.89:7.85	1:0.89:7.52
		110	185	164	1510	185	164	1450	185	164	1390	1:0.89:8.17	1:0.89:7.85	1:0.89:7.52
		100	185	160	1510	185	160	1450	185	160	1390	1:0.87:8.17	1:0.87:7.85	1:0.87:7.52
		90	185	157	1510	185	157	1450	185	157	1390	1:0.85:8.17	1:0.85:7.85	1:0.85:7.52
		80	185	154	1510	185	154	1450	185	154	1390	1:0.83:8.17	1:0.83:7.85	1:0.83:7.52
		70	185	152	1510	185	152	1450	185	152	1390	1:0.82:8.17	1:0.82:7.85	1:0.82:7.52
		60	185	149	1510	185	149	1450	185	149	1390	1:0.81:8.17	1:0.81:7.85	1:0.81:7.52
		50	185	145	1510	185	145	1450	185	145	1390	1:0.79:8.17	1:0.79:7.85	1:0.79:7.52
		40	185	144	1510	185	144	1450	185	144	1390	1:0.78:8.17	1:0.78:7.85	1:0.78:7.52
		30	185	142	1510	185	142	1450	185	142	1390	1:0.77:8.17	1:0.77:7.85	1:0.77:7.52

砂浆强度等级：M10　　施工水平：一般　　配制强度：12.00MPa

水泥强度等级	水泥实际强度(MPa)	石灰膏稠度(mm)	材料用量（kg/m³）							配 合 比（重量比）		
			粗　砂			中　砂			细　砂			粗　砂	中　砂	细　砂
			水泥 Q_{C0}	石灰 Q_{D0}	砂 Q_{S0}	水泥 Q_{C0}	石灰 Q_{D0}	砂 Q_{S0}	水泥 Q_{C0}	石灰 Q_{D0}	砂 Q_{S0}	水泥:石灰:砂 $Q_C:Q_D:Q_S$	水泥:石灰:砂 $Q_C:Q_D:Q_S$	水泥:石灰:砂 $Q_C:Q_D:Q_S$
32.5	32.5	120	275	75	1510	275	75	1450	275	75	1390	1:0.27:5.49	1:0.27:5.27	1:0.27:5.05
		110	275	74	1510	275	74	1450	275	74	1390	1:0.27:5.49	1:0.27:5.27	1:0.27:5.05
		100	275	73	1510	275	73	1450	275	73	1390	1:0.26:5.49	1:0.26:5.27	1:0.26:5.05
		90	275	71	1510	275	71	1450	275	71	1390	1:0.26:5.49	1:0.26:5.27	1:0.26:5.05
		80	275	70	1510	275	70	1450	275	70	1390	1:0.25:5.49	1:0.25:5.27	1:0.25:5.05
		70	275	69	1510	275	69	1450	275	69	1390	1:0.25:5.49	1:0.25:5.27	1:0.25:5.05
		60	275	67	1510	275	67	1450	275	67	1390	1:0.25:5.49	1:0.25:5.27	1:0.25:5.05
		50	275	66	1510	275	66	1450	275	66	1390	1:0.24:5.49	1:0.24:5.27	1:0.24:5.05
		40	275	65	1510	275	65	1450	275	65	1390	1:0.24:5.49	1:0.24:5.27	1:0.24:5.05
		30	275	64	1510	275	64	1450	275	64	1390	1:0.23:5.49	1:0.23:5.27	1:0.23:5.05
	37.5	120	238	112	1510	238	112	1450	238	112	1390	1:0.47:6.33	1:0.47:6.08	1:0.47:5.83
		110	238	110	1510	238	110	1450	238	110	1390	1:0.46:6.33	1:0.46:6.08	1:0.46:5.83
		100	238	108	1510	238	108	1450	238	108	1390	1:0.45:6.33	1:0.45:6.08	1:0.45:5.83
		90	238	106	1510	238	106	1450	238	106	1390	1:0.44:6.33	1:0.44:6.08	1:0.44:5.83
		80	238	104	1510	238	104	1450	238	104	1390	1:0.44:6.33	1:0.44:6.08	1:0.44:5.83
		70	238	103	1510	238	103	1450	238	103	1390	1:0.43:6.33	1:0.43:6.08	1:0.43:5.83
		60	238	100	1510	238	100	1450	238	100	1390	1:0.42:6.33	1:0.42:6.08	1:0.42:5.83
		50	238	98	1510	238	98	1450	238	98	1390	1:0.41:6.33	1:0.41:6.08	1:0.41:5.83
		40	238	97	1510	238	97	1450	238	97	1390	1:0.41:6.33	1:0.41:6.08	1:0.41:5.83
		30	238	96	1510	238	96	1450	238	96	1390	1:0.40:6.33	1:0.40:6.08	1:0.40:5.83

砂浆强度等级：M10　　施工水平：一般　　配制强度：12.00MPa

水泥强度等级	水泥实际强度(MPa)	石灰膏稠度(mm)	材料用量（kg/m³）									配合比（重量比）		
			粗砂			中砂			细砂			粗砂	中砂	细砂
			水泥 Q_{C0}	石灰 Q_{D0}	砂 Q_{S0}	水泥 Q_{C0}	石灰 Q_{D0}	砂 Q_{S0}	水泥 Q_{C0}	石灰 Q_{D0}	砂 Q_{S0}	水泥:石灰:砂 $Q_C:Q_D:Q_S$	水泥:石灰:砂 $Q_C:Q_D:Q_S$	水泥:石灰:砂 $Q_C:Q_D:Q_S$
42.5	42.5	120	210	140	1510	210	140	1450	210	140	1390	1:0.66:7.18	1:0.66:6.89	1:0.66:6.61
		110	210	138	1510	210	138	1450	210	138	1390	1:0.66:7.18	1:0.66:6.89	1:0.66:6.61
		100	210	135	1510	210	135	1450	210	135	1390	1:0.64:7.18	1:0.64:6.89	1:0.64:6.61
		90	210	133	1510	210	133	1450	210	133	1390	1:0.63:7.18	1:0.63:6.89	1:0.63:6.61
		80	210	130	1510	210	130	1450	210	130	1390	1:0.62:7.18	1:0.62:6.89	1:0.62:6.61
		70	210	128	1510	210	128	1450	210	128	1390	1:0.61:7.18	1:0.61:6.89	1:0.61:6.61
		60	210	126	1510	210	126	1450	210	126	1390	1:0.60:7.18	1:0.60:6.89	1:0.60:6.61
		50	210	123	1510	210	123	1450	210	123	1390	1:0.58:7.18	1:0.58:6.89	1:0.58:6.61
		40	210	121	1510	210	121	1450	210	121	1390	1:0.58:7.18	1:0.58:6.89	1:0.58:6.61
		30	210	120	1510	210	120	1450	210	120	1390	1:0.57:7.18	1:0.57:6.89	1:0.57:6.61
	47.5	120	188	162	1510	188	162	1450	188	162	1390	1:0.86:8.02	1:0.86:7.70	1:0.86:7.38
		110	188	160	1510	188	160	1450	188	160	1390	1:0.85:8.02	1:0.85:7.70	1:0.85:7.38
		100	188	157	1510	188	157	1450	188	157	1390	1:0.83:8.02	1:0.83:7.70	1:0.83:7.38
		90	188	154	1510	188	154	1450	188	154	1390	1:0.82:8.02	1:0.82:7.70	1:0.82:7.38
		80	188	150	1510	188	150	1450	188	150	1390	1:0.80:8.02	1:0.80:7.70	1:0.80:7.38
		70	188	149	1510	188	149	1450	188	149	1390	1:0.79:8.02	1:0.79:7.70	1:0.79:7.38
		60	188	146	1510	188	146	1450	188	146	1390	1:0.77:8.02	1:0.77:7.70	1:0.77:7.38
		50	188	142	1510	188	142	1450	188	142	1390	1:0.76:8.02	1:0.76:7.70	1:0.76:7.38
		40	188	141	1510	188	141	1450	188	141	1390	1:0.75:8.02	1:0.75:7.70	1:0.75:7.38
		30	188	139	1510	188	139	1450	188	139	1390	1:0.74:8.02	1:0.74:7.70	1:0.74:7.38

砂浆强度等级：M10　　施工水平：较差　　配制强度：12.50MPa

水泥强度等级	水泥实际强度(MPa)	石灰膏稠度(mm)	材料用量（kg/m³）									配合比（重量比）		
			粗砂			中砂			细砂			粗砂	中砂	细砂
			水泥 Q_C	石灰 Q_D	砂 Q_S	水泥 Q_C	石灰 Q_D	砂 Q_S	水泥 Q_C	石灰 Q_D	砂 Q_S	水泥:石灰:砂 $Q_C:Q_D:Q_S$	水泥:石灰:砂 $Q_C:Q_D:Q_S$	水泥:石灰:砂 $Q_C:Q_D:Q_S$
32.5	32.5	120	280	70	1510	280	70	1450	280	70	1390	1:0.25:5.39	1:0.25:5.18	1:0.25:4.96
		110	280	69	1510	280	69	1450	280	69	1390	1:0.25:5.39	1:0.25:5.18	1:0.25:4.96
		100	280	68	1510	280	68	1450	280	68	1390	1:0.24:5.39	1:0.24:5.18	1:0.24:4.96
		90	280	66	1510	280	66	1450	280	66	1390	1:0.24:5.39	1:0.24:5.18	1:0.24:4.96
		80	280	65	1510	280	65	1450	280	65	1390	1:0.23:5.39	1:0.23:5.18	1:0.23:4.96
		70	280	64	1510	280	64	1450	280	64	1390	1:0.23:5.39	1:0.23:5.18	1:0.23:4.96
		60	280	63	1510	280	63	1450	280	63	1390	1:0.22:5.39	1:0.22:5.18	1:0.22:4.96
		50	280	61	1510	280	61	1450	280	61	1390	1:0.22:5.39	1:0.22:5.18	1:0.22:4.96
		40	280	61	1510	280	61	1450	280	61	1390	1:0.22:5.39	1:0.22:5.18	1:0.22:4.96
		30	280	60	1510	280	60	1450	280	60	1390	1:0.21:5.39	1:0.21:5.18	1:0.21:4.96
	37.5	120	243	107	1510	243	107	1450	243	107	1390	1:0.44:6.22	1:0.44:5.97	1:0.44:5.72
		110	243	106	1510	243	106	1450	243	106	1390	1:0.44:6.22	1:0.44:5.97	1:0.44:5.72
		100	243	104	1510	243	104	1450	243	104	1390	1:0.43:6.22	1:0.43:5.97	1:0.43:5.72
		90	243	102	1510	243	102	1450	243	102	1390	1:0.42:6.22	1:0.42:5.97	1:0.42:5.72
		80	243	100	1510	243	100	1450	243	100	1390	1:0.41:6.22	1:0.41:5.97	1:0.41:5.72
		70	243	99	1510	243	99	1450	243	99	1390	1:0.41:6.22	1:0.41:5.97	1:0.41:5.72
		60	243	96	1510	243	96	1450	243	96	1390	1:0.40:6.22	1:0.40:5.97	1:0.40:5.72
		50	243	94	1510	243	94	1450	243	94	1390	1:0.39:6.22	1:0.39:5.97	1:0.39:5.72
		40	243	93	1510	243	93	1450	243	93	1390	1:0.38:6.22	1:0.38:5.97	1:0.38:5.72
		30	243	92	1510	243	92	1450	243	92	1390	1:0.38:6.22	1:0.38:5.97	1:0.38:5.72

砂浆强度等级：M10　　施工水平：较差　　配制强度：12.50MPa

水泥强度等级	水泥实际强度(MPa)	石灰膏稠度(mm)	材料用量（kg/m³）									配合比（重量比）		
			粗 砂			中 砂			细 砂			粗 砂	中 砂	细 砂
			水泥 Q_{C0}	石灰 Q_{D0}	砂 Q_{S0}	水泥 Q_{C0}	石灰 Q_{D0}	砂 Q_{S0}	水泥 Q_{C0}	石灰 Q_{D0}	砂 Q_{S0}	水泥:石灰:砂 $Q_C:Q_D:Q_S$	水泥:石灰:砂 $Q_C:Q_D:Q_S$	水泥:石灰:砂 $Q_C:Q_D:Q_S$
42.5	42.5	120	214	136	1510	214	136	1450	214	136	1390	1:0.63:7.05	1:0.63:6.77	1:0.63:6.49
		110	214	134	1510	214	134	1450	214	134	1390	1:0.63:7.05	1:0.63:6.77	1:0.63:6.49
		100	214	132	1510	214	132	1450	214	132	1390	1:0.61:7.05	1:0.61:6.77	1:0.61:6.49
		90	214	129	1510	214	129	1450	214	129	1390	1:0.60:7.05	1:0.60:6.77	1:0.60:6.49
		80	214	126	1510	214	126	1450	214	126	1390	1:0.59:7.05	1:0.59:6.77	1:0.59:6.49
		70	214	125	1510	214	125	1450	214	125	1390	1:0.58:7.05	1:0.58:6.77	1:0.58:6.49
		60	214	122	1510	214	122	1450	214	122	1390	1:0.57:7.05	1:0.57:6.77	1:0.57:6.49
		50	214	119	1510	214	119	1450	214	119	1390	1:0.56:7.05	1:0.56:6.77	1:0.56:6.49
		40	214	118	1510	214	118	1450	214	118	1390	1:0.55:7.05	1:0.55:6.77	1:0.55:6.49
		30	214	117	1510	214	117	1450	214	117	1390	1:0.54:7.05	1:0.54:6.77	1:0.54:6.49
	47.5	120	192	158	1510	192	158	1450	192	158	1390	1:0.83:7.88	1:0.83:7.56	1:0.83:7.25
		110	192	157	1510	192	157	1450	192	157	1390	1:0.82:7.88	1:0.82:7.56	1:0.82:7.25
		100	192	154	1510	192	154	1450	192	154	1390	1:0.80:7.88	1:0.80:7.56	1:0.80:7.25
		90	192	150	1510	192	150	1450	192	150	1390	1:0.78:7.88	1:0.78:7.56	1:0.78:7.25
		80	192	147	1510	192	147	1450	192	147	1390	1:0.77:7.88	1:0.77:7.56	1:0.77:7.25
		70	192	146	1510	192	146	1450	192	146	1390	1:0.76:7.88	1:0.76:7.56	1:0.76:7.25
		60	192	142	1510	192	142	1450	192	142	1390	1:0.74:7.88	1:0.74:7.56	1:0.74:7.25
		50	192	139	1510	192	139	1450	192	139	1390	1:0.73:7.88	1:0.73:7.56	1:0.73:7.25
		40	192	138	1510	192	138	1450	192	138	1390	1:0.72:7.88	1:0.72:7.56	1:0.72:7.25
		30	192	136	1510	192	136	1450	192	136	1390	1:0.71:7.88	1:0.71:7.56	1:0.71:7.25

M15 水泥石灰混合砂浆配合比

砂浆强度等级：M15　　　施工水平：优良　　　配制强度：17.25MPa

水泥强度等级	水泥实际强度(MPa)	石灰膏稠度(mm)	材料用量（kg/m³）									配合比（重量比）		
			粗 砂			中 砂			细 砂			粗 砂	中 砂	细 砂
			水泥 Q_C	石灰 Q_D	砂 Q_S	水泥 Q_C	石灰 Q_D	砂 Q_S	水泥 Q_C	石灰 Q_D	砂 Q_S	水泥:石灰:砂 $Q_C:Q_D:Q_S$	水泥:石灰:砂 $Q_C:Q_D:Q_S$	水泥:石灰:砂 $Q_C:Q_D:Q_S$
32.5	32.5	120	328	22	1510	328	22	1450	328	22	1390	1:0.07:4.60	1:0.07:4.42	1:0.07:4.23
		110	328	21	1510	328	21	1450	328	21	1390	1:0.07:4.60	1:0.07:4.42	1:0.07:4.23
		100	328	21	1510	328	21	1450	328	21	1390	1:0.06:4.60	1:0.06:4.42	1:0.06:4.23
		90	328	21	1510	328	21	1450	328	21	1390	1:0.06:4.60	1:0.06:4.42	1:0.06:4.23
		80	328	20	1510	328	20	1450	328	20	1390	1:0.06:4.60	1:0.06:4.42	1:0.06:4.23
		70	328	20	1510	328	20	1450	328	20	1390	1:0.06:4.60	1:0.06:4.42	1:0.06:4.23
		60	328	19	1510	328	19	1450	328	19	1390	1:0.06:4.60	1:0.06:4.42	1:0.06:4.23
		50	328	19	1510	328	19	1450	328	19	1390	1:0.06:4.60	1:0.06:4.42	1:0.06:4.23
		40	328	19	1510	328	19	1450	328	19	1390	1:0.06:4.60	1:0.06:4.42	1:0.06:4.23
		30	328	19	1510	328	19	1450	328	19	1390	1:0.06:4.60	1:0.06:4.42	1:0.06:4.23
	37.5	120	285	65	1510	285	65	1450	285	65	1390	1:0.23:5.31	1:0.23:5.09	1:0.23:4.88
		110	285	65	1510	285	65	1450	285	65	1390	1:0.23:5.31	1:0.23:5.09	1:0.23:4.88
		100	285	63	1510	285	63	1450	285	63	1390	1:0.22:5.31	1:0.22:5.09	1:0.22:4.88
		90	285	62	1510	285	62	1450	285	62	1390	1:0.22:5.31	1:0.22:5.09	1:0.22:4.88
		80	285	61	1510	285	61	1450	285	61	1390	1:0.21:5.31	1:0.21:5.09	1:0.21:4.88
		70	285	60	1510	285	60	1450	285	60	1390	1:0.21:5.31	1:0.21:5.09	1:0.21:4.88
		60	285	59	1510	285	59	1450	285	59	1390	1:0.21:5.31	1:0.21:5.09	1:0.21:4.88
		50	285	58	1510	285	58	1450	285	58	1390	1:0.20:5.31	1:0.20:5.09	1:0.20:4.88
		40	285	57	1510	285	57	1450	285	57	1390	1:0.20:5.31	1:0.20:5.09	1:0.20:4.88
		30	285	56	1510	285	56	1450	285	56	1390	1:0.20:5.31	1:0.20:5.09	1:0.20:4.88

砂浆强度等级：M15　　施工水平：优良　　配制强度：17.25MPa

水泥强度等级	水泥实际强度(MPa)	石灰膏稠度(mm)	材料用量（kg/m³)									配合比（重量比）		
			粗砂			中砂			细砂			粗砂	中砂	细砂
			水泥Q_{C0}	石灰Q_{D0}	砂Q_{S0}	水泥Q_{C0}	石灰Q_{D0}	砂Q_{S0}	水泥Q_{C0}	石灰Q_{D0}	砂Q_{S0}	水泥:石灰:砂 $Q_C:Q_D:Q_S$	水泥:石灰:砂 $Q_C:Q_D:Q_S$	水泥:石灰:砂 $Q_C:Q_D:Q_S$
42.5	42.5	120	251	99	1510	251	99	1450	251	99	1390	1：0.39：6.01	1：0.39：5.77	1：0.39：5.53
		110	251	98	1510	251	98	1450	251	98	1390	1：0.39：6.01	1：0.39：5.77	1：0.39：5.53
		100	251	96	1510	251	96	1450	251	96	1390	1：0.38：6.01	1：0.38：5.77	1：0.38：5.53
		90	251	94	1510	251	94	1450	251	94	1390	1：0.37：6.01	1：0.37：5.77	1：0.37：5.53
		80	251	92	1510	251	92	1450	251	92	1390	1：0.37：6.01	1：0.37：5.77	1：0.37：5.53
		70	251	91	1510	251	91	1450	251	91	1390	1：0.36：6.01	1：0.36：5.77	1：0.36：5.53
		60	251	89	1510	251	89	1450	251	89	1390	1：0.35：6.01	1：0.35：5.77	1：0.35：5.53
		50	251	87	1510	251	87	1450	251	87	1390	1：0.35：6.01	1：0.35：5.77	1：0.35：5.53
		40	251	86	1510	251	86	1450	251	86	1390	1：0.34：6.01	1：0.34：5.77	1：0.34：5.53
		30	251	85	1510	251	85	1450	251	85	1390	1：0.34：6.01	1：0.34：5.77	1：0.34：5.53
	47.5	120	225	125	1510	225	125	1450	225	125	1390	1：0.56：6.72	1：0.56：6.45	1：0.56：6.19
		110	225	124	1510	225	124	1450	225	124	1390	1：0.55：6.72	1：0.55：6.45	1：0.55：6.19
		100	225	122	1510	225	122	1450	225	122	1390	1：0.54：6.72	1：0.54：6.45	1：0.54：6.19
		90	225	119	1510	225	119	1450	225	119	1390	1：0.53：6.72	1：0.53：6.45	1：0.53：6.19
		80	225	117	1510	225	117	1450	225	117	1390	1：0.52：6.72	1：0.52：6.45	1：0.52：6.19
		70	225	115	1510	225	115	1450	225	115	1390	1：0.51：6.72	1：0.51：6.45	1：0.51：6.19
		60	225	113	1510	225	113	1450	225	113	1390	1：0.50：6.72	1：0.50：6.45	1：0.50：6.19
		50	225	110	1510	225	110	1450	225	110	1390	1：0.49：6.72	1：0.49：6.45	1：0.49：6.19
		40	225	109	1510	225	109	1450	225	109	1390	1：0.49：6.72	1：0.49：6.45	1：0.49：6.19
		30	225	108	1510	225	108	1450	225	108	1390	1：0.48：6.72	1：0.48：6.45	1：0.48：6.19

砂浆强度等级：M15　　施工水平：一般　　配制强度：18.00MPa

水泥强度等级	水泥实际强度(MPa)	石灰膏稠度(mm)	材料用量（kg/m³）								配合比（重量比）		
			粗砂			中砂			细砂			粗砂	中砂	细砂
			水泥Q_{C0}	石灰Q_{D0}	砂Q_{S0}	水泥Q_{C0}	石灰Q_{D0}	砂Q_{S0}	水泥Q_{C0}	石灰Q_{D0}	砂Q_{S0}	水泥:石灰:砂 $Q_C:Q_D:Q_S$	水泥:石灰:砂 $Q_C:Q_D:Q_S$	水泥:石灰:砂 $Q_C:Q_D:Q_S$
32.5	32.5	120	336	14	1510	336	14	1450	336	14	1390	1:0.04:4.49	1:0.04:4.32	1:0.04:4.14
		110	336	14	1510	336	14	1450	336	14	1390	1:0.04:4.49	1:0.04:4.32	1:0.04:4.14
		100	336	14	1510	336	14	1450	336	14	1390	1:0.04:4.49	1:0.04:4.32	1:0.04:4.14
		90	336	13	1510	336	13	1450	336	13	1390	1:0.04:4.49	1:0.04:4.32	1:0.04:4.14
		80	336	13	1510	336	13	1450	336	13	1390	1:0.04:4.49	1:0.04:4.32	1:0.04:4.14
		70	336	13	1510	336	13	1450	336	13	1390	1:0.04:4.49	1:0.04:4.32	1:0.04:4.14
		60	336	13	1510	336	13	1450	336	13	1390	1:0.04:4.49	1:0.04:4.32	1:0.04:4.14
		50	336	12	1510	336	12	1450	336	12	1390	1:0.04:4.49	1:0.04:4.32	1:0.04:4.14
		40	336	12	1510	336	12	1450	336	12	1390	1:0.04:4.49	1:0.04:4.32	1:0.04:4.14
		30	336	12	1510	336	12	1450	336	12	1390	1:0.04:4.49	1:0.04:4.32	1:0.04:4.14
	37.5	120	291	59	1510	291	59	1450	291	59	1390	1:0.20:5.19	1:0.20:4.98	1:0.20:4.77
		110	291	58	1510	291	58	1450	291	58	1390	1:0.20:5.19	1:0.20:4.98	1:0.20:4.77
		100	291	57	1510	291	57	1450	291	57	1390	1:0.20:5.19	1:0.20:4.98	1:0.20:4.77
		90	291	56	1510	291	56	1450	291	56	1390	1:0.19:5.19	1:0.19:4.98	1:0.19:4.77
		80	291	55	1510	291	55	1450	291	55	1390	1:0.19:5.19	1:0.19:4.98	1:0.19:4.77
		70	291	54	1510	291	54	1450	291	54	1390	1:0.19:5.19	1:0.19:4.98	1:0.19:4.77
		60	291	53	1510	291	53	1450	291	53	1390	1:0.18:5.19	1:0.18:4.98	1:0.18:4.77
		50	291	52	1510	291	52	1450	291	52	1390	1:0.18:5.19	1:0.18:4.98	1:0.18:4.77
		40	291	51	1510	291	51	1450	291	51	1390	1:0.18:5.19	1:0.18:4.98	1:0.18:4.77
		30	291	51	1510	291	51	1450	291	51	1390	1:0.17:5.19	1:0.17:4.98	1:0.17:4.77

砂浆强度等级：M15　　施工水平：一般　　配制强度：18.00MPa

水泥强度等级	水泥实际强度(MPa)	石灰膏稠度(mm)	材料用量（kg/m³）									配合比（重量比）		
			粗 砂			中 砂			细 砂			粗 砂	中 砂	细 砂
			水泥 Q_{C0}	石灰 Q_{D0}	砂 Q_{S0}	水泥 Q_{C0}	石灰 Q_{D0}	砂 Q_{S0}	水泥 Q_{C0}	石灰 Q_{D0}	砂 Q_{S0}	水泥:石灰:砂 $Q_C:Q_D:Q_S$	水泥:石灰:砂 $Q_C:Q_D:Q_S$	水泥:石灰:砂 $Q_C:Q_D:Q_S$
42.5	42.5	120	257	93	1510	257	93	1450	257	93	1390	1:0.36:5.88	1:0.36:5.64	1:0.36:5.41
		110	257	92	1510	257	92	1450	257	92	1390	1:0.36:5.88	1:0.36:5.64	1:0.36:5.41
		100	257	90	1510	257	90	1450	257	90	1390	1:0.35:5.88	1:0.35:5.64	1:0.35:5.41
		90	257	88	1510	257	88	1450	257	88	1390	1:0.34:5.88	1:0.34:5.64	1:0.34:5.41
		80	257	87	1510	257	87	1450	257	87	1390	1:0.34:5.88	1:0.34:5.64	1:0.34:5.41
		70	257	86	1510	257	86	1450	257	86	1390	1:0.33:5.88	1:0.33:5.64	1:0.33:5.41
		60	257	84	1510	257	84	1450	257	84	1390	1:0.33:5.88	1:0.33:5.64	1:0.33:5.41
		50	257	82	1510	257	82	1450	257	82	1390	1:0.32:5.88	1:0.32:5.64	1:0.32:5.41
		40	257	81	1510	257	81	1450	257	81	1390	1:0.32:5.88	1:0.32:5.64	1:0.32:5.41
		30	257	80	1510	257	80	1450	257	80	1390	1:0.31:5.88	1:0.31:5.64	1:0.31:5.41
	47.5	120	230	120	1510	230	120	1450	230	120	1390	1:0.52:6.57	1:0.52:6.31	1:0.52:6.05
		110	230	119	1510	230	119	1450	230	119	1390	1:0.52:6.57	1:0.52:6.31	1:0.52:6.05
		100	230	116	1510	230	116	1450	230	116	1390	1:0.51:6.57	1:0.51:6.31	1:0.51:6.05
		90	230	114	1510	230	114	1450	230	114	1390	1:0.50:6.57	1:0.50:6.31	1:0.50:6.05
		80	230	112	1510	230	112	1450	230	112	1390	1:0.49:6.57	1:0.49:6.31	1:0.49:6.05
		70	230	110	1510	230	110	1450	230	110	1390	1:0.48:6.57	1:0.48:6.31	1:0.48:6.05
		60	230	108	1510	230	108	1450	230	108	1390	1:0.47:6.57	1:0.47:6.31	1:0.47:6.05
		50	230	106	1510	230	106	1450	230	106	1390	1:0.46:6.57	1:0.46:6.31	1:0.46:6.05
		40	230	104	1510	230	104	1450	230	104	1390	1:0.45:6.57	1:0.45:6.31	1:0.45:6.05
		30	230	103	1510	230	103	1450	230	103	1390	1:0.45:6.57	1:0.45:6.31	1:0.45:6.05

砂浆强度等级：M15　　施工水平：较差　　配制强度：18.75MPa

水泥强度等级(MPa)	水泥实际强度(MPa)	石灰膏稠度(mm)	材料用量（kg/m³）								配合比（重量比）		
			粗 砂			中 砂			细 砂			粗 砂	中 砂	细 砂
			水泥 Q_{C0}	石灰 Q_{D0}	砂 Q_{S0}	水泥 Q_{C0}	石灰 Q_{D0}	砂 Q_{S0}	水泥 Q_{C0}	石灰 Q_{D0}	砂 Q_{S0}	水泥:石灰:砂 $Q_C:Q_D:Q_S$	水泥:石灰:砂 $Q_C:Q_D:Q_S$	水泥:石灰:砂 $Q_C:Q_D:Q_S$
32.5	32.5	120	344	6	1510	344	6	1450	344	6	1390	1:0.02:4.39	1:0.02:4.22	1:0.02:4.04
		110	344	6	1510	344	6	1450	344	6	1390	1:0.02:4.39	1:0.02:4.22	1:0.02:4.04
		100	344	6	1510	344	6	1450	344	6	1390	1:0.02:4.39	1:0.02:4.22	1:0.02:4.04
		90	344	6	1510	344	6	1450	344	6	1390	1:0.02:4.39	1:0.02:4.22	1:0.02:4.04
		80	344	6	1510	344	6	1450	344	6	1390	1:0.02:4.39	1:0.02:4.22	1:0.02:4.04
		70	344	6	1510	344	6	1450	344	6	1390	1:0.02:4.39	1:0.02:4.22	1:0.02:4.04
		60	344	6	1510	344	6	1450	344	6	1390	1:0.02:4.39	1:0.02:4.22	1:0.02:4.04
		50	344	6	1510	344	6	1450	344	6	1390	1:0.02:4.39	1:0.02:4.22	1:0.02:4.04
		40	344	6	1510	344	6	1450	344	6	1390	1:0.02:4.39	1:0.02:4.22	1:0.02:4.04
		30	344	5	1510	344	5	1450	344	5	1390	1:0.02:4.39	1:0.02:4.22	1:0.02:4.04
	37.5	120	298	52	1510	298	52	1450	298	52	1390	1:0.18:5.07	1:0.18:4.87	1:0.18:4.67
		110	298	52	1510	298	52	1450	298	52	1390	1:0.17:5.07	1:0.17:4.87	1:0.17:4.67
		100	298	51	1510	298	51	1450	298	51	1390	1:0.17:5.07	1:0.17:4.87	1:0.17:4.67
		90	298	50	1510	298	50	1450	298	50	1390	1:0.17:5.07	1:0.17:4.87	1:0.17:4.67
		80	298	49	1510	298	49	1450	298	49	1390	1:0.16:5.07	1:0.16:4.87	1:0.16:4.67
		70	298	48	1510	298	48	1450	298	48	1390	1:0.16:5.07	1:0.16:4.87	1:0.16:4.67
		60	298	47	1510	298	47	1450	298	47	1390	1:0.16:5.07	1:0.16:4.87	1:0.16:4.67
		50	298	46	1510	298	46	1450	298	46	1390	1:0.15:5.07	1:0.15:4.87	1:0.15:4.67
		40	298	45	1510	298	45	1450	298	45	1390	1:0.15:5.07	1:0.15:4.87	1:0.15:4.67
		30	298	45	1510	298	45	1450	298	45	1390	1:0.15:5.07	1:0.15:4.87	1:0.15:4.67

砂浆强度等级：M15　　施工水平：较差　　配制强度：18.75MPa

水泥强度等级(MPa)	水泥实际强度(MPa)	石灰膏稠度(mm)	材料用量（kg/m³）									配合比（重量比）		
			粗砂			中砂			细砂			粗砂	中砂	细砂
			水泥Q_{C0}	石灰Q_{D0}	砂Q_{S0}	水泥Q_{C0}	石灰Q_{D0}	砂Q_{S0}	水泥Q_{C0}	石灰Q_{D0}	砂Q_{S0}	水泥:石灰:砂 $Q_C:Q_D:Q_S$	水泥:石灰:砂 $Q_C:Q_D:Q_S$	水泥:石灰:砂 $Q_C:Q_D:Q_S$
	42.5	120	263	87	1510	263	87	1450	263	87	1390	1:0.33:5.75	1:0.33:5.52	1:0.33:5.29
		110	263	86	1510	263	86	1450	263	86	1390	1:0.33:5.75	1:0.33:5.52	1:0.33:5.29
		100	263	85	1510	263	85	1450	263	85	1390	1:0.32:5.75	1:0.32:5.52	1:0.32:5.29
		90	263	83	1510	263	83	1450	263	83	1390	1:0.32:5.75	1:0.32:5.52	1:0.32:5.29
		80	263	81	1510	263	81	1450	263	81	1390	1:0.31:5.75	1:0.31:5.52	1:0.31:5.29
		70	263	80	1510	263	80	1450	263	80	1390	1:0.31:5.75	1:0.31:5.52	1:0.31:5.29
		60	263	78	1510	263	78	1450	263	78	1390	1:0.30:5.75	1:0.30:5.52	1:0.30:5.29
		50	263	77	1510	263	77	1450	263	77	1390	1:0.29:5.75	1:0.29:5.52	1:0.29:5.29
		40	263	76	1510	263	76	1450	263	76	1390	1:0.29:5.75	1:0.29:5.52	1:0.29:5.29
		30	263	75	1510	263	75	1450	263	75	1390	1:0.29:5.75	1:0.29:5.52	1:0.29:5.29
42.5	47.5	120	235	115	1510	235	115	1450	235	115	1390	1:0.49:6.42	1:0.49:6.17	1:0.49:5.91
		110	235	114	1510	235	114	1450	235	114	1390	1:0.48:6.42	1:0.48:6.17	1:0.48:5.91
		100	235	111	1510	235	111	1450	235	111	1390	1:0.47:6.42	1:0.47:6.17	1:0.47:5.91
		90	235	109	1510	235	109	1450	235	109	1390	1:0.46:6.42	1:0.46:6.17	1:0.46:5.91
		80	235	107	1510	235	107	1450	235	107	1390	1:0.45:6.42	1:0.45:6.17	1:0.45:5.91
		70	235	106	1510	235	106	1450	235	106	1390	1:0.45:6.42	1:0.45:6.17	1:0.45:5.91
		60	235	103	1510	235	103	1450	235	103	1390	1:0.44:6.42	1:0.44:6.17	1:0.44:5.91
		50	235	101	1510	235	101	1450	235	101	1390	1:0.43:6.42	1:0.43:6.17	1:0.43:5.91
		40	235	100	1510	235	100	1450	235	100	1390	1:0.43:6.42	1:0.43:6.17	1:0.43:5.91
		30	235	99	1510	235	99	1450	235	99	1390	1:0.42:6.42	1:0.42:6.17	1:0.42:5.91

三、粉煤灰混合砂浆配合比

表中符号说明：

Q_{C0}——每立方米砂浆的水泥用量（kg）；

Q_{D0}——每立方米砂浆的石灰用量（kg）；

Q_{f0}——每立方米砂浆的粉煤灰用量（kg）；

Q_{S0}——每立方米砂浆的砂子用量（kg）；

Q_C——水泥用量；

Q_D——石灰用量；

Q_f——粉煤灰用量；

Q_S——砂子用量。

M5.0粉煤灰混合砂浆配合比

砂浆强度等级：M5.0　　　施工水平：优良　　　配制强度：5.75MPa　　　粉煤灰取代水泥率：15%

水泥强度等级	水泥实际强度(MPa)	粉煤灰超量系数	材料用量（kg/m³）											配合比（重量比）		
			粗 砂				中 砂				细 砂				粗 砂	中 砂	细 砂
			水泥 Q_{C0}	石灰 Q_{D0}	粉煤灰 Q_{f0}	砂 Q_{S0}	水泥 Q_{C0}	石灰 Q_{D0}	粉煤灰 Q_{f0}	砂 Q_{S0}	水泥 Q_{C0}	石灰 Q_{D0}	粉煤灰 Q_{f0}	砂 Q_{S0}	水泥:石灰:粉煤灰:砂 $Q_C:Q_D:Q_f:Q_S$	水泥:石灰:粉煤灰:砂 $Q_C:Q_D:Q_f:Q_S$	水泥:石灰:粉煤灰:砂 $Q_C:Q_D:Q_f:Q_S$
32.5	32.5	1.30	180	138	41	1500	180	138	41	1440	180	138	41	1380	1:0.77:0.23:8.34	1:0.77:0.23:8.01	1:0.77:0.23:7.67
		1.40	180	138	44	1497	180	138	44	1437	180	138	44	1377	1:0.77:0.25:8.32	1:0.77:0.25:7.99	1:0.77:0.25:7.66
		1.50	180	138	48	1494	180	138	48	1434	180	138	48	1374	1:0.77:0.26:8.31	1:0.77:0.26:7.97	1:0.77:0.26:7.64
		1.60	180	138	51	1491	180	138	51	1431	180	138	51	1371	1:0.77:0.28:8.29	1:0.77:0.28:7.95	1:0.77:0.28:7.62
		1.70	180	138	54	1488	180	138	54	1428	180	138	54	1368	1:0.77:0.30:8.27	1:0.77:0.30:7.94	1:0.77:0.30:7.60
		1.80	180	138	57	1485	180	138	57	1425	180	138	57	1365	1:0.77:0.32:8.25	1:0.77:0.32:7.92	1:0.77:0.32:7.59
		1.90	180	138	60	1481	180	138	60	1421	180	138	60	1361	1:0.77:0.34:8.24	1:0.77:0.34:7.90	1:0.77:0.34:7.57
		2.00	180	138	63	1478	180	138	63	1418	180	138	63	1358	1:0.77:0.35:8.22	1:0.77:0.35:7.88	1:0.77:0.35:7.55
	37.5	1.30	156	167	36	1502	156	167	36	1442	156	167	36	1382	1:1.07:0.23:9.63	1:1.07:0.23:9.25	1:1.07:0.23:8.86
		1.40	156	167	39	1499	156	167	39	1439	156	167	39	1379	1:1.07:0.25:9.62	1:1.07:0.25:9.23	1:1.07:0.25:8.85
		1.50	156	167	41	1496	156	167	41	1436	156	167	41	1376	1:1.07:0.26:9.60	1:1.07:0.26:9.21	1:1.07:0.26:8.83
		1.60	156	167	44	1493	156	167	44	1433	156	167	44	1373	1:1.07:0.28:9.58	1:1.07:0.28:9.19	1:1.07:0.28:8.81
		1.70	156	167	47	1491	156	167	47	1431	156	167	47	1371	1:1.07:0.30:9.56	1:1.07:0.30:9.18	1:1.07:0.30:8.79
		1.80	156	167	50	1488	156	167	50	1428	156	167	50	1368	1:1.07:0.32:9.54	1:1.07:0.32:9.16	1:1.07:0.32:8.77
		1.90	156	167	52	1485	156	167	52	1425	156	167	52	1365	1:1.07:0.34:9.53	1:1.07:0.34:9.14	1:1.07:0.34:8.76
		2.00	156	167	55	1482	156	167	55	1422	156	167	55	1362	1:1.07:0.35:9.51	1:1.07:0.35:9.12	1:1.07:0.35:8.74

注：石灰膏为标准稠度（120mm）时的用量。

砂浆强度等级：M5.0　　施工水平：优良　　配制强度：5.75MPa　　粉煤灰取代水泥率：15%

水泥强度等级	水泥实际强度(MPa)	粉煤灰超量系数	材料用量 (kg/m³)											配合比（重量比）		
			粗 砂				中 砂				细 砂				粗砂	中砂	细砂
			水泥 Q_{C0}	石灰 Q_{D0}	粉煤灰 Q_{f0}	砂 Q_{S0}	水泥 Q_{C0}	石灰 Q_{D0}	粉煤灰 Q_{f0}	砂 Q_{S0}	水泥 Q_{C0}	石灰 Q_{D0}	粉煤灰 Q_{f0}	砂 Q_{S0}	水泥:石灰:粉煤灰:砂 $Q_C:Q_D:Q_f:Q_S$	水泥:石灰:粉煤灰:砂 $Q_C:Q_D:Q_f:Q_S$	水泥:石灰:粉煤灰:砂 $Q_C:Q_D:Q_f:Q_S$
42.5	42.5	1.30	138	188	32	1503	138	188	32	1443	138	188	32	1383	1:1.37:0.23:10.92	1:1.37:0.23:10.49	1:1.37:0.23:10.05
		1.40	138	188	34	1500	138	188	34	1440	138	188	34	1380	1:1.37:0.25:10.91	1:1.37:0.25:10.47	1:1.37:0.25:10.03
		1.50	138	188	36	1498	138	188	36	1438	138	188	36	1378	1:1.37:0.26:10.89	1:1.37:0.26:10.45	1:1.37:0.26:10.02
		1.60	138	188	39	1495	138	188	39	1435	138	188	39	1375	1:1.37:0.28:10.87	1:1.37:0.28:10.44	1:1.37:0.28:10.00
		1.70	138	188	41	1493	138	188	41	1433	138	188	41	1373	1:1.37:0.30:10.85	1:1.37:0.30:10.42	1:1.37:0.30:9.98
		1.80	138	188	44	1491	138	188	44	1431	138	188	44	1371	1:1.37:0.32:10.84	1:1.37:0.32:10.40	1:1.37:0.32:9.96
		1.90	138	188	46	1488	138	188	46	1428	138	188	46	1368	1:1.37:0.34:10.82	1:1.37:0.34:10.38	1:1.37:0.34:9.95
		2.00	138	188	49	1486	138	188	49	1426	138	188	49	1366	1:1.37:0.35:10.80	1:1.37:0.35:10.36	1:1.37:0.35:9.93
	47.5	1.30	123	205	28	1503	123	205	28	1443	123	205	28	1383	1:1.67:0.23:12.22	1:1.67:0.23:11.73	1:1.67:0.23:11.24
		1.40	123	205	30	1501	123	205	30	1441	123	205	30	1381	1:1.67:0.25:12.20	1:1.67:0.25:11.71	1:1.67:0.25:11.22
		1.50	123	205	33	1499	123	205	33	1439	123	205	33	1379	1:1.67:0.26:12.18	1:1.67:0.26:11.69	1:1.67:0.26:11.21
		1.60	123	205	35	1497	123	205	35	1437	123	205	35	1377	1:1.67:0.28:12.16	1:1.67:0.28:11.68	1:1.67:0.28:11.19
		1.70	123	205	37	1495	123	205	37	1435	123	205	37	1375	1:1.67:0.30:12.15	1:1.67:0.30:11.66	1:1.67:0.30:11.17
		1.80	123	205	39	1493	123	205	39	1433	123	205	39	1373	1:1.67:0.32:12.13	1:1.67:0.32:11.64	1:1.67:0.32:11.15
		1.90	123	205	41	1490	123	205	41	1430	123	205	41	1370	1:1.67:0.34:12.11	1:1.67:0.34:11.62	1:1.67:0.34:11.13
		2.00	123	205	43	1488	123	205	43	1428	123	205	43	1368	1:1.67:0.35:12.09	1:1.67:0.35:11.60	1:1.67:0.35:11.12

注：石灰膏为标准稠度（120mm）时的用量。

砂浆强度等级：M5.0　　施工水平：一般　　配制强度：6.00MPa　　粉煤灰取代水泥率：15％

水泥强度等级	水泥实际强度（MPa）	粉煤灰超量系数	材料用量（kg/m³）												配合比（重量比）		
			粗砂				中砂				细砂				粗砂	中砂	细砂
			水泥Q_{C0}	石灰Q_{D0}	粉煤灰Q_{f0}	砂Q_{S0}	水泥Q_{C0}	石灰Q_{D0}	粉煤灰Q_{f0}	砂Q_{S0}	水泥Q_{C0}	石灰Q_{D0}	粉煤灰Q_{f0}	砂Q_{S0}	水泥:石灰:粉煤灰:砂 $Q_C:Q_D:Q_f:Q_S$	水泥:石灰:粉煤灰:砂 $Q_C:Q_D:Q_f:Q_S$	水泥:石灰:粉煤灰:砂 $Q_C:Q_D:Q_f:Q_S$
32.5	32.5	1.30	182	136	42	1500	182	136	42	1440	182	136	42	1380	1:0.75:0.23:8.24	1:0.75:0.23:7.91	1:0.75:0.23:7.58
		1.40	182	136	45	1497	182	136	45	1437	182	136	45	1377	1:0.75:0.25:8.22	1:0.75:0.25:7.89	1:0.75:0.25:7.57
		1.50	182	136	48	1494	182	136	48	1434	182	136	48	1374	1:0.75:0.26:8.21	1:0.75:0.26:7.88	1:0.75:0.26:7.55
		1.60	182	136	51	1491	182	136	51	1431	182	136	51	1371	1:0.75:0.28:8.19	1:0.75:0.28:7.86	1:0.75:0.28:7.53
		1.70	182	136	55	1488	182	136	55	1428	182	136	55	1368	1:0.75:0.30:8.17	1:0.75:0.30:7.84	1:0.75:0.30:7.51
		1.80	182	136	58	1484	182	136	58	1424	182	136	58	1364	1:0.75:0.32:8.15	1:0.75:0.32:7.82	1:0.75:0.32:7.49
		1.90	182	136	61	1481	182	136	61	1421	182	136	61	1361	1:0.75:0.34:8.14	1:0.75:0.34:7.81	1:0.75:0.34:7.48
		2.00	182	136	64	1478	182	136	64	1418	182	136	64	1358	1:0.75:0.35:8.12	1:0.75:0.35:7.79	1:0.75:0.35:7.46
	37.5	1.30	158	164	36	1502	158	164	36	1442	158	164	36	1382	1:1.04:0.23:9.52	1:1.04:0.23:9.14	1:1.04:0.23:8.76
		1.40	158	164	39	1499	158	164	39	1439	158	164	39	1379	1:1.04:0.25:9.50	1:1.04:0.25:9.12	1:1.04:0.25:8.74
		1.50	158	164	42	1496	158	164	42	1436	158	164	42	1376	1:1.04:0.26:9.48	1:1.04:0.26:9.10	1:1.04:0.26:8.72
		1.60	158	164	45	1493	158	164	45	1433	158	164	45	1373	1:1.04:0.28:9.47	1:1.04:0.28:9.08	1:1.04:0.28:8.70
		1.70	158	164	47	1491	158	164	47	1431	158	164	47	1371	1:1.04:0.30:9.45	1:1.04:0.30:9.07	1:1.04:0.30:8.69
		1.80	158	164	50	1488	158	164	50	1428	158	164	50	1368	1:1.04:0.32:9.43	1:1.04:0.32:9.05	1:1.04:0.32:8.67
		1.90	158	164	53	1485	158	164	53	1425	158	164	53	1365	1:1.04:0.34:9.41	1:1.04:0.34:9.03	1:1.04:0.34:8.65
		2.00	158	164	56	1482	158	164	56	1422	158	164	56	1362	1:1.04:0.35:9.39	1:1.04:0.35:9.01	1:1.04:0.35:8.63

注：石灰膏为标准稠度（120mm）时的用量。

砂浆强度等级：M5.0　　施工水平：一般　　配制强度：6.00MPa　　粉煤灰取代水泥率：15%

水泥强度等级	水泥实际强度(MPa)	粉煤灰超量系数	材料用量（kg/m³）												配合比（重量比）		
			粗砂				中砂				细砂				粗砂	中砂	细砂
			水泥Q_{C0}	石灰Q_{D0}	粉煤灰Q_{f0}	砂Q_{S0}	水泥Q_{C0}	石灰Q_{D0}	粉煤灰Q_{f0}	砂Q_{S0}	水泥Q_{C0}	石灰Q_{D0}	粉煤灰Q_{f0}	砂Q_{S0}	水泥:石灰:粉煤灰:砂 $Q_C:Q_D:Q_f:Q_S$	水泥:石灰:粉煤灰:砂 $Q_C:Q_D:Q_f:Q_S$	水泥:石灰:粉煤灰:砂 $Q_C:Q_D:Q_f:Q_S$
42.5	42.5	1.30	139	186	32	1503	139	186	32	1443	139	186	32	1383	1:1.34:0.23:10.79	1:1.34:0.23:10.36	1:1.34:0.23:9.93
		1.40	139	186	34	1500	139	186	34	1440	139	186	34	1380	1:1.34:0.25:10.78	1:1.34:0.25:10.35	1:1.34:0.25:9.91
		1.50	139	186	37	1498	139	186	37	1438	139	186	37	1378	1:1.34:0.26:10.76	1:1.34:0.26:10.34	1:1.34:0.26:9.90
		1.60	139	186	39	1495	139	186	39	1435	139	186	39	1375	1:1.34:0.28:10.74	1:1.34:0.28:10.31	1:1.34:0.28:9.88
		1.70	139	186	42	1493	139	186	42	1433	139	186	42	1373	1:1.34:0.30:10.72	1:1.34:0.30:10.29	1:1.34:0.30:9.86
		1.80	139	186	44	1490	139	186	44	1430	139	186	44	1370	1:1.34:0.32:10.71	1:1.34:0.32:10.28	1:1.34:0.32:9.84
		1.90	139	186	47	1488	139	186	47	1428	139	186	47	1368	1:1.34:0.34:10.69	1:1.34:0.34:10.26	1:1.34:0.34:9.83
		2.00	139	186	49	1485	139	186	49	1425	139	186	49	1365	1:1.34:0.35:10.67	1:1.34:0.35:10.24	1:1.34:0.35:9.81
	47.5	1.30	125	203	29	1503	125	203	29	1443	125	203	29	1383	1:1.63:0.23:12.07	1:1.63:0.23:11.59	1:1.63:0.23:11.11
		1.40	125	203	31	1501	125	203	31	1441	125	203	31	1381	1:1.63:0.25:12.05	1:1.63:0.25:11.57	1:1.63:0.25:11.09
		1.50	125	203	33	1499	125	203	33	1439	125	203	33	1379	1:1.63:0.26:12.03	1:1.63:0.26:11.55	1:1.63:0.26:11.07
		1.60	125	203	35	1497	125	203	35	1437	125	203	35	1377	1:1.63:0.28:12.02	1:1.63:0.28:11.54	1:1.63:0.28:11.05
		1.70	125	203	37	1495	125	203	37	1435	125	203	37	1375	1:1.63:0.30:12.00	1:1.63:0.30:11.52	1:1.63:0.30:11.04
		1.80	125	203	40	1492	125	203	40	1432	125	203	40	1372	1:1.63:0.32:11.98	1:1.63:0.32:11.50	1:1.63:0.32:11.02
		1.90	125	203	42	1490	125	203	42	1430	125	203	42	1370	1:1.63:0.34:11.96	1:1.63:0.34:11.48	1:1.63:0.34:11.00
		2.00	125	203	44	1488	125	203	44	1428	125	203	44	1368	1:1.63:0.35:11.95	1:1.63:0.35:11.47	1:1.63:0.35:10.98

注：石灰膏为标准稠度（120mm）时的用量。

砂浆强度等级：M5.0　　施工水平：较差　　配制强度：6.25MPa　　粉煤灰取代水泥率：15%

水泥强度等级	水泥实际强度(MPa)	粉煤灰超量系数	材料用量（kg/m³） 粗砂				中砂				细砂				配合比（重量比） 粗砂 水泥:石灰:粉煤灰:砂 $Q_C:Q_D:Q_f:Q_S$	中砂 水泥:石灰:粉煤灰:砂 $Q_C:Q_D:Q_f:Q_S$	细砂 水泥:石灰:粉煤灰:砂 $Q_C:Q_D:Q_f:Q_S$
			水泥 Q_{C0}	石灰 Q_{D0}	粉煤灰 Q_{f0}	砂 Q_{S0}	水泥 Q_{C0}	石灰 Q_{D0}	粉煤灰 Q_{f0}	砂 Q_{S0}	水泥 Q_{C0}	石灰 Q_{D0}	粉煤灰 Q_{f0}	砂 Q_{S0}			
32.5	32.5	1.30	184	133	42	1500	184	133	42	1440	184	133	42	1380	1:0.72:0.23:8.14	1:0.72:0.23:7.82	1:0.72:0.23:7.49
		1.40	184	133	46	1497	184	133	46	1437	184	133	46	1377	1:0.72:0.25:8.13	1:0.72:0.25:7.80	1:0.72:0.25:7.48
		1.50	184	133	49	1494	184	133	49	1434	184	133	49	1374	1:0.72:0.26:8.11	1:0.72:0.26:7.78	1:0.72:0.26:7.46
		1.60	184	133	52	1490	184	133	52	1430	184	133	52	1370	1:0.72:0.28:8.09	1:0.72:0.28:7.77	1:0.72:0.28:7.44
		1.70	184	133	55	1487	184	133	55	1427	184	133	55	1367	1:0.72:0.30:8.07	1:0.72:0.30:7.75	1:0.72:0.30:7.42
		1.80	184	133	59	1484	184	133	59	1424	184	133	59	1364	1:0.72:0.32:8.06	1:0.72:0.32:7.73	1:0.72:0.32:7.41
		1.90	184	133	62	1481	184	133	62	1421	184	133	62	1361	1:0.72:0.34:8.04	1:0.72:0.34:7.71	1:0.72:0.34:7.39
		2.00	184	133	65	1477	184	133	65	1417	184	133	65	1357	1:0.72:0.35:8.02	1:0.72:0.35:7.70	1:0.72:0.35:7.37
	37.5	1.30	160	162	37	1502	160	162	37	1442	160	162	37	1382	1:1.02:0.23:9.41	1:1.02:0.23:9.03	1:1.02:0.23:8.65
		1.40	160	162	39	1499	160	162	39	1439	160	162	39	1379	1:1.02:0.25:9.39	1:1.02:0.25:9.01	1:1.02:0.25:8.64
		1.50	160	162	42	1496	160	162	42	1436	160	162	42	1376	1:1.02:0.26:9.37	1:1.02:0.26:8.99	1:1.02:0.26:8.62
		1.60	160	162	45	1493	160	162	45	1433	160	162	45	1373	1:1.02:0.28:9.35	1:1.02:0.28:8.98	1:1.02:0.28:8.60
		1.70	160	162	48	1490	160	162	48	1430	160	162	48	1370	1:1.02:0.30:9.34	1:1.02:0.30:8.96	1:1.02:0.30:8.58
		1.80	160	162	51	1487	160	162	51	1427	160	162	51	1367	1:1.02:0.32:9.32	1:1.02:0.32:8.94	1:1.02:0.32:8.57
		1.90	160	162	54	1485	160	162	54	1425	160	162	54	1365	1:1.02:0.34:9.30	1:1.02:0.34:8.92	1:1.02:0.34:8.55
		2.00	160	162	56	1482	160	162	56	1422	160	162	56	1362	1:1.02:0.35:9.28	1:1.02:0.35:8.91	1:1.02:0.35:8.53

注：石灰膏为标准稠度（120mm）时的用量。

砂浆强度等级：M5.0　　施工水平：较差　　配制强度：6.25MPa　　粉煤灰取代水泥率：15%

水泥强度等级	水泥实际强度(MPa)	粉煤灰超量系数	材料用量 (kg/m³) 粗砂 水泥 Q_{C0}	石灰 Q_{D0}	粉煤灰 Q_{f0}	砂 Q_{S0}	中砂 水泥 Q_{C0}	石灰 Q_{D0}	粉煤灰 Q_{f0}	砂 Q_{S0}	细砂 水泥 Q_{C0}	石灰 Q_{D0}	粉煤灰 Q_{f0}	砂 Q_{S0}	配合比(重量比) 粗砂 水泥:石灰:粉煤灰:砂 $Q_C:Q_D:Q_f:Q_S$	中砂 水泥:石灰:粉煤灰:砂 $Q_C:Q_D:Q_f:Q_S$	细砂 水泥:石灰:粉煤灰:砂 $Q_C:Q_D:Q_f:Q_S$
42.5	42.5	1.30	141	184	32	1503	141	184	32	1443	141	184	32	1383	1:1.31:0.23:10.67	1:1.31:0.23:10.24	1:1.31:0.23:9.82
		1.40	141	184	35	1500	141	184	35	1440	141	184	35	1380	1:1.31:0.25:10.65	1:1.31:0.25:10.22	1:1.31:0.25:9.80
		1.50	141	184	37	1498	141	184	37	1438	141	184	37	1378	1:1.31:0.26:10.63	1:1.31:0.26:10.21	1:1.31:0.26:9.78
		1.60	141	184	40	1495	141	184	40	1435	141	184	40	1375	1:1.31:0.28:10.61	1:1.31:0.28:10.19	1:1.31:0.28:9.76
		1.70	141	184	42	1493	141	184	42	1433	141	184	42	1373	1:1.31:0.30:10.60	1:1.31:0.30:10.17	1:1.31:0.30:9.74
		1.80	141	184	45	1490	141	184	45	1430	141	184	45	1370	1:1.31:0.32:10.58	1:1.31:0.32:10.15	1:1.31:0.32:9.73
		1.90	141	184	47	1488	141	184	47	1428	141	184	47	1368	1:1.31:0.34:10.56	1:1.31:0.34:10.12	1:1.31:0.34:9.71
		2.00	141	184	50	1485	141	184	50	1425	141	184	50	1365	1:1.31:0.35:10.54	1:1.31:0.35:10.12	1:1.31:0.35:9.69
	47.5	1.30	126	202	29	1503	126	202	29	1443	126	202	29	1383	1:1.60:0.23:11.93	1:1.60:0.23:11.45	1:1.60:0.23:10.98
		1.40	126	202	31	1501	126	202	31	1441	126	202	31	1381	1:1.60:0.25:11.91	1:1.60:0.25:11.43	1:1.60:0.25:10.96
		1.50	126	202	33	1499	126	202	33	1439	126	202	33	1379	1:1.60:0.26:11.89	1:1.60:0.26:11.42	1:1.60:0.26:10.94
		1.60	126	202	36	1497	126	202	36	1437	126	202	36	1377	1:1.60:0.28:11.88	1:1.60:0.28:11.40	1:1.60:0.28:10.92
		1.70	126	202	38	1494	126	202	38	1434	126	202	38	1374	1:1.60:0.30:11.86	1:1.60:0.30:11.38	1:1.60:0.30:10.91
		1.80	126	202	40	1492	126	202	40	1432	126	202	40	1372	1:1.60:0.32:11.84	1:1.60:0.32:11.36	1:1.60:0.32:10.89
		1.90	126	202	42	1490	126	202	42	1430	126	202	42	1370	1:1.60:0.34:11.82	1:1.60:0.34:11.35	1:1.60:0.34:10.87
		2.00	126	202	44	1488	126	202	44	1428	126	202	44	1368	1:1.60:0.35:11.80	1:1.60:0.35:11.33	1:1.60:0.35:10.85

注：石灰膏为标准稠度（120mm）时的用量。

砂浆强度等级：M5.0　　施工水平：优良　　配制强度：5.75MPa　　粉煤灰取代水泥率：20%

水泥强度等级	水泥实际强度(MPa)	粉煤灰超量系数	材料用量（kg/m³）											配合比（重量比）		
			粗　砂				中　砂				细　砂				粗　砂	中　砂	细　砂
			水泥 Q_{C0}	石灰 Q_{D0}	粉煤灰 Q_{f0}	砂 Q_{S0}	水泥 Q_{C0}	石灰 Q_{D0}	粉煤灰 Q_{f0}	砂 Q_{S0}	水泥 Q_{C0}	石灰 Q_{D0}	粉煤灰 Q_{f0}	砂 Q_{S0}	水泥:石灰:粉煤灰:砂 $Q_C:Q_D:Q_f:Q_S$	水泥:石灰:粉煤灰:砂 $Q_C:Q_D:Q_f:Q_S$	水泥:石灰:粉煤灰:砂 $Q_C:Q_D:Q_f:Q_S$
32.5	32.5	1.30	169	138	55	1497	169	138	55	1437	169	138	55	1377	1:0.82:0.33:8.84	1:0.82:0.33:8.49	1:0.82:0.33:8.14
		1.40	169	138	59	1493	169	138	59	1433	169	138	59	1373	1:0.82:0.35:8.82	1:0.82:0.35:8.46	1:0.82:0.35:8.11
		1.50	169	138	63	1489	169	138	63	1429	169	138	63	1369	1:0.82:0.38:8.79	1:0.82:0.38:8.44	1:0.82:0.38:8.09
		1.60	169	138	68	1485	169	138	68	1425	169	138	68	1365	1:0.82:0.40:8.77	1:0.82:0.40:8.41	1:0.82:0.40:8.06
		1.70	169	138	72	1480	169	138	72	1420	169	138	72	1360	1:0.82:0.43:8.74	1:0.82:0.43:8.39	1:0.82:0.43:8.04
		1.80	169	138	76	1476	169	138	76	1416	169	138	76	1356	1:0.82:0.45:8.72	1:0.82:0.45:8.36	1:0.82:0.45:8.01
		1.90	169	138	80	1472	169	138	80	1412	169	138	80	1352	1:0.82:0.48:8.69	1:0.82:0.48:8.34	1:0.82:0.48:7.99
		2.00	169	138	85	1468	169	138	85	1408	169	138	85	1348	1:0.82:0.50:8.67	1:0.82:0.50:8.31	1:0.82:0.50:7.96
	37.5	1.30	147	167	48	1499	147	167	48	1439	147	167	48	1379	1:1.14:0.33:10.22	1:1.14:0.33:9.81	1:1.14:0.33:9.40
		1.40	147	167	51	1495	147	167	51	1435	147	167	51	1375	1:1.14:0.35:10.19	1:1.14:0.35:9.78	1:1.14:0.35:9.37
		1.50	147	167	55	1492	147	167	55	1432	147	167	55	1372	1:1.14:0.38:10.17	1:1.14:0.38:9.76	1:1.14:0.38:9.35
		1.60	147	167	59	1488	147	167	59	1428	147	167	59	1368	1:1.14:0.40:10.14	1:1.14:0.40:9.73	1:1.14:0.40:9.32
		1.70	147	167	62	1484	147	167	62	1424	147	167	62	1364	1:1.14:0.43:10.12	1:1.14:0.43:9.71	1:1.14:0.43:9.30
		1.80	147	167	66	1481	147	167	66	1421	147	167	66	1361	1:1.14:0.45:10.09	1:1.14:0.45:9.68	1:1.14:0.45:9.27
		1.90	147	167	70	1477	147	167	70	1417	147	167	70	1357	1:1.14:0.48:10.07	1:1.14:0.48:9.66	1:1.14:0.48:9.25
		2.00	147	167	73	1473	147	167	73	1413	147	167	73	1353	1:1.14:0.50:10.04	1:1.14:0.50:9.63	1:1.14:0.50:9.22

注：石灰膏为标准稠度（120mm）时的用量。

砂浆强度等级：M5.0　　施工水平：优良　　配制强度：5.75MPa　　粉煤灰取代水泥率：20%

水泥强度等级	水泥实际强度(MPa)	粉煤灰超量系数	材料用量 (kg/m³)											配合比（重量比）		
			粗砂				中砂				细砂				粗砂	中砂	细砂
			水泥Q_{C0}	石灰Q_{D0}	粉煤灰Q_{f0}	砂Q_{S0}	水泥Q_{C0}	石灰Q_{D0}	粉煤灰Q_{f0}	砂Q_{S0}	水泥Q_{C0}	石灰Q_{D0}	粉煤灰Q_{f0}	砂Q_{S0}	水泥:石灰:粉煤灰:砂 $Q_C:Q_D:Q_f:Q_S$	水泥:石灰:粉煤灰:砂 $Q_C:Q_D:Q_f:Q_S$	水泥:石灰:粉煤灰:砂 $Q_C:Q_D:Q_f:Q_S$
42.5	42.5	1.30	129	188	42	1500	129	188	42	1440	129	188	42	1380	1:1.45:0.33:11.59	1:1.45:0.33:11.12	1:1.45:0.33:10.66
		1.40	129	188	45	1497	129	188	45	1437	129	188	45	1377	1:1.45:0.35:11.56	1:1.45:0.35:11.10	1:1.45:0.35:10.64
		1.50	129	188	49	1494	129	188	49	1434	129	188	49	1374	1:1.45:0.38:11.54	1:1.45:0.38:11.07	1:1.45:0.38:10.61
		1.60	129	188	52	1491	129	188	52	1431	129	188	52	1371	1:1.45:0.40:11.51	1:1.45:0.40:11.05	1:1.45:0.40:10.59
		1.70	129	188	55	1487	129	188	55	1427	129	188	55	1367	1:1.45:0.43:11.02	1:1.45:0.43:11.02	1:1.45:0.43:10.56
		1.80	129	188	58	1484	129	188	58	1424	129	188	58	1364	1:1.45:0.45:11.46	1:1.45:0.45:11.00	1:1.45:0.45:10.54
		1.90	129	188	61	1481	129	188	61	1421	129	188	61	1361	1:1.45:0.48:11.44	1:1.45:0.48:10.97	1:1.45:0.48:10.51
		2.00	129	188	65	1478	129	188	65	1418	129	188	65	1358	1:1.45:0.50:11.41	1:1.45:0.50:10.95	1:1.45:0.50:10.49
	47.5	1.30	116	205	38	1501	116	205	38	1441	116	205	38	1381	1:1.77:0.33:12.96	1:1.77:0.33:12.44	1:1.77:0.33:11.92
		1.40	116	205	41	1498	116	205	41	1438	116	205	41	1378	1:1.77:0.35:12.94	1:1.77:0.35:12.42	1:1.77:0.35:11.90
		1.50	116	205	43	1496	116	205	43	1436	116	205	43	1376	1:1.77:0.38:12.91	1:1.77:0.38:12.39	1:1.77:0.38:11.87
		1.60	116	205	46	1493	116	205	46	1433	116	205	46	1373	1:1.77:0.40:12.89	1:1.77:0.40:12.37	1:1.77:0.40:11.85
		1.70	116	205	49	1490	116	205	49	1430	116	205	49	1370	1:1.77:0.43:12.86	1:1.77:0.43:12.34	1:1.77:0.43:11.82
		1.80	116	205	52	1487	116	205	52	1427	116	205	52	1367	1:1.77:0.45:12.84	1:1.77:0.45:12.32	1:1.77:0.45:11.80
		1.90	116	205	55	1484	116	205	55	1424	116	205	55	1364	1:1.77:0.48:12.81	1:1.77:0.48:12.29	1:1.77:0.48:11.77
		2.00	116	205	58	1481	116	205	58	1421	116	205	58	1361	1:1.77:0.50:12.79	1:1.77:0.50:12.27	1:1.77:0.50:11.75

注：石灰膏为标准稠度（120mm）时的用量。

砂浆强度等级：M5.0　　施工水平：一般　　配制强度：6.00MPa　　粉煤灰取代水泥率：20%

水泥强度等级	水泥实际强度(MPa)	粉煤灰超量系数	材料用量 (kg/m³) 粗砂 水泥 Q_{c0}	石灰 Q_{D0}	粉煤灰 Q_{f0}	砂 Q_{S0}	中砂 水泥 Q_{c0}	石灰 Q_{D0}	粉煤灰 Q_{f0}	砂 Q_{S0}	细砂 水泥 Q_{c0}	石灰 Q_{D0}	粉煤灰 Q_{f0}	砂 Q_{S0}	配合比(重量比) 粗砂 水泥:石灰:粉煤灰:砂 $Q_C:Q_D:Q_f:Q_S$	中砂 水泥:石灰:粉煤灰:砂 $Q_C:Q_D:Q_f:Q_S$	细砂 水泥:石灰:粉煤灰:砂 $Q_C:Q_D:Q_f:Q_S$
32.5	32.5	1.30	171	136	56	1497	171	136	56	1437	171	136	56	1377	1:0.79:0.33:8.74	1:0.79:0.33:8.39	1:0.79:0.33:8.04
		1.40	171	136	60	1493	171	136	60	1433	171	136	60	1373	1:0.79:0.35:8.71	1:0.79:0.35:8.36	1:0.79:0.35:8.01
		1.50	171	136	64	1489	171	136	64	1429	171	136	64	1369	1:0.79:0.38:8.69	1:0.79:0.38:8.34	1:0.79:0.38:7.99
		1.60	171	136	69	1484	171	136	69	1424	171	136	69	1364	1:0.79:0.40:8.66	1:0.79:0.40:8.31	1:0.79:0.40:7.96
		1.70	171	136	73	1480	171	136	73	1420	171	136	73	1360	1:0.79:0.43:8.64	1:0.79:0.43:8.29	1:0.79:0.43:7.94
		1.80	171	136	77	1476	171	136	77	1416	171	136	77	1356	1:0.79:0.45:8.61	1:0.79:0.45:8.26	1:0.79:0.45:7.91
		1.90	171	136	81	1471	171	136	81	1411	171	136	81	1351	1:0.79:0.48:8.59	1:0.79:0.48:8.24	1:0.79:0.48:7.89
		2.00	171	136	86	1467	171	136	86	1407	171	136	86	1347	1:0.79:0.50:8.56	1:0.79:0.50:8.21	1:0.79:0.50:7.86
	37.5	1.30	148	164	48	1499	148	164	48	1439	148	164	48	1379	1:1.11:0.33:10.09	1:1.11:0.33:9.69	1:1.11:0.33:9.29
		1.40	148	164	52	1495	148	164	52	1435	148	164	52	1375	1:1.11:0.35:10.07	1:1.11:0.35:9.67	1:1.11:0.35:9.26
		1.50	148	164	56	1491	148	164	56	1431	148	164	56	1371	1:1.11:0.38:10.04	1:1.11:0.38:9.64	1:1.11:0.38:9.24
		1.60	148	164	59	1488	148	164	59	1428	148	164	59	1368	1:1.11:0.40:10.02	1:1.11:0.40:9.62	1:1.11:0.40:9.21
		1.70	148	164	63	1484	148	164	63	1424	148	164	63	1364	1:1.11:0.43:9.99	1:1.11:0.43:9.59	1:1.11:0.43:9.19
		1.80	148	164	67	1480	148	164	67	1420	148	164	67	1360	1:1.11:0.45:9.97	1:1.11:0.45:9.57	1:1.11:0.45:9.16
		1.90	148	164	71	1477	148	164	71	1417	148	164	71	1357	1:1.11:0.48:9.94	1:1.11:0.48:9.54	1:1.11:0.48:9.14
		2.00	148	164	74	1473	148	164	74	1413	148	164	74	1353	1:1.11:0.50:9.92	1:1.11:0.50:9.52	1:1.11:0.50:9.11

注：石灰膏为标准稠度（120mm）时的用量。

砂浆强度等级：M5.0　　施工水平：一般　　配制强度：6.00MPa　　粉煤灰取代水泥率：20%

水泥强度等级	水泥实际强度(MPa)	粉煤灰超量系数	材料用量（kg/m³）												配合比（重量比）		
			粗砂				中砂				细砂				粗砂	中砂	细砂
			水泥Q_{C0}	石灰Q_{D0}	粉煤灰Q_{f0}	砂Q_{S0}	水泥Q_{C0}	石灰Q_{D0}	粉煤灰Q_{f0}	砂Q_{S0}	水泥Q_{C0}	石灰Q_{D0}	粉煤灰Q_{f0}	砂Q_{S0}	水泥:石灰:粉煤灰:砂 $Q_C:Q_D:Q_f:Q_S$	水泥:石灰:粉煤灰:砂 $Q_C:Q_D:Q_f:Q_S$	水泥:石灰:粉煤灰:砂 $Q_C:Q_D:Q_f:Q_S$
42.5	42.5	1.30	131	186	43	1500	131	186	43	1440	131	186	43	1380	1:1.42:0.33:11.45	1:1.42:0.33:10.99	1:1.42:0.33:10.53
		1.40	131	186	46	1497	131	186	46	1437	131	186	46	1377	1:1.42:0.35:11.43	1:1.42:0.35:10.97	1:1.42:0.35:10.51
		1.50	131	186	49	1494	131	186	49	1434	131	186	49	1374	1:1.42:0.38:11.40	1:1.42:0.38:10.94	1:1.42:0.38:10.48
		1.60	131	186	52	1490	131	186	52	1430	131	186	52	1370	1:1.42:0.40:11.38	1:1.42:0.40:10.92	1:1.42:0.40:10.46
		1.70	131	186	56	1487	131	186	56	1427	131	186	56	1367	1:1.42:0.43:11.35	1:1.42:0.43:10.89	1:1.42:0.43:10.43
		1.80	131	186	59	1484	131	186	59	1424	131	186	59	1364	1:1.42:0.45:11.33	1:1.42:0.45:10.87	1:1.42:0.45:10.41
		1.90	131	186	62	1481	131	186	62	1421	131	186	62	1361	1:1.42:0.48:11.30	1:1.42:0.48:10.84	1:1.42:0.48:10.38
		2.00	131	186	66	1477	131	186	66	1417	131	186	66	1357	1:1.42:0.50:11.28	1:1.42:0.50:10.82	1:1.42:0.50:10.36
	47.5	1.30	117	203	38	1501	117	203	38	1441	117	203	38	1381	1:1.74:0.33:12.81	1:1.74:0.33:12.29	1:1.74:0.33:11.78
		1.40	117	203	41	1498	117	203	41	1438	117	203	41	1378	1:1.74:0.35:12.78	1:1.74:0.35:12.26	1:1.74:0.35:11.76
		1.50	117	203	44	1495	117	203	44	1435	117	203	44	1375	1:1.74:0.38:12.76	1:1.74:0.38:12.24	1:1.74:0.38:11.73
		1.60	117	203	47	1492	117	203	47	1432	117	203	47	1372	1:1.74:0.40:12.73	1:1.74:0.40:12.22	1:1.74:0.40:11.71
		1.70	117	203	50	1489	117	203	50	1429	117	203	50	1369	1:1.74:0.43:12.71	1:1.74:0.43:12.19	1:1.74:0.43:11.68
		1.80	117	203	53	1487	117	203	53	1427	117	203	53	1367	1:1.74:0.45:12.68	1:1.74:0.45:12.17	1:1.74:0.45:11.66
		1.90	117	203	56	1484	117	203	56	1424	117	203	56	1364	1:1.74:0.48:12.66	1:1.74:0.48:12.14	1:1.74:0.48:11.63
		2.00	117	203	59	1481	117	203	59	1421	117	203	59	1361	1:1.74:0.50:12.63	1:1.74:0.50:12.12	1:1.74:0.50:11.61

注：石灰膏为标准稠度（120mm）时的用量。

砂浆强度等级：M5.0　　施工水平：较差　　配制强度：6.25MPa　　粉煤灰取代水泥率：20％

水泥强度等级	水泥实际强度(MPa)	粉煤灰超量系数	材料用量（kg/m³）												配合比（重量比）		
			粗砂				中砂				细砂				粗砂	中砂	细砂
			水泥 Q_{C0}	石灰 Q_{D0}	粉煤灰 Q_{f0}	砂 Q_{S0}	水泥 Q_{C0}	石灰 Q_{D0}	粉煤灰 Q_{f0}	砂 Q_{S0}	水泥 Q_{C0}	石灰 Q_{D0}	粉煤灰 Q_{f0}	砂 Q_{S0}	水泥:石灰:粉煤灰:砂 $Q_C:Q_D:Q_f:Q_S$	水泥:石灰:粉煤灰:砂 $Q_C:Q_D:Q_f:Q_S$	水泥:石灰:粉煤灰:砂 $Q_C:Q_D:Q_f:Q_S$
32.5	32.5	1.30	173	133	56	1497	173	133	56	1437	173	133	56	1377	1:0.77:0.33:8.64	1:0.77:0.33:8.29	1:0.77:0.33:7.94
		1.40	173	133	61	1493	173	133	61	1433	173	133	61	1373	1:0.77:0.35:8.61	1:0.77:0.35:8.26	1:0.77:0.35:7.92
		1.50	173	133	65	1488	173	133	65	1428	173	133	65	1368	1:0.77:0.38:8.59	1:0.77:0.38:8.24	1:0.77:0.38:7.89
		1.60	173	133	69	1484	173	133	69	1424	173	133	69	1364	1:0.77:0.40:8.56	1:0.77:0.40:8.21	1:0.77:0.40:7.87
		1.70	173	133	74	1480	173	133	74	1420	173	133	74	1360	1:0.77:0.43:8.54	1:0.77:0.43:8.19	1:0.77:0.43:7.84
		1.80	173	133	78	1475	173	133	78	1415	173	133	78	1355	1:0.77:0.45:8.51	1:0.77:0.45:8.16	1:0.77:0.45:7.82
		1.90	173	133	82	1471	173	133	82	1411	173	133	82	1351	1:0.77:0.48:8.49	1:0.77:0.48:8.14	1:0.77:0.48:7.79
		2.00	173	133	87	1467	173	133	87	1407	173	133	87	1347	1:0.77:0.50:8.46	1:0.77:0.50:8.11	1:0.77:0.50:7.77
	37.5	1.30	150	162	49	1499	150	162	49	1439	150	162	49	1379	1:1.08:0.33:9.98	1:1.08:0.33:9.58	1:1.08:0.33:9.18
		1.40	150	162	53	1495	150	162	53	1435	150	162	53	1375	1:1.08:0.35:9.95	1:1.08:0.35:9.55	1:1.08:0.35:9.15
		1.50	150	162	56	1491	150	162	56	1431	150	162	56	1371	1:1.08:0.38:9.93	1:1.08:0.38:9.53	1:1.08:0.38:9.13
		1.60	150	162	60	1487	150	162	60	1427	150	162	60	1367	1:1.08:0.40:9.90	1:1.08:0.40:9.50	1:1.08:0.40:9.10
		1.70	150	162	64	1484	150	162	64	1424	150	162	64	1364	1:1.08:0.43:9.88	1:1.08:0.43:9.48	1:1.08:0.43:9.08
		1.80	150	162	68	1480	150	162	68	1420	150	162	68	1360	1:1.08:0.45:9.85	1:1.08:0.45:9.45	1:1.08:0.45:9.05
		1.90	150	162	71	1476	150	162	71	1416	150	162	71	1356	1:1.08:0.48:9.83	1:1.08:0.48:9.43	1:1.08:0.48:9.03
		2.00	150	162	75	1472	150	162	75	1412	150	162	75	1352	1:1.08:0.50:9.80	1:1.08:0.50:9.40	1:1.08:0.50:9.00

注：石灰膏为标准稠度（120mm）时的用量。

砂浆强度等级：M5.0　　施工水平：较差　　配制强度：6.25MPa　　粉煤灰取代水泥率：20%

水泥强度等级	水泥实际强度(MPa)	粉煤灰超量系数	材料用量（kg/m³）												配合比（重量比）		
			粗砂				中砂				细砂				粗砂	中砂	细砂
			水泥Q_{C0}	石灰Q_{D0}	粉煤灰Q_{f0}	砂Q_{S0}	水泥Q_{C0}	石灰Q_{D0}	粉煤灰Q_{f0}	砂Q_{S0}	水泥Q_{C0}	石灰Q_{D0}	粉煤灰Q_{f0}	砂Q_{S0}	水泥:石灰:粉煤灰:砂 $Q_C:Q_D:Q_f:Q_S$	水泥:石灰:粉煤灰:砂 $Q_C:Q_D:Q_f:Q_S$	水泥:石灰:粉煤灰:砂 $Q_C:Q_D:Q_f:Q_S$
42.5	42.5	1.30	133	184	43	1500	133	184	43	1440	133	184	43	1380	1:1.39:0.33:11.32	1:1.39:0.33:10.86	1:1.39:0.33:10.41
		1.40	133	184	46	1497	133	184	46	1437	133	184	46	1377	1:1.39:0.35:11.29	1:1.39:0.35:10.84	1:1.39:0.35:10.38
		1.50	133	184	50	1493	133	184	50	1433	133	184	50	1373	1:1.39:0.38:11.27	1:1.39:0.38:10.81	1:1.39:0.38:10.36
		1.60	133	184	53	1490	133	184	53	1430	133	184	53	1370	1:1.39:0.40:11.24	1:1.39:0.40:10.79	1:1.39:0.40:10.33
		1.70	133	184	56	1487	133	184	56	1427	133	184	56	1367	1:1.39:0.43:11.22	1:1.39:0.43:10.76	1:1.39:0.43:10.31
		1.80	133	184	60	1483	133	184	60	1423	133	184	60	1363	1:1.39:0.45:11.19	1:1.39:0.45:10.74	1:1.39:0.45:10.28
		1.90	133	184	63	1480	133	184	63	1420	133	184	63	1360	1:1.39:0.48:11.17	1:1.39:0.48:10.71	1:1.39:0.48:10.26
		2.00	133	184	66	1477	133	184	66	1417	133	184	66	1357	1:1.39:0.50:11.14	1:1.39:0.50:10.69	1:1.39:0.50:10.23
	47.5	1.30	119	202	39	1501	119	202	39	1441	119	202	39	1381	1:1.70:0.33:12.66	1:1.70:0.33:12.15	1:1.70:0.33:11.64
		1.40	119	202	42	1498	119	202	42	1438	119	202	42	1378	1:1.70:0.35:12.63	1:1.70:0.35:12.12	1:1.70:0.35:11.62
		1.50	119	202	44	1495	119	202	44	1435	119	202	44	1375	1:1.70:0.38:12.61	1:1.70:0.38:12.10	1:1.70:0.38:11.59
		1.60	119	202	47	1492	119	202	47	1432	119	202	47	1372	1:1.70:0.40:12.58	1:1.70:0.40:12.07	1:1.70:0.40:11.57
		1.70	119	202	50	1489	119	202	50	1429	119	202	50	1369	1:1.70:0.43:12.56	1:1.70:0.43:12.05	1:1.70:0.43:11.54
		1.80	119	202	53	1486	119	202	53	1426	119	202	53	1366	1:1.70:0.45:12.53	1:1.70:0.45:12.02	1:1.70:0.45:11.52
		1.90	119	202	56	1483	119	202	56	1423	119	202	56	1363	1:1.70:0.48:12.51	1:1.70:0.48:12.00	1:1.70:0.48:11.49
		2.00	119	202	59	1480	119	202	59	1420	119	202	59	1360	1:1.70:0.50:12.48	1:1.70:0.50:11.97	1:1.70:0.50:11.47

注：石灰膏为标准稠度（120mm）时的用量。

砂浆强度等级：M5.0　　施工水平：优良　　配制强度：5.75MPa　　粉煤灰取代水泥率：25％

水泥强度等级	水泥实际强度(MPa)	粉煤灰超量系数	材料用量（kg/m³）												配合比（重量比）		
			粗砂				中砂				细砂				粗砂	中砂	细砂
			水泥 Q_{C0}	石灰 Q_{D0}	粉煤灰 Q_{f0}	砂 Q_{S0}	水泥 Q_{C0}	石灰 Q_{D0}	粉煤灰 Q_{f0}	砂 Q_{S0}	水泥 Q_{C0}	石灰 Q_{D0}	粉煤灰 Q_{f0}	砂 Q_{S0}	水泥:石灰:粉煤灰:砂 $Q_C:Q_D:Q_f:Q_S$	水泥:石灰:粉煤灰:砂 $Q_C:Q_D:Q_f:Q_S$	水泥:石灰:粉煤灰:砂 $Q_C:Q_D:Q_f:Q_S$
32.5	32.5	1.30	159	138	69	1494	159	138	69	1434	159	138	69	1374	1:0.87:0.43:9.41	1:0.87:0.43:9.04	1:0.87:0.43:8.66
		1.40	159	138	74	1489	159	138	74	1429	159	138	74	1369	1:0.87:0.47:9.38	1:0.87:0.47:9.00	1:0.87:0.47:8.62
		1.50	159	138	79	1484	159	138	79	1424	159	138	79	1364	1:0.87:0.50:9.35	1:0.87:0.50:8.97	1:0.87:0.50:8.59
		1.60	159	138	85	1478	159	138	85	1418	159	138	85	1358	1:0.87:0.53:9.31	1:0.87:0.53:8.94	1:0.87:0.53:8.56
		1.70	159	138	90	1473	159	138	90	1413	159	138	90	1353	1:0.87:0.57:9.28	1:0.87:0.57:8.90	1:0.87:0.57:8.52
		1.80	159	138	95	1468	159	138	95	1408	159	138	95	1348	1:0.87:0.60:9.25	1:0.87:0.60:8.87	1:0.87:0.60:8.49
		1.90	159	138	101	1462	159	138	101	1402	159	138	101	1342	1:0.87:0.63:9.21	1:0.87:0.63:8.84	1:0.87:0.63:8.46
		2.00	159	138	106	1457	159	138	106	1397	159	138	106	1337	1:0.87:0.67:9.18	1:0.87:0.67:8.80	1:0.87:0.67:8.42
	37.5	1.30	138	167	60	1496	138	167	60	1436	138	167	60	1376	1:1.21:0.43:10.88	1:1.21:0.43:10.44	1:1.21:0.43:10.00
		1.40	138	167	64	1492	138	167	64	1432	138	167	64	1372	1:1.21:0.47:10.84	1:1.21:0.47:10.41	1:1.21:0.47:9.97
		1.50	138	167	69	1487	138	167	69	1427	138	167	69	1367	1:1.21:0.50:10.81	1:1.21:0.50:10.37	1:1.21:0.50:9.94
		1.60	138	167	73	1482	138	167	73	1422	138	167	73	1362	1:1.21:0.53:10.78	1:1.21:0.53:10.34	1:1.21:0.53:9.90
		1.70	138	167	78	1478	138	167	78	1418	138	167	78	1358	1:1.21:0.57:10.74	1:1.21:0.57:10.31	1:1.21:0.57:9.87
		1.80	138	167	83	1473	138	167	83	1413	138	167	83	1353	1:1.21:0.60:10.71	1:1.21:0.60:10.27	1:1.21:0.60:9.84
		1.90	138	167	87	1469	138	167	87	1409	138	167	87	1349	1:1.21:0.63:10.68	1:1.21:0.63:10.24	1:1.21:0.63:9.80
		2.00	138	167	92	1464	138	167	92	1404	138	167	92	1344	1:1.21:0.67:10.64	1:1.21:0.67:10.21	1:1.21:0.67:9.77

注：石灰膏为标准稠度（120mm）时的用量。

砂浆强度等级：M5.0　　施工水平：优良　　配制强度：5.75MPa　　粉煤灰取代水泥率：25%

水泥强度等级	水泥实际强度(MPa)	粉煤灰超量系数	材料用量 (kg/m³)												配 合 比（重量比）		
			粗砂				中砂				细砂				粗 砂	中 砂	细 砂
			水泥 Q_{C0}	石灰 Q_{D0}	粉煤灰 Q_{f0}	砂 Q_{S0}	水泥 Q_{C0}	石灰 Q_{D0}	粉煤灰 Q_{f0}	砂 Q_{S0}	水泥 Q_{C0}	石灰 Q_{D0}	粉煤灰 Q_{f0}	砂 Q_{S0}	水泥:石灰:粉煤灰:砂 $Q_C:Q_D:Q_f:Q_S$	水泥:石灰:粉煤灰:砂 $Q_C:Q_D:Q_f:Q_S$	水泥:石灰:粉煤灰:砂 $Q_C:Q_D:Q_f:Q_S$
42.5	42.5	1.30	121	188	53	1498	121	188	53	1438	121	188	53	1378	1:1.55:0.43:12.34	1:1.55:0.43:11.85	1:1.55:0.43:11.35
		1.40	121	188	57	1494	121	188	57	1434	121	188	57	1374	1:1.55:0.47:12.31	1:1.55:0.47:11.81	1:1.55:0.47:11.32
		1.50	121	188	61	1490	121	188	61	1430	121	188	61	1370	1:1.55:0.50:12.27	1:1.55:0.50:11.78	1:1.55:0.50:11.29
		1.60	121	188	65	1486	121	188	65	1426	121	188	65	1366	1:1.55:0.53:12.24	1:1.55:0.53:11.75	1:1.55:0.53:11.25
		1.70	121	188	69	1482	121	188	69	1422	121	188	69	1362	1:1.55:0.57:12.21	1:1.55:0.57:11.71	1:1.55:0.57:11.22
		1.80	121	188	73	1478	121	188	73	1418	121	188	73	1358	1:1.55:0.60:12.17	1:1.55:0.60:11.68	1:1.55:0.60:11.19
		1.90	121	188	77	1474	121	188	77	1414	121	188	77	1354	1:1.55:0.63:12.14	1:1.55:0.63:11.65	1:1.55:0.63:11.15
		2.00	121	188	81	1470	121	188	81	1410	121	188	81	1350	1:1.55:0.67:12.11	1:1.55:0.67:11.61	1:1.55:0.67:11.12
	47.5	1.30	109	205	47	1499	109	205	47	1439	109	205	47	1379	1:1.89:0.43:13.80	1:1.89:0.43:13.25	1:1.89:0.43:12.70
		1.40	109	205	51	1496	109	205	51	1436	109	205	51	1376	1:1.89:0.47:13.77	1:1.89:0.47:13.22	1:1.89:0.47:12.67
		1.50	109	205	54	1492	109	205	54	1432	109	205	54	1372	1:1.89:0.50:13.74	1:1.89:0.50:13.19	1:1.89:0.50:12.63
		1.60	109	205	58	1488	109	205	58	1428	109	205	58	1368	1:1.89:0.53:13.70	1:1.89:0.53:13.15	1:1.89:0.53:12.60
		1.70	109	205	62	1485	109	205	62	1425	109	205	62	1365	1:1.89:0.57:13.67	1:1.89:0.57:13.12	1:1.89:0.57:12.57
		1.80	109	205	65	1481	109	205	65	1421	109	205	65	1361	1:1.89:0.60:13.64	1:1.89:0.60:13.09	1:1.89:0.60:12.53
		1.90	109	205	69	1477	109	205	69	1417	109	205	69	1357	1:1.89:0.63:13.60	1:1.89:0.63:13.05	1:1.89:0.63:12.50
		2.00	109	205	72	1474	109	205	72	1414	109	205	72	1354	1:1.89:0.67:13.57	1:1.89:0.67:13.02	1:1.89:0.67:12.47

注：石灰膏为标准稠度（120mm）时的用量。

砂浆强度等级：M5.0　　　施工水平：一般　　　配制强度：6.00MPa　　　粉煤灰取代水泥率：25%

水泥强度等级	水泥实际强度(MPa)	粉煤灰超量系数	材料用量（kg/m³）													配合比（重量比）		
			粗砂				中砂				细砂				粗砂	中砂	细砂
			水泥 Q_{C0}	石灰 Q_{D0}	粉煤灰 Q_{f0}	砂 Q_{S0}	水泥 Q_{C0}	石灰 Q_{D0}	粉煤灰 Q_{f0}	砂 Q_{S0}	水泥 Q_{C0}	石灰 Q_{D0}	粉煤灰 Q_{f0}	砂 Q_{S0}	水泥:石灰:粉煤灰:砂 $Q_C:Q_D:Q_f:Q_S$	水泥:石灰:粉煤灰:砂 $Q_C:Q_D:Q_f:Q_S$	水泥:石灰:粉煤灰:砂 $Q_C:Q_D:Q_f:Q_S$
32.5	32.5	1.30	161	136	70	1494	161	136	70	1434	161	136	70	1374	1:0.85:0.43:9.30	1:0.85:0.43:8.93	1:0.85:0.43:8.55
		1.40	161	136	75	1489	161	136	75	1429	161	136	75	1369	1:0.85:0.47:9.27	1:0.85:0.47:8.89	1:0.85:0.47:8.52
		1.50	161	136	80	1483	161	136	80	1423	161	136	80	1363	1:0.85:0.50:9.23	1:0.85:0.50:8.86	1:0.85:0.50:8.49
		1.60	161	136	86	1478	161	136	86	1418	161	136	86	1358	1:0.85:0.53:9.20	1:0.85:0.53:8.83	1:0.85:0.53:8.45
		1.70	161	136	91	1473	161	136	91	1413	161	136	91	1353	1:0.85:0.57:9.17	1:0.85:0.57:8.79	1:0.85:0.57:8.42
		1.80	161	136	96	1467	161	136	96	1407	161	136	96	1347	1:0.85:0.60:9.13	1:0.85:0.60:8.76	1:0.85:0.60:8.39
		1.90	161	136	102	1462	161	136	102	1402	161	136	102	1342	1:0.85:0.63:9.10	1:0.85:0.63:8.73	1:0.85:0.63:8.35
		2.00	161	136	107	1456	161	136	107	1396	161	136	107	1336	1:0.85:0.67:9.07	1:0.85:0.67:8.69	1:0.85:0.67:8.32
	37.5	1.30	139	164	60	1496	139	164	60	1436	139	164	60	1376	1:1.18:0.43:10.75	1:1.18:0.43:10.32	1:1.18:0.43:9.89
		1.40	139	164	65	1491	139	164	65	1431	139	164	65	1371	1:1.18:0.47:10.71	1:1.18:0.47:10.28	1:1.18:0.47:9.85
		1.50	139	164	70	1487	139	164	70	1427	139	164	70	1367	1:1.18:0.50:10.68	1:1.18:0.50:10.25	1:1.18:0.50:9.82
		1.60	139	164	74	1482	139	164	74	1422	139	164	74	1362	1:1.18:0.53:10.65	1:1.18:0.53:10.22	1:1.18:0.53:9.79
		1.70	139	164	79	1478	139	164	79	1418	139	164	79	1358	1:1.18:0.57:10.61	1:1.18:0.57:10.18	1:1.18:0.57:9.75
		1.80	139	164	84	1473	139	164	84	1413	139	164	84	1353	1:1.18:0.60:10.58	1:1.18:0.60:10.15	1:1.18:0.60:9.72
		1.90	139	164	88	1468	139	164	88	1408	139	164	88	1348	1:1.18:0.63:10.55	1:1.18:0.63:10.12	1:1.18:0.63:9.69
		2.00	139	164	93	1464	139	164	93	1404	139	164	93	1344	1:1.18:0.67:10.51	1:1.18:0.67:10.08	1:1.18:0.67:9.65

注：石灰膏为标准稠度（120mm）时的用量。

砂浆强度等级：M5.0　　施工水平：一般　　配制强度：6.00MPa　　粉煤灰取代水泥率：25%

水泥强度等级	水泥实际强度(MPa)	粉煤灰超量系数	材料用量（kg/m³）											配合比（重量比）		
			粗砂				中砂				细砂				粗砂	中砂	细砂
			水泥 Q_{C0}	石灰 Q_{D0}	粉煤灰 Q_{f0}	砂 Q_{S0}	水泥 Q_{C0}	石灰 Q_{D0}	粉煤灰 Q_{f0}	砂 Q_{S0}	水泥 Q_{C0}	石灰 Q_{D0}	粉煤灰 Q_{f0}	砂 Q_{S0}	水泥:石灰:粉煤灰:砂 $Q_C:Q_D:Q_f:Q_S$	水泥:石灰:粉煤灰:砂 $Q_C:Q_D:Q_f:Q_S$	水泥:石灰:粉煤灰:砂 $Q_C:Q_D:Q_f:Q_S$
42.5	42.5	1.30	123	186	53	1498	123	186	53	1438	123	186	53	1378	1:1.52:0.43:12.19	1:1.52:0.43:11.70	1:1.52:0.43:11.22
		1.40	123	186	57	1494	123	186	57	1434	123	186	57	1374	1:1.52:0.47:12.16	1:1.52:0.47:11.67	1:1.52:0.47:11.18
		1.50	123	186	61	1490	123	186	61	1430	123	186	61	1370	1:1.52:0.50:12.13	1:1.52:0.50:11.64	1:1.52:0.50:11.15
		1.60	123	186	66	1485	123	186	66	1425	123	186	66	1365	1:1.52:0.53:12.09	1:1.52:0.53:11.60	1:1.52:0.53:11.12
		1.70	123	186	70	1481	123	186	70	1421	123	186	70	1361	1:1.52:0.57:12.06	1:1.52:0.57:11.57	1:1.52:0.57:11.08
		1.80	123	186	74	1477	123	186	74	1417	123	186	74	1357	1:1.52:0.60:12.03	1:1.52:0.60:11.54	1:1.52:0.60:11.05
		1.90	123	186	78	1473	123	186	78	1413	123	186	78	1353	1:1.52:0.63:11.99	1:1.52:0.63:11.50	1:1.52:0.63:11.02
		2.00	123	186	82	1469	123	186	82	1409	123	186	82	1349	1:1.52:0.67:11.96	1:1.52:0.67:11.47	1:1.52:0.67:10.98
	47.5	1.30	110	203	48	1499	110	203	48	1439	110	203	48	1379	1:1.85:0.43:13.64	1:1.85:0.43:13.09	1:1.85:0.43:12.55
		1.40	110	203	51	1495	110	203	51	1435	110	203	51	1375	1:1.85:0.47:13.61	1:1.85:0.47:13.06	1:1.85:0.47:12.51
		1.50	110	203	55	1492	110	203	55	1432	110	203	55	1372	1:1.85:0.50:13.57	1:1.85:0.50:13.03	1:1.85:0.50:12.48
		1.60	110	203	59	1488	110	203	59	1428	110	203	59	1368	1:1.85:0.53:13.54	1:1.85:0.53:12.99	1:1.85:0.53:12.45
		1.70	110	203	62	1484	110	203	62	1424	110	203	62	1364	1:1.85:0.57:13.51	1:1.85:0.57:12.96	1:1.85:0.57:12.41
		1.80	110	203	66	1481	110	203	66	1421	110	203	66	1361	1:1.85:0.60:13.47	1:1.85:0.60:12.93	1:1.85:0.60:12.38
		1.90	110	203	70	1477	110	203	70	1417	110	203	70	1357	1:1.85:0.63:13.44	1:1.85:0.63:12.89	1:1.85:0.63:12.35
		2.00	110	203	73	1473	110	203	73	1413	110	203	73	1353	1:1.85:0.67:13.41	1:1.85:0.67:12.86	1:1.85:0.67:12.31

注：石灰膏为标准稠度（120mm）时的用量。

砂浆强度等级：M5.0　　施工水平：较差　　配制强度：6.25MPa　　粉煤灰取代水泥率：25%

水泥强度等级	水泥实际强度(MPa)	粉煤灰超量系数	材料用量 (kg/m³)											配合比(重量比)		
			粗砂				中砂				细砂				粗砂	中砂	细砂
			水泥 Q_{C0}	石灰 Q_{D0}	粉煤灰 Q_{f0}	砂 Q_{S0}	水泥 Q_{C0}	石灰 Q_{D0}	粉煤灰 Q_{f0}	砂 Q_{S0}	水泥 Q_{C0}	石灰 Q_{D0}	粉煤灰 Q_{f0}	砂 Q_{S0}	水泥:石灰:粉煤灰:砂 $Q_C:Q_D:Q_f:Q_S$	水泥:石灰:粉煤灰:砂 $Q_C:Q_D:Q_f:Q_S$	水泥:石灰:粉煤灰:砂 $Q_C:Q_D:Q_f:Q_S$
32.5	32.5	1.30	163	133	70	1494	163	133	70	1434	163	133	70	1374	1:0.82:0.43:9.19	1:0.82:0.43:8.82	1:0.82:0.43:8.45
		1.40	163	133	76	1488	163	133	76	1428	163	133	76	1368	1:0.82:0.47:9.16	1:0.82:0.47:8.79	1:0.82:0.47:8.42
		1.50	163	133	81	1483	163	133	81	1423	163	133	81	1363	1:0.82:0.50:9.12	1:0.82:0.50:8.75	1:0.82:0.50:8.39
		1.60	163	133	87	1477	163	133	87	1417	163	133	87	1357	1:0.82:0.53:9.09	1:0.82:0.53:8.72	1:0.82:0.53:8.35
		1.70	163	133	92	1472	163	133	92	1412	163	133	92	1352	1:0.82:0.57:9.06	1:0.82:0.57:8.69	1:0.82:0.57:8.32
		1.80	163	133	98	1467	163	133	98	1407	163	133	98	1347	1:0.82:0.60:9.02	1:0.82:0.60:8.65	1:0.82:0.60:8.29
		1.90	163	133	103	1461	163	133	103	1401	163	133	103	1341	1:0.82:0.63:8.99	1:0.82:0.63:8.62	1:0.82:0.63:8.25
		2.00	163	133	108	1456	163	133	108	1396	163	133	108	1336	1:0.82:0.67:8.96	1:0.82:0.67:8.59	1:0.82:0.67:8.22
	37.5	1.30	141	162	61	1496	141	162	61	1436	141	162	61	1376	1:1.15:0.43:10.62	1:1.15:0.43:10.19	1:1.15:0.43:9.77
		1.40	141	162	66	1491	141	162	66	1431	141	162	66	1371	1:1.15:0.47:10.59	1:1.15:0.47:10.16	1:1.15:0.47:9.73
		1.50	141	162	70	1487	141	162	70	1427	141	162	70	1367	1:1.15:0.50:10.55	1:1.15:0.50:10.13	1:1.15:0.50:9.70
		1.60	141	162	75	1482	141	162	75	1422	141	162	75	1362	1:1.15:0.53:10.52	1:1.15:0.53:10.09	1:1.15:0.53:9.67
		1.70	141	162	80	1477	141	162	80	1417	141	162	80	1357	1:1.15:0.57:10.49	1:1.15:0.57:10.06	1:1.15:0.57:9.63
		1.80	141	162	85	1472	141	162	85	1412	141	162	85	1352	1:1.15:0.60:10.45	1:1.15:0.60:10.03	1:1.15:0.60:9.60
		1.90	141	162	89	1468	141	162	89	1408	141	162	89	1348	1:1.15:0.63:10.42	1:1.15:0.63:9.99	1:1.15:0.63:9.57
		2.00	141	162	94	1463	141	162	94	1403	141	162	94	1343	1:1.15:0.67:10.39	1:1.15:0.67:9.96	1:1.15:0.67:9.53

注：石灰膏为标准稠度（120mm）时的用量。

砂浆强度等级：M5.0　　施工水平：较差　　配制强度：6.25MPa　　粉煤灰取代水泥率：25%

水泥强度等级	水泥实际强度(MPa)	粉煤灰超量系数	材料用量 (kg/m³)												配合比（重量比）		
			粗砂				中砂				细砂				粗砂	中砂	细砂
			水泥Q_{C0}	石灰Q_{D0}	粉煤灰Q_{f0}	砂Q_{S0}	水泥Q_{C0}	石灰Q_{D0}	粉煤灰Q_{f0}	砂Q_{S0}	水泥Q_{C0}	石灰Q_{D0}	粉煤灰Q_{f0}	砂Q_{S0}	水泥:石灰:粉煤灰:砂 $Q_C:Q_D:Q_f:Q_S$	水泥:石灰:粉煤灰:砂 $Q_C:Q_D:Q_f:Q_S$	水泥:石灰:粉煤灰:砂 $Q_C:Q_D:Q_f:Q_S$
42.5	42.5	1.30	124	184	54	1498	124	184	54	1438	124	184	54	1378	1:1.48:0.43:12.05	1:1.48:0.43:11.57	1:1.48:0.43:11.08
		1.40	124	184	58	1493	124	184	58	1433	124	184	58	1373	1:1.48:0.47:12.02	1:1.48:0.47:11.53	1:1.48:0.47:11.05
		1.50	124	184	62	1489	124	184	62	1429	124	184	62	1369	1:1.48:0.50:11.98	1:1.48:0.50:11.50	1:1.48:0.50:11.02
		1.60	124	184	66	1485	124	184	66	1425	124	184	66	1365	1:1.48:0.53:11.95	1:1.48:0.53:11.47	1:1.48:0.53:10.98
		1.70	124	184	70	1481	124	184	70	1421	124	184	70	1361	1:1.48:0.57:11.92	1:1.48:0.57:11.43	1:1.48:0.57:10.95
		1.80	124	184	75	1477	124	184	75	1417	124	184	75	1357	1:1.48:0.60:11.88	1:1.48:0.60:11.40	1:1.48:0.60:10.92
		1.90	124	184	79	1473	124	184	79	1413	124	184	79	1353	1:1.48:0.63:11.85	1:1.48:0.63:11.37	1:1.48:0.63:10.88
		2.00	124	184	83	1469	124	184	83	1409	124	184	83	1349	1:1.48:0.67:11.82	1:1.48:0.67:11.33	1:1.48:0.67:10.85
	47.5	1.30	111	202	48	1499	111	202	48	1439	111	202	48	1379	1:1.81:0.43:13.48	1:1.81:0.43:12.94	1:1.81:0.43:12.40
		1.40	111	202	52	1495	111	202	52	1435	111	202	52	1375	1:1.81:0.47:13.45	1:1.81:0.47:12.91	1:1.81:0.47:12.37
		1.50	111	202	56	1491	111	202	56	1431	111	202	56	1371	1:1.81:0.50:13.41	1:1.81:0.50:12.87	1:1.81:0.50:12.33
		1.60	111	202	59	1488	111	202	59	1428	111	202	59	1368	1:1.81:0.53:13.38	1:1.81:0.53:12.84	1:1.81:0.53:12.30
		1.70	111	202	63	1484	111	202	63	1424	111	202	63	1364	1:1.81:0.57:13.35	1:1.81:0.57:12.81	1:1.81:0.57:12.27
		1.80	111	202	67	1480	111	202	67	1420	111	202	67	1360	1:1.81:0.60:13.31	1:1.81:0.60:12.77	1:1.81:0.60:12.23
		1.90	111	202	70	1477	111	202	70	1417	111	202	70	1357	1:1.81:0.63:13.28	1:1.81:0.63:12.74	1:1.81:0.63:12.20
		2.00	111	202	74	1473	111	202	74	1413	111	202	74	1353	1:1.81:0.67:13.25	1:1.81:0.67:12.71	1:1.81:0.67:12.17

注：石灰膏为标准稠度（120mm）时的用量。

砂浆强度等级：M5.0　　施工水平：优良　　配制强度：5.75MPa　　粉煤灰取代水泥率：30%

水泥强度等级	水泥实际强度(MPa)	粉煤灰超量系数	材料用量（kg/m³）											配合比（重量比）		
			粗砂				中砂				细砂				粗砂	中砂	细砂
			水泥Q_C	石灰Q_D	粉煤灰Q_f	砂Q_S	水泥Q_C	石灰Q_D	粉煤灰Q_f	砂Q_S	水泥Q_C	石灰Q_D	粉煤灰Q_f	砂Q_S	水泥:石灰:粉煤灰:砂 $Q_C:Q_D:Q_f:Q_S$	水泥:石灰:粉煤灰:砂 $Q_C:Q_D:Q_f:Q_S$	水泥:石灰:粉煤灰:砂 $Q_C:Q_D:Q_f:Q_S$
32.5	32.5	1.30	148	138	83	1491	148	138	83	1431	148	138	83	1371	1:0.93:0.56:10.06	1:0.93:0.56:9.66	1:0.93:0.56:9.25
		1.40	148	138	89	1485	148	138	89	1425	148	138	89	1365	1:0.93:0.60:10.02	1:0.93:0.60:9.62	1:0.93:0.60:9.21
		1.50	148	138	95	1478	148	138	95	1418	148	138	95	1358	1:0.93:0.64:9.98	1:0.93:0.64:9.57	1:0.93:0.64:9.17
		1.60	148	138	102	1472	148	138	102	1412	148	138	102	1352	1:0.93:0.69:9.94	1:0.93:0.69:9.53	1:0.93:0.69:9.13
		1.70	148	138	108	1466	148	138	108	1406	148	138	108	1346	1:0.93:0.73:9.89	1:0.93:0.73:9.49	1:0.93:0.73:9.08
		1.80	148	138	114	1459	148	138	114	1399	148	138	114	1339	1:0.93:0.77:9.85	1:0.93:0.77:9.45	1:0.93:0.77:9.04
		1.90	148	138	121	1453	148	138	121	1393	148	138	121	1333	1:0.93:0.81:9.81	1:0.93:0.81:9.40	1:0.93:0.81:9.00
		2.00	148	138	127	1447	148	138	127	1387	148	138	127	1327	1:0.93:0.86:9.76	1:0.93:0.86:9.36	1:0.93:0.86:8.95
	37.5	1.30	128	167	72	1493	128	167	72	1433	128	167	72	1373	1:1.30:0.56:11.63	1:1.30:0.56:11.17	1:1.30:0.56:10.70
		1.40	128	167	77	1488	128	167	77	1428	128	167	77	1368	1:1.30:0.60:11.59	1:1.30:0.60:11.12	1:1.30:0.60:10.66
		1.50	128	167	83	1482	128	167	83	1422	128	167	83	1362	1:1.30:0.64:11.55	1:1.30:0.64:11.08	1:1.30:0.64:10.61
		1.60	128	167	88	1477	128	167	88	1417	128	167	88	1357	1:1.30:0.69:11.50	1:1.30:0.69:11.04	1:1.30:0.69:10.57
		1.70	128	167	94	1471	128	167	94	1411	128	167	94	1351	1:1.30:0.73:11.46	1:1.30:0.73:10.99	1:1.30:0.73:10.53
		1.80	128	167	99	1466	128	167	99	1406	128	167	99	1346	1:1.30:0.77:11.42	1:1.30:0.77:10.95	1:1.30:0.77:10.48
		1.90	128	167	105	1460	128	167	105	1400	128	167	105	1340	1:1.30:0.81:11.38	1:1.30:0.81:10.91	1:1.30:0.81:10.44
		2.00	128	167	110	1455	128	167	110	1395	128	167	110	1335	1:1.30:0.86:11.33	1:1.30:0.86:10.87	1:1.30:0.86:10.40

注：石灰膏为标准稠度（120mm）时的用量。

砂浆强度等级：M5.0　　施工水平：优良　　配制强度：5.75MPa　　粉煤灰取代水泥率：30%

水泥强度等级	水泥实际强度(MPa)	粉煤灰超量系数	材料用量（kg/m³）												配合比（重量比）		
			粗砂				中砂				细砂				粗砂	中砂	细砂
			水泥 Q_{C0}	石灰 Q_{D0}	粉煤灰 Q_{f0}	砂 Q_{S0}	水泥 Q_{C0}	石灰 Q_{D0}	粉煤灰 Q_{f0}	砂 Q_{S0}	水泥 Q_{C0}	石灰 Q_{D0}	粉煤灰 Q_{f0}	砂 Q_{S0}	水泥:石灰:粉煤灰:砂 $Q_C:Q_D:Q_f:Q_S$	水泥:石灰:粉煤灰:砂 $Q_C:Q_D:Q_f:Q_S$	水泥:石灰:粉煤灰:砂 $Q_C:Q_D:Q_f:Q_S$
42.5	42.5	1.30	113	188	63	1495	113	188	63	1435	113	188	63	1375	1:1.66:0.56:13.20	1:1.66:0.56:12.67	1:1.66:0.56:12.14
		1.40	113	188	68	1491	113	188	68	1431	113	188	68	1371	1:1.66:0.60:13.16	1:1.66:0.60:12.63	1:1.66:0.60:12.10
		1.50	113	188	73	1486	113	188	73	1426	113	188	73	1366	1:1.66:0.64:13.12	1:1.66:0.64:12.59	1:1.66:0.64:12.06
		1.60	113	188	78	1481	113	188	78	1421	113	188	78	1361	1:1.66:0.69:13.07	1:1.66:0.69:12.54	1:1.66:0.69:12.01
		1.70	113	188	83	1476	113	188	83	1416	113	188	83	1356	1:1.66:0.73:13.03	1:1.66:0.73:12.50	1:1.66:0.73:11.97
		1.80	113	188	87	1471	113	188	87	1411	113	188	87	1351	1:1.66:0.77:12.99	1:1.66:0.77:12.46	1:1.66:0.77:11.93
		1.90	113	188	92	1466	113	188	92	1406	113	188	92	1346	1:1.66:0.81:12.94	1:1.66:0.81:12.41	1:1.66:0.81:11.88
		2.00	113	188	97	1461	113	188	97	1401	113	188	97	1341	1:1.66:0.86:12.90	1:1.66:0.86:12.37	1:1.66:0.86:11.84
	47.5	1.30	101	205	56	1497	101	205	56	1437	101	205	56	1377	1:2.02:0.56:14.77	1:2.02:0.56:14.18	1:2.02:0.56:13.59
		1.40	101	205	61	1493	101	205	61	1433	101	205	61	1373	1:2.02:0.60:14.73	1:2.02:0.60:14.13	1:2.02:0.60:13.54
		1.50	101	205	65	1488	101	205	65	1428	101	205	65	1368	1:2.02:0.64:14.68	1:2.02:0.64:14.09	1:2.02:0.64:13.50
		1.60	101	205	70	1484	101	205	70	1424	101	205	70	1364	1:2.02:0.69:14.64	1:2.02:0.69:14.05	1:2.02:0.69:13.46
		1.70	101	205	74	1480	101	205	74	1420	101	205	74	1360	1:2.02:0.73:14.60	1:2.02:0.73:14.01	1:2.02:0.73:13.41
		1.80	101	205	78	1475	101	205	78	1415	101	205	78	1355	1:2.02:0.77:14.55	1:2.02:0.77:13.96	1:2.02:0.77:13.37
		1.90	101	205	83	1471	101	205	83	1411	101	205	83	1351	1:2.02:0.81:14.51	1:2.02:0.81:13.92	1:2.02:0.81:13.33
		2.00	101	205	87	1467	101	205	87	1407	101	205	87	1347	1:2.02:0.86:14.47	1:2.02:0.86:13.88	1:2.02:0.86:13.29

注：石灰膏为标准稠度（120mm）时的用量。

砂浆强度等级：M5.0   施工水平：一般   配制强度：6.00MPa   粉煤灰取代水泥率：30％

水泥强度等级	水泥实际强度(MPa)	粉煤灰超量系数	材料用量（kg/m³）												配合比（重量比）		
			粗 砂				中 砂				细 砂				粗 砂	中 砂	细 砂
			水泥 Q_{C0}	石灰 Q_{D0}	粉煤灰 Q_{f0}	砂 Q_{S0}	水泥 Q_{C0}	石灰 Q_{D0}	粉煤灰 Q_{f0}	砂 Q_{S0}	水泥 Q_{C0}	石灰 Q_{D0}	粉煤灰 Q_{f0}	砂 Q_{S0}	水泥:石灰:粉煤灰:砂 $Q_C:Q_D:Q_f:Q_S$	水泥:石灰:粉煤灰:砂 $Q_C:Q_D:Q_f:Q_S$	水泥:石灰:粉煤灰:砂 $Q_C:Q_D:Q_f:Q_S$
32.5	32.5	1.30	150	136	84	1491	150	136	84	1431	150	136	84	1371	1:0.91:0.56:9.94	1:0.91:0.56:9.54	1:0.91:0.56:9.14
		1.40	150	136	90	1484	150	136	90	1424	150	136	90	1364	1:0.91:0.60:9.90	1:0.91:0.60:9.50	1:0.91:0.60:9.10
		1.50	150	136	96	1478	150	136	96	1418	150	136	96	1358	1:0.91:0.64:9.86	1:0.91:0.64:9.46	1:0.91:0.64:9.06
		1.60	150	136	103	1471	150	136	103	1411	150	136	103	1351	1:0.91:0.69:9.82	1:0.91:0.69:9.41	1:0.91:0.69:9.01
		1.70	150	136	109	1465	150	136	109	1405	150	136	109	1345	1:0.91:0.73:9.77	1:0.91:0.73:9.37	1:0.91:0.73:8.97
		1.80	150	136	116	1459	150	136	116	1399	150	136	116	1339	1:0.91:0.77:9.73	1:0.91:0.77:9.33	1:0.91:0.77:8.93
		1.90	150	136	122	1452	150	136	122	1392	150	136	122	1332	1:0.91:0.81:9.69	1:0.91:0.81:9.29	1:0.91:0.81:8.89
		2.00	150	136	128	1446	150	136	128	1386	150	136	128	1326	1:0.91:0.86:9.64	1:0.91:0.86:9.24	1:0.91:0.86:8.84
	37.5	1.30	130	164	72	1493	130	164	72	1433	130	164	72	1373	1:1.27:0.56:11.49	1:1.27:0.56:11.03	1:1.27:0.56:10.57
		1.40	130	164	78	1488	130	164	78	1428	130	164	78	1368	1:1.27:0.60:11.45	1:1.27:0.60:10.99	1:1.27:0.60:10.53
		1.50	130	164	84	1482	130	164	84	1422	130	164	84	1362	1:1.27:0.64:11.41	1:1.27:0.64:10.95	1:1.27:0.64:10.48
		1.60	130	164	89	1477	130	164	89	1417	130	164	89	1357	1:1.27:0.69:11.36	1:1.27:0.69:10.90	1:1.27:0.69:10.44
		1.70	130	164	95	1471	130	164	95	1411	130	164	95	1351	1:1.27:0.73:11.32	1:1.27:0.73:10.86	1:1.27:0.73:10.40
		1.80	130	164	100	1465	130	164	100	1405	130	164	100	1345	1:1.27:0.77:11.28	1:1.27:0.77:10.82	1:1.27:0.77:10.36
		1.90	130	164	106	1460	130	164	106	1400	130	164	106	1340	1:1.27:0.81:11.24	1:1.27:0.81:10.77	1:1.27:0.81:10.31
		2.00	130	164	111	1454	130	164	111	1394	130	164	111	1334	1:1.27:0.86:11.19	1:1.27:0.86:10.73	1:1.27:0.86:10.27

注：石灰膏为标准稠度（120mm）时的用量。

砂浆强度等级：M5.0　　施工水平：一般　　配制强度：6.00MPa　　粉煤灰取代水泥率：30%

水泥强度等级	水泥实际强度(MPa)	粉煤灰超量系数	材料用量 (kg/m³)											配合比（重量比）		
			粗砂				中砂				细砂				粗砂	中砂	细砂
			水泥 Q_{C0}	石灰 Q_{D0}	粉煤灰 Q_{f0}	砂 Q_{S0}	水泥 Q_{C0}	石灰 Q_{D0}	粉煤灰 Q_{f0}	砂 Q_{S0}	水泥 Q_{C0}	石灰 Q_{D0}	粉煤灰 Q_{f0}	砂 Q_{S0}	水泥:石灰:粉煤灰:砂 $Q_C:Q_D:Q_f:Q_S$	水泥:石灰:粉煤灰:砂 $Q_C:Q_D:Q_f:Q_S$	水泥:石灰:粉煤灰:砂 $Q_C:Q_D:Q_f:Q_S$
42.5	42.5	1.30	115	186	64	1495	115	186	64	1435	115	186	64	1375	1:1.62:0.56:13.04	1:1.62:0.56:12.52	1:1.62:0.56:12.00
		1.40	115	186	69	1490	115	186	69	1430	115	186	69	1370	1:1.62:0.60:13.00	1:1.62:0.60:12.48	1:1.62:0.60:11.95
		1.50	115	186	74	1485	115	186	74	1425	115	186	74	1365	1:1.62:0.64:12.96	1:1.62:0.64:12.43	1:1.62:0.64:11.91
		1.60	115	186	79	1481	115	186	79	1421	115	186	79	1361	1:1.62:0.69:12.91	1:1.62:0.69:12.39	1:1.62:0.69:11.87
		1.70	115	186	84	1476	115	186	84	1416	115	186	84	1356	1:1.62:0.73:12.87	1:1.62:0.73:12.35	1:1.62:0.73:11.82
		1.80	115	186	88	1471	115	186	88	1411	115	186	88	1351	1:1.62:0.77:12.83	1:1.62:0.77:12.31	1:1.62:0.77:11.78
		1.90	115	186	93	1466	115	186	93	1406	115	186	93	1346	1:1.62:0.81:12.79	1:1.62:0.81:12.26	1:1.62:0.81:11.74
		2.00	115	186	98	1461	115	186	98	1401	115	186	98	1341	1:1.62:0.86:12.74	1:1.62:0.86:12.22	1:1.62:0.86:11.70
	47.5	1.30	103	203	57	1497	103	203	57	1437	103	203	57	1377	1:1.98:0.56:14.59	1:1.98:0.56:14.01	1:1.98:0.56:13.42
		1.40	103	203	62	1492	103	203	62	1432	103	203	62	1372	1:1.98:0.60:14.55	1:1.98:0.60:13.96	1:1.98:0.60:13.38
		1.50	103	203	66	1488	103	203	66	1428	103	203	66	1368	1:1.98:0.64:14.51	1:1.98:0.64:13.92	1:1.98:0.64:13.34
		1.60	103	203	70	1484	103	203	70	1424	103	203	70	1364	1:1.98:0.69:14.46	1:1.98:0.69:13.88	1:1.98:0.69:13.29
		1.70	103	203	75	1479	103	203	75	1419	103	203	75	1359	1:1.98:0.73:14.42	1:1.98:0.73:13.84	1:1.98:0.73:13.25
		1.80	103	203	79	1475	103	203	79	1415	103	203	79	1355	1:1.98:0.77:14.38	1:1.98:0.77:13.79	1:1.98:0.77:13.21
		1.90	103	203	84	1470	103	203	84	1410	103	203	84	1350	1:1.98:0.81:14.34	1:1.98:0.81:13.75	1:1.98:0.81:13.17
		2.00	103	203	88	1466	103	203	88	1406	103	203	88	1346	1:1.98:0.86:14.29	1:1.98:0.86:13.71	1:1.98:0.86:13.12

注：石灰膏为标准稠度（120mm）时的用量。

砂浆强度等级：M5.0　　施工水平：较差　　配制强度：6.25MPa　　粉煤灰取代水泥率：30％

水泥强度等级(MPa)	水泥实际强度(MPa)	粉煤灰超量系数	材料用量（kg/m³）												配合比（重量比）		
			粗砂				中砂				细砂				粗砂	中砂	细砂
			水泥 Q_{C0}	石灰 Q_{D0}	粉煤灰 Q_{f0}	砂 Q_{S0}	水泥 Q_{C0}	石灰 Q_{D0}	粉煤灰 Q_{f0}	砂 Q_{S0}	水泥 Q_{C0}	石灰 Q_{D0}	粉煤灰 Q_{f0}	砂 Q_{S0}	水泥:石灰:粉煤灰:砂 $Q_C:Q_D:Q_f:Q_S$	水泥:石灰:粉煤灰:砂 $Q_C:Q_D:Q_f:Q_S$	水泥:石灰:粉煤灰:砂 $Q_C:Q_D:Q_f:Q_S$
32.5	32.5	1.30	152	133	85	1490	152	133	85	1430	152	133	85	1370	1:0.88:0.56:9.83	1:0.88:0.56:9.43	1:0.88:0.56:9.03
		1.40	152	133	91	1484	152	133	91	1424	152	133	91	1364	1:0.88:0.60:9.78	1:0.88:0.60:9.39	1:0.88:0.60:8.99
		1.50	152	133	98	1477	152	133	98	1417	152	133	98	1357	1:0.88:0.64:9.74	1:0.88:0.64:9.34	1:0.88:0.64:8.95
		1.60	152	133	104	1471	152	133	104	1411	152	133	104	1351	1:0.88:0.69:9.70	1:0.88:0.69:9.30	1:0.88:0.69:8.91
		1.70	152	133	111	1464	152	133	111	1404	152	133	111	1344	1:0.88:0.73:9.65	1:0.88:0.73:9.26	1:0.88:0.73:8.86
		1.80	152	133	117	1458	152	133	117	1398	152	133	117	1338	1:0.88:0.77:9.61	1:0.88:0.77:9.22	1:0.88:0.77:8.82
		1.90	152	133	124	1451	152	133	124	1391	152	133	124	1331	1:0.88:0.81:9.57	1:0.88:0.81:9.17	1:0.88:0.81:8.78
		2.00	152	133	130	1445	152	133	130	1385	152	133	130	1325	1:0.88:0.86:9.53	1:0.88:0.86:9.13	1:0.88:0.86:8.73
	37.5	1.30	131	162	73	1493	131	162	73	1433	131	162	73	1373	1:1.23:0.56:11.36	1:1.23:0.56:10.90	1:1.23:0.56:10.44
		1.40	131	162	79	1487	131	162	79	1427	131	162	79	1367	1:1.23:0.60:11.31	1:1.23:0.60:10.86	1:1.23:0.60:10.40
		1.50	131	162	85	1482	131	162	85	1422	131	162	85	1362	1:1.23:0.64:11.27	1:1.23:0.64:10.82	1:1.23:0.64:10.36
		1.60	131	162	90	1476	131	162	90	1416	131	162	90	1356	1:1.23:0.69:11.23	1:1.23:0.69:10.77	1:1.23:0.69:10.32
		1.70	131	162	96	1471	131	162	96	1411	131	162	96	1351	1:1.23:0.73:11.19	1:1.23:0.73:10.73	1:1.23:0.73:10.27
		1.80	131	162	101	1465	131	162	101	1405	131	162	101	1345	1:1.23:0.77:11.14	1:1.23:0.77:10.69	1:1.23:0.77:10.23
		1.90	131	162	107	1459	131	162	107	1399	131	162	107	1339	1:1.23:0.81:11.10	1:1.23:0.81:10.64	1:1.23:0.81:10.19
		2.00	131	162	113	1454	131	162	113	1394	131	162	113	1334	1:1.23:0.86:11.06	1:1.23:0.86:10.60	1:1.23:0.86:10.14

注：石灰膏为标准稠度（120mm）时的用量。

砂浆强度等级：M5.0　　施工水平：较差　　配制强度：6.25MPa　　粉煤灰取代水泥率：30%

水泥强度等级	水泥实际强度(MPa)	粉煤灰超量系数	材料用量 (kg/m³)											配合比（重量比）		
			粗砂				中砂				细砂				粗砂	中砂	细砂
			水泥 Q_{C0}	石灰 Q_{D0}	粉煤灰 Q_{f0}	砂 Q_{S0}	水泥 Q_{C0}	石灰 Q_{D0}	粉煤灰 Q_{f0}	砂 Q_{S0}	水泥 Q_{C0}	石灰 Q_{D0}	粉煤灰 Q_{f0}	砂 Q_{S0}	水泥:石灰:粉煤灰:砂 $Q_C:Q_D:Q_f:Q_S$	水泥:石灰:粉煤灰:砂 $Q_C:Q_D:Q_f:Q_S$	水泥:石灰:粉煤灰:砂 $Q_C:Q_D:Q_f:Q_S$
42.5	42.5	1.30	116	184	65	1495	116	184	65	1435	116	184	65	1375	1:1.59:0.56:12.89	1:1.59:0.56:12.37	1:1.59:0.56:11.85
		1.40	116	184	70	1490	116	184	70	1430	116	184	70	1370	1:1.59:0.60:12.85	1:1.59:0.60:12.33	1:1.59:0.60:11.81
		1.50	116	184	75	1485	116	184	75	1425	116	184	75	1365	1:1.59:0.64:12.80	1:1.59:0.64:12.29	1:1.59:0.64:11.77
		1.60	116	184	80	1480	116	184	80	1420	116	184	80	1360	1:1.59:0.69:12.76	1:1.59:0.69:12.24	1:1.59:0.69:11.73
		1.70	116	184	85	1475	116	184	85	1415	116	184	85	1355	1:1.59:0.73:12.72	1:1.59:0.73:12.20	1:1.59:0.73:11.68
		1.80	116	184	89	1470	116	184	89	1410	116	184	89	1350	1:1.59:0.77:12.67	1:1.59:0.77:12.16	1:1.59:0.77:11.64
		1.90	116	184	94	1465	116	184	94	1405	116	184	94	1345	1:1.59:0.81:12.63	1:1.59:0.81:12.11	1:1.59:0.81:11.60
		2.00	116	184	99	1460	116	184	99	1400	116	184	99	1340	1:1.59:0.86:12.59	1:1.59:0.86:12.07	1:1.59:0.86:11.55
	47.5	1.30	104	202	58	1497	104	202	58	1437	104	202	58	1377	1:1.94:0.56:14.42	1:1.94:0.56:13.84	1:1.94:0.56:13.26
		1.40	104	202	62	1492	104	202	62	1432	104	202	62	1372	1:1.94:0.60:14.38	1:1.94:0.60:13.80	1:1.94:0.60:13.22
		1.50	104	202	67	1488	104	202	67	1428	104	202	67	1368	1:1.94:0.64:14.33	1:1.94:0.64:13.76	1:1.94:0.64:13.18
		1.60	104	202	71	1483	104	202	71	1423	104	202	71	1363	1:1.94:0.69:14.29	1:1.94:0.69:13.71	1:1.94:0.69:13.14
		1.70	104	202	76	1479	104	202	76	1419	104	202	76	1359	1:1.94:0.73:14.25	1:1.94:0.73:13.67	1:1.94:0.73:13.09
		1.80	104	202	80	1474	104	202	80	1414	104	202	80	1354	1:1.94:0.77:14.21	1:1.94:0.77:13.63	1:1.94:0.77:13.05
		1.90	104	202	85	1470	104	202	85	1410	104	202	85	1350	1:1.94:0.81:14.16	1:1.94:0.81:13.58	1:1.94:0.81:13.01
		2.00	104	202	89	1466	104	202	89	1406	104	202	89	1346	1:1.94:0.86:14.12	1:1.94:0.86:13.54	1:1.94:0.86:12.96

注：石灰膏为标准稠度（120mm）时的用量。

砂浆强度等级：M5.0　　施工水平：优良　　配制强度：5.75MPa　　粉煤灰取代水泥率：35％

水泥强度等级	水泥实际强度(MPa)	粉煤灰超量系数	材料用量（kg/m³）													配合比（重量比）		
			粗 砂				中 砂				细 砂				粗 砂	中 砂	细 砂
			水泥 Q_{C0}	石灰 Q_{D0}	粉煤灰 Q_{f0}	砂 Q_{S0}	水泥 Q_{C0}	石灰 Q_{D0}	粉煤灰 Q_{f0}	砂 Q_{S0}	水泥 Q_{C0}	石灰 Q_{D0}	粉煤灰 Q_{f0}	砂 Q_{S0}	水泥:石灰:粉煤灰:砂 $Q_C:Q_D:Q_f:Q_S$	水泥:石灰:粉煤灰:砂 $Q_C:Q_D:Q_f:Q_S$	水泥:石灰:粉煤灰:砂 $Q_C:Q_D:Q_f:Q_S$
32.5	32.5	1.30	138	138	96	1488	138	138	96	1428	138	138	96	1368	1:1.01:0.70:10.82	1:1.01:0.70:10.38	1:1.01:0.70:9.94
		1.40	138	138	104	1480	138	138	104	1420	138	138	104	1360	1:1.01:0.75:10.76	1:1.01:0.75:10.33	1:1.01:0.75:9.89
		1.50	138	138	111	1473	138	138	111	1413	138	138	111	1353	1:1.01:0.81:10.71	1:1.01:0.81:10.27	1:1.01:0.81:9.84
		1.60	138	138	119	1466	138	138	119	1406	138	138	119	1346	1:1.01:0.86:10.65	1:1.01:0.86:10.22	1:1.01:0.86:9.78
		1.70	138	138	126	1458	138	138	126	1398	138	138	126	1338	1:1.01:0.92:10.60	1:1.01:0.92:10.16	1:1.01:0.92:9.73
		1.80	138	138	133	1451	138	138	133	1391	138	138	133	1331	1:1.01:0.97:10.55	1:1.01:0.97:10.11	1:1.01:0.97:9.67
		1.90	138	138	141	1443	138	138	141	1383	138	138	141	1323	1:1.01:1.02:10.49	1:1.01:1.02:10.06	1:1.01:1.02:9.62
		2.00	138	138	148	1436	138	138	148	1376	138	138	148	1316	1:1.01:1.08:10.44	1:1.01:1.08:10.00	1:1.01:1.08:9.57
	37.5	1.30	119	167	83	1491	119	167	83	1431	119	167	83	1371	1:1.40:0.70:12.50	1:1.40:0.70:12.00	1:1.40:0.70:11.50
		1.40	119	167	90	1484	119	167	90	1424	119	167	90	1364	1:1.40:0.75:12.45	1:1.40:0.75:11.95	1:1.40:0.75:11.44
		1.50	119	167	96	1478	119	167	96	1418	119	167	96	1358	1:1.40:0.81:12.40	1:1.40:0.81:11.89	1:1.40:0.81:11.39
		1.60	119	167	103	1471	119	167	103	1411	119	167	103	1351	1:1.40:0.86:12.34	1:1.40:0.86:11.84	1:1.40:0.86:11.34
		1.70	119	167	109	1465	119	167	109	1405	119	167	109	1345	1:1.40:0.92:12.29	1:1.40:0.92:11.79	1:1.40:0.92:11.28
		1.80	119	167	116	1459	119	167	116	1399	119	167	116	1339	1:1.40:0.97:12.24	1:1.40:0.97:11.73	1:1.40:0.97:11.23
		1.90	119	167	122	1452	119	167	122	1392	119	167	122	1332	1:1.40:1.02:12.18	1:1.40:1.02:11.68	1:1.40:1.02:11.17
		2.00	119	167	128	1446	119	167	128	1386	119	167	128	1326	1:1.40:1.08:12.13	1:1.40:1.08:11.62	1:1.40:1.08:11.12

注：石灰膏为标准稠度（120mm）时的用量。

砂浆强度等级：M5.0　　　　施工水平：优良　　　　配制强度：5.75MPa　　　　粉煤灰取代水泥率：35%

水泥强度等级	水泥实际强度(MPa)	粉煤灰超量系数	材料用量 (kg/m³)												配合比（重量比）			
			粗砂				中砂				细砂				粗砂	中砂	细砂
			水泥 Q_{C0}	石灰 Q_{D0}	粉煤灰 Q_{f0}	砂 Q_{S0}	水泥 Q_{C0}	石灰 Q_{D0}	粉煤灰 Q_{f0}	砂 Q_{S0}	水泥 Q_{C0}	石灰 Q_{D0}	粉煤灰 Q_{f0}	砂 Q_{S0}	水泥:石灰:粉煤灰:砂 $Q_C:Q_D:Q_f:Q_S$	水泥:石灰:粉煤灰:砂 $Q_C:Q_D:Q_f:Q_S$	水泥:石灰:粉煤灰:砂 $Q_C:Q_D:Q_f:Q_S$
42.5	42.5	1.30	105	188	74	1493	105	188	74	1433	105	188	74	1373	1:1.79:0.70:14.19	1:1.79:0.70:13.62	1:1.79:0.70:13.05
		1.40	105	188	79	1487	105	188	79	1427	105	188	79	1367	1:1.79:0.75:14.14	1:1.79:0.75:13.57	1:1.79:0.75:13.00
		1.50	105	188	85	1482	105	188	85	1422	105	188	85	1362	1:1.79:0.81:14.09	1:1.79:0.81:13.52	1:1.79:0.81:12.94
		1.60	105	188	91	1476	105	188	91	1416	105	188	91	1356	1:1.79:0.86:14.03	1:1.79:0.86:13.46	1:1.79:0.86:12.89
		1.70	105	188	96	1470	105	188	96	1410	105	188	96	1350	1:1.79:0.92:13.98	1:1.79:0.92:13.41	1:1.79:0.92:12.84
		1.80	105	188	102	1465	105	188	102	1405	105	188	102	1345	1:1.79:0.97:13.92	1:1.79:0.97:13.35	1:1.79:0.97:12.78
		1.90	105	188	108	1459	105	188	108	1399	105	188	108	1339	1:1.79:1.02:13.87	1:1.79:1.02:13.30	1:1.79:1.02:12.73
		2.00	105	188	113	1453	105	188	113	1393	105	188	113	1333	1:1.79:1.08:13.82	1:1.79:1.08:13.25	1:1.79:1.08:12.68
	47.5	1.30	94	205	66	1495	94	205	66	1435	94	205	66	1375	1:2.18:0.70:15.88	1:2.18:0.70:15.24	1:2.18:0.70:14.61
		1.40	94	205	71	1490	94	205	71	1430	94	205	71	1370	1:2.18:0.75:15.83	1:2.18:0.75:15.19	1:2.18:0.75:14.55
		1.50	94	205	76	1485	94	205	76	1425	94	205	76	1365	1:2.18:0.81:15.77	1:2.18:0.81:15.14	1:2.18:0.81:14.50
		1.60	94	205	81	1480	94	205	81	1420	94	205	81	1360	1:2.18:0.86:15.72	1:2.18:0.86:15.08	1:2.18:0.86:14.45
		1.70	94	205	86	1475	94	205	86	1415	94	205	86	1355	1:2.18:0.92:15.67	1:2.18:0.92:15.03	1:2.18:0.92:14.39
		1.80	94	205	91	1469	94	205	91	1409	94	205	91	1349	1:2.18:0.97:15.61	1:2.18:0.97:14.98	1:2.18:0.97:14.34
		1.90	94	205	96	1464	94	205	96	1404	94	205	96	1344	1:2.18:1.02:15.56	1:2.18:1.02:14.92	1:2.18:1.02:14.28
		2.00	94	205	101	1459	94	205	101	1399	94	205	101	1339	1:2.18:1.08:15.51	1:2.18:1.08:14.87	1:2.18:1.08:14.23

注：石灰膏为标准稠度（120mm）时的用量。

砂浆强度等级：M5.0　　施工水平：一般　　配制强度：6.00MPa　　粉煤灰取代水泥率：35％

水泥强度等级(MPa)	水泥实际强度(MPa)	粉煤灰超量系数	材料用量（kg/m³） 粗砂				材料用量（kg/m³） 中砂				材料用量（kg/m³） 细砂				配合比（重量比） 粗砂 水泥:石灰:粉煤灰:砂 $Q_C:Q_D:Q_f:Q_S$	配合比（重量比） 中砂 水泥:石灰:粉煤灰:砂 $Q_C:Q_D:Q_f:Q_S$	配合比（重量比） 细砂 水泥:石灰:粉煤灰:砂 $Q_C:Q_D:Q_f:Q_S$
			水泥 Q_{C0}	石灰 Q_{D0}	粉煤灰 Q_{f0}	砂 Q_{S0}	水泥 Q_{C0}	石灰 Q_{D0}	粉煤灰 Q_{f0}	砂 Q_{S0}	水泥 Q_{C0}	石灰 Q_{D0}	粉煤灰 Q_{f0}	砂 Q_{S0}			
32.5	32.5	1.30	139	136	97	1488	139	136	97	1428	139	136	97	1368	1:0.98:0.70:10.69	1:0.98:0.70:10.25	1:0.98:0.70:9.82
		1.40	139	136	105	1480	139	136	105	1420	139	136	105	1360	1:0.98:0.75:10.63	1:0.98:0.75:10.20	1:0.98:0.75:9.77
		1.50	139	136	112	1473	139	136	112	1413	139	136	112	1353	1:0.98:0.81:10.58	1:0.98:0.81:10.15	1:0.98:0.81:9.72
		1.60	139	136	120	1465	139	136	120	1405	139	136	120	1345	1:0.98:0.86:10.52	1:0.98:0.86:10.09	1:0.98:0.86:9.66
		1.70	139	136	127	1458	139	136	127	1398	139	136	127	1338	1:0.98:0.92:10.47	1:0.98:0.92:10.04	1:0.98:0.92:9.61
		1.80	139	136	135	1450	139	136	135	1390	139	136	135	1330	1:0.98:0.97:10.42	1:0.98:0.97:9.99	1:0.98:0.97:9.55
		1.90	139	136	142	1443	139	136	142	1383	139	136	142	1323	1:0.98:1.02:10.36	1:0.98:1.02:9.93	1:0.98:1.02:9.50
		2.00	139	136	150	1435	139	136	150	1375	139	136	150	1315	1:0.98:1.08:10.31	1:0.98:1.08:9.88	1:0.98:1.08:9.45
	37.5	1.30	121	164	84	1491	121	164	84	1431	121	164	84	1371	1:1.36:0.70:12.35	1:1.36:0.70:11.86	1:1.36:0.70:11.36
		1.40	121	164	91	1484	121	164	91	1424	121	164	91	1364	1:1.36:0.75:12.30	1:1.36:0.75:11.80	1:1.36:0.75:11.31
		1.50	121	164	97	1478	121	164	97	1418	121	164	97	1358	1:1.36:0.81:12.25	1:1.36:0.81:11.75	1:1.36:0.81:11.25
		1.60	121	164	104	1471	121	164	104	1411	121	164	104	1351	1:1.36:0.86:12.19	1:1.36:0.86:11.70	1:1.36:0.86:11.20
		1.70	121	164	110	1465	121	164	110	1405	121	164	110	1345	1:1.36:0.92:12.14	1:1.36:0.92:11.64	1:1.36:0.92:11.14
		1.80	121	164	117	1458	121	164	117	1398	121	164	117	1338	1:1.36:0.97:12.09	1:1.36:0.97:11.59	1:1.36:0.97:11.09
		1.90	121	164	123	1452	121	164	123	1392	121	164	123	1332	1:1.36:1.02:12.03	1:1.36:1.02:11.53	1:1.36:1.02:11.04
		2.00	121	164	130	1445	121	164	130	1385	121	164	130	1325	1:1.36:1.08:11.98	1:1.36:1.08:11.48	1:1.36:1.08:10.98

注：石灰膏为标准稠度（120mm）时的用量。

砂浆强度等级：M5.0　　施工水平：一般　　配制强度：6.00MPa　　粉煤灰取代水泥率：35％

水泥强度等级	水泥实际强度(MPa)	粉煤灰超量系数	材料用量（kg/m³）											配合比（重量比）		
			粗砂				中砂				细砂				粗砂	中砂	细砂
			水泥Q_C	石灰Q_D	粉煤灰Q_f	砂Q_S	水泥Q_C	石灰Q_D	粉煤灰Q_f	砂Q_S	水泥Q_C	石灰Q_D	粉煤灰Q_f	砂Q_S	水泥:石灰:粉煤灰:砂$Q_C:Q_D:Q_f:Q_S$	水泥:石灰:粉煤灰:砂$Q_C:Q_D:Q_f:Q_S$	水泥:石灰:粉煤灰:砂$Q_C:Q_D:Q_f:Q_S$
42.5	42.5	1.30	106	186	75	1493	106	186	75	1433	106	186	75	1373	1:1.75:0.70:14.02	1:1.75:0.70:13.46	1:1.75:0.70:12.90
		1.40	106	186	80	1487	106	186	80	1427	106	186	80	1367	1:1.75:0.75:13.97	1:1.75:0.75:13.41	1:1.75:0.75:12.84
		1.50	106	186	86	1481	106	186	86	1421	106	186	86	1361	1:1.75:0.81:13.92	1:1.75:0.81:13.35	1:1.75:0.81:12.79
		1.60	106	186	92	1476	106	186	92	1416	106	186	92	1356	1:1.75:0.86:13.86	1:1.75:0.86:13.30	1:1.75:0.86:12.73
		1.70	106	186	97	1470	106	186	97	1410	106	186	97	1350	1:1.75:0.92:13.81	1:1.75:0.92:13.24	1:1.75:0.92:12.68
		1.80	106	186	103	1464	106	186	103	1404	106	186	103	1344	1:1.75:0.97:13.75	1:1.75:0.97:13.19	1:1.75:0.97:12.63
		1.90	106	186	109	1458	106	186	109	1398	106	186	109	1338	1:1.75:1.02:13.70	1:1.75:1.02:13.14	1:1.75:1.02:12.57
		2.00	106	186	115	1453	106	186	115	1393	106	186	115	1333	1:1.75:1.08:13.65	1:1.75:1.08:13.08	1:1.75:1.08:12.52
	47.5	1.30	95	203	67	1495	95	203	67	1435	95	203	67	1375	1:2.14:0.70:15.69	1:2.14:0.70:15.06	1:2.14:0.70:14.43
		1.40	95	203	72	1489	95	203	72	1429	95	203	72	1369	1:2.14:0.75:15.64	1:2.14:0.75:15.01	1:2.14:0.75:14.38
		1.50	95	203	77	1484	95	203	77	1424	95	203	77	1364	1:2.14:0.81:15.58	1:2.14:0.81:14.95	1:2.14:0.81:14.32
		1.60	95	203	82	1479	95	203	82	1419	95	203	82	1359	1:2.14:0.86:15.53	1:2.14:0.86:14.90	1:2.14:0.86:14.27
		1.70	95	203	87	1474	95	203	87	1414	95	203	87	1354	1:2.14:0.92:15.48	1:2.14:0.92:14.85	1:2.14:0.92:14.22
		1.80	95	203	92	1469	95	203	92	1409	95	203	92	1349	1:2.14:0.97:15.42	1:2.14:0.97:14.79	1:2.14:0.97:14.16
		1.90	95	203	97	1464	95	203	97	1404	95	203	97	1344	1:2.14:1.02:15.37	1:2.14:1.02:14.74	1:2.14:1.02:14.11
		2.00	95	203	103	1459	95	203	103	1399	95	203	103	1339	1:2.14:1.08:15.31	1:2.14:1.08:14.69	1:2.14:1.08:14.06

注：石灰膏为标准稠度（120mm）时的用量。

砂浆强度等级：M5.0　　施工水平：较差　　配制强度：6.25MPa　　粉煤灰取代水泥率：35%

水泥强度等级	水泥实际强度(MPa)	粉煤灰超量系数	材料用量（kg/m³）												配合比（重量比）		
			粗 砂				中 砂				细 砂				粗 砂	中 砂	细 砂
			水泥 Q_{C0}	石灰 Q_{D0}	粉煤灰 Q_{f0}	砂 Q_{S0}	水泥 Q_{C0}	石灰 Q_{D0}	粉煤灰 Q_{f0}	砂 Q_{S0}	水泥 Q_{C0}	石灰 Q_{D0}	粉煤灰 Q_{f0}	砂 Q_{S0}	水泥:石灰:粉煤灰:砂 $Q_C:Q_D:Q_f:Q_S$	水泥:石灰:粉煤灰:砂 $Q_C:Q_D:Q_f:Q_S$	水泥:石灰:粉煤灰:砂 $Q_C:Q_D:Q_f:Q_S$
32.5	32.5	1.30	141	133	99	1487	141	133	99	1427	141	133	99	1367	1:0.95:0.70:10.56	1:0.95:0.70:10.13	1:0.95:0.70:9.71
		1.40	141	133	106	1480	141	133	106	1420	141	133	106	1360	1:0.95:0.75:10.50	1:0.95:0.75:10.08	1:0.95:0.75:9.65
		1.50	141	133	114	1472	141	133	114	1412	141	133	114	1352	1:0.95:0.81:10.45	1:0.95:0.81:10.02	1:0.95:0.81:9.60
		1.60	141	133	121	1464	141	133	121	1404	141	133	121	1344	1:0.95:0.86:10.40	1:0.95:0.86:9.97	1:0.95:0.86:9.55
		1.70	141	133	129	1457	141	133	129	1397	141	133	129	1337	1:0.95:0.92:10.34	1:0.95:0.92:9.92	1:0.95:0.92:9.49
		1.80	141	133	137	1449	141	133	137	1389	141	133	137	1329	1:0.95:0.97:10.29	1:0.95:0.97:9.86	1:0.95:0.97:9.44
		1.90	141	133	144	1442	141	133	144	1382	141	133	144	1322	1:0.95:1.02:10.24	1:0.95:1.02:9.81	1:0.95:1.02:9.38
		2.00	141	133	152	1434	141	133	152	1374	141	133	152	1314	1:0.95:1.08:10.18	1:0.95:1.08:9.76	1:0.95:1.08:9.33
	37.5	1.30	122	162	85	1490	122	162	85	1430	122	162	85	1370	1:1.33:0.70:12.21	1:1.33:0.70:11.72	1:1.33:0.70:11.22
		1.40	122	162	92	1484	122	162	92	1424	122	162	92	1364	1:1.33:0.75:12.15	1:1.33:0.75:11.66	1:1.33:0.75:11.17
		1.50	122	162	99	1477	122	162	99	1417	122	162	99	1357	1:1.33:0.81:12.10	1:1.33:0.81:11.61	1:1.33:0.81:11.12
		1.60	122	162	105	1471	122	162	105	1411	122	162	105	1351	1:1.33:0.86:12.05	1:1.33:0.86:11.55	1:1.33:0.86:11.06
		1.70	122	162	112	1464	122	162	112	1404	122	162	112	1344	1:1.33:0.92:11.99	1:1.33:0.92:11.50	1:1.33:0.92:11.01
		1.80	122	162	118	1457	122	162	118	1397	122	162	118	1337	1:1.33:0.97:11.94	1:1.33:0.97:11.45	1:1.33:0.97:10.96
		1.90	122	162	125	1451	122	162	125	1391	122	162	125	1331	1:1.33:1.02:11.88	1:1.33:1.02:11.39	1:1.33:1.02:10.90
		2.00	122	162	131	1444	122	162	131	1384	122	162	131	1324	1:1.33:1.08:11.83	1:1.33:1.08:11.34	1:1.33:1.08:10.85

注：石灰膏为标准稠度（120mm）时的用量。

砂浆强度等级：M5.0　　施工水平：较差　　配制强度：6.25MPa　　粉煤灰取代水泥率：35%

水泥强度等级	水泥实际强度(MPa)	粉煤灰超量系数	材料用量（kg/m³）												配合比（重量比）		
			粗砂				中砂				细砂				粗砂	中砂	细砂
			水泥 Q_{C0}	石灰 Q_{D0}	粉煤灰 Q_{f0}	砂 Q_{S0}	水泥 Q_{C0}	石灰 Q_{D0}	粉煤灰 Q_{f0}	砂 Q_{S0}	水泥 Q_{C0}	石灰 Q_{D0}	粉煤灰 Q_{f0}	砂 Q_{S0}	水泥:石灰:粉煤灰:砂 $Q_C:Q_D:Q_f:Q_S$	水泥:石灰:粉煤灰:砂 $Q_C:Q_D:Q_f:Q_S$	水泥:石灰:粉煤灰:砂 $Q_C:Q_D:Q_f:Q_S$
42.5	42.5	1.30	108	184	75	1493	108	184	75	1433	108	184	75	1373	1:1.71:0.70:13.86	1:1.71:0.70:13.30	1:1.71:0.70:12.74
		1.40	108	184	81	1487	108	184	81	1427	108	184	81	1367	1:1.71:0.75:13.80	1:1.71:0.75:13.25	1:1.71:0.75:12.69
		1.50	108	184	87	1481	108	184	87	1421	108	184	87	1361	1:1.71:0.81:13.75	1:1.71:0.81:13.19	1:1.71:0.81:12.64
		1.60	108	184	93	1475	108	184	93	1415	108	184	93	1355	1:1.71:0.86:13.70	1:1.71:0.86:13.14	1:1.71:0.86:12.58
		1.70	108	184	99	1469	108	184	99	1409	108	184	99	1349	1:1.71:0.92:13.64	1:1.71:0.92:13.08	1:1.71:0.92:12.53
		1.80	108	184	104	1464	108	184	104	1404	108	184	104	1344	1:1.71:0.97:13.59	1:1.71:0.97:13.03	1:1.71:0.97:12.47
		1.90	108	184	110	1458	108	184	110	1398	108	184	110	1338	1:1.71:1.02:13.53	1:1.71:1.02:12.98	1:1.71:1.02:12.42
		2.00	108	184	116	1452	108	184	116	1392	108	184	116	1332	1:1.71:1.08:13.48	1:1.71:1.08:12.92	1:1.71:1.08:12.37
	47.5	1.30	96	202	67	1494	96	202	67	1434	96	202	67	1374	1:2.09:0.70:15.51	1:2.09:0.70:14.88	1:2.09:0.70:14.26
		1.40	96	202	73	1489	96	202	73	1429	96	202	73	1369	1:2.09:0.75:15.45	1:2.09:0.75:14.83	1:2.09:0.75:14.21
		1.50	96	202	78	1484	96	202	78	1424	96	202	78	1364	1:2.09:0.81:15.40	1:2.09:0.81:14.78	1:2.09:0.81:14.15
		1.60	96	202	83	1479	96	202	83	1419	96	202	83	1359	1:2.09:0.86:15.34	1:2.09:0.86:14.72	1:2.09:0.86:14.10
		1.70	96	202	88	1474	96	202	88	1414	96	202	88	1354	1:2.09:0.92:15.29	1:2.09:0.92:14.67	1:2.09:0.92:14.05
		1.80	96	202	93	1468	96	202	93	1408	96	202	93	1348	1:2.09:0.97:15.24	1:2.09:0.97:14.61	1:2.09:0.97:13.99
		1.90	96	202	99	1463	96	202	99	1403	96	202	99	1343	1:2.09:1.02:15.18	1:2.09:1.02:14.56	1:2.09:1.02:13.94
		2.00	96	202	104	1458	96	202	104	1398	96	202	104	1338	1:2.09:1.08:15.13	1:2.09:1.08:14.51	1:2.09:1.08:13.88

注：石灰膏为标准稠度（120mm）时的用量。

砂浆强度等级：M5.0　　施工水平：优良　　配制强度：5.75MPa　　粉煤灰取代水泥率：40%

水泥强度等级	水泥实际强度（MPa）	粉煤灰超量系数	材料用量（kg/m³）												配合比（重量比）		
			粗 砂				中 砂				细 砂				粗 砂	中 砂	细 砂
			水泥 Q_{C0}	石灰 Q_{D0}	粉煤灰 Q_{f0}	砂 Q_{S0}	水泥 Q_{C0}	石灰 Q_{D0}	粉煤灰 Q_{f0}	砂 Q_{S0}	水泥 Q_{C0}	石灰 Q_{D0}	粉煤灰 Q_{f0}	砂 Q_{S0}	水泥:石灰:粉煤灰:砂 $Q_C:Q_D:Q_f:Q_S$	水泥:石灰:粉煤灰:砂 $Q_C:Q_D:Q_f:Q_S$	水泥:石灰:粉煤灰:砂 $Q_C:Q_D:Q_f:Q_S$
32.5	32.5	1.30	127	138	110	1485	127	138	110	1425	127	138	110	1365	1:1.09:0.87:11.69	1:1.09:0.87:11.22	1:1.09:0.87:10.75
		1.40	127	138	119	1476	127	138	119	1416	127	138	119	1356	1:1.09:0.93:11.63	1:1.09:0.93:11.15	1:1.09:0.93:10.68
		1.50	127	138	127	1468	127	138	127	1408	127	138	127	1348	1:1.09:1.00:11.56	1:1.09:1.00:11.09	1:1.09:1.00:10.61
		1.60	127	138	135	1459	127	138	135	1399	127	138	135	1339	1:1.09:1.07:11.49	1:1.09:1.07:11.02	1:1.09:1.07:10.55
		1.70	127	138	144	1451	127	138	144	1391	127	138	144	1331	1:1.09:1.13:11.43	1:1.09:1.13:10.95	1:1.09:1.13:10.48
		1.80	127	138	152	1442	127	138	152	1382	127	138	152	1322	1:1.09:1.20:11.36	1:1.09:1.20:10.89	1:1.09:1.20:10.41
		1.90	127	138	161	1434	127	138	161	1374	127	138	161	1314	1:1.09:1.27:11.29	1:1.09:1.27:10.82	1:1.09:1.27:10.35
		2.00	127	138	169	1425	127	138	169	1365	127	138	169	1305	1:1.09:1.33:11.23	1:1.09:1.33:10.75	1:1.09:1.33:10.28
	37.5	1.30	110	167	95	1488	110	167	95	1428	110	167	95	1368	1:1.51:0.87:13.52	1:1.51:0.87:12.98	1:1.51:0.87:12.43
		1.40	110	167	103	1481	110	167	103	1421	110	167	103	1361	1:1.51:0.93:13.45	1:1.51:0.93:12.91	1:1.51:0.93:12.36
		1.50	110	167	110	1473	110	167	110	1413	110	167	110	1353	1:1.51:1.00:13.39	1:1.51:1.00:12.84	1:1.51:1.00:12.30
		1.60	110	167	117	1466	110	167	117	1406	110	167	117	1346	1:1.51:1.07:13.32	1:1.51:1.07:12.78	1:1.51:1.07:12.23
		1.70	110	167	125	1459	110	167	125	1399	110	167	125	1339	1:1.51:1.13:13.25	1:1.51:1.13:12.71	1:1.51:1.13:12.16
		1.80	110	167	132	1451	110	167	132	1391	110	167	132	1331	1:1.51:1.20:13.19	1:1.51:1.20:12.64	1:1.51:1.20:12.10
		1.90	110	167	139	1444	110	167	139	1384	110	167	139	1324	1:1.51:1.27:13.12	1:1.51:1.27:12.58	1:1.51:1.27:12.03
		2.00	110	167	147	1437	110	167	147	1377	110	167	147	1317	1:1.51:1.33:13.05	1:1.51:1.33:12.51	1:1.51:1.33:11.96

注：石灰膏为标准稠度（120mm）时的用量。

砂浆强度等级：M5.0　　施工水平：优良　　配制强度：5.75MPa　　粉煤灰取代水泥率：40%

水泥强度等级	水泥实际强度(MPa)	粉煤灰超量系数	材料用量 (kg/m³) 粗砂 Q_{C0}	Q_{D0}	Q_{f0}	Q_{S0}	中砂 Q_{C0}	Q_{D0}	Q_{f0}	Q_{S0}	细砂 Q_{C0}	Q_{D0}	Q_{f0}	Q_{S0}	配合比(重量比) 粗砂 $Q_C:Q_D:Q_f:Q_S$	中砂 $Q_C:Q_D:Q_f:Q_S$	细砂 $Q_C:Q_D:Q_f:Q_S$
42.5	42.5	1.30	97	188	84	1491	97	188	84	1431	97	188	84	1371	1:1.94:0.87:15.35	1:1.94:0.87:14.73	1:1.94:0.87:14.12
		1.40	97	188	91	1484	97	188	91	1424	97	188	91	1364	1:1.94:0.93:15.28	1:1.94:0.93:14.67	1:1.94:0.93:14.05
		1.50	97	188	97	1478	97	188	97	1418	97	188	97	1358	1:1.94:1.00:15.22	1:1.94:1.00:14.60	1:1.94:1.00:13.98
		1.60	97	188	104	1471	97	188	104	1411	97	188	104	1351	1:1.94:1.07:15.15	1:1.94:1.07:14.53	1:1.94:1.07:13.92
		1.70	97	188	110	1465	97	188	110	1405	97	188	110	1345	1:1.94:1.13:15.08	1:1.94:1.13:14.47	1:1.94:1.13:13.85
		1.80	97	188	117	1458	97	188	117	1398	97	188	117	1338	1:1.94:1.20:15.02	1:1.94:1.20:14.40	1:1.94:1.20:13.78
		1.90	97	188	123	1452	97	188	123	1392	97	188	123	1332	1:1.94:1.27:14.95	1:1.94:1.27:14.33	1:1.94:1.27:13.72
		2.00	97	188	129	1445	97	188	129	1385	97	188	129	1325	1:1.94:1.33:14.88	1:1.94:1.33:14.27	1:1.94:1.33:13.65
	47.5	1.30	87	205	75	1493	87	205	75	1433	87	205	75	1373	1:2.36:0.87:17.18	1:2.36:0.87:16.49	1:2.36:0.87:15.80
		1.40	87	205	81	1487	87	205	81	1427	87	205	81	1367	1:2.36:0.93:17.11	1:2.36:0.93:16.42	1:2.36:0.93:15.73
		1.50	87	205	87	1481	87	205	87	1421	87	205	87	1361	1:2.36:1.00:17.05	1:2.36:1.00:16.36	1:2.36:1.00:15.67
		1.60	87	205	93	1475	87	205	93	1415	87	205	93	1355	1:2.36:1.07:16.98	1:2.36:1.07:16.29	1:2.36:1.07:15.60
		1.70	87	205	98	1469	87	205	98	1409	87	205	98	1349	1:2.36:1.13:16.91	1:2.36:1.13:16.22	1:2.36:1.13:15.53
		1.80	87	205	104	1464	87	205	104	1404	87	205	104	1344	1:2.36:1.20:16.85	1:2.36:1.20:16.16	1:2.36:1.20:15.47
		1.90	87	205	110	1458	87	205	110	1398	87	205	110	1338	1:2.36:1.27:16.78	1:2.36:1.27:16.09	1:2.36:1.27:15.40
		2.00	87	205	116	1452	87	205	116	1392	87	205	116	1332	1:2.36:1.33:16.71	1:2.36:1.33:16.02	1:2.36:1.33:15.33

注：石灰膏为标准稠度（120mm）时的用量。

砂浆强度等级：M5.0　　　施工水平：一般　　　配制强度：6.00MPa　　　粉煤灰取代水泥率：40%

水泥强度等级	水泥实际强度（MPa）	粉煤灰超量系数	材料用量 (kg/m³)													配合比（重量比）		
			粗 砂				中 砂				细 砂				粗 砂	中 砂	细 砂
			水泥 Q_{C0}	石灰 Q_{D0}	粉煤灰 Q_{f0}	砂 Q_{S0}	水泥 Q_{C0}	石灰 Q_{D0}	粉煤灰 Q_{f0}	砂 Q_{S0}	水泥 Q_{C0}	石灰 Q_{D0}	粉煤灰 Q_{f0}	砂 Q_{S0}	水泥:石灰:粉煤灰:砂 $Q_C:Q_D:Q_f:Q_S$	水泥:石灰:粉煤灰:砂 $Q_C:Q_D:Q_f:Q_S$	水泥:石灰:粉煤灰:砂 $Q_C:Q_D:Q_f:Q_S$
32.5	32.5	1.30	128	136	111	1484	128	136	111	1424	128	136	111	1364	1:1.06:0.87:11.55	1:1.06:0.87:11.08	1:1.06:0.87:10.62
		1.40	128	136	120	1476	128	136	120	1416	128	136	120	1356	1:1.06:0.93:11.48	1:1.06:0.93:11.02	1:1.06:0.93:10.55
		1.50	128	136	128	1467	128	136	128	1407	128	136	128	1347	1:1.06:1.00:11.42	1:1.06:1.00:10.95	1:1.06:1.00:10.48
		1.60	128	136	137	1459	128	136	137	1399	128	136	137	1339	1:1.06:1.07:11.35	1:1.06:1.07:10.88	1:1.06:1.07:10.42
		1.70	128	136	146	1450	128	136	146	1390	128	136	146	1330	1:1.06:1.13:11.28	1:1.06:1.13:10.82	1:1.06:1.13:10.35
		1.80	128	136	154	1441	128	136	154	1381	128	136	154	1321	1:1.06:1.20:11.22	1:1.06:1.20:10.75	1:1.06:1.20:10.28
		1.90	128	136	163	1433	128	136	163	1373	128	136	163	1313	1:1.06:1.27:11.15	1:1.06:1.27:10.68	1:1.06:1.27:10.22
		2.00	128	136	171	1424	128	136	171	1364	128	136	171	1304	1:1.06:1.33:11.08	1:1.06:1.33:10.62	1:1.06:1.33:10.15
	37.5	1.30	111	164	97	1488	111	164	97	1428	111	164	97	1368	1:1.48:0.87:13.36	1:1.48:0.87:12.82	1:1.48:0.87:12.28
		1.40	111	164	104	1480	111	164	104	1420	111	164	104	1360	1:1.48:0.93:13.29	1:1.48:0.93:12.75	1:1.48:0.93:12.21
		1.50	111	164	111	1473	111	164	111	1413	111	164	111	1353	1:1.48:1.00:13.23	1:1.48:1.00:12.69	1:1.48:1.00:12.15
		1.60	111	164	119	1465	111	164	119	1405	111	164	119	1345	1:1.48:1.07:13.16	1:1.48:1.07:12.62	1:1.48:1.07:12.08
		1.70	111	164	126	1458	111	164	126	1398	111	164	126	1338	1:1.48:1.13:13.09	1:1.48:1.13:12.55	1:1.48:1.13:12.01
		1.80	111	164	134	1451	111	164	134	1391	111	164	134	1331	1:1.48:1.20:13.03	1:1.48:1.20:12.49	1:1.48:1.20:11.95
		1.90	111	164	141	1443	111	164	141	1383	111	164	141	1323	1:1.48:1.27:12.96	1:1.48:1.27:12.42	1:1.48:1.27:11.88
		2.00	111	164	148	1436	111	164	148	1376	111	164	148	1316	1:1.48:1.33:12.89	1:1.48:1.33:12.35	1:1.48:1.33:11.81

注：石灰膏为标准稠度（120mm）时的用量。

砂浆强度等级：M5.0　　施工水平：一般　　配制强度：6.00MPa　　粉煤灰取代水泥率：40%

水泥强度等级	水泥实际强度(MPa)	粉煤灰超量系数	材料用量（kg/m³）											配合比（重量比）		
			粗砂				中砂				细砂				粗砂	中砂	细砂
			水泥 Q_{C0}	石灰 Q_{D0}	粉煤灰 Q_{f0}	砂 Q_{S0}	水泥 Q_{C0}	石灰 Q_{D0}	粉煤灰 Q_{f0}	砂 Q_{S0}	水泥 Q_{C0}	石灰 Q_{D0}	粉煤灰 Q_{f0}	砂 Q_{S0}	水泥:石灰:粉煤灰:砂 $Q_C:Q_D:Q_f:Q_S$	水泥:石灰:粉煤灰:砂 $Q_C:Q_D:Q_f:Q_S$	水泥:石灰:粉煤灰:砂 $Q_C:Q_D:Q_f:Q_S$
42.5	42.5	1.30	98	186	85	1490	98	186	85	1430	98	186	85	1370	1:1.90:0.87:15.17	1:1.90:0.87:14.56	1:1.90:0.87:13.95
		1.40	98	186	92	1484	98	186	92	1424	98	186	92	1364	1:1.90:0.93:15.10	1:1.90:0.93:14.49	1:1.90:0.93:13.88
		1.50	98	186	98	1477	98	186	98	1417	98	186	98	1357	1:1.90:1.00:15.03	1:1.90:1.00:14.42	1:1.90:1.00:13.81
		1.60	98	186	105	1471	98	186	105	1411	98	186	105	1351	1:1.90:1.07:14.97	1:1.90:1.07:14.36	1:1.90:1.07:13.75
		1.70	98	186	111	1464	98	186	111	1404	98	186	111	1344	1:1.90:1.13:14.90	1:1.90:1.13:14.29	1:1.90:1.13:13.68
		1.80	98	186	118	1458	98	186	118	1398	98	186	118	1338	1:1.90:1.20:14.83	1:1.90:1.20:14.22	1:1.90:1.20:13.61
		1.90	98	186	124	1451	98	186	124	1391	98	186	124	1331	1:1.90:1.27:14.77	1:1.90:1.27:14.16	1:1.90:1.27:13.55
		2.00	98	186	131	1444	98	186	131	1384	98	186	131	1324	1:1.90:1.33:14.70	1:1.90:1.33:14.09	1:1.90:1.33:13.48
	47.5	1.30	88	203	76	1492	88	203	76	1432	88	203	76	1372	1:2.31:0.87:16.97	1:2.31:0.87:16.29	1:2.31:0.87:15.61
		1.40	88	203	82	1487	88	203	82	1427	88	203	82	1367	1:2.31:0.93:16.91	1:2.31:0.93:16.23	1:2.31:0.93:15.54
		1.50	88	203	88	1481	88	203	88	1421	88	203	88	1361	1:2.31:1.00:16.84	1:2.31:1.00:16.16	1:2.31:1.00:15.48
		1.60	88	203	94	1475	88	203	94	1415	88	203	94	1355	1:2.31:1.07:16.77	1:2.31:1.07:16.09	1:2.31:1.07:15.41
		1.70	88	203	100	1469	88	203	100	1409	88	203	100	1349	1:2.31:1.13:16.71	1:2.31:1.13:16.03	1:2.31:1.13:15.34
		1.80	88	203	106	1463	88	203	106	1403	88	203	106	1343	1:2.31:1.20:16.64	1:2.31:1.20:15.96	1:2.31:1.20:15.28
		1.90	88	203	111	1457	88	203	111	1397	88	203	111	1337	1:2.31:1.27:16.57	1:2.31:1.27:15.89	1:2.31:1.27:15.21
		2.00	88	203	117	1451	88	203	117	1391	88	203	117	1331	1:2.31:1.33:16.51	1:2.31:1.33:15.83	1:2.31:1.33:15.14

注：石灰膏为标准稠度（120mm）时的用量。

砂浆强度等级：M5.0　　施工水平：较差　　配制强度：6.25MPa　　粉煤灰取代水泥率：40%

水泥强度等级	水泥实际强度(MPa)	粉煤灰超量系数	材料用量 (kg/m³) 粗砂 水泥 Q_{C0}	石灰 Q_{D0}	粉煤灰 Q_{f0}	砂 Q_{S0}	中砂 水泥 Q_{C0}	石灰 Q_{D0}	粉煤灰 Q_{f0}	砂 Q_{S0}	细砂 水泥 Q_{C0}	石灰 Q_{D0}	粉煤灰 Q_{f0}	砂 Q_{S0}	配合比（重量比）粗砂 水泥:石灰:粉煤灰:砂 $Q_C:Q_D:Q_f:Q_S$	中砂 水泥:石灰:粉煤灰:砂 $Q_C:Q_D:Q_f:Q_S$	细砂 水泥:石灰:粉煤灰:砂 $Q_C:Q_D:Q_f:Q_S$
32.5	32.5	1.30	130	133	113	1484	130	133	113	1424	130	133	113	1364	1:1.03:0.87:11.41	1:1.03:0.87:10.95	1:1.03:0.87:10.49
		1.40	130	133	121	1475	130	133	121	1415	130	133	121	1355	1:1.03:0.93:11.35	1:1.03:0.93:10.89	1:1.03:0.93:10.42
		1.50	130	133	130	1467	130	133	130	1407	130	133	130	1347	1:1.03:1.00:11.28	1:1.03:1.00:10.82	1:1.03:1.00:10.36
		1.60	130	133	139	1458	130	133	139	1398	130	133	139	1338	1:1.03:1.07:11.21	1:1.03:1.07:10.75	1:1.03:1.07:10.29
		1.70	130	133	147	1449	130	133	147	1389	130	133	147	1329	1:1.03:1.13:11.15	1:1.03:1.13:10.69	1:1.03:1.13:10.22
		1.80	130	133	156	1441	130	133	156	1381	130	133	156	1321	1:1.03:1.20:11.08	1:1.03:1.20:10.62	1:1.03:1.20:10.16
		1.90	130	133	165	1432	130	133	165	1372	130	133	165	1312	1:1.03:1.27:11.01	1:1.03:1.27:10.55	1:1.03:1.27:10.09
		2.00	130	133	173	1423	130	133	173	1363	130	133	173	1303	1:1.03:1.33:10.95	1:1.03:1.33:10.49	1:1.03:1.33:10.02
	37.5	1.30	113	162	98	1487	113	162	98	1427	113	162	98	1367	1:1.44:0.87:13.20	1:1.44:0.87:12.67	1:1.44:0.87:12.14
		1.40	113	162	105	1480	113	162	105	1420	113	162	105	1360	1:1.44:0.93:13.13	1:1.44:0.93:12.60	1:1.44:0.93:12.07
		1.50	113	162	113	1472	113	162	113	1412	113	162	113	1352	1:1.44:1.00:13.07	1:1.44:1.00:12.53	1:1.44:1.00:12.00
		1.60	113	162	120	1465	113	162	120	1405	113	162	120	1345	1:1.44:1.07:13.00	1:1.44:1.07:12.47	1:1.44:1.07:11.94
		1.70	113	162	128	1457	113	162	128	1397	113	162	128	1337	1:1.44:1.13:12.93	1:1.44:1.13:12.40	1:1.44:1.13:11.87
		1.80	113	162	135	1450	113	162	135	1390	113	162	135	1330	1:1.44:1.20:12.87	1:1.44:1.20:12.33	1:1.44:1.20:11.80
		1.90	113	162	143	1442	113	162	143	1382	113	162	143	1322	1:1.44:1.27:12.80	1:1.44:1.27:12.27	1:1.44:1.27:11.74
		2.00	113	162	150	1435	113	162	150	1375	113	162	150	1315	1:1.44:1.33:12.73	1:1.44:1.33:12.20	1:1.44:1.33:11.67

注：石灰膏为标准稠度（120mm）时的用量。

砂浆强度等级：M5.0　　　施工水平：较差　　　配制强度：6.25MPa　　　粉煤灰取代水泥率：40%

水泥强度等级	水泥实际强度(MPa)	粉煤灰超量系数	材料用量（kg/m³）												配合比（重量比）		
			粗砂				中砂				细砂				粗砂	中砂	细砂
			水泥 Q_{C0}	石灰 Q_{D0}	粉煤灰 Q_{f0}	砂 Q_{S0}	水泥 Q_{C0}	石灰 Q_{D0}	粉煤灰 Q_{f0}	砂 Q_{S0}	水泥 Q_{C0}	石灰 Q_{D0}	粉煤灰 Q_{f0}	砂 Q_{S0}	水泥:石灰:粉煤灰:砂 $Q_C:Q_D:Q_f:Q_S$	水泥:石灰:粉煤灰:砂 $Q_C:Q_D:Q_f:Q_S$	水泥:石灰:粉煤灰:砂 $Q_C:Q_D:Q_f:Q_S$
42.5	42.5	1.30	99	184	86	1490	99	184	86	1430	99	184	86	1370	1:1.85:0.87:14.99	1:1.85:0.87:14.38	1:1.85:0.87:13.78
		1.40	99	184	93	1483	99	184	93	1423	99	184	93	1363	1:1.85:0.93:14.92	1:1.85:0.93:14.32	1:1.85:0.93:13.71
		1.50	99	184	99	1477	99	184	99	1417	99	184	99	1357	1:1.85:1.00:14.85	1:1.85:1.00:14.25	1:1.85:1.00:13.65
		1.60	99	184	106	1470	99	184	106	1410	99	184	106	1350	1:1.85:1.07:14.79	1:1.85:1.07:14.18	1:1.85:1.07:13.58
		1.70	99	184	113	1464	99	184	113	1404	99	184	113	1344	1:1.85:1.13:14.72	1:1.85:1.13:14.12	1:1.85:1.13:13.51
		1.80	99	184	119	1457	99	184	119	1397	99	184	119	1337	1:1.85:1.20:14.65	1:1.85:1.20:14.05	1:1.85:1.20:13.45
		1.90	99	184	126	1450	99	184	126	1390	99	184	126	1330	1:1.85:1.27:14.59	1:1.85:1.27:13.98	1:1.85:1.27:13.38
		2.00	99	184	133	1444	99	184	133	1384	99	184	133	1324	1:1.85:1.33:14.52	1:1.85:1.33:13.92	1:1.85:1.33:13.31
	47.5	1.30	89	202	77	1492	89	202	77	1432	89	202	77	1372	1:2.27:0.87:16.77	1:2.27:0.87:16.10	1:2.27:0.87:15.42
		1.40	89	202	83	1486	89	202	83	1426	89	202	83	1366	1:2.27:0.93:16.71	1:2.27:0.93:16.03	1:2.27:0.93:15.36
		1.50	89	202	89	1480	89	202	89	1420	89	202	89	1360	1:2.27:1.00:16.64	1:2.27:1.00:15.97	1:2.27:1.00:15.29
		1.60	89	202	95	1474	89	202	95	1414	89	202	95	1354	1:2.27:1.07:16.57	1:2.27:1.07:15.90	1:2.27:1.07:15.22
		1.70	89	202	101	1468	89	202	101	1408	89	202	101	1348	1:2.27:1.13:16.51	1:2.27:1.13:15.83	1:2.27:1.13:15.16
		1.80	89	202	107	1463	89	202	107	1403	89	202	107	1343	1:2.27:1.20:16.44	1:2.27:1.20:15.77	1:2.27:1.20:15.09
		1.90	89	202	113	1457	89	202	113	1397	89	202	113	1337	1:2.27:1.27:16.37	1:2.27:1.27:15.70	1:2.27:1.27:15.02
		2.00	89	202	119	1451	89	202	119	1391	89	202	119	1331	1:2.27:1.33:16.31	1:2.27:1.33:15.63	1:2.27:1.33:14.96

注：石灰膏为标准稠度（120mm）时的用量。

M7.5粉煤灰混合砂浆配合比

砂浆强度等级：M7.5　　施工水平：优良　　配制强度：8.63MPa　　粉煤灰取代水泥率：10%

水泥强度等级	水泥实际强度(MPa)	粉煤灰超量系数	材料用量（kg/m³）											配合比（重量比）		
			粗砂				中砂				细砂				粗砂	中砂	细砂
			水泥 Q_{C0}	石灰 Q_{D0}	粉煤灰 Q_{f0}	砂 Q_{S0}	水泥 Q_{C0}	石灰 Q_{D0}	粉煤灰 Q_{f0}	砂 Q_{S0}	水泥 Q_{C0}	石灰 Q_{D0}	粉煤灰 Q_{f0}	砂 Q_{S0}	水泥:石灰:粉煤灰:砂 $Q_C:Q_D:Q_f:Q_S$	水泥:石灰:粉煤灰:砂 $Q_C:Q_D:Q_f:Q_S$	水泥:石灰:粉煤灰:砂 $Q_C:Q_D:Q_f:Q_S$
32.5	32.5	1.30	217	109	31	1503	217	109	31	1443	217	109	31	1383	1:0.50:0.14:6.93	1:0.50:0.14:6.66	1:0.50:0.14:6.38
		1.35	217	109	33	1502	217	109	33	1442	217	109	33	1382	1:0.50:0.15:6.93	1:0.50:0.15:6.65	1:0.50:0.15:6.37
		1.40	217	109	34	1500	217	109	34	1440	217	109	34	1380	1:0.50:0.16:6.92	1:0.50:0.16:6.65	1:0.50:0.16:6.37
		1.45	217	109	35	1499	217	109	35	1439	217	109	35	1379	1:0.50:0.16:6.92	1:0.50:0.16:6.64	1:0.50:0.16:6.36
		1.50	217	109	36	1498	217	109	36	1438	217	109	36	1378	1:0.50:0.17:6.91	1:0.50:0.17:6.63	1:0.50:0.17:6.36
		1.55	217	109	37	1497	217	109	37	1437	217	109	37	1377	1:0.50:0.17:6.91	1:0.50:0.17:6.63	1:0.50:0.17:6.35
		1.60	217	109	39	1496	217	109	39	1436	217	109	39	1376	1:0.50:0.18:6.90	1:0.50:0.18:6.62	1:0.50:0.18:6.35
		1.65	217	109	40	1494	217	109	40	1434	217	109	40	1374	1:0.50:0.18:6.89	1:0.50:0.18:6.62	1:0.50:0.18:6.34
		1.70	217	109	41	1493	217	109	41	1433	217	109	41	1373	1:0.50:0.19:6.89	1:0.50:0.19:6.61	1:0.50:0.19:6.34
	37.5	1.20	188	141	25	1506	188	141	25	1446	188	141	25	1386	1:0.75:0.13:8.02	1:0.75:0.13:7.70	1:0.75:0.13:7.38
		1.25	188	141	26	1505	188	141	26	1445	188	141	26	1385	1:0.75:0.14:8.01	1:0.75:0.14:7.69	1:0.75:0.14:7.37
		1.30	188	141	27	1504	188	141	27	1444	188	141	27	1384	1:0.75:0.14:8.01	1:0.75:0.14:7.69	1:0.75:0.14:7.37
		1.35	188	141	28	1503	188	141	28	1443	188	141	28	1383	1:0.75:0.15:8.00	1:0.75:0.15:7.68	1:0.75:0.15:7.36
		1.40	188	141	29	1502	188	141	29	1442	188	141	29	1382	1:0.75:0.16:7.99	1:0.75:0.16:7.67	1:0.75:0.16:7.36
		1.45	188	141	30	1501	188	141	30	1441	188	141	30	1381	1:0.75:0.16:7.99	1:0.75:0.16:7.67	1:0.75:0.16:7.35
		1.50	188	141	31	1500	188	141	31	1440	188	141	31	1380	1:0.75:0.17:7.98	1:0.75:0.17:7.66	1:0.75:0.17:7.34
		1.55	188	141	32	1499	188	141	32	1439	188	141	32	1379	1:0.75:0.17:7.98	1:0.75:0.17:7.66	1:0.75:0.17:7.34
		1.60	188	141	33	1497	188	141	33	1437	188	141	33	1377	1:0.75:0.18:7.97	1:0.75:0.18:7.65	1:0.75:0.18:7.33
		1.65	188	141	34	1496	188	141	34	1436	188	141	34	1376	1:0.75:0.18:7.97	1:0.75:0.18:7.65	1:0.75:0.18:7.33
		1.70	188	141	35	1495	188	141	35	1435	188	141	35	1375	1:0.75:0.19:7.96	1:0.75:0.19:7.64	1:0.75:0.19:7.32
		1.30	217	109	31	1503	217	109	31	1443	217	109	31	1383	1:0.50:0.14:6.93	1:0.50:0.14:6.66	1:0.50:0.14:6.38
		1.35	217	109	33	1502	217	109	33	1442	217	109	33	1382	1:0.50:0.15:6.93	1:0.50:0.15:6.65	1:0.50:0.15:6.37

注：石灰膏为标准稠度（120mm）时的用量。

砂浆强度等级：M7.5　　施工水平：优良　　配制强度：8.63MPa　　粉煤灰取代水泥率：10%

水泥强度等级	水泥实际强度(MPa)	粉煤灰超量系数	材料用量（kg/m³）												配合比（重量比）		
			粗砂				中砂				细砂				粗砂	中砂	细砂
			水泥Q_{C0}	石灰Q_{D0}	粉煤灰Q_{f0}	砂Q_{S0}	水泥Q_{C0}	石灰Q_{D0}	粉煤灰Q_{f0}	砂Q_{S0}	水泥Q_{C0}	石灰Q_{D0}	粉煤灰Q_{f0}	砂Q_{S0}	水泥:石灰:粉煤灰:砂 $Q_C:Q_D:Q_f:Q_S$	水泥:石灰:粉煤灰:砂 $Q_C:Q_D:Q_f:Q_S$	水泥:石灰:粉煤灰:砂 $Q_C:Q_D:Q_f:Q_S$
42.5	42.5	1.20	166	166	22	1506	166	166	22	1446	166	166	22	1386	1:1.00:0.13:9.09	1:1.00:0.13:8.73	1:1.00:0.13:8.36
		1.25	166	166	23	1505	166	166	23	1445	166	166	23	1385	1:1.00:0.14:9.08	1:1.00:0.14:8.72	1:1.00:0.14:8.36
		1.30	166	166	24	1504	166	166	24	1444	166	166	24	1384	1:1.00:0.14:9.08	1:1.00:0.14:8.72	1:1.00:0.14:8.35
		1.35	166	166	25	1504	166	166	25	1444	166	166	25	1384	1:1.00:0.15:9.07	1:1.00:0.15:8.71	1:1.00:0.15:8.35
		1.40	166	166	26	1503	166	166	26	1443	166	166	26	1383	1:1.00:0.16:9.07	1:1.00:0.16:8.70	1:1.00:0.16:8.34
		1.45	166	166	27	1502	166	166	27	1442	166	166	27	1382	1:1.00:0.16:9.06	1:1.00:0.16:8.70	1:1.00:0.16:8.34
		1.50	166	166	28	1501	166	166	28	1441	166	166	28	1381	1:1.00:0.17:9.05	1:1.00:0.17:8.69	1:1.00:0.17:8.33
		1.55	166	166	29	1500	166	166	29	1440	166	166	29	1380	1:1.00:0.17:9.05	1:1.00:0.17:8.69	1:1.00:0.17:8.33
		1.60	166	166	29	1499	166	166	29	1439	166	166	29	1379	1:1.00:0.18:9.04	1:1.00:0.18:8.68	1:1.00:0.18:8.32
		1.65	166	166	30	1498	166	166	30	1438	166	166	30	1378	1:1.00:0.18:9.04	1:1.00:0.18:8.68	1:1.00:0.18:8.31
		1.70	166	166	31	1497	166	166	31	1437	166	166	31	1377	1:1.00:0.19:9.03	1:1.00:0.19:8.67	1:1.00:0.19:8.31
	47.5	1.20	148	185	20	1507	148	185	20	1447	148	185	20	1387	1:1.25:0.13:10.16	1:1.25:0.13:9.76	1:1.25:0.13:9.35
		1.25	148	185	21	1506	148	185	21	1446	148	185	21	1386	1:1.25:0.14:10.15	1:1.25:0.14:9.75	1:1.25:0.14:9.35
		1.30	148	185	21	1505	148	185	21	1445	148	185	21	1385	1:1.25:0.14:10.15	1:1.25:0.14:9.74	1:1.25:0.14:9.34
		1.35	148	185	22	1504	148	185	22	1444	148	185	22	1384	1:1.25:0.15:10.14	1:1.25:0.15:9.74	1:1.25:0.15:9.33
		1.40	148	185	23	1503	148	185	23	1443	148	185	23	1383	1:1.25:0.16:10.14	1:1.25:0.16:9.73	1:1.25:0.16:9.33
		1.45	148	185	24	1502	148	185	24	1442	148	185	24	1382	1:1.25:0.16:10.13	1:1.25:0.16:9.73	1:1.25:0.16:9.32
		1.50	148	185	25	1502	148	185	25	1442	148	185	25	1382	1:1.25:0.17:10.13	1:1.25:0.17:9.72	1:1.25:0.17:9.32
		1.55	148	185	26	1501	148	185	26	1441	148	185	26	1381	1:1.25:0.17:10.12	1:1.25:0.17:9.72	1:1.25:0.17:9.31
		1.60	148	185	26	1500	148	185	26	1440	148	185	26	1380	1:1.25:0.18:10.12	1:1.25:0.18:9.71	1:1.25:0.18:9.31
		1.65	148	185	27	1499	148	185	27	1439	148	185	27	1379	1:1.25:0.18:10.11	1:1.25:0.18:9.71	1:1.25:0.18:9.30
		1.70	148	185	28	1498	148	185	28	1438	148	185	28	1378	1:1.25:0.19:10.10	1:1.25:0.19:9.70	1:1.25:0.19:9.30

注：石灰膏为标准稠度（120mm）时的用量。

砂浆强度等级：M7.5　　施工水平：一般　　配制强度：9.00MPa　　粉煤灰取代水泥率：10%

水泥强度等级	水泥实际强度(MPa)	粉煤灰超量系数	材料用量（kg/m³）											配合比（重量比）			
			粗砂				中砂				细砂				粗砂	中砂	细砂
			水泥 Q_{C0}	石灰 Q_{D0}	粉煤灰 Q_{f0}	砂 Q_{S0}	水泥 Q_{C0}	石灰 Q_{D0}	粉煤灰 Q_{f0}	砂 Q_{S0}	水泥 Q_{C0}	石灰 Q_{D0}	粉煤灰 Q_{f0}	砂 Q_{S0}	水泥:石灰:粉煤灰:砂 $Q_C:Q_D:Q_f:Q_S$	水泥:石灰:粉煤灰:砂 $Q_C:Q_D:Q_f:Q_S$	水泥:石灰:粉煤灰:砂 $Q_C:Q_D:Q_f:Q_S$
32.5	32.5	1.20	220	105	29	1505	220	105	29	1445	220	105	29	1385	1:0.48:0.13:6.84	1:0.48:0.13:6.56	1:0.48:0.13:6.29
		1.25	220	105	31	1504	220	105	31	1444	220	105	31	1384	1:0.48:0.14:6.83	1:0.48:0.14:6.56	1:0.48:0.14:6.29
		1.30	220	105	32	1503	220	105	32	1443	220	105	32	1383	1:0.48:0.14:6.83	1:0.48:0.14:6.55	1:0.48:0.14:6.28
		1.35	220	105	33	1501	220	105	33	1441	220	105	33	1381	1:0.48:0.15:6.82	1:0.48:0.15:6.55	1:0.48:0.15:6.27
		1.40	220	105	34	1500	220	105	34	1440	220	105	34	1380	1:0.48:0.16:6.81	1:0.48:0.16:6.54	1:0.48:0.16:6.27
		1.45	220	105	35	1499	220	105	35	1439	220	105	35	1379	1:0.48:0.16:6.81	1:0.48:0.16:6.54	1:0.48:0.16:6.26
		1.50	220	105	37	1498	220	105	37	1438	220	105	37	1378	1:0.48:0.17:6.80	1:0.48:0.17:6.53	1:0.48:0.17:6.26
		1.55	220	105	38	1497	220	105	38	1437	220	105	38	1377	1:0.48:0.17:6.80	1:0.48:0.17:6.52	1:0.48:0.17:6.25
		1.60	220	105	39	1495	220	105	39	1435	220	105	39	1375	1:0.48:0.18:6.79	1:0.48:0.18:6.52	1:0.48:0.18:6.25
		1.65	220	105	40	1494	220	105	40	1434	220	105	40	1374	1:0.48:0.18:6.79	1:0.48:0.18:6.51	1:0.48:0.18:6.24
		1.70	220	105	42	1493	220	105	42	1433	220	105	42	1373	1:0.48:0.19:6.78	1:0.48:0.19:6.51	1:0.48:0.19:6.24
	37.5	1.20	191	138	25	1506	191	138	25	1446	191	138	25	1386	1:0.72:0.13:7.89	1:0.72:0.13:7.58	1:0.72:0.13:7.26
		1.25	191	138	27	1505	191	138	27	1445	191	138	27	1385	1:0.72:0.14:7.89	1:0.72:0.14:7.57	1:0.72:0.14:7.26
		1.30	191	138	28	1504	191	138	28	1444	191	138	28	1384	1:0.72:0.14:7.88	1:0.72:0.14:7.57	1:0.72:0.14:7.25
		1.35	191	138	29	1503	191	138	29	1443	191	138	29	1383	1:0.72:0.15:7.87	1:0.72:0.15:7.56	1:0.72:0.15:7.25
		1.40	191	138	30	1502	191	138	30	1442	191	138	30	1382	1:0.72:0.16:7.87	1:0.72:0.16:7.55	1:0.72:0.16:7.24
		1.45	191	138	31	1500	191	138	31	1440	191	138	31	1380	1:0.72:0.16:7.86	1:0.72:0.16:7.55	1:0.72:0.16:7.23
		1.50	191	138	32	1499	191	138	32	1439	191	138	32	1379	1:0.72:0.17:7.86	1:0.72:0.17:7.54	1:0.72:0.17:7.23
		1.55	191	138	33	1498	191	138	33	1438	191	138	33	1378	1:0.72:0.17:7.85	1:0.72:0.17:7.54	1:0.72:0.17:7.22
		1.60	191	138	34	1497	191	138	34	1437	191	138	34	1377	1:0.72:0.18:7.85	1:0.72:0.18:7.53	1:0.72:0.18:7.22
		1.65	191	138	35	1496	191	138	35	1436	191	138	35	1376	1:0.72:0.18:7.84	1:0.72:0.18:7.53	1:0.72:0.18:7.21
		1.70	191	138	36	1495	191	138	36	1435	191	138	36	1375	1:0.72:0.19:7.84	1:0.72:0.19:7.52	1:0.72:0.19:7.21

注：石灰膏为标准稠度（120mm）时的用量。

砂浆强度等级：M7.5　　施工水平：一般　　配制强度：9.00MPa　　粉煤灰取代水泥率：10%

水泥强度等级	水泥实际强度(MPa)	粉煤灰超量系数	材料用量（kg/m³）											配合比（重量比）		
			粗砂				中砂				细砂				粗砂	中砂	细砂
			水泥Q_{C0}	石灰Q_{D0}	粉煤灰Q_{f0}	砂Q_{S0}	水泥Q_{C0}	石灰Q_{D0}	粉煤灰Q_{f0}	砂Q_{S0}	水泥Q_{C0}	石灰Q_{D0}	粉煤灰Q_{f0}	砂Q_{S0}	水泥:石灰:粉煤灰:砂 $Q_C:Q_D:Q_f:Q_S$	水泥:石灰:粉煤灰:砂 $Q_C:Q_D:Q_f:Q_S$	水泥:石灰:粉煤灰:砂 $Q_C:Q_D:Q_f:Q_S$
42.5	42.5	1.20	168	163	22	1506	168	163	22	1446	168	163	22	1386	1:0.97:0.13:8.95	1:0.97:0.13:8.59	1:0.97:0.13:8.23
		1.25	168	163	23	1505	168	163	23	1445	168	163	23	1385	1:0.97:0.14:8.94	1:0.97:0.14:8.58	1:0.97:0.14:8.23
		1.30	168	163	24	1504	168	163	24	1444	168	163	24	1384	1:0.97:0.14:8.94	1:0.97:0.14:8.58	1:0.97:0.14:8.22
		1.35	168	163	25	1503	168	163	25	1443	168	163	25	1383	1:0.97:0.15:8.93	1:0.97:0.15:8.57	1:0.97:0.15:8.22
		1.40	168	163	26	1503	168	163	26	1443	168	163	26	1383	1:0.97:0.15:8.92	1:0.97:0.15:8.57	1:0.97:0.16:8.21
		1.45	168	163	27	1502	168	163	27	1442	168	163	27	1382	1:0.97:0.16:8.92	1:0.97:0.16:8.56	1:0.97:0.16:8.21
		1.50	168	163	28	1501	168	163	28	1441	168	163	28	1381	1:0.97:0.17:8.91	1:0.97:0.17:8.56	1:0.97:0.17:8.20
		1.55	168	163	29	1500	168	163	29	1440	168	163	29	1380	1:0.97:0.17:8.91	1:0.97:0.17:8.55	1:0.97:0.17:8.19
		1.60	168	163	30	1499	168	163	30	1439	168	163	30	1379	1:0.97:0.18:8.90	1:0.97:0.18:8.55	1:0.97:0.18:8.19
		1.65	168	163	31	1498	168	163	31	1438	168	163	31	1378	1:0.97:0.18:8.90	1:0.97:0.18:8.54	1:0.97:0.18:8.18
		1.70	168	163	32	1497	168	163	32	1437	168	163	32	1377	1:0.97:0.19:8.89	1:0.97:0.19:8.53	1:0.97:0.19:8.18
	47.5	1.20	151	183	20	1507	151	183	20	1447	151	183	20	1387	1:1.21:0.13:10.00	1:1.21:0.13:9.60	1:1.21:0.13:9.21
		1.25	151	183	21	1506	151	183	21	1446	151	183	21	1386	1:1.21:0.14:10.00	1:1.21:0.14:9.60	1:1.21:0.14:9.20
		1.30	151	183	22	1505	151	183	22	1445	151	183	22	1385	1:1.21:0.14:9.99	1:1.21:0.14:9.59	1:1.21:0.14:9.20
		1.35	151	183	23	1504	151	183	23	1444	151	183	23	1384	1:1.21:0.15:9.98	1:1.21:0.15:9.59	1:1.21:0.15:9.19
		1.40	151	183	23	1503	151	183	23	1443	151	183	23	1383	1:1.21:0.15:9.98	1:1.21:0.16:9.58	1:1.21:0.16:9.18
		1.45	151	183	24	1502	151	183	24	1442	151	183	24	1382	1:1.21:0.16:9.97	1:1.21:0.16:9.58	1:1.21:0.16:9.18
		1.50	151	183	25	1502	151	183	25	1442	151	183	25	1382	1:1.21:0.17:9.97	1:1.21:0.17:9.57	1:1.21:0.17:9.17
		1.55	151	183	26	1501	151	183	26	1441	151	183	26	1381	1:1.21:0.18:9.96	1:1.21:0.17:9.56	1:1.21:0.17:9.17
		1.60	151	183	27	1500	151	183	27	1440	151	183	27	1380	1:1.21:0.18:9.96	1:1.21:0.18:9.56	1:1.21:0.18:9.16
		1.65	151	183	28	1499	151	183	28	1439	151	183	28	1379	1:1.21:0.18:9.95	1:1.21:0.18:9.55	1:1.21:0.18:9.16
		1.70	151	183	28	1498	151	183	28	1438	151	183	28	1378	1:1.21:0.19:9.95	1:1.21:0.19:9.55	1:1.21:0.19:9.15

注：石灰膏为标准稠度（120mm）时的用量。

砂浆强度等级：M7.5　　施工水平：较差　　配制强度：9.38MPa　　粉煤灰取代水泥率：10％

水泥强度等级	水泥实际强度(MPa)	粉煤灰超量系数	材料用量（kg/m³）												配合比（重量比）		
			粗砂				中砂				细砂				粗砂	中砂	细砂
			水泥 Q_{C0}	石灰 Q_{D0}	粉煤灰 Q_{f0}	砂 Q_{S0}	水泥 Q_{C0}	石灰 Q_{D0}	粉煤灰 Q_{f0}	砂 Q_{S0}	水泥 Q_{C0}	石灰 Q_{D0}	粉煤灰 Q_{f0}	砂 Q_{S0}	水泥:石灰:粉煤灰:砂 $Q_C:Q_D:Q_f:Q_S$	水泥:石灰:粉煤灰:砂 $Q_C:Q_D:Q_f:Q_S$	水泥:石灰:粉煤灰:砂 $Q_C:Q_D:Q_f:Q_S$
32.5	32.5	1.20	224	102	30	1505	224	102	30	1445	224	102	30	1385	1:0.45:0.13:6.73	1:0.45:0.13:6.46	1:0.45:0.13:6.19
		1.25	224	102	31	1504	224	102	31	1444	224	102	31	1384	1:0.45:0.14:6.73	1:0.45:0.14:6.46	1:0.45:0.14:6.19
		1.30	224	102	32	1503	224	102	32	1443	224	102	32	1383	1:0.45:0.14:6.72	1:0.45:0.14:6.45	1:0.45:0.14:6.18
		1.35	224	102	34	1501	224	102	34	1441	224	102	34	1381	1:0.45:0.15:6.71	1:0.45:0.15:6.45	1:0.45:0.15:6.18
		1.40	224	102	35	1500	224	102	35	1440	224	102	35	1380	1:0.45:0.16:6.71	1:0.45:0.16:6.44	1:0.45:0.16:6.17
		1.45	224	102	36	1499	224	102	36	1439	224	102	36	1379	1:0.45:0.16:6.70	1:0.45:0.16:6.43	1:0.45:0.16:6.17
		1.50	224	102	37	1498	224	102	37	1438	224	102	37	1378	1:0.45:0.17:6.70	1:0.45:0.17:6.43	1:0.45:0.17:6.16
		1.55	224	102	39	1496	224	102	39	1436	224	102	39	1376	1:0.45:0.17:6.69	1:0.45:0.17:6.42	1:0.45:0.17:6.16
		1.60	224	102	40	1495	224	102	40	1435	224	102	40	1375	1:0.45:0.18:6.69	1:0.45:0.18:6.42	1:0.45:0.18:6.15
		1.65	224	102	41	1494	224	102	41	1434	224	102	41	1374	1:0.45:0.18:6.68	1:0.45:0.18:6.41	1:0.45:0.18:6.14
		1.70	224	102	42	1493	224	102	42	1433	224	102	42	1373	1:0.45:0.19:6.68	1:0.45:0.19:6.41	1:0.45:0.19:6.14
	37.5	1.20	194	135	26	1506	194	135	26	1446	194	135	26	1386	1:0.70:0.13:7.77	1:0.70:0.13:7.46	1:0.70:0.13:7.15
		1.25	194	135	27	1505	194	135	27	1445	194	135	27	1385	1:0.70:0.14:7.76	1:0.70:0.14:7.45	1:0.70:0.14:7.15
		1.30	194	135	28	1504	194	135	28	1444	194	135	28	1384	1:0.70:0.14:7.76	1:0.70:0.14:7.45	1:0.70:0.14:7.14
		1.35	194	135	29	1502	194	135	29	1442	194	135	29	1382	1:0.70:0.15:7.75	1:0.70:0.15:7.44	1:0.70:0.15:7.13
		1.40	194	135	30	1501	194	135	30	1441	194	135	30	1381	1:0.70:0.16:7.75	1:0.70:0.16:7.44	1:0.70:0.16:7.13
		1.45	194	135	31	1500	194	135	31	1440	194	135	31	1380	1:0.70:0.16:7.74	1:0.70:0.16:7.43	1:0.70:0.16:7.12
		1.50	194	135	32	1499	194	135	32	1439	194	135	32	1379	1:0.70:0.17:7.74	1:0.70:0.17:7.43	1:0.70:0.17:7.12
		1.55	194	135	33	1498	194	135	33	1438	194	135	33	1378	1:0.70:0.17:7.73	1:0.70:0.17:7.42	1:0.70:0.17:7.11
		1.60	194	135	34	1497	194	135	34	1437	194	135	34	1377	1:0.70:0.18:7.73	1:0.70:0.18:7.42	1:0.70:0.18:7.11
		1.65	194	135	36	1496	194	135	36	1436	194	135	36	1376	1:0.70:0.18:7.72	1:0.70:0.18:7.41	1:0.70:0.18:7.10
		1.70	194	135	37	1495	194	135	37	1435	194	135	37	1375	1:0.70:0.19:7.71	1:0.70:0.19:7.40	1:0.70:0.19:7.10

注：石灰膏为标准稠度（120mm）时的用量。

砂浆强度等级：M7.5　　施工水平：较差　　配制强度：9.38MPa　　粉煤灰取代水泥率：10%

水泥强度等级	水泥实际强度(MPa)	粉煤灰超量系数	材料用量（kg/m³）												配合比（重量比）		
			粗砂				中砂				细砂				粗砂	中砂	细砂
			水泥Q_{C0}	石灰Q_{D0}	粉煤灰Q_{f0}	砂Q_{S0}	水泥Q_{C0}	石灰Q_{D0}	粉煤灰Q_{f0}	砂Q_{S0}	水泥Q_{C0}	石灰Q_{D0}	粉煤灰Q_{f0}	砂Q_{S0}	水泥:石灰:粉煤灰:砂 $Q_C:Q_D:Q_f:Q_S$	水泥:石灰:粉煤灰:砂 $Q_C:Q_D:Q_f:Q_S$	水泥:石灰:粉煤灰:砂 $Q_C:Q_D:Q_f:Q_S$
42.5	42.5	1.20	171	160	23	1506	171	160	23	1446	171	160	23	1386	1:0.94:0.13:8.81	1:0.94:0.13:8.46	1:0.94:0.13:8.11
		1.25	171	160	24	1505	171	160	24	1445	171	160	24	1385	1:0.94:0.14:8.80	1:0.94:0.14:8.45	1:0.94:0.14:8.10
		1.30	171	160	25	1504	171	160	25	1444	171	160	25	1384	1:0.94:0.14:8.80	1:0.94:0.14:8.45	1:0.94:0.14:8.10
		1.35	171	160	26	1503	171	160	26	1443	171	160	26	1383	1:0.94:0.15:8.79	1:0.94:0.15:8.44	1:0.94:0.15:8.09
		1.40	171	160	27	1502	171	160	27	1442	171	160	27	1382	1:0.94:0.16:8.79	1:0.94:0.16:8.44	1:0.94:0.16:8.08
		1.45	171	160	28	1501	171	160	28	1441	171	160	28	1381	1:0.94:0.16:8.78	1:0.94:0.16:8.43	1:0.94:0.16:8.08
		1.50	171	160	28	1501	171	160	28	1441	171	160	28	1381	1:0.94:0.17:8.78	1:0.94:0.17:8.42	1:0.94:0.17:8.07
		1.55	171	160	29	1500	171	160	29	1440	171	160	29	1380	1:0.94:0.17:8.77	1:0.94:0.17:8.42	1:0.94:0.17:8.07
		1.60	171	160	30	1499	171	160	30	1439	171	160	30	1379	1:0.94:0.18:8.76	1:0.94:0.18:8.41	1:0.94:0.18:8.06
		1.65	171	160	31	1498	171	160	31	1438	171	160	31	1378	1:0.94:0.18:8.76	1:0.94:0.18:8.41	1:0.94:0.18:8.06
		1.70	171	160	32	1497	171	160	32	1437	171	160	32	1377	1:0.94:0.19:8.75	1:0.94:0.19:8.40	1:0.94:0.19:8.05
	47.5	1.20	153	180	20	1507	153	180	20	1447	153	180	20	1387	1:1.18:0.13:9.85	1:1.18:0.13:9.46	1:1.18:0.13:9.06
		1.25	153	180	21	1506	153	180	21	1446	153	180	21	1386	1:1.18:0.14:9.84	1:1.18:0.14:9.45	1:1.18:0.14:9.06
		1.30	153	180	22	1505	153	180	22	1445	153	180	22	1385	1:1.18:0.14:9.84	1:1.18:0.14:9.44	1:1.18:0.14:9.05
		1.35	153	180	23	1504	153	180	23	1444	153	180	23	1384	1:1.18:0.15:9.83	1:1.18:0.15:9.44	1:1.18:0.15:9.05
		1.40	153	180	24	1503	153	180	24	1443	153	180	24	1383	1:1.18:0.16:9.83	1:1.18:0.16:9.43	1:1.18:0.16:9.04
		1.45	153	180	25	1502	153	180	25	1442	153	180	25	1382	1:1.18:0.16:9.82	1:1.18:0.16:9.43	1:1.18:0.16:9.04
		1.50	153	180	25	1502	153	180	25	1442	153	180	25	1382	1:1.18:0.17:9.81	1:1.18:0.17:9.42	1:1.18:0.17:9.03
		1.55	153	180	26	1501	153	180	26	1441	153	180	26	1381	1:1.18:0.17:9.81	1:1.18:0.17:9.42	1:1.18:0.17:9.02
		1.60	153	180	27	1500	153	180	27	1440	153	180	27	1380	1:1.18:0.18:9.80	1:1.18:0.18:9.41	1:1.18:0.18:9.02
		1.65	153	180	28	1499	153	180	28	1439	153	180	28	1379	1:1.18:0.18:9.80	1:1.18:0.18:9.41	1:1.18:0.18:9.01
		1.70	153	180	29	1498	153	180	29	1438	153	180	29	1378	1:1.18:0.19:9.79	1:1.18:0.19:9.40	1:1.18:0.19:9.01

注：石灰膏为标准稠度（120mm）时的用量。

砂浆强度等级：M7.5　　施工水平：优良　　配制强度：8.63MPa　　粉煤灰取代水泥率：15％

水泥强度等级	水泥实际强度(MPa)	粉煤灰超量系数	材料用量（kg/m³）												配合比（重量比）		
			粗 砂				中 砂				细 砂				粗 砂	中 砂	细 砂
			水泥Q_{C0}	石灰Q_{D0}	粉煤灰Q_{f0}	砂Q_{S0}	水泥Q_{C0}	石灰Q_{D0}	粉煤灰Q_{f0}	砂Q_{S0}	水泥Q_{C0}	石灰Q_{D0}	粉煤灰Q_{f0}	砂Q_{S0}	水泥:石灰:粉煤灰:砂$Q_C:Q_D:Q_f:Q_S$	水泥:石灰:粉煤灰:砂$Q_C:Q_D:Q_f:Q_S$	水泥:石灰:粉煤灰:砂$Q_C:Q_D:Q_f:Q_S$
32.5	32.5	1.20	205	109	43	1503	205	109	43	1443	205	109	43	1383	1:0.21:0.53:7.34	1:0.21:0.53:7.05	1:0.21:0.53:6.76
		1.25	205	109	45	1501	205	109	45	1441	205	109	45	1381	1:0.22:0.53:7.33	1:0.22:0.53:7.04	1:0.22:0.53:6.75
		1.30	205	109	47	1499	205	109	47	1439	205	109	47	1379	1:0.23:0.53:7.32	1:0.23:0.53:7.03	1:0.23:0.53:6.74
		1.35	205	109	49	1497	205	109	49	1437	205	109	49	1377	1:0.24:0.53:7.31	1:0.24:0.53:7.02	1:0.24:0.53:6.73
		1.40	205	109	51	1496	205	109	51	1436	205	109	51	1376	1:0.25:0.53:7.31	1:0.25:0.53:7.01	1:0.25:0.53:6.72
		1.45	205	109	52	1494	205	109	52	1434	205	109	52	1374	1:0.26:0.53:7.30	1:0.26:0.53:7.00	1:0.26:0.53:6.71
		1.50	205	109	54	1492	205	109	54	1432	205	109	54	1372	1:0.26:0.53:7.29	1:0.26:0.53:7.00	1:0.26:0.53:6.70
		1.55	205	109	56	1490	205	109	56	1430	205	109	56	1370	1:0.27:0.53:7.28	1:0.27:0.53:6.99	1:0.27:0.53:6.69
		1.60	205	109	58	1488	205	109	58	1428	205	109	58	1368	1:0.28:0.53:7.27	1:0.28:0.53:6.98	1:0.28:0.53:6.68
		1.65	205	109	60	1487	205	109	60	1427	205	109	60	1367	1:0.29:0.53:7.26	1:0.29:0.53:6.97	1:0.29:0.53:6.68
		1.70	205	109	61	1485	205	109	61	1425	205	109	61	1365	1:0.30:0.53:7.25	1:0.30:0.53:6.96	1:0.30:0.53:6.67
	37.5	1.20	177	141	38	1504	177	141	38	1444	177	141	38	1384	1:0.21:0.80:8.48	1:0.21:0.80:8.14	1:0.21:0.80:7.80
		1.25	177	141	39	1502	177	141	39	1442	177	141	39	1382	1:0.22:0.80:8.47	1:0.22:0.80:8.13	1:0.22:0.80:7.79
		1.30	177	141	41	1501	177	141	41	1441	177	141	41	1381	1:0.23:0.80:8.46	1:0.23:0.80:8.12	1:0.23:0.80:7.78
		1.35	177	141	42	1499	177	141	42	1439	177	141	42	1379	1:0.24:0.80:8.45	1:0.24:0.80:8.11	1:0.24:0.80:7.77
		1.40	177	141	44	1497	177	141	44	1437	177	141	44	1377	1:0.25:0.80:8.44	1:0.25:0.80:8.10	1:0.25:0.80:7.76
		1.45	177	141	45	1496	177	141	45	1436	177	141	45	1376	1:0.26:0.80:8.44	1:0.26:0.80:8.09	1:0.26:0.80:7.76
		1.50	177	141	47	1494	177	141	47	1434	177	141	47	1374	1:0.26:0.80:8.42	1:0.26:0.80:8.09	1:0.26:0.80:7.75
		1.55	177	141	49	1493	177	141	49	1433	177	141	49	1373	1:0.27:0.80:8.41	1:0.27:0.80:8.08	1:0.27:0.80:7.74
		1.60	177	141	50	1491	177	141	50	1431	177	141	50	1371	1:0.28:0.80:8.41	1:0.28:0.80:8.07	1:0.28:0.80:7.73
		1.65	177	141	52	1490	177	141	52	1430	177	141	52	1370	1:0.29:0.80:8.40	1:0.29:0.80:8.06	1:0.29:0.80:7.72
		1.70	177	141	53	1488	177	141	53	1428	177	141	53	1368	1:0.30:0.80:8.39	1:0.30:0.80:8.05	1:0.30:0.80:7.71

注：石灰膏为标准稠度（120mm）时的用量。

砂浆强度等级：M7.5　　　施工水平：优良　　　配制强度：8.63MPa　　　粉煤灰取代水泥率：15%

水泥强度等级	水泥实际强度(MPa)	粉煤灰超量系数	材料用量 (kg/m³)													配 合 比 (重量比)		
			粗 砂				中 砂				细 砂				粗 砂	中 砂	细 砂
			水泥 Q_{C0}	石灰 Q_{D0}	粉煤灰 Q_{f0}	砂 Q_{S0}	水泥 Q_{C0}	石灰 Q_{D0}	粉煤灰 Q_{f0}	砂 Q_{S0}	水泥 Q_{C0}	石灰 Q_{D0}	粉煤灰 Q_{f0}	砂 Q_{S0}	水泥:石灰:粉煤灰:砂 $Q_C:Q_D:Q_f:Q_S$	水泥:石灰:粉煤灰:砂 $Q_C:Q_D:Q_f:Q_S$	水泥:石灰:粉煤灰:砂 $Q_C:Q_D:Q_f:Q_S$
42.5	42.5	1.20	157	166	33	1504	157	166	33	1444	157	166	33	1384	1:0.21:1.06:9.61	1:0.21:1.06:9.23	1:0.21:1.06:8.84
		1.25	157	166	35	1503	157	166	35	1443	157	166	35	1383	1:0.22:1.06:9.60	1:0.22:1.06:9.22	1:0.22:1.06:8.84
		1.30	157	166	36	1502	157	166	36	1442	157	166	36	1382	1:0.23:1.06:9.59	1:0.23:1.06:9.21	1:0.23:1.06:8.83
		1.35	157	166	37	1500	157	166	37	1440	157	166	37	1380	1:0.24:1.06:9.58	1:0.24:1.06:9.20	1:0.24:1.06:8.82
		1.40	157	166	39	1499	157	166	39	1439	157	166	39	1379	1:0.25:1.06:9.58	1:0.25:1.06:9.19	1:0.25:1.06:8.81
		1.45	157	166	40	1498	157	166	40	1438	157	166	40	1378	1:0.26:1.06:9.57	1:0.26:1.06:9.18	1:0.26:1.06:8.80
		1.50	157	166	41	1496	157	166	41	1436	157	166	41	1376	1:0.26:1.06:9.56	1:0.26:1.06:9.17	1:0.26:1.06:8.79
		1.55	157	166	43	1495	157	166	43	1435	157	166	43	1375	1:0.27:1.06:9.55	1:0.27:1.06:9.17	1:0.27:1.06:8.78
		1.60	157	166	44	1493	157	166	44	1433	157	166	44	1373	1:0.28:1.06:9.54	1:0.28:1.06:9.16	1:0.28:1.06:8.77
		1.65	157	166	46	1492	157	166	46	1432	157	166	46	1372	1:0.29:1.06:9.53	1:0.29:1.06:9.15	1:0.29:1.06:8.77
		1.70	157	166	47	1491	157	166	47	1431	157	166	47	1371	1:0.30:1.06:9.52	1:0.30:1.06:9.14	1:0.30:1.06:8.76
	47.5	1.20	140	185	30	1505	140	185	30	1445	140	185	30	1385	1:0.21:1.32:10.75	1:0.21:1.32:10.32	1:0.21:1.32:9.89
		1.25	140	185	31	1504	140	185	31	1444	140	185	31	1384	1:0.22:1.32:10.74	1:0.22:1.32:10.31	1:0.22:1.32:9.88
		1.30	140	185	32	1503	140	185	32	1443	140	185	32	1383	1:0.23:1.32:10.73	1:0.23:1.32:10.30	1:0.23:1.32:9.87
		1.35	140	185	33	1501	140	185	33	1441	140	185	33	1381	1:0.24:1.32:10.72	1:0.24:1.32:10.29	1:0.24:1.32:9.86
		1.40	140	185	35	1500	140	185	35	1440	140	185	35	1380	1:0.25:1.32:10.71	1:0.25:1.32:10.28	1:0.25:1.32:9.85
		1.45	140	185	36	1499	140	185	36	1439	140	185	36	1379	1:0.26:1.32:10.70	1:0.26:1.32:10.27	1:0.26:1.32:9.85
		1.50	140	185	37	1498	140	185	37	1438	140	185	37	1378	1:0.26:1.32:10.69	1:0.26:1.32:10.26	1:0.26:1.32:9.84
		1.55	140	185	38	1496	140	185	38	1436	140	185	38	1376	1:0.27:1.32:10.68	1:0.27:1.32:10.26	1:0.27:1.32:9.83
		1.60	140	185	40	1495	140	185	40	1435	140	185	40	1375	1:0.28:1.32:10.68	1:0.28:1.32:10.25	1:0.28:1.32:9.82
		1.65	140	185	41	1494	140	185	41	1434	140	185	41	1374	1:0.29:1.32:10.67	1:0.29:1.32:10.24	1:0.29:1.32:9.81
		1.70	140	185	42	1493	140	185	42	1433	140	185	42	1373	1:0.30:1.32:10.66	1:0.30:1.32:10.23	1:0.30:1.32:9.80

注：石灰膏为标准稠度（120mm）时的用量。

砂浆强度等级：M7.5　　施工水平：一般　　配制强度：9.00MPa　　粉煤灰取代水泥率：15%

水泥强度等级	水泥实际强度(MPa)	粉煤灰超量系数	材料用量（kg/m³）											配合比（重量比）		
			粗砂				中砂				细砂				粗砂	中砂	细砂
			水泥 Q_{C0}	石灰 Q_{D0}	粉煤灰 Q_{f0}	砂 Q_{S0}	水泥 Q_{C0}	石灰 Q_{D0}	粉煤灰 Q_{f0}	砂 Q_{S0}	水泥 Q_{C0}	石灰 Q_{D0}	粉煤灰 Q_{f0}	砂 Q_{S0}	水泥:石灰:粉煤灰:砂 $Q_C:Q_D:Q_f:Q_S$	水泥:石灰:粉煤灰:砂 $Q_C:Q_D:Q_f:Q_S$	水泥:石灰:粉煤灰:砂 $Q_C:Q_D:Q_f:Q_S$
32.5	32.5	1.20	208	105	44	1503	208	105	44	1443	208	105	44	1383	1:0.21:0.51:7.23	1:0.21:0.51:6.94	1:0.21:0.51:6.65
		1.25	208	105	46	1501	208	105	46	1441	208	105	46	1381	1:0.22:0.51:7.22	1:0.22:0.51:6.93	1:0.22:0.51:6.64
		1.30	208	105	48	1499	208	105	48	1439	208	105	48	1379	1:0.23:0.51:7.21	1:0.23:0.51:6.92	1:0.23:0.51:6.63
		1.35	208	105	50	1497	208	105	50	1437	208	105	50	1377	1:0.24:0.51:7.20	1:0.24:0.51:6.91	1:0.24:0.51:6.62
		1.40	208	105	51	1495	208	105	51	1435	208	105	51	1375	1:0.25:0.51:7.19	1:0.25:0.51:6.90	1:0.25:0.51:6.61
		1.45	208	105	53	1493	208	105	53	1433	208	105	53	1373	1:0.26:0.51:7.18	1:0.26:0.51:6.89	1:0.26:0.51:6.61
		1.50	208	105	55	1492	208	105	55	1432	208	105	55	1372	1:0.26:0.51:7.17	1:0.26:0.51:6.89	1:0.26:0.51:6.60
		1.55	208	105	57	1490	208	105	57	1430	208	105	57	1370	1:0.27:0.51:7.16	1:0.27:0.51:6.88	1:0.27:0.51:6.59
		1.60	208	105	59	1488	208	105	59	1428	208	105	59	1368	1:0.28:0.51:7.16	1:0.28:0.51:6.87	1:0.28:0.51:6.58
		1.65	208	105	61	1486	208	105	61	1426	208	105	61	1366	1:0.29:0.51:7.15	1:0.29:0.51:6.86	1:0.29:0.51:6.57
		1.70	208	105	62	1484	208	105	62	1424	208	105	62	1364	1:0.30:0.51:7.14	1:0.30:0.51:6.85	1:0.30:0.51:6.56
	37.5	1.20	180	138	38	1504	180	138	38	1444	180	138	38	1384	1:0.21:0.77:8.34	1:0.21:0.77:8.01	1:0.21:0.77:7.68
		1.25	180	138	40	1502	180	138	40	1442	180	138	40	1382	1:0.22:0.77:8.33	1:0.22:0.77:8.00	1:0.22:0.77:7.67
		1.30	180	138	41	1500	180	138	41	1440	180	138	41	1380	1:0.23:0.77:8.33	1:0.23:0.77:7.99	1:0.23:0.77:7.66
		1.35	180	138	43	1499	180	138	43	1439	180	138	43	1379	1:0.24:0.77:8.32	1:0.24:0.77:7.98	1:0.24:0.77:7.65
		1.40	180	138	45	1497	180	138	45	1437	180	138	45	1377	1:0.25:0.77:8.31	1:0.25:0.77:7.98	1:0.25:0.77:7.64
		1.45	180	138	46	1496	180	138	46	1436	180	138	46	1376	1:0.26:0.77:8.30	1:0.26:0.77:7.97	1:0.26:0.77:7.63
		1.50	180	138	48	1494	180	138	48	1434	180	138	48	1374	1:0.26:0.77:8.29	1:0.27:0.77:7.96	1:0.27:0.77:7.62
		1.55	180	138	49	1493	180	138	49	1433	180	138	49	1373	1:0.28:0.77:8.28	1:0.28:0.77:7.95	1:0.27:0.77:7.62
		1.60	180	138	51	1491	180	138	51	1431	180	138	51	1371	1:0.28:0.77:8.27	1:0.28:0.77:7.94	1:0.28:0.77:7.61
		1.65	180	138	52	1489	180	138	52	1429	180	138	52	1369	1:0.29:0.77:8.26	1:0.29:0.77:7.93	1:0.29:0.77:7.60
		1.70	180	138	54	1488	180	138	54	1428	180	138	54	1368	1:0.30:0.77:8.26	1:0.30:0.77:7.92	1:0.30:0.77:7.59

注：石灰膏为标准稠度（120mm）时的用量。

砂浆强度等级：M7.5　　施工水平：一般　　配制强度：9.00MPa　　粉煤灰取代水泥率：15%

水泥强度等级	水泥实际强度(MPa)	粉煤灰超量系数	材料用量（kg/m³）												配合比（重量比）		
			粗砂				中砂				细砂				粗砂	中砂	细砂
			水泥Q_{C0}	石灰Q_{D0}	粉煤灰Q_{f0}	砂Q_{S0}	水泥Q_{C0}	石灰Q_{D0}	粉煤灰Q_{f0}	砂Q_{S0}	水泥Q_{C0}	石灰Q_{D0}	粉煤灰Q_{f0}	砂Q_{S0}	水泥:石灰:粉煤灰:砂 $Q_C:Q_D:Q_f:Q_S$	水泥:石灰:粉煤灰:砂 $Q_C:Q_D:Q_f:Q_S$	水泥:石灰:粉煤灰:砂 $Q_C:Q_D:Q_f:Q_S$
42.5	42.5	1.20	159	163	34	1504	159	163	34	1444	159	163	34	1384	1:0.21:1.02:9.46	1:0.21:1.02:9.08	1:0.21:1.02:8.71
		1.25	159	163	35	1503	159	163	35	1443	159	163	35	1383	1:0.22:1.02:9.45	1:0.22:1.02:9.07	1:0.22:1.02:8.70
		1.30	159	163	36	1502	159	163	36	1442	159	163	36	1382	1:0.23:1.02:9.44	1:0.23:1.02:9.07	1:0.23:1.02:8.69
		1.35	159	163	38	1500	159	163	38	1440	159	163	38	1380	1:0.24:1.02:9.43	1:0.24:1.02:9.06	1:0.24:1.02:8.68
		1.40	159	163	39	1499	159	163	39	1439	159	163	39	1379	1:0.25:1.02:9.43	1:0.25:1.02:9.05	1:0.25:1.02:8.67
		1.45	159	163	41	1497	159	163	41	1437	159	163	41	1377	1:0.26:1.02:9.42	1:0.26:1.02:9.04	1:0.26:1.02:8.66
		1.50	159	163	42	1496	159	163	42	1436	159	163	42	1376	1:0.26:1.02:9.41	1:0.26:1.02:9.03	1:0.26:1.02:8.65
		1.55	159	163	43	1495	159	163	43	1435	159	163	43	1375	1:0.27:1.02:9.40	1:0.27:1.02:9.02	1:0.27:1.02:8.64
		1.60	159	163	45	1493	159	163	45	1433	159	163	45	1373	1:0.28:1.02:9.39	1:0.28:1.02:9.01	1:0.28:1.02:8.64
		1.65	159	163	46	1492	159	163	46	1432	159	163	46	1372	1:0.29:1.02:9.38	1:0.29:1.02:9.00	1:0.29:1.02:8.63
		1.70	159	163	48	1490	159	163	48	1430	159	163	48	1370	1:0.30:1.02:9.37	1:0.30:1.02:9.00	1:0.30:1.02:8.62
	47.5	1.20	142	183	30	1505	142	183	30	1445	142	183	30	1385	1:0.21:1.28:10.58	1:0.21:1.28:10.16	1:0.21:1.28:9.73
		1.25	142	183	31	1504	142	183	31	1444	142	183	31	1384	1:0.22:1.28:10.57	1:0.22:1.28:10.15	1:0.22:1.28:9.73
		1.30	142	183	33	1502	142	183	33	1442	142	183	33	1382	1:0.23:1.28:10.56	1:0.23:1.28:10.14	1:0.23:1.28:9.72
		1.35	142	183	34	1501	142	183	34	1441	142	183	34	1381	1:0.24:1.28:10.55	1:0.24:1.28:10.15	1:0.24:1.28:9.71
		1.40	142	183	35	1500	142	183	35	1440	142	183	35	1380	1:0.25:1.28:10.54	1:0.25:1.28:10.14	1:0.25:1.28:9.70
		1.45	142	183	36	1499	142	183	36	1439	142	183	36	1379	1:0.26:1.28:10.53	1:0.26:1.28:10.11	1:0.26:1.28:9.69
		1.50	142	183	38	1497	142	183	38	1437	142	183	38	1377	1:0.26:1.28:10.53	1:0.26:1.28:10.10	1:0.26:1.28:9.68
		1.55	142	183	39	1496	142	183	39	1436	142	183	39	1376	1:0.27:1.28:10.52	1:0.27:1.28:10.09	1:0.27:1.28:9.67
		1.60	142	183	40	1495	142	183	40	1435	142	183	40	1375	1:0.28:1.28:10.51	1:0.28:1.28:10.08	1:0.28:1.28:9.66
		1.65	142	183	41	1494	142	183	41	1434	142	183	41	1374	1:0.28:1.28:10.50	1:0.28:1.28:10.08	1:0.29:1.28:9.66
		1.70	142	183	43	1492	142	183	43	1432	142	183	43	1372	1:0.30:1.28:10.49	1:0.30:1.28:10.07	1:0.30:1.28:9.65

注：石灰膏为标准稠度（120mm）时的用量。

砂浆强度等级：M7.5　　施工水平：较差　　配制强度：9.38MPa　　粉煤灰取代水泥率：15%

水泥强度等级	水泥实际强度（MPa）	粉煤灰超量系数	材料用量（kg/m³）												配合比（重量比）		
			粗砂				中砂				细砂				粗砂	中砂	细砂
			水泥 Q_{C0}	石灰 Q_{D0}	粉煤灰 Q_{f0}	砂 Q_{S0}	水泥 Q_{C0}	石灰 Q_{D0}	粉煤灰 Q_{f0}	砂 Q_{S0}	水泥 Q_{C0}	石灰 Q_{D0}	粉煤灰 Q_{f0}	砂 Q_{S0}	水泥:石灰:粉煤灰:砂 $Q_C:Q_D:Q_f:Q_S$	水泥:石灰:粉煤灰:砂 $Q_C:Q_D:Q_f:Q_S$	水泥:石灰:粉煤灰:砂 $Q_C:Q_D:Q_f:Q_S$
32.5	32.5	1.20	211	102	45	1503	211	102	45	1443	211	102	45	1383	1:0.21:0.48:7.12	1:0.21:0.48:6.83	1:0.21:0.48:6.55
		1.25	211	102	47	1501	211	102	47	1441	211	102	47	1381	1:0.22:0.48:7.11	1:0.22:0.48:6.82	1:0.22:0.48:6.54
		1.30	211	102	48	1499	211	102	48	1439	211	102	48	1379	1:0.23:0.48:7.10	1:0.23:0.48:6.81	1:0.23:0.48:6.53
		1.35	211	102	50	1497	211	102	50	1437	211	102	50	1377	1:0.24:0.48:7.09	1:0.24:0.48:6.80	1:0.24:0.48:6.52
		1.40	211	102	52	1495	211	102	52	1435	211	102	52	1375	1:0.25:0.48:7.08	1:0.25:0.48:6.80	1:0.25:0.48:6.51
		1.45	211	102	54	1493	211	102	54	1433	211	102	54	1373	1:0.26:0.48:7.07	1:0.26:0.48:6.79	1:0.26:0.48:6.50
		1.50	211	102	56	1491	211	102	56	1431	211	102	56	1371	1:0.27:0.48:7.06	1:0.27:0.48:6.78	1:0.26:0.48:6.49
		1.55	211	102	58	1490	211	102	58	1430	211	102	58	1370	1:0.27:0.48:7.05	1:0.27:0.48:6.77	1:0.27:0.48:6.49
		1.60	211	102	60	1488	211	102	60	1428	211	102	60	1368	1:0.28:0.48:7.04	1:0.28:0.48:6.76	1:0.28:0.48:6.48
		1.65	211	102	61	1486	211	102	61	1426	211	102	61	1366	1:0.29:0.48:7.04	1:0.29:0.48:6.75	1:0.29:0.48:6.47
		1.70	211	102	63	1484	211	102	63	1424	211	102	63	1364	1:0.30:0.48:7.03	1:0.30:0.48:6.74	1:0.30:0.48:6.46
	37.5	1.20	183	135	39	1504	183	135	39	1444	183	135	39	1384	1:0.21:0.74:8.22	1:0.21:0.74:7.89	1:0.21:0.74:7.56
		1.25	183	135	40	1502	183	135	40	1442	183	135	40	1382	1:0.22:0.74:8.21	1:0.22:0.74:7.88	1:0.22:0.74:7.55
		1.30	183	135	42	1500	183	135	42	1440	183	135	42	1380	1:0.23:0.74:8.20	1:0.23:0.74:7.87	1:0.23:0.74:7.54
		1.35	183	135	44	1499	183	135	44	1439	183	135	44	1379	1:0.24:0.74:8.19	1:0.24:0.74:7.86	1:0.24:0.74:7.53
		1.40	183	135	45	1497	183	135	45	1437	183	135	45	1377	1:0.25:0.74:8.18	1:0.25:0.74:7.85	1:0.25:0.74:7.52
		1.45	183	135	47	1495	183	135	47	1435	183	135	47	1375	1:0.26:0.74:8.17	1:0.26:0.74:7.84	1:0.26:0.74:7.52
		1.50	183	135	48	1494	183	135	48	1434	183	135	48	1374	1:0.26:0.74:8.16	1:0.26:0.74:7.83	1:0.26:0.74:7.51
		1.55	183	135	50	1492	183	135	50	1432	183	135	50	1372	1:0.27:0.74:8.15	1:0.27:0.74:7.83	1:0.27:0.74:7.50
		1.60	183	135	52	1491	183	135	52	1431	183	135	52	1371	1:0.28:0.74:8.14	1:0.28:0.74:7.82	1:0.28:0.74:7.49
		1.65	183	135	53	1489	183	135	53	1429	183	135	53	1369	1:0.29:0.74:8.14	1:0.29:0.74:7.81	1:0.29:0.74:7.48
		1.70	183	135	55	1487	183	135	55	1427	183	135	55	1367	1:0.30:0.74:8.13	1:0.30:0.74:7.80	1:0.30:0.74:7.47

注：石灰膏为标准稠度（120mm）时的用量。

砂浆强度等级：M7.5　　　施工水平：较差　　　配制强度：9.38MPa　　　粉煤灰取代水泥率：15%

水泥强度等级	水泥实际强度(MPa)	粉煤灰超量系数	材料用量（kg/m³）												配合比（重量比）		
			粗砂				中砂				细砂				粗砂	中砂	细砂
			水泥Q_{C0}	石灰Q_{D0}	粉煤灰Q_{f0}	砂Q_{S0}	水泥Q_{C0}	石灰Q_{D0}	粉煤灰Q_{f0}	砂Q_{S0}	水泥Q_{C0}	石灰Q_{D0}	粉煤灰Q_{f0}	砂Q_{S0}	水泥:石灰:粉煤灰:砂 $Q_C:Q_D:Q_f:Q_S$	水泥:石灰:粉煤灰:砂 $Q_C:Q_D:Q_f:Q_S$	水泥:石灰:粉煤灰:砂 $Q_C:Q_D:Q_f:Q_S$
42.5	42.5	1.20	161	160	34	1504	161	160	34	1444	161	160	34	1384	1:0.21:0.99:9.32	1:0.21:0.99:8.94	1:0.21:0.99:8.57
		1.25	161	160	36	1503	161	160	36	1443	161	160	36	1383	1:0.22:0.99:9.31	1:0.22:0.99:8.94	1:0.22:0.99:8.56
		1.30	161	160	37	1501	161	160	37	1441	161	160	37	1381	1:0.23:0.99:9.30	1:0.23:0.99:8.93	1:0.23:0.99:8.55
		1.35	161	160	38	1500	161	160	38	1440	161	160	38	1380	1:0.24:0.99:9.29	1:0.24:0.99:8.92	1:0.24:0.99:8.55
		1.40	161	160	40	1499	161	160	40	1439	161	160	40	1379	1:0.25:0.99:9.28	1:0.25:0.99:8.91	1:0.25:0.99:8.54
		1.45	161	160	41	1497	161	160	41	1437	161	160	41	1377	1:0.26:0.99:9.27	1:0.26:0.99:8.90	1:0.26:0.99:8.53
		1.50	161	160	43	1496	161	160	43	1436	161	160	43	1376	1:0.26:0.99:9.26	1:0.26:0.99:8.89	1:0.26:0.99:8.52
		1.55	161	160	44	1494	161	160	44	1434	161	160	44	1374	1:0.27:0.99:9.25	1:0.27:0.99:8.88	1:0.27:0.99:8.52
		1.60	161	160	46	1493	161	160	46	1433	161	160	46	1373	1:0.28:0.99:9.24	1:0.28:0.99:8.87	1:0.28:0.99:8.50
		1.65	161	160	47	1491	161	160	47	1431	161	160	47	1371	1:0.29:0.99:9.24	1:0.29:0.99:8.86	1:0.29:0.99:8.49
		1.70	161	160	48	1490	161	160	48	1430	161	160	48	1370	1:0.30:0.99:9.23	1:0.30:0.99:8.86	1:0.30:0.99:8.48
	47.5	1.20	144	180	31	1505	144	180	31	1445	144	180	31	1385	1:0.21:1.25:10.42	1:0.21:1.25:10.00	1:0.21:1.25:9.58
		1.25	144	180	32	1504	144	180	32	1444	144	180	32	1384	1:0.22:1.25:10.41	1:0.22:1.25:9.99	1:0.22:1.25:9.58
		1.30	144	180	33	1502	144	180	33	1442	144	180	33	1382	1:0.23:1.25:10.40	1:0.23:1.25:9.98	1:0.23:1.25:9.57
		1.35	144	180	34	1501	144	180	34	1441	144	180	34	1381	1:0.24:1.25:10.39	1:0.24:1.25:9.97	1:0.23:1.25:9.56
		1.40	144	180	36	1500	144	180	36	1440	144	180	36	1380	1:0.25:1.25:10.38	1:0.25:1.25:9.96	1:0.24:1.25:9.55
		1.45	144	180	37	1499	144	180	37	1439	144	180	37	1379	1:0.26:1.25:10.37	1:0.26:1.25:9.96	1:0.26:1.25:9.54
		1.50	144	180	38	1497	144	180	38	1437	144	180	38	1377	1:0.26:1.25:10.36	1:0.26:1.25:9.95	1:0.26:1.25:9.53
		1.55	144	180	40	1496	144	180	40	1436	144	180	40	1376	1:0.27:1.25:10.35	1:0.27:1.25:9.94	1:0.27:1.25:9.52
		1.60	144	180	41	1495	144	180	41	1435	144	180	41	1375	1:0.28:1.25:10.34	1:0.28:1.25:9.93	1:0.28:1.25:9.51
		1.65	144	180	42	1493	144	180	42	1433	144	180	42	1373	1:0.29:1.25:10.33	1:0.29:1.25:9.92	1:0.29:1.25:9.51
		1.70	144	180	43	1492	144	180	43	1432	144	180	43	1372	1:0.30:1.25:10.33	1:0.30:1.25:9.91	1:0.30:1.25:9.50

注：石灰膏为标准稠度（120mm）时的用量。

砂浆强度等级：M7.5　　施工水平：优良　　配制强度：8.63MPa　　粉煤灰取代水泥率：20%

水泥强度等级	水泥实际强度(MPa)	粉煤灰超量系数	材料用量（kg/m³） 粗砂 水泥Q_{C0}	石灰Q_{D0}	粉煤灰Q_{f0}	砂Q_{S0}	中砂 水泥Q_{C0}	石灰Q_{D0}	粉煤灰Q_{f0}	砂Q_{S0}	细砂 水泥Q_{C0}	石灰Q_{D0}	粉煤灰Q_{f0}	砂Q_{S0}	配合比（重量比） 粗砂 水泥:石灰:粉煤灰:砂 $Q_C:Q_D:Q_f:Q_S$	中砂 水泥:石灰:粉煤灰:砂 $Q_C:Q_D:Q_f:Q_S$	细砂 水泥:石灰:粉煤灰:砂 $Q_C:Q_D:Q_f:Q_S$
32.5	32.5	1.20	193	109	58	1500	193	109	58	1440	193	109	58	1380	1:0.30:0.57:7.79	1:0.30:0.57:7.48	1:0.30:0.57:7.16
		1.25	193	109	60	1498	193	109	60	1438	193	109	60	1378	1:0.31:0.57:7.78	1:0.31:0.57:7.46	1:0.31:0.57:7.15
		1.30	193	109	63	1496	193	109	63	1436	193	109	63	1376	1:0.33:0.57:7.76	1:0.33:0.57:7.45	1:0.33:0.57:7.14
		1.35	193	109	65	1493	193	109	65	1433	193	109	65	1373	1:0.34:0.57:7.75	1:0.34:0.57:7.44	1:0.34:0.57:7.13
		1.40	193	109	67	1491	193	109	67	1431	193	109	67	1371	1:0.35:0.57:7.74	1:0.35:0.57:7.43	1:0.35:0.57:7.11
		1.45	193	109	70	1488	193	109	70	1428	193	109	70	1368	1:0.36:0.57:7.73	1:0.36:0.57:7.41	1:0.36:0.57:7.10
		1.50	193	109	72	1486	193	109	72	1426	193	109	72	1366	1:0.38:0.57:7.71	1:0.38:0.57:7.40	1:0.38:0.57:7.09
		1.55	193	109	75	1484	193	109	75	1424	193	109	75	1364	1:0.39:0.57:7.70	1:0.39:0.57:7.39	1:0.39:0.57:7.08
		1.60	193	109	77	1481	193	109	77	1421	193	109	77	1361	1:0.40:0.57:7.69	1:0.40:0.57:7.38	1:0.40:0.57:7.06
		1.65	193	109	79	1479	193	109	79	1419	193	109	79	1359	1:0.41:0.57:7.68	1:0.41:0.57:7.36	1:0.41:0.57:7.05
		1.70	193	109	82	1476	193	109	82	1416	193	109	82	1356	1:0.43:0.57:7.66	1:0.43:0.57:7.35	1:0.43:0.57:7.04
	37.5	1.20	167	141	50	1502	167	141	50	1442	167	141	50	1382	1:0.30:0.85:8.99	1:0.30:0.85:8.63	1:0.30:0.85:8.27
		1.25	167	141	52	1500	167	141	52	1440	167	141	52	1380	1:0.31:0.85:8.98	1:0.31:0.85:8.62	1:0.31:0.85:8.26
		1.30	167	141	54	1497	167	141	54	1437	167	141	54	1377	1:0.33:0.85:8.97	1:0.33:0.85:8.61	1:0.33:0.85:8.25
		1.35	167	141	56	1495	167	141	56	1435	167	141	56	1375	1:0.34:0.85:8.96	1:0.34:0.85:8.60	1:0.34:0.85:8.24
		1.40	167	141	58	1493	167	141	58	1433	167	141	58	1373	1:0.35:0.85:8.94	1:0.35:0.85:8.58	1:0.35:0.85:8.22
		1.45	167	141	61	1491	167	141	61	1431	167	141	61	1371	1:0.36:0.85:8.93	1:0.36:0.85:8.57	1:0.36:0.85:8.21
		1.50	167	141	63	1489	167	141	63	1429	167	141	63	1369	1:0.38:0.85:8.92	1:0.38:0.85:8.56	1:0.38:0.85:8.20
		1.55	167	141	65	1487	167	141	65	1427	167	141	65	1367	1:0.39:0.85:8.91	1:0.39:0.85:8.55	1:0.39:0.85:8.19
		1.60	167	141	67	1485	167	141	67	1425	167	141	67	1365	1:0.40:0.85:8.89	1:0.40:0.85:8.53	1:0.40:0.85:8.17
		1.65	167	141	69	1483	167	141	69	1423	167	141	69	1363	1:0.41:0.85:8.88	1:0.41:0.85:8.52	1:0.41:0.85:8.16
		1.70	167	141	71	1481	167	141	71	1421	167	141	71	1361	1:0.43:0.85:8.87	1:0.43:0.85:8.51	1:0.43:0.85:8.15

注：石灰膏为标准稠度（120mm）时的用量。

砂浆强度等级：M7.5　　施工水平：优良　　配制强度：8.63MPa　　粉煤灰取代水泥率：20%

水泥强度等级	水泥实际强度(MPa)	粉煤灰超量系数	材料用量（kg/m³）												配合比（重量比）		
			粗砂				中砂				细砂				粗砂	中砂	细砂
			水泥 Q_{C0}	石灰 Q_{D0}	粉煤灰 Q_{f0}	砂 Q_{S0}	水泥 Q_{C0}	石灰 Q_{D0}	粉煤灰 Q_{f0}	砂 Q_{S0}	水泥 Q_{C0}	石灰 Q_{D0}	粉煤灰 Q_{f0}	砂 Q_{S0}	水泥:石灰:粉煤灰:砂 $Q_C:Q_D:Q_f:Q_S$	水泥:石灰:粉煤灰:砂 $Q_C:Q_D:Q_f:Q_S$	水泥:石灰:粉煤灰:砂 $Q_C:Q_D:Q_f:Q_S$
42.5	42.5	1.20	147	166	44	1503	147	166	44	1443	147	166	44	1383	1:0.30:1.13:10.20	1:0.30:1.13:9.79	1:0.30:1.13:9.38
		1.25	147	166	46	1501	147	166	46	1441	147	166	46	1381	1:0.31:1.13:10.19	1:0.31:1.13:9.78	1:0.31:1.13:9.37
		1.30	147	166	48	1499	147	166	48	1439	147	166	48	1379	1:0.33:1.13:10.17	1:0.33:1.13:9.77	1:0.33:1.13:9.36
		1.35	147	166	50	1497	147	166	50	1437	147	166	50	1377	1:0.34:1.13:10.16	1:0.34:1.13:9.75	1:0.34:1.13:9.35
		1.40	147	166	52	1495	147	166	52	1435	147	166	52	1375	1:0.35:1.13:10.15	1:0.35:1.13:9.74	1:0.35:1.13:9.33
		1.45	147	166	53	1493	147	166	53	1433	147	166	53	1373	1:0.36:1.13:10.14	1:0.36:1.13:9.73	1:0.36:1.13:9.32
		1.50	147	166	55	1492	147	166	55	1432	147	166	55	1372	1:0.38:1.13:10.12	1:0.38:1.13:9.72	1:0.38:1.13:9.31
		1.55	147	166	57	1490	147	166	57	1430	147	166	57	1370	1:0.39:1.13:10.11	1:0.39:1.13:9.70	1:0.39:1.13:9.30
		1.60	147	166	59	1488	147	166	59	1428	147	166	59	1368	1:0.40:1.13:10.10	1:0.40:1.13:9.69	1:0.40:1.13:9.28
		1.65	147	166	61	1486	147	166	61	1426	147	166	61	1366	1:0.41:1.13:10.09	1:0.41:1.13:9.68	1:0.41:1.13:9.27
		1.70	147	166	63	1484	147	166	63	1424	147	166	63	1364	1:0.43:1.13:10.07	1:0.43:1.13:9.67	1:0.43:1.13:9.26
	47.5	1.20	132	185	40	1503	132	185	40	1443	132	185	40	1383	1:0.30:1.41:11.41	1:0.30:1.41:10.95	1:0.30:1.41:10.49
		1.25	132	185	41	1502	132	185	41	1442	132	185	41	1382	1:0.31:1.41:11.39	1:0.31:1.41:10.94	1:0.31:1.41:10.48
		1.30	132	185	43	1500	132	185	43	1440	132	185	43	1380	1:0.33:1.41:11.38	1:0.33:1.41:10.92	1:0.33:1.41:10.47
		1.35	132	185	44	1498	132	185	44	1438	132	185	44	1378	1:0.34:1.41:11.37	1:0.34:1.41:10.91	1:0.34:1.41:10.46
		1.40	132	185	46	1497	132	185	46	1437	132	185	46	1377	1:0.35:1.41:11.36	1:0.35:1.41:10.90	1:0.35:1.41:10.44
		1.45	132	185	48	1495	132	185	48	1435	132	185	48	1375	1:0.36:1.41:11.34	1:0.36:1.41:10.89	1:0.36:1.41:10.43
		1.50	132	185	49	1494	132	185	49	1434	132	185	49	1374	1:0.38:1.41:11.33	1:0.38:1.41:10.87	1:0.38:1.41:10.42
		1.55	132	185	51	1492	132	185	51	1432	132	185	51	1372	1:0.39:1.41:11.32	1:0.39:1.41:10.86	1:0.39:1.41:10.41
		1.60	132	185	53	1490	132	185	53	1430	132	185	53	1370	1:0.40:1.41:11.31	1:0.40:1.41:10.85	1:0.40:1.41:10.39
		1.65	132	185	54	1489	132	185	54	1429	132	185	54	1369	1:0.41:1.41:11.29	1:0.41:1.41:10.84	1:0.41:1.41:10.38
		1.70	132	185	56	1487	132	185	56	1427	132	185	56	1367	1:0.43:1.41:11.28	1:0.43:1.41:10.82	1:0.43:1.41:10.37

注：石灰膏为标准稠度（120mm）时的用量。

砂浆强度等级：M7.5　　施工水平：一般　　配制强度：9.00MPa　　粉煤灰取代水泥率：20%

水泥强度等级	水泥实际强度(MPa)	粉煤灰超量系数	材料用量（kg/m³）											配合比（重量比）			
			粗砂				中砂				细砂				粗砂	中砂	细砂
			水泥Q_{C0}	石灰Q_{D0}	粉煤灰Q_{f0}	砂Q_{S0}	水泥Q_{C0}	石灰Q_{D0}	粉煤灰Q_{f0}	砂Q_{S0}	水泥Q_{C0}	石灰Q_{D0}	粉煤灰Q_{f0}	砂Q_{S0}	水泥:石灰:粉煤灰:砂 $Q_C:Q_D:Q_f:Q_S$	水泥:石灰:粉煤灰:砂 $Q_C:Q_D:Q_f:Q_S$	水泥:石灰:粉煤灰:砂 $Q_C:Q_D:Q_f:Q_S$
32.5	32.5	1.20	196	105	59	1500	196	105	59	1440	196	105	59	1380	1:0.30:0.54:7.67	1:0.30:0.54:7.36	1:0.30:0.54:7.05
		1.25	196	105	61	1498	196	105	61	1438	196	105	61	1378	1:0.31:0.54:7.65	1:0.31:0.54:7.35	1:0.31:0.54:7.04
		1.30	196	105	64	1495	196	105	64	1435	196	105	64	1375	1:0.33:0.54:7.64	1:0.33:0.54:7.33	1:0.33:0.54:7.03
		1.35	196	105	66	1493	196	105	66	1433	196	105	66	1373	1:0.34:0.54:7.63	1:0.34:0.54:7.32	1:0.34:0.54:7.02
		1.40	196	105	68	1490	196	105	68	1430	196	105	68	1370	1:0.35:0.54:7.62	1:0.35:0.54:7.31	1:0.35:0.54:7.00
		1.45	196	105	71	1488	196	105	71	1428	196	105	71	1368	1:0.36:0.54:7.60	1:0.36:0.54:7.30	1:0.36:0.54:6.99
		1.50	196	105	73	1486	196	105	73	1426	196	105	73	1366	1:0.38:0.54:7.59	1:0.38:0.54:7.28	1:0.38:0.54:6.98
		1.55	196	105	76	1484	196	105	76	1423	196	105	76	1363	1:0.39:0.54:7.58	1:0.39:0.54:7.27	1:0.39:0.54:6.97
		1.60	196	105	78	1481	196	105	78	1421	196	105	78	1361	1:0.40:0.54:7.57	1:0.40:0.54:7.26	1:0.40:0.54:6.95
		1.65	196	105	81	1478	196	105	81	1418	196	105	81	1358	1:0.41:0.54:7.55	1:0.41:0.54:7.25	1:0.41:0.54:6.94
		1.70	196	105	83	1476	196	105	83	1416	196	105	83	1356	1:0.43:0.54:7.54	1:0.43:0.54:7.23	1:0.43:0.54:6.93
	37.5	1.20	170	138	51	1502	170	138	51	1442	170	138	51	1382	1:0.30:0.81:8.85	1:0.30:0.81:8.49	1:0.30:0.81:8.15
		1.25	170	138	53	1499	170	138	53	1439	170	138	53	1379	1:0.31:0.81:8.84	1:0.31:0.81:8.49	1:0.31:0.81:8.13
		1.30	170	138	55	1497	170	138	55	1437	170	138	55	1377	1:0.33:0.81:8.83	1:0.33:0.81:8.47	1:0.33:0.81:8.12
		1.35	170	138	57	1495	170	138	57	1435	170	138	57	1375	1:0.34:0.81:8.82	1:0.34:0.81:8.46	1:0.34:0.81:8.11
		1.40	170	138	59	1493	170	138	59	1433	170	138	59	1373	1:0.35:0.81:8.80	1:0.35:0.81:8.45	1:0.35:0.81:8.10
		1.45	170	138	61	1491	170	138	61	1431	170	138	61	1371	1:0.36:0.81:8.79	1:0.36:0.81:8.44	1:0.36:0.81:8.08
		1.50	170	138	64	1489	170	138	64	1429	170	138	64	1369	1:0.38:0.81:8.78	1:0.38:0.81:8.42	1:0.38:0.81:8.07
		1.55	170	138	66	1487	170	138	66	1427	170	138	66	1367	1:0.39:0.81:8.77	1:0.39:0.81:8.41	1:0.39:0.81:8.06
		1.60	170	138	68	1485	170	138	68	1425	170	138	68	1365	1:0.40:0.81:8.75	1:0.40:0.81:8.40	1:0.40:0.81:8.05
		1.65	170	138	70	1482	170	138	70	1422	170	138	70	1362	1:0.41:0.81:8.74	1:0.41:0.81:8.39	1:0.41:0.81:8.03
		1.70	170	138	72	1480	170	138	72	1420	170	138	72	1360	1:0.43:0.81:8.73	1:0.43:0.81:8.37	1:0.43:0.81:8.02

注：石灰膏为标准稠度（120mm）时的用量。

砂浆强度等级：M7.5　　施工水平：一般　　配制强度：9.00MPa　　粉煤灰取代水泥率：20%

水泥强度等级	水泥实际强度(MPa)	粉煤灰超量系数	材料用量 (kg/m³)											配合比（重量比）					
			粗 砂				中 砂				细 砂				粗 砂	中 砂	细 砂
			水泥 Q_{C0}	石灰 Q_{D0}	粉煤灰 Q_{f0}	砂 Q_{S0}	水泥 Q_{C0}	石灰 Q_{D0}	粉煤灰 Q_{f0}	砂 Q_{S0}	水泥 Q_{C0}	石灰 Q_{D0}	粉煤灰 Q_{f0}	砂 Q_{S0}	水泥:石灰:粉煤灰:砂 $Q_C:Q_D:Q_f:Q_S$	水泥:石灰:粉煤灰:砂 $Q_C:Q_D:Q_f:Q_S$	水泥:石灰:粉煤灰:砂 $Q_C:Q_D:Q_f:Q_S$
42.5	42.5	1.20	150	163	45	1503	150	163	45	1443	150	163	45	1383	1:0.30:1.09:10.04	1:0.30:1.09:9.64	1:0.30:1.09:9.24
		1.25	150	163	47	1501	150	163	47	1441	150	163	47	1381	1:0.31:1.09:10.03	1:0.31:1.09:9.63	1:0.31:1.09:9.23
		1.30	150	163	49	1499	150	163	49	1439	150	163	49	1379	1:0.33:1.09:10.01	1:0.33:1.09:9.61	1:0.33:1.09:9.21
		1.35	150	163	51	1497	150	163	51	1437	150	163	51	1377	1:0.34:1.09:10.00	1:0.34:1.09:9.60	1:0.34:1.09:9.20
		1.40	150	163	52	1495	150	163	52	1435	150	163	52	1375	1:0.35:1.09:9.99	1:0.35:1.09:9.59	1:0.35:1.09:9.19
		1.45	150	163	54	1493	150	163	54	1433	150	163	54	1373	1:0.36:1.09:9.98	1:0.36:1.09:9.58	1:0.36:1.09:9.18
		1.50	150	163	56	1491	150	163	56	1431	150	163	56	1371	1:0.38:1.09:9.96	1:0.38:1.09:9.56	1:0.38:1.09:9.16
		1.55	150	163	58	1489	150	163	58	1429	150	163	58	1369	1:0.39:1.09:9.95	1:0.39:1.09:9.55	1:0.39:1.09:9.15
		1.60	150	163	60	1488	150	163	60	1428	150	163	60	1368	1:0.40:1.09:9.94	1:0.40:1.09:9.54	1:0.40:1.09:9.14
		1.65	150	163	62	1486	150	163	62	1426	150	163	62	1366	1:0.41:1.09:9.93	1:0.41:1.09:9.53	1:0.41:1.09:9.13
		1.70	150	163	64	1484	150	163	64	1424	150	163	64	1364	1:0.43:1.09:9.91	1:0.43:1.09:9.51	1:0.43:1.09:9.11
	47.5	1.20	134	183	40	1503	134	183	40	1443	134	183	40	1383	1:0.30:1.36:11.23	1:0.30:1.36:10.78	1:0.30:1.36:10.33
		1.25	134	183	42	1502	134	183	42	1442	134	183	42	1382	1:0.31:1.36:11.21	1:0.31:1.36:10.77	1:0.31:1.36:10.32
		1.30	134	183	44	1500	134	183	44	1440	134	183	44	1380	1:0.33:1.36:11.20	1:0.33:1.36:10.75	1:0.33:1.36:10.31
		1.35	134	183	45	1498	134	183	45	1438	134	183	45	1378	1:0.34:1.36:11.19	1:0.34:1.36:10.74	1:0.34:1.36:10.29
		1.40	134	183	47	1497	134	183	47	1437	134	183	47	1377	1:0.35:1.36:11.18	1:0.35:1.36:10.73	1:0.35:1.36:10.28
		1.45	134	183	49	1495	134	183	49	1435	134	183	49	1375	1:0.36:1.36:11.16	1:0.36:1.36:10.72	1:0.36:1.36:10.27
		1.50	134	183	50	1493	134	183	50	1433	134	183	50	1373	1:0.38:1.36:11.15	1:0.38:1.36:10.70	1:0.38:1.36:10.26
		1.55	134	183	52	1492	134	183	52	1432	134	183	52	1372	1:0.39:1.36:11.14	1:0.39:1.36:10.69	1:0.39:1.36:10.24
		1.60	134	183	54	1490	134	183	54	1430	134	183	54	1370	1:0.40:1.36:11.13	1:0.40:1.36:10.68	1:0.40:1.36:10.23
		1.65	134	183	55	1488	134	183	55	1428	134	183	55	1368	1:0.41:1.36:11.11	1:0.41:1.36:10.67	1:0.41:1.36:10.22
		1.70	134	183	57	1487	134	183	57	1427	134	183	57	1367	1:0.43:1.36:11.10	1:0.43:1.36:10.65	1:0.43:1.36:10.21

注：石灰膏为标准稠度（120mm）时的用量。

砂浆强度等级：M7.5　　施工水平：较差　　配制强度：9.38MPa　　粉煤灰取代水泥率：20％

水泥强度等级	水泥实际强度(MPa)	粉煤灰超量系数	材料用量（kg/m³）												配 合 比（重量比）		
			粗 砂				中 砂				细 砂				粗 砂	中 砂	细 砂
			水泥 Q_{C0}	石灰 Q_{D0}	粉煤灰 Q_{f0}	砂 Q_{S0}	水泥 Q_{C0}	石灰 Q_{D0}	粉煤灰 Q_{f0}	砂 Q_{S0}	水泥 Q_{C0}	石灰 Q_{D0}	粉煤灰 Q_{f0}	砂 Q_{S0}	水泥:石灰:粉煤灰:砂 $Q_C:Q_D:Q_f:Q_S$	水泥:石灰:粉煤灰:砂 $Q_C:Q_D:Q_f:Q_S$	水泥:石灰:粉煤灰:砂 $Q_C:Q_D:Q_f:Q_S$
32.5	32.5	1.20	199	102	60	1500	199	102	60	1440	199	102	60	1380	1:0.30:0.51:7.55	1:0.30:0.51:7.25	1:0.30:0.51:6.94
		1.25	199	102	62	1498	199	102	62	1438	199	102	62	1378	1:0.31:0.51:7.53	1:0.31:0.51:7.23	1:0.31:0.51:6.93
		1.30	199	102	65	1495	199	102	65	1435	199	102	65	1375	1:0.33:0.51:7.52	1:0.33:0.51:7.22	1:0.33:0.51:6.92
		1.35	199	102	67	1493	199	102	67	1433	199	102	67	1373	1:0.34:0.51:7.51	1:0.34:0.51:7.21	1:0.34:0.51:6.91
		1.40	199	102	70	1490	199	102	70	1430	199	102	70	1370	1:0.35:0.51:7.50	1:0.35:0.51:7.20	1:0.35:0.51:6.89
		1.45	199	102	72	1488	199	102	72	1428	199	102	72	1368	1:0.36:0.51:7.48	1:0.36:0.51:7.18	1:0.36:0.51:6.88
		1.50	199	102	75	1485	199	102	75	1425	199	102	75	1365	1:0.38:0.51:7.47	1:0.38:0.51:7.17	1:0.38:0.51:6.87
		1.55	199	102	77	1483	199	102	77	1423	199	102	77	1363	1:0.39:0.51:7.46	1:0.39:0.51:7.16	1:0.39:0.51:6.86
		1.60	199	102	80	1480	199	102	80	1420	199	102	80	1360	1:0.40:0.51:7.45	1:0.40:0.51:7.15	1:0.40:0.51:6.84
		1.65	199	102	82	1478	199	102	82	1418	199	102	82	1358	1:0.41:0.51:7.43	1:0.41:0.51:7.13	1:0.41:0.51:6.83
		1.70	199	102	84	1475	199	102	84	1415	199	102	84	1355	1:0.43:0.51:7.42	1:0.43:0.51:7.12	1:0.43:0.51:6.82
	37.5	1.20	172	135	52	1501	172	135	52	1441	172	135	52	1381	1:0.30:0.78:8.72	1:0.30:0.78:8.37	1:0.30:0.78:8.02
		1.25	172	135	54	1499	172	135	54	1439	172	135	54	1379	1:0.31:0.78:8.70	1:0.31:0.78:8.36	1:0.31:0.78:8.01
		1.30	172	135	56	1497	172	135	56	1437	172	135	56	1377	1:0.33:0.78:8.69	1:0.33:0.78:8.34	1:0.33:0.78:7.99
		1.35	172	135	58	1495	172	135	58	1435	172	135	58	1375	1:0.34:0.78:8.68	1:0.34:0.78:8.33	1:0.34:0.78:7.98
		1.40	172	135	60	1493	172	135	60	1433	172	135	60	1373	1:0.35:0.78:8.67	1:0.35:0.78:8.32	1:0.35:0.78:7.97
		1.45	172	135	62	1491	172	135	62	1431	172	135	62	1371	1:0.36:0.78:8.65	1:0.36:0.78:8.31	1:0.36:0.78:7.96
		1.50	172	135	65	1488	172	135	65	1428	172	135	65	1368	1:0.38:0.78:8.64	1:0.38:0.78:8.29	1:0.38:0.78:7.94
		1.55	172	135	67	1486	172	135	67	1426	172	135	67	1366	1:0.39:0.78:8.63	1:0.39:0.78:8.28	1:0.39:0.78:7.93
		1.60	172	135	69	1484	172	135	69	1424	172	135	69	1364	1:0.40:0.78:8.62	1:0.40:0.78:8.27	1:0.40:0.78:7.92
		1.65	172	135	71	1482	172	135	71	1422	172	135	71	1362	1:0.41:0.78:8.60	1:0.41:0.78:8.26	1:0.41:0.78:7.91
		1.70	172	135	73	1480	172	135	73	1420	172	135	73	1360	1:0.43:0.78:8.59	1:0.43:0.78:8.24	1:0.43:0.78:7.89

注：石灰膏为标准稠度（120mm）时的用量。

砂浆强度等级：M7.5　　施工水平：较差　　配制强度：9.38MPa　　粉煤灰取代水泥率：20%

水泥强度等级	水泥实际强度(MPa)	粉煤灰超量系数	材料用量（kg/m³）											配合比（重量比）		
			粗 砂				中 砂				细 砂			粗 砂	中 砂	细 砂
			水泥Q_{C0}	石灰Q_{D0}	粉煤灰Q_{f0}	砂Q_{S0}	水泥Q_{C0}	石灰Q_{D0}	粉煤灰Q_{f0}	砂Q_{S0}	水泥Q_{C0}	石灰Q_{D0}	粉煤灰Q_{f0}	砂Q_{S0}	水泥:石灰:粉煤灰:砂 $Q_C:Q_D:Q_f:Q_S$	水泥:石灰:粉煤灰:砂 $Q_C:Q_D:Q_f:Q_S$	水泥:石灰:粉煤灰:砂 $Q_C:Q_D:Q_f:Q_S$
42.5	42.5	1.20	152	160	46	1502	152	160	46	1442	152	160	46	1382	1:0.30:1.05:9.89	1:0.30:1.05:9.49	1:0.30:1.05:9.10
		1.25	152	160	47	1501	152	160	47	1441	152	160	47	1381	1:0.31:1.05:9.87	1:0.31:1.05:9.48	1:0.31:1.05:9.08
		1.30	152	160	49	1499	152	160	49	1439	152	160	49	1379	1:0.33:1.05:9.86	1:0.33:1.05:9.47	1:0.33:1.05:9.07
		1.35	152	160	51	1497	152	160	51	1437	152	160	51	1377	1:0.34:1.05:9.85	1:0.34:1.05:9.45	1:0.34:1.05:9.06
		1.40	152	160	53	1495	152	160	53	1435	152	160	53	1375	1:0.35:1.05:9.84	1:0.35:1.05:9.44	1:0.35:1.05:9.05
		1.45	152	160	55	1493	152	160	55	1433	152	160	55	1373	1:0.36:1.05:9.82	1:0.36:1.05:9.43	1:0.36:1.05:9.03
		1.50	152	160	57	1491	152	160	57	1431	152	160	57	1371	1:0.38:1.05:9.81	1:0.38:1.05:9.42	1:0.38:1.05:9.02
		1.55	152	160	59	1489	152	160	59	1429	152	160	59	1369	1:0.39:1.05:9.80	1:0.39:1.05:9.40	1:0.39:1.05:9.01
		1.60	152	160	61	1487	152	160	61	1427	152	160	61	1367	1:0.40:1.05:9.79	1:0.40:1.05:9.39	1:0.40:1.05:9.00
		1.65	152	160	63	1485	152	160	63	1425	152	160	63	1365	1:0.41:1.05:9.77	1:0.41:1.05:9.38	1:0.41:1.05:8.98
		1.70	152	160	65	1483	152	160	65	1423	152	160	65	1363	1:0.43:1.05:9.76	1:0.43:1.05:9.37	1:0.43:1.05:8.97
	47.5	1.20	136	180	41	1503	136	180	41	1443	136	180	41	1383	1:0.30:1.32:11.05	1:0.30:1.32:10.61	1:0.30:1.32:10.17
		1.25	136	180	42	1502	136	180	42	1442	136	180	42	1382	1:0.31:1.32:11.04	1:0.31:1.32:10.60	1:0.31:1.32:10.16
		1.30	136	180	44	1500	136	180	44	1440	136	180	44	1380	1:0.33:1.32:11.03	1:0.33:1.32:10.59	1:0.33:1.32:10.15
		1.35	136	180	46	1498	136	180	46	1438	136	180	46	1378	1:0.34:1.32:11.02	1:0.34:1.32:10.58	1:0.34:1.32:10.13
		1.40	136	180	48	1496	136	180	48	1436	136	180	48	1376	1:0.35:1.32:11.00	1:0.35:1.32:10.56	1:0.35:1.32:10.12
		1.45	136	180	49	1495	136	180	49	1435	136	180	49	1375	1:0.36:1.32:10.99	1:0.36:1.32:10.55	1:0.36:1.32:10.11
		1.50	136	180	51	1493	136	180	51	1433	136	180	51	1373	1:0.38:1.32:10.98	1:0.38:1.32:10.54	1:0.38:1.32:10.10
		1.55	136	180	53	1491	136	180	53	1431	136	180	53	1371	1:0.39:1.32:10.97	1:0.39:1.32:10.53	1:0.39:1.32:10.08
		1.60	136	180	54	1490	136	180	54	1430	136	180	54	1370	1:0.40:1.32:10.95	1:0.40:1.32:10.51	1:0.40:1.32:10.07
		1.65	136	180	56	1488	136	180	56	1428	136	180	56	1368	1:0.41:1.32:10.94	1:0.41:1.32:10.50	1:0.41:1.32:10.06
		1.70	136	180	58	1486	136	180	58	1426	136	180	58	1366	1:0.43:1.32:10.93	1:0.43:1.32:10.49	1:0.43:1.32:10.05

注：石灰膏为标准稠度（120mm）时的用量。

砂浆强度等级：M7.5　　施工水平：优良　　配制强度：8.63MPa　　粉煤灰取代水泥率：25%

水泥强度等级	水泥实际强度(MPa)	粉煤灰超量系数	材料用量（kg/m³）											配合比（重量比）			
			粗砂				中砂				细砂				粗砂	中砂	细砂
			水泥Q_{C0}	石灰Q_{D0}	粉煤灰Q_{f0}	砂Q_{S0}	水泥Q_{C0}	石灰Q_{D0}	粉煤灰Q_{f0}	砂Q_{S0}	水泥Q_{C0}	石灰Q_{D0}	粉煤灰Q_{f0}	砂Q_{S0}	水泥:石灰:粉煤灰:砂 $Q_C:Q_D:Q_f:Q_S$	水泥:石灰:粉煤灰:砂 $Q_C:Q_D:Q_f:Q_S$	水泥:石灰:粉煤灰:砂 $Q_C:Q_D:Q_f:Q_S$
32.5	32.5	1.20	181	109	72	1498	181	109	72	1438	181	109	72	1378	1:0.40:0.60:8.29	1:0.40:0.60:7.96	1:0.40:0.60:7.63
		1.25	181	109	75	1495	181	109	75	1435	181	109	75	1375	1:0.42:0.60:8.28	1:0.42:0.60:7.94	1:0.42:0.60:7.61
		1.30	181	109	78	1492	181	109	78	1432	181	109	78	1372	1:0.43:0.60:8.26	1:0.43:0.60:7.93	1:0.43:0.60:7.60
		1.35	181	109	81	1489	181	109	81	1429	181	109	81	1369	1:0.45:0.60:8.24	1:0.45:0.60:7.91	1:0.45:0.60:7.58
		1.40	181	109	84	1486	181	109	84	1426	181	109	84	1366	1:0.47:0.60:8.23	1:0.47:0.60:7.89	1:0.47:0.60:7.56
		1.45	181	109	87	1483	181	109	87	1423	181	109	87	1363	1:0.48:0.60:8.21	1:0.48:0.60:7.88	1:0.48:0.60:7.55
		1.50	181	109	90	1480	181	109	90	1420	181	109	90	1360	1:0.50:0.60:8.19	1:0.50:0.60:7.86	1:0.50:0.60:7.53
		1.55	181	109	93	1477	181	109	93	1417	181	109	93	1357	1:0.52:0.60:8.18	1:0.52:0.60:7.84	1:0.52:0.60:7.51
		1.60	181	109	96	1474	181	109	96	1414	181	109	96	1354	1:0.53:0.60:8.16	1:0.53:0.60:7.83	1:0.53:0.60:7.50
		1.65	181	109	99	1471	181	109	99	1411	181	109	99	1351	1:0.55:0.60:8.14	1:0.55:0.60:7.81	1:0.55:0.60:7.48
		1.70	181	109	102	1468	181	109	102	1408	181	109	102	1348	1:0.57:0.60:8.13	1:0.57:0.60:7.79	1:0.57:0.60:7.46
	37.5	1.20	157	141	63	1500	157	141	63	1440	157	141	63	1380	1:0.40:0.90:9.58	1:0.40:0.90:9.20	1:0.40:0.90:8.81
		1.25	157	141	65	1497	157	141	65	1437	157	141	65	1377	1:0.42:0.90:9.56	1:0.42:0.90:9.18	1:0.42:0.90:8.80
		1.30	157	141	68	1494	157	141	68	1434	157	141	68	1374	1:0.43:0.90:9.55	1:0.43:0.90:9.16	1:0.43:0.90:8.78
		1.35	157	141	70	1492	157	141	70	1432	157	141	70	1372	1:0.45:0.90:9.53	1:0.45:0.90:9.15	1:0.45:0.90:8.76
		1.40	157	141	73	1489	157	141	73	1429	157	141	73	1369	1:0.47:0.90:9.51	1:0.47:0.90:9.13	1:0.47:0.90:8.75
		1.45	157	141	76	1487	157	141	76	1427	157	141	76	1367	1:0.48:0.90:9.50	1:0.48:0.90:9.11	1:0.48:0.90:8.73
		1.50	157	141	78	1484	157	141	78	1424	157	141	78	1364	1:0.50:0.90:9.48	1:0.50:0.90:9.10	1:0.50:0.90:8.71
		1.55	157	141	81	1481	157	141	81	1421	157	141	81	1361	1:0.52:0.90:9.46	1:0.52:0.90:9.08	1:0.52:0.90:8.70
		1.60	157	141	83	1479	157	141	83	1419	157	141	83	1359	1:0.53:0.90:9.45	1:0.53:0.90:9.06	1:0.53:0.90:8.68
		1.65	157	141	86	1476	157	141	86	1416	157	141	86	1356	1:0.55:0.90:9.43	1:0.55:0.90:9.05	1:0.55:0.90:8.66
		1.70	157	141	89	1473	157	141	89	1413	157	141	89	1353	1:0.57:0.90:9.41	1:0.57:0.90:9.03	1:0.57:0.90:8.65

注：石灰膏为标准稠度（120mm）时的用量。

砂浆强度等级：M7.5   施工水平：优良   配制强度：8.63MPa   粉煤灰取代水泥率：25%

水泥强度等级	水泥实际强度(MPa)	粉煤灰超量系数	材料用量（kg/m³）												配合比（重量比）		
			粗砂				中砂				细砂				粗砂 水泥:石灰:粉煤灰:砂 $Q_C:Q_D:Q_f:Q_S$	中砂 水泥:石灰:粉煤灰:砂 $Q_C:Q_D:Q_f:Q_S$	细砂 水泥:石灰:粉煤灰:砂 $Q_C:Q_D:Q_f:Q_S$
			水泥 Q_{C0}	石灰 Q_{D0}	粉煤灰 Q_{f0}	砂 Q_{S0}	水泥 Q_{C0}	石灰 Q_{D0}	粉煤灰 Q_{f0}	砂 Q_{S0}	水泥 Q_{C0}	石灰 Q_{D0}	粉煤灰 Q_{f0}	砂 Q_{S0}			
42.5	42.5	1.20	138	166	55	1501	138	166	55	1441	138	166	55	1381	1:0.40:1.20:10.87	1:0.40:1.20:10.43	1:0.40:1.20:10.00
		1.25	138	166	58	1498	138	166	58	1438	138	166	58	1378	1:0.42:1.20:10.85	1:0.42:1.20:10.41	1:0.42:1.20:9.98
		1.30	138	166	60	1496	138	166	60	1436	138	166	60	1376	1:0.43:1.20:10.83	1:0.43:1.20:10.40	1:0.43:1.20:9.96
		1.35	138	166	62	1494	138	166	62	1434	138	166	62	1374	1:0.45:1.20:10.82	1:0.45:1.20:10.38	1:0.45:1.20:9.95
		1.40	138	166	64	1492	138	166	64	1432	138	166	64	1372	1:0.47:1.20:10.80	1:0.47:1.20:10.37	1:0.47:1.20:9.93
		1.45	138	166	67	1489	138	166	67	1429	138	166	67	1369	1:0.48:1.20:10.78	1:0.48:1.20:10.35	1:0.48:1.20:9.91
		1.50	138	166	69	1487	138	166	69	1427	138	166	69	1367	1:0.50:1.20:10.77	1:0.50:1.20:10.33	1:0.50:1.20:9.90
		1.55	138	166	71	1485	138	166	71	1425	138	166	71	1365	1:0.52:1.20:10.75	1:0.52:1.20:10.31	1:0.52:1.20:9.88
		1.60	138	166	74	1482	138	166	74	1422	138	166	74	1362	1:0.53:1.20:10.73	1:0.53:1.20:10.30	1:0.53:1.20:9.86
		1.65	138	166	76	1480	138	166	76	1420	138	166	76	1360	1:0.55:1.20:10.72	1:0.55:1.20:10.28	1:0.55:1.20:9.85
		1.70	138	166	78	1478	138	166	78	1418	138	166	78	1358	1:0.57:1.20:10.70	1:0.57:1.20:10.26	1:0.57:1.20:9.83
	47.5	1.20	124	185	49	1502	124	185	49	1442	124	185	49	1382	1:0.40:1.50:12.15	1:0.40:1.50:11.67	1:0.40:1.50:11.18
		1.25	124	185	51	1500	124	185	51	1440	124	185	51	1380	1:0.42:1.50:12.14	1:0.42:1.50:11.65	1:0.42:1.50:11.16
		1.30	124	185	54	1498	124	185	54	1438	124	185	54	1378	1:0.43:1.50:12.12	1:0.43:1.50:11.63	1:0.43:1.50:11.15
		1.35	124	185	56	1496	124	185	56	1436	124	185	56	1376	1:0.45:1.50:12.10	1:0.45:1.50:11.62	1:0.45:1.50:11.13
		1.40	124	185	58	1494	124	185	58	1434	124	185	58	1374	1:0.47:1.50:12.09	1:0.47:1.50:11.60	1:0.47:1.50:11.11
		1.45	124	185	60	1491	124	185	60	1431	124	185	60	1371	1:0.48:1.50:12.07	1:0.48:1.50:11.58	1:0.48:1.50:11.10
		1.50	124	185	62	1489	124	185	62	1429	124	185	62	1369	1:0.50:1.50:12.05	1:0.50:1.50:11.57	1:0.50:1.50:11.08
		1.55	124	185	64	1487	124	185	64	1427	124	185	64	1367	1:0.52:1.50:12.04	1:0.52:1.50:11.55	1:0.52:1.50:11.06
		1.60	124	185	66	1485	124	185	66	1425	124	185	66	1365	1:0.53:1.50:12.02	1:0.53:1.50:11.53	1:0.53:1.50:11.05
		1.65	124	185	68	1483	124	185	68	1423	124	185	68	1363	1:0.55:1.50:12.00	1:0.55:1.50:11.52	1:0.55:1.50:11.03
		1.70	124	185	70	1481	124	185	70	1421	124	185	70	1361	1:0.57:1.50:11.99	1:0.57:1.50:11.50	1:0.57:1.50:11.01

注：石灰膏为标准稠度（120mm）时的用量。

砂浆强度等级：M7.5　　施工水平：一般　　配制强度：9.00MPa　　粉煤灰取代水泥率：25％

水泥强度等级	水泥实际强度(MPa)	粉煤灰超量系数	材料用量（kg/m³）												配合比（重量比）			
			粗砂				中砂				细砂				粗砂	中砂	细砂
			水泥 Q_{C0}	石灰 Q_{D0}	粉煤灰 Q_{f0}	砂 Q_{S0}	水泥 Q_{C0}	石灰 Q_{D0}	粉煤灰 Q_{f0}	砂 Q_{S0}	水泥 Q_{C0}	石灰 Q_{D0}	粉煤灰 Q_{f0}	砂 Q_{S0}	水泥:石灰:粉煤灰:砂 $Q_C:Q_D:Q_f:Q_S$	水泥:石灰:粉煤灰:砂 $Q_C:Q_D:Q_f:Q_S$	水泥:石灰:粉煤灰:砂 $Q_C:Q_D:Q_f:Q_S$
32.5	32.5	1.20	183	105	73	1498	183	105	73	1438	183	105	73	1378	1:0.40:0.57:8.16	1:0.40:0.57:7.84	1:0.40:0.57:7.51
		1.25	183	105	76	1495	183	105	76	1435	183	105	76	1375	1:0.42:0.57:8.15	1:0.42:0.57:7.82	1:0.42:0.57:7.49
		1.30	183	105	80	1492	183	105	80	1432	183	105	80	1372	1:0.43:0.57:8.13	1:0.43:0.57:7.80	1:0.43:0.57:7.48
		1.35	183	105	83	1489	183	105	83	1429	183	105	83	1369	1:0.45:0.57:8.11	1:0.45:0.57:7.79	1:0.45:0.57:7.46
		1.40	183	105	86	1486	183	105	86	1426	183	105	86	1366	1:0.47:0.57:8.10	1:0.47:0.57:7.77	1:0.47:0.57:7.44
		1.45	183	105	89	1482	183	105	89	1422	183	105	89	1362	1:0.48:0.57:8.08	1:0.48:0.57:7.75	1:0.48:0.57:7.43
		1.50	183	105	92	1479	183	105	92	1419	183	105	92	1359	1:0.50:0.57:8.06	1:0.50:0.57:7.74	1:0.50:0.57:7.41
		1.55	183	105	95	1476	183	105	95	1416	183	105	95	1356	1:0.52:0.57:8.05	1:0.52:0.57:7.72	1:0.52:0.57:7.39
		1.60	183	105	98	1473	183	105	98	1413	183	105	98	1353	1:0.53:0.57:8.03	1:0.53:0.57:7.70	1:0.53:0.57:7.38
		1.65	183	105	101	1470	183	105	101	1410	183	105	101	1350	1:0.55:0.57:8.01	1:0.55:0.57:7.69	1:0.55:0.57:7.36
		1.70	183	105	104	1467	183	105	104	1407	183	105	104	1347	1:0.57:0.57:8.00	1:0.57:0.57:7.67	1:0.57:0.57:7.34
	37.5	1.20	159	138	64	1499	159	138	64	1439	159	138	64	1379	1:0.40:0.87:9.43	1:0.40:0.87:9.05	1:0.40:0.87:8.67
		1.25	159	138	66	1497	159	138	66	1437	159	138	66	1377	1:0.42:0.87:9.41	1:0.42:0.87:9.04	1:0.42:0.87:8.66
		1.30	159	138	69	1494	159	138	69	1434	159	138	69	1374	1:0.43:0.87:9.40	1:0.43:0.87:9.02	1:0.43:0.87:8.64
		1.35	159	138	72	1491	159	138	72	1431	159	138	72	1371	1:0.45:0.87:9.38	1:0.45:0.87:9.00	1:0.45:0.87:8.62
		1.40	159	138	74	1489	159	138	74	1429	159	138	74	1369	1:0.47:0.87:9.36	1:0.47:0.87:8.99	1:0.47:0.87:8.61
		1.45	159	138	77	1486	159	138	77	1426	159	138	77	1366	1:0.48:0.87:9.35	1:0.48:0.87:8.97	1:0.48:0.87:8.59
		1.50	159	138	80	1483	159	138	80	1423	159	138	80	1363	1:0.50:0.87:9.33	1:0.50:0.87:8.95	1:0.50:0.87:8.57
		1.55	159	138	82	1481	159	138	82	1421	159	138	82	1361	1:0.52:0.87:9.31	1:0.52:0.87:8.94	1:0.52:0.87:8.56
		1.60	159	138	85	1478	159	138	85	1418	159	138	85	1358	1:0.53:0.87:9.30	1:0.53:0.87:8.92	1:0.53:0.87:8.54
		1.65	159	138	87	1476	159	138	87	1416	159	138	87	1356	1:0.55:0.87:9.28	1:0.55:0.87:8.90	1:0.55:0.87:8.52
		1.70	159	138	90	1473	159	138	90	1413	159	138	90	1353	1:0.57:0.87:9.26	1:0.57:0.87:8.89	1:0.57:0.87:8.51

注：石灰膏为标准稠度（120mm）时的用量。

砂浆强度等级：M7.5　　施工水平：一般　　配制强度：9.00MPa　　粉煤灰取代水泥率：25%

水泥强度等级	水泥实际强度(MPa)	粉煤灰超量系数	材料用量（kg/m³） 粗砂				中砂				细砂				配合比（重量比） 粗砂	中砂	细砂
			水泥 Q_{C0}	石灰 Q_{D0}	粉煤灰 Q_{f0}	砂 Q_{S0}	水泥 Q_{C0}	石灰 Q_{D0}	粉煤灰 Q_{f0}	砂 Q_{S0}	水泥 Q_{C0}	石灰 Q_{D0}	粉煤灰 Q_{f0}	砂 Q_{S0}	水泥:石灰:粉煤灰:砂 $Q_C:Q_D:Q_f:Q_S$	水泥:石灰:粉煤灰:砂 $Q_C:Q_D:Q_f:Q_S$	水泥:石灰:粉煤灰:砂 $Q_C:Q_D:Q_f:Q_S$
42.5	42.5	1.20	140	163	56	1501	140	163	56	1441	140	163	56	1381	1:0.40:1.16:10.70	1:0.40:1.16:10.27	1:0.40:1.16:9.84
		1.25	140	163	58	1498	140	163	58	1438	140	163	58	1378	1:0.42:1.16:10.68	1:0.42:1.16:10.25	1:0.42:1.16:9.82
		1.30	140	163	61	1496	140	163	61	1436	140	163	61	1376	1:0.43:1.16:10.66	1:0.43:1.16:10.23	1:0.43:1.16:9.81
		1.35	140	163	63	1494	140	163	63	1434	140	163	63	1374	1:0.45:1.16:10.65	1:0.45:1.16:10.22	1:0.45:1.16:9.79
		1.40	140	163	65	1491	140	163	65	1431	140	163	65	1371	1:0.47:1.16:10.63	1:0.47:1.16:10.20	1:0.47:1.16:9.77
		1.45	140	163	68	1489	140	163	68	1429	140	163	68	1369	1:0.48:1.16:10.61	1:0.48:1.16:10.18	1:0.48:1.16:9.76
		1.50	140	163	70	1487	140	163	70	1427	140	163	70	1367	1:0.50:1.16:10.60	1:0.50:1.16:10.17	1:0.50:1.16:9.74
		1.55	140	163	72	1484	140	163	72	1424	140	163	72	1364	1:0.52:1.16:10.58	1:0.52:1.16:10.15	1:0.52:1.16:9.72
		1.60	140	163	75	1482	140	163	75	1422	140	163	75	1362	1:0.53:1.16:10.56	1:0.53:1.16:10.13	1:0.53:1.16:9.71
		1.65	140	163	77	1480	140	163	77	1420	140	163	77	1360	1:0.55:1.16:10.55	1:0.55:1.16:10.12	1:0.55:1.16:9.69
		1.70	140	163	80	1477	140	163	80	1417	140	163	80	1357	1:0.57:1.16:10.53	1:0.57:1.16:10.10	1:0.57:1.16:9.67
	47.5	1.20	126	183	50	1502	126	183	50	1442	126	183	50	1382	1:0.40:1.45:11.96	1:0.40:1.45:11.48	1:0.40:1.45:11.01
		1.25	126	183	52	1500	126	183	52	1440	126	183	52	1380	1:0.42:1.45:11.95	1:0.42:1.45:11.47	1:0.42:1.45:10.99
		1.30	126	183	54	1497	126	183	54	1437	126	183	54	1377	1:0.43:1.45:11.93	1:0.43:1.45:11.45	1:0.43:1.45:10.97
		1.35	126	183	56	1495	126	183	56	1435	126	183	56	1375	1:0.45:1.45:11.91	1:0.45:1.45:11.43	1:0.45:1.45:10.96
		1.40	126	183	59	1493	126	183	59	1433	126	183	59	1373	1:0.47:1.45:11.90	1:0.47:1.45:11.42	1:0.47:1.45:10.94
		1.45	126	183	61	1491	126	183	61	1431	126	183	61	1371	1:0.48:1.45:11.88	1:0.48:1.45:11.40	1:0.48:1.45:10.92
		1.50	126	183	63	1489	126	183	63	1429	126	183	63	1369	1:0.50:1.45:11.86	1:0.50:1.45:11.38	1:0.50:1.45:10.91
		1.55	126	183	65	1487	126	183	65	1427	126	183	65	1367	1:0.52:1.45:11.85	1:0.52:1.45:11.37	1:0.52:1.45:10.89
		1.60	126	183	67	1485	126	183	67	1425	126	183	67	1365	1:0.53:1.45:11.83	1:0.53:1.45:11.35	1:0.53:1.45:10.87
		1.65	126	183	69	1483	126	183	69	1423	126	183	69	1363	1:0.55:1.45:11.81	1:0.55:1.45:11.33	1:0.55:1.45:10.86
		1.70	126	183	71	1481	126	183	71	1421	126	183	71	1361	1:0.57:1.45:11.80	1:0.57:1.45:11.32	1:0.57:1.45:10.84

注：石灰膏为标准稠度（120mm）时的用量。

砂浆强度等级：M7.5　　施工水平：较差　　配制强度：9.38MPa　　粉煤灰取代水泥率：25％

水泥强度等级	水泥实际强度(MPa)	粉煤灰超量系数	材料用量（kg/m³）												配合比（重量比）		
			粗砂				中砂				细砂				粗砂	中砂	细砂
			水泥Q_{C0}	石灰Q_{D0}	粉煤灰Q_{f0}	砂Q_{S0}	水泥Q_{C0}	石灰Q_{D0}	粉煤灰Q_{f0}	砂Q_{S0}	水泥Q_{C0}	石灰Q_{D0}	粉煤灰Q_{f0}	砂Q_{S0}	水泥:石灰:粉煤灰:砂 $Q_C:Q_D:Q_f:Q_S$	水泥:石灰:粉煤灰:砂 $Q_C:Q_D:Q_f:Q_S$	水泥:石灰:粉煤灰:砂 $Q_C:Q_D:Q_f:Q_S$
32.5	32.5	1.20	186	102	75	1498	186	102	75	1438	186	102	75	1378	1:0.40:0.55:8.04	1:0.40:0.55:7.72	1:0.40:0.55:7.39
		1.25	186	102	78	1494	186	102	78	1434	186	102	78	1374	1:0.42:0.55:8.02	1:0.42:0.55:7.70	1:0.42:0.55:7.38
		1.30	186	102	81	1491	186	102	81	1431	186	102	81	1371	1:0.43:0.55:8.00	1:0.43:0.55:7.68	1:0.43:0.55:7.36
		1.35	186	102	84	1488	186	102	84	1428	186	102	84	1368	1:0.45:0.55:7.99	1:0.45:0.55:7.67	1:0.45:0.55:7.34
		1.40	186	102	87	1485	186	102	87	1425	186	102	87	1365	1:0.47:0.55:7.97	1:0.47:0.55:7.65	1:0.47:0.55:7.33
		1.45	186	102	90	1482	186	102	90	1422	186	102	90	1362	1:0.48:0.55:7.95	1:0.48:0.55:7.63	1:0.48:0.55:7.31
		1.50	186	102	93	1479	186	102	93	1419	186	102	93	1359	1:0.50:0.55:7.94	1:0.50:0.55:7.62	1:0.50:0.55:7.29
		1.55	186	102	96	1476	186	102	96	1416	186	102	96	1356	1:0.52:0.55:7.92	1:0.52:0.55:7.60	1:0.52:0.55:7.28
		1.60	186	102	99	1473	186	102	99	1413	186	102	99	1353	1:0.53:0.55:7.90	1:0.53:0.55:7.58	1:0.53:0.55:7.26
		1.65	186	102	102	1470	186	102	102	1410	186	102	102	1350	1:0.55:0.55:7.89	1:0.55:0.55:7.57	1:0.55:0.55:7.24
		1.70	186	102	106	1467	186	102	106	1407	186	102	106	1347	1:0.57:0.55:7.87	1:0.57:0.55:7.55	1:0.57:0.55:7.23
	37.5	1.20	161	135	65	1499	161	135	65	1439	161	135	65	1379	1:0.40:0.83:9.28	1:0.40:0.83:8.91	1:0.40:0.83:8.54
		1.25	161	135	67	1497	161	135	67	1437	161	135	67	1377	1:0.42:0.83:9.27	1:0.42:0.83:8.90	1:0.42:0.83:8.52
		1.30	161	135	70	1494	161	135	70	1434	161	135	70	1374	1:0.43:0.83:9.25	1:0.43:0.83:8.88	1:0.43:0.83:8.51
		1.35	161	135	73	1491	161	135	73	1431	161	135	73	1371	1:0.45:0.83:9.23	1:0.45:0.83:8.86	1:0.45:0.83:8.49
		1.40	161	135	75	1488	161	135	75	1428	161	135	75	1368	1:0.47:0.83:9.22	1:0.47:0.83:8.83	1:0.47:0.83:8.47
		1.45	161	135	78	1486	161	135	78	1426	161	135	78	1366	1:0.48:0.83:9.20	1:0.48:0.83:8.83	1:0.48:0.83:8.46
		1.50	161	135	81	1483	161	135	81	1423	161	135	81	1363	1:0.50:0.83:9.18	1:0.50:0.83:8.81	1:0.50:0.83:8.44
		1.55	161	135	83	1480	161	135	83	1420	161	135	83	1360	1:0.52:0.83:9.17	1:0.52:0.83:8.80	1:0.52:0.83:8.42
		1.60	161	135	86	1478	161	135	86	1418	161	135	86	1358	1:0.53:0.83:9.15	1:0.53:0.83:8.78	1:0.53:0.83:8.41
		1.65	161	135	89	1475	161	135	89	1415	161	135	89	1355	1:0.55:0.83:9.13	1:0.55:0.83:8.76	1:0.55:0.83:8.39
		1.70	161	135	92	1472	161	135	92	1412	161	135	92	1352	1:0.57:0.83:9.12	1:0.57:0.83:8.75	1:0.57:0.83:8.37

注：石灰膏为标准稠度（120mm）时的用量。

砂浆强度等级：M7.5　　施工水平：较差　　配制强度：9.38MPa　　粉煤灰取代水泥率：25％

水泥强度等级	水泥实际强度(MPa)	粉煤灰超量系数	材料用量 (kg/m³)											配合比（重量比）		
			粗砂				中砂				细砂				粗砂	中砂	细砂
			水泥Q_{C0}	石灰Q_{D0}	粉煤灰Q_{f0}	砂Q_{S0}	水泥Q_{C0}	石灰Q_{D0}	粉煤灰Q_{f0}	砂Q_{S0}	水泥Q_{C0}	石灰Q_{D0}	粉煤灰Q_{f0}	砂Q_{S0}	水泥:石灰:粉煤灰:砂 $Q_C:Q_D:Q_f:Q_S$	水泥:石灰:粉煤灰:砂 $Q_C:Q_D:Q_f:Q_S$	水泥:石灰:粉煤灰:砂 $Q_C:Q_D:Q_f:Q_S$
42.5	42.5	1.20	142	160	57	1501	142	160	57	1441	142	160	57	1381	1:0.40:1.12:10.53	1:0.40:1.12:10.11	1:0.40:1.12:9.69
		1.25	142	160	59	1498	142	160	59	1438	142	160	59	1378	1:0.42:1.12:10.51	1:0.42:1.12:10.09	1:0.42:1.12:9.67
		1.30	142	160	62	1496	142	160	62	1436	142	160	62	1376	1:0.43:1.12:10.50	1:0.43:1.12:10.08	1:0.43:1.12:9.66
		1.35	142	160	64	1493	142	160	64	1433	142	160	64	1373	1:0.45:1.12:10.48	1:0.45:1.12:10.06	1:0.45:1.12:9.64
		1.40	142	160	66	1491	142	160	66	1431	142	160	66	1371	1:0.47:1.12:10.46	1:0.47:1.12:10.04	1:0.47:1.12:9.62
		1.45	142	160	69	1489	142	160	69	1429	142	160	69	1369	1:0.48:1.12:10.45	1:0.48:1.12:10.03	1:0.48:1.12:9.61
		1.50	142	160	71	1486	142	160	71	1426	142	160	71	1366	1:0.50:1.12:10.43	1:0.50:1.12:10.01	1:0.50:1.12:9.59
		1.55	142	160	74	1484	142	160	74	1424	142	160	74	1364	1:0.52:1.12:10.41	1:0.52:1.12:9.99	1:0.52:1.12:9.57
		1.60	142	160	76	1482	142	160	76	1422	142	160	76	1362	1:0.53:1.12:10.40	1:0.53:1.12:9.98	1:0.53:1.12:9.56
		1.65	142	160	78	1479	142	160	78	1419	142	160	78	1359	1:0.55:1.12:10.38	1:0.55:1.12:9.96	1:0.55:1.12:9.54
		1.70	142	160	81	1477	142	160	81	1417	142	160	81	1357	1:0.57:1.12:10.36	1:0.57:1.12:9.94	1:0.57:1.12:9.52
	47.5	1.20	127	180	51	1502	127	180	51	1442	127	180	51	1382	1:0.40:1.41:11.78	1:0.40:1.41:11.31	1:0.40:1.41:10.84
		1.25	127	180	53	1499	127	180	53	1439	127	180	53	1379	1:0.42:1.41:11.76	1:0.42:1.41:11.29	1:0.42:1.41:10.82
		1.30	127	180	55	1497	127	180	55	1437	127	180	55	1377	1:0.43:1.41:11.74	1:0.43:1.41:11.27	1:0.43:1.41:10.80
		1.35	127	180	57	1495	127	180	57	1435	127	180	57	1375	1:0.45:1.41:11.73	1:0.45:1.41:11.26	1:0.45:1.41:10.79
		1.40	127	180	59	1493	127	180	59	1433	127	180	59	1373	1:0.47:1.41:11.71	1:0.47:1.41:11.24	1:0.47:1.41:10.77
		1.45	127	180	62	1491	127	180	62	1431	127	180	62	1371	1:0.48:1.41:11.69	1:0.48:1.41:11.22	1:0.48:1.41:10.75
		1.50	127	180	64	1489	127	180	64	1429	127	180	64	1369	1:0.50:1.41:11.68	1:0.50:1.41:11.21	1:0.50:1.41:10.74
		1.55	127	180	66	1487	127	180	66	1427	127	180	66	1367	1:0.52:1.41:11.66	1:0.52:1.41:11.19	1:0.52:1.41:10.72
		1.60	127	180	68	1485	127	180	68	1425	127	180	68	1365	1:0.53:1.41:11.64	1:0.53:1.41:11.17	1:0.53:1.41:10.70
		1.65	127	180	70	1482	127	180	70	1422	127	180	70	1362	1:0.55:1.41:11.63	1:0.55:1.41:11.16	1:0.55:1.41:10.69
		1.70	127	180	72	1480	127	180	72	1420	127	180	72	1360	1:0.57:1.41:11.61	1:0.57:1.41:11.14	1:0.57:1.41:10.67

注：石灰膏为标准稠度（120mm）时的用量。

M10 粉煤灰混合砂浆配合比

砂浆强度等级：M10　　　　施工水平：优良　　　　配制强度：11.50MPa　　　　粉煤灰取代水泥率：10%

水泥强度等级	水泥实际强度(MPa)	粉煤灰超量系数	材料用量（kg/m³）												配合比（重量比）		
			粗砂				中砂				细砂				粗砂	中砂	细砂
			水泥 Q_{C0}	石灰 Q_{D0}	粉煤灰 Q_{f0}	砂 Q_{S0}	水泥 Q_{C0}	石灰 Q_{D0}	粉煤灰 Q_{f0}	砂 Q_{S0}	水泥 Q_{C0}	石灰 Q_{D0}	粉煤灰 Q_{f0}	砂 Q_{S0}	水泥:石灰:粉煤灰:砂 $Q_C:Q_D:Q_f:Q_S$	水泥:石灰:粉煤灰:砂 $Q_C:Q_D:Q_f:Q_S$	水泥:石灰:粉煤灰:砂 $Q_C:Q_D:Q_f:Q_S$
32.5	32.5	1.20	243	80	32	1505	243	80	32	1445	243	80	32	1385	1:0.33:0.13:6.19	1:0.33:0.13:5.94	1:0.33:0.13:5.70
		1.25	243	80	34	1503	243	80	34	1443	243	80	34	1383	1:0.33:0.14:6.19	1:0.33:0.14:5.94	1:0.33:0.14:5.69
		1.30	243	80	35	1502	243	80	35	1442	243	80	35	1382	1:0.33:0.14:6.18	1:0.33:0.14:5.93	1:0.33:0.14:5.69
		1.35	243	80	36	1501	243	80	36	1441	243	80	36	1381	1:0.33:0.15:6.17	1:0.33:0.15:5.93	1:0.33:0.15:5.68
		1.40	243	80	38	1499	243	80	38	1439	243	80	38	1379	1:0.33:0.16:6.17	1:0.33:0.16:5.92	1:0.33:0.16:5.68
		1.45	243	80	39	1498	243	80	39	1438	243	80	39	1378	1:0.33:0.16:6.16	1:0.33:0.16:5.92	1:0.33:0.16:5.67
		1.50	243	80	41	1496	243	80	41	1436	243	80	41	1376	1:0.33:0.17:6.16	1:0.33:0.17:5.91	1:0.33:0.17:5.66
		1.55	243	80	42	1495	243	80	42	1435	243	80	42	1375	1:0.33:0.17:6.15	1:0.33:0.17:5.91	1:0.33:0.17:5.66
		1.60	243	80	43	1494	243	80	43	1434	243	80	43	1374	1:0.33:0.18:6.15	1:0.33:0.18:5.90	1:0.33:0.18:5.65
		1.65	243	80	45	1492	243	80	45	1432	243	80	45	1372	1:0.33:0.18:6.14	1:0.33:0.18:5.89	1:0.33:0.18:5.65
		1.70	243	80	46	1491	243	80	46	1431	243	80	46	1371	1:0.33:0.19:6.14	1:0.33:0.19:5.89	1:0.33:0.19:5.64
	37.5	1.20	211	116	28	1505	211	116	28	1445	211	116	28	1385	1:0.55:0.13:7.15	1:0.55:0.13:6.86	1:0.55:0.13:6.58
		1.25	211	116	29	1504	211	116	29	1444	211	116	29	1384	1:0.55:0.14:7.14	1:0.55:0.14:6.85	1:0.55:0.14:6.57
		1.30	211	116	30	1503	211	116	30	1443	211	116	30	1383	1:0.55:0.14:7.14	1:0.55:0.14:6.85	1:0.55:0.14:6.57
		1.35	211	116	32	1502	211	116	32	1442	211	116	32	1382	1:0.55:0.15:7.13	1:0.55:0.15:6.85	1:0.55:0.15:6.56
		1.40	211	116	33	1501	211	116	33	1441	211	116	33	1381	1:0.55:0.16:7.13	1:0.55:0.16:6.84	1:0.55:0.16:6.56
		1.45	211	116	34	1499	211	116	34	1439	211	116	34	1379	1:0.55:0.16:7.12	1:0.55:0.16:6.83	1:0.55:0.16:6.55
		1.50	211	116	35	1498	211	116	35	1438	211	116	35	1378	1:0.55:0.17:7.11	1:0.55:0.17:6.83	1:0.55:0.17:6.54
		1.55	211	116	36	1497	211	116	36	1437	211	116	36	1377	1:0.55:0.17:7.11	1:0.55:0.17:6.82	1:0.55:0.17:6.54
		1.60	211	116	37	1496	211	116	37	1436	211	116	37	1376	1:0.55:0.18:7.10	1:0.55:0.18:6.82	1:0.55:0.18:6.53
		1.65	211	116	39	1495	211	116	39	1435	211	116	39	1375	1:0.55:0.18:7.10	1:0.55:0.18:6.81	1:0.55:0.18:6.53
		1.70	211	116	40	1494	211	116	40	1434	211	116	40	1374	1:0.55:0.19:7.09	1:0.55:0.19:6.81	1:0.55:0.19:6.52

注：石灰膏为标准稠度（120mm）时的用量。

砂浆强度等级：M10　　施工水平：优良　　配制强度：11.50MPa　　粉煤灰取代水泥率：10%

水泥强度等级	水泥实际强度(MPa)	粉煤灰超量系数	材料用量（kg/m³）												配合比（重量比）		
			粗砂				中砂				细砂				粗砂	中砂	细砂
			水泥Q_{C0}	石灰Q_{D0}	粉煤灰Q_{f0}	砂Q_{S0}	水泥Q_{C0}	石灰Q_{D0}	粉煤灰Q_{f0}	砂Q_{S0}	水泥Q_{C0}	石灰Q_{D0}	粉煤灰Q_{f0}	砂Q_{S0}	水泥:石灰:粉煤灰:砂 $Q_C:Q_D:Q_f:Q_S$	水泥:石灰:粉煤灰:砂 $Q_C:Q_D:Q_f:Q_S$	水泥:石灰:粉煤灰:砂 $Q_C:Q_D:Q_f:Q_S$
42.5	42.5	1.20	186	144	25	1506	186	144	25	1446	186	144	25	1386	1:0.77:0.13:8.10	1:0.77:0.13:7.78	1:0.77:0.13:7.46
		1.25	186	144	26	1505	186	144	26	1445	186	144	26	1385	1:0.77:0.14:8.10	1:0.77:0.14:7.77	1:0.77:0.14:7.45
		1.30	186	144	27	1504	186	144	27	1444	186	144	27	1384	1:0.77:0.14:8.09	1:0.77:0.14:7.77	1:0.77:0.14:7.45
		1.35	186	144	28	1503	186	144	28	1443	186	144	28	1383	1:0.77:0.15:8.09	1:0.77:0.15:7.76	1:0.77:0.15:7.44
		1.40	186	144	29	1502	186	144	29	1442	186	144	29	1382	1:0.77:0.16:8.08	1:0.77:0.16:7.76	1:0.77:0.16:7.44
		1.45	186	144	30	1501	186	144	30	1441	186	144	30	1381	1:0.77:0.16:8.08	1:0.77:0.16:7.75	1:0.77:0.16:7.43
		1.50	186	144	31	1500	186	144	31	1440	186	144	31	1380	1:0.77:0.17:8.07	1:0.77:0.17:7.75	1:0.77:0.17:7.42
		1.55	186	144	32	1499	186	144	32	1439	186	144	32	1379	1:0.77:0.17:8.06	1:0.77:0.17:7.74	1:0.77:0.17:7.42
		1.60	186	144	33	1498	186	144	33	1438	186	144	33	1378	1:0.77:0.18:8.06	1:0.77:0.18:7.74	1:0.77:0.18:7.41
		1.65	186	144	34	1497	186	144	34	1437	186	144	34	1377	1:0.77:0.18:8.05	1:0.77:0.18:7.73	1:0.77:0.18:7.41
		1.70	186	144	35	1496	186	144	35	1436	186	144	35	1376	1:0.77:0.19:8.05	1:0.77:0.19:7.72	1:0.77:0.19:7.40
	47.5	1.20	166	165	22	1506	166	165	22	1446	166	165	22	1386	1:0.99:0.13:8.70	1:0.99:0.13:8.34	1:0.99:0.13:8.34
		1.25	166	165	23	1505	166	165	23	1445	166	165	23	1385	1:0.99:0.14:8.69	1:0.99:0.14:8.33	1:0.99:0.14:8.33
		1.30	166	165	24	1504	166	165	24	1444	166	165	24	1384	1:0.99:0.14:8.69	1:0.99:0.14:8.33	1:0.99:0.14:8.33
		1.35	166	165	25	1504	166	165	25	1444	166	165	25	1384	1:0.99:0.15:9.04	1:0.99:0.15:8.68	1:0.99:0.15:8.32
		1.40	166	165	26	1503	166	165	26	1443	166	165	26	1383	1:0.99:0.16:9.04	1:0.99:0.16:8.68	1:0.99:0.16:8.32
		1.45	166	165	27	1502	166	165	27	1442	166	165	27	1382	1:0.99:0.16:9.03	1:0.99:0.16:8.67	1:0.99:0.16:8.31
		1.50	166	165	28	1501	166	165	28	1441	166	165	28	1381	1:0.99:0.17:9.03	1:0.99:0.17:8.66	1:0.99:0.17:8.30
		1.55	166	165	29	1500	166	165	29	1440	166	165	29	1380	1:0.99:0.17:9.02	1:0.99:0.17:8.66	1:0.99:0.17:8.30
		1.60	166	165	30	1499	166	165	30	1439	166	165	30	1379	1:0.99:0.18:9.01	1:0.99:0.18:8.65	1:0.99:0.18:8.29
		1.65	166	165	30	1498	166	165	30	1438	166	165	30	1378	1:0.99:0.18:9.01	1:0.99:0.18:8.65	1:0.99:0.18:8.29
		1.70	166	165	31	1497	166	165	31	1437	166	165	31	1377	1:0.99:0.19:9.00	1:0.99:0.19:8.64	1:0.99:0.19:8.28

注：石灰膏为标准稠度（120mm）时的用量。

砂浆强度等级：M10　　施工水平：一般　　配制强度：12.00MPa　　粉煤灰取代水泥率：10%

水泥强度等级	水泥实际强度(MPa)	粉煤灰超量系数	材料用量 (kg/m³)											配合比（重量比）		
			粗砂				中砂				细砂				粗砂	中砂	细砂
			水泥 Q_{C0}	石灰 Q_{D0}	粉煤灰 Q_{f0}	砂 Q_{S0}	水泥 Q_{C0}	石灰 Q_{D0}	粉煤灰 Q_{f0}	砂 Q_{S0}	水泥 Q_{C0}	石灰 Q_{D0}	粉煤灰 Q_{f0}	砂 Q_{S0}	水泥:石灰:粉煤灰:砂 $Q_C:Q_D:Q_f:Q_S$	水泥:石灰:粉煤灰:砂 $Q_C:Q_D:Q_f:Q_S$	水泥:石灰:粉煤灰:砂 $Q_C:Q_D:Q_f:Q_S$
32.5	32.5	1.20	248	75	33	1504	248	75	33	1444	248	75	33	1384	1:0.30:0.13:6.08	1:0.30:0.13:5.83	1:0.30:0.13:5.59
		1.25	248	75	34	1503	248	75	34	1443	248	75	34	1383	1:0.30:0.14:6.07	1:0.30:0.14:5.83	1:0.30:0.14:5.59
		1.30	248	75	36	1502	248	75	36	1442	248	75	36	1382	1:0.30:0.14:6.07	1:0.30:0.14:5.82	1:0.30:0.14:5.58
		1.35	248	75	37	1500	248	75	37	1440	248	75	37	1380	1:0.30:0.15:6.06	1:0.30:0.15:5.82	1:0.30:0.15:5.58
		1.40	248	75	39	1499	248	75	39	1439	248	75	39	1379	1:0.30:0.16:6.05	1:0.30:0.16:5.81	1:0.30:0.16:5.57
		1.45	248	75	40	1498	248	75	40	1438	248	75	40	1378	1:0.30:0.16:6.05	1:0.30:0.16:5.81	1:0.30:0.16:5.56
		1.50	248	75	41	1496	248	75	41	1436	248	75	41	1376	1:0.30:0.17:6.04	1:0.30:0.17:5.80	1:0.30:0.17:5.56
		1.55	248	75	43	1495	248	75	43	1435	248	75	43	1375	1:0.30:0.17:6.04	1:0.30:0.17:5.80	1:0.30:0.17:5.55
		1.60	248	75	44	1493	248	75	44	1433	248	75	44	1373	1:0.30:0.18:6.03	1:0.30:0.18:5.79	1:0.30:0.18:5.55
		1.65	248	75	45	1492	248	75	45	1432	248	75	45	1372	1:0.30:0.18:6.03	1:0.30:0.18:5.78	1:0.30:0.18:5.54
		1.70	248	75	47	1491	248	75	47	1431	248	75	47	1371	1:0.30:0.19:6.02	1:0.30:0.19:5.78	1:0.30:0.19:5.54
	37.5	1.20	215	112	29	1505	215	112	29	1445	215	112	29	1385	1:0.52:0.13:7.01	1:0.52:0.13:6.74	1:0.52:0.13:6.46
		1.25	215	112	30	1504	215	112	30	1444	215	112	30	1384	1:0.52:0.14:7.01	1:0.52:0.14:6.73	1:0.52:0.14:6.45
		1.30	215	112	31	1503	215	112	31	1443	215	112	31	1383	1:0.52:0.14:7.00	1:0.52:0.14:6.72	1:0.52:0.14:6.44
		1.35	215	112	32	1502	215	112	32	1442	215	112	32	1382	1:0.52:0.15:7.00	1:0.52:0.15:6.72	1:0.52:0.15:6.44
		1.40	215	112	33	1500	215	112	33	1440	215	112	33	1380	1:0.52:0.16:6.99	1:0.52:0.16:6.71	1:0.52:0.16:6.43
		1.45	215	112	35	1499	215	112	35	1439	215	112	35	1379	1:0.52:0.16:6.99	1:0.52:0.16:6.71	1:0.52:0.16:6.43
		1.50	215	112	36	1498	215	112	36	1438	215	112	36	1378	1:0.52:0.17:6.98	1:0.52:0.17:6.70	1:0.52:0.17:6.42
		1.55	215	112	37	1497	215	112	37	1437	215	112	37	1377	1:0.52:0.17:6.98	1:0.52:0.17:6.70	1:0.52:0.17:6.42
		1.60	215	112	38	1496	215	112	38	1436	215	112	38	1376	1:0.52:0.18:6.97	1:0.52:0.18:6.69	1:0.52:0.18:6.41
		1.65	215	112	39	1495	215	112	39	1435	215	112	39	1375	1:0.52:0.18:6.96	1:0.52:0.18:6.69	1:0.52:0.18:6.41
		1.70	215	112	41	1493	215	112	41	1433	215	112	41	1373	1:0.52:0.19:6.96	1:0.52:0.19:6.68	1:0.52:0.19:6.40

注：石灰膏为标准稠度（120mm）时的用量。

砂浆强度等级：M10　　施工水平：一般　　配制强度：12.00MPa　　粉煤灰取代水泥率：10%

水泥强度等级	水泥实际强度(MPa)	粉煤灰超量系数	材料用量（kg/m³） 粗砂				中砂				细砂				配合比（重量比） 粗砂	中砂	细砂
			水泥Q_{C0}	石灰Q_{D0}	粉煤灰Q_{f0}	砂Q_{S0}	水泥Q_{C0}	石灰Q_{D0}	粉煤灰Q_{f0}	砂Q_{S0}	水泥Q_{C0}	石灰Q_{D0}	粉煤灰Q_{f0}	砂Q_{S0}	水泥:石灰:粉煤灰:砂 $Q_C:Q_D:Q_f:Q_S$	水泥:石灰:粉煤灰:砂 $Q_C:Q_D:Q_f:Q_S$	水泥:石灰:粉煤灰:砂 $Q_C:Q_D:Q_f:Q_S$
42.5	42.5	1.20	189	140	25	1506	189	140	25	1446	189	140	25	1386	1:0.74:0.13:7.95	1:0.74:0.13:7.64	1:0.74:0.13:7.32
		1.25	189	140	26	1505	189	140	26	1445	189	140	26	1385	1:0.74:0.14:7.95	1:0.74:0.14:7.63	1:0.74:0.14:7.31
		1.30	189	140	27	1504	189	140	27	1444	189	140	27	1384	1:0.74:0.14:7.94	1:0.74:0.14:7.63	1:0.74:0.14:7.31
		1.35	189	140	28	1503	189	140	28	1443	189	140	28	1383	1:0.74:0.15:7.94	1:0.74:0.15:7.62	1:0.74:0.15:7.30
		1.40	189	140	29	1502	189	140	29	1442	189	140	29	1382	1:0.74:0.16:7.93	1:0.74:0.16:7.61	1:0.74:0.16:7.30
		1.45	189	140	31	1501	189	140	31	1441	189	140	31	1381	1:0.74:0.16:7.93	1:0.74:0.16:7.61	1:0.74:0.16:7.29
		1.50	189	140	32	1499	189	140	32	1439	189	140	32	1379	1:0.74:0.17:7.92	1:0.74:0.17:7.60	1:0.74:0.17:7.29
		1.55	189	140	33	1498	189	140	33	1438	189	140	33	1378	1:0.74:0.17:7.91	1:0.74:0.17:7.60	1:0.74:0.17:7.28
		1.60	189	140	34	1497	189	140	34	1437	189	140	34	1377	1:0.74:0.18:7.91	1:0.74:0.18:7.59	1:0.74:0.18:7.28
		1.65	189	140	35	1496	189	140	35	1436	189	140	35	1376	1:0.74:0.18:7.90	1:0.74:0.18:7.59	1:0.74:0.18:7.27
		1.70	189	140	36	1495	189	140	36	1435	189	140	36	1375	1:0.74:0.19:7.89	1:0.74:0.19:7.58	1:0.74:0.19:7.26
	47.5	1.20	169	162	23	1506	169	162	23	1446	169	162	23	1386	1:0.95:0.13:8.89	1:0.95:0.13:8.54	1:0.95:0.13:8.18
		1.25	169	162	24	1505	169	162	24	1445	169	162	24	1385	1:0.95:0.14:8.89	1:0.95:0.14:8.54	1:0.95:0.14:8.18
		1.30	169	162	24	1504	169	162	24	1444	169	162	24	1384	1:0.95:0.14:8.88	1:0.95:0.14:8.53	1:0.95:0.14:8.17
		1.35	169	162	25	1503	169	162	25	1443	169	162	25	1383	1:0.95:0.15:8.52	1:0.95:0.15:8.52	1:0.95:0.15:8.17
		1.40	169	162	26	1502	169	162	26	1442	169	162	26	1382	1:0.95:0.16:8.87	1:0.95:0.16:8.52	1:0.95:0.16:8.16
		1.45	169	162	27	1502	169	162	27	1442	169	162	27	1382	1:0.95:0.16:8.86	1:0.95:0.16:8.51	1:0.95:0.16:8.16
		1.50	169	162	28	1501	169	162	28	1441	169	162	28	1381	1:0.95:0.17:8.86	1:0.95:0.17:8.50	1:0.95:0.17:8.15
		1.55	169	162	29	1500	169	162	29	1440	169	162	29	1380	1:0.95:0.17:8.85	1:0.95:0.17:8.50	1:0.95:0.17:8.14
		1.60	169	162	30	1499	169	162	30	1439	169	162	30	1379	1:0.95:0.18:8.85	1:0.95:0.18:8.49	1:0.95:0.18:8.14
		1.65	169	162	31	1498	169	162	31	1438	169	162	31	1378	1:0.95:0.18:8.84	1:0.95:0.18:8.49	1:0.95:0.18:8.13
		1.70	169	162	32	1497	169	162	32	1437	169	162	32	1377	1:0.95:0.19:8.84	1:0.95:0.19:8.48	1:0.95:0.19:8.13

注：石灰膏为标准稠度（120mm）时的用量。

砂浆强度等级：M10　　施工水平：较差　　配制强度：12.50MPa　　粉煤灰取代水泥率：10%

水泥强度等级	水泥实际强度(MPa)	粉煤灰超量系数	材料用量（kg/m³）											配合比（重量比）		
			粗砂				中砂				细砂				粗砂	中砂	细砂
			水泥 Q_{C0}	石灰 Q_{D0}	粉煤灰 Q_{f0}	砂 Q_{S0}	水泥 Q_{C0}	石灰 Q_{D0}	粉煤灰 Q_{f0}	砂 Q_{S0}	水泥 Q_{C0}	石灰 Q_{D0}	粉煤灰 Q_{f0}	砂 Q_{S0}	水泥:石灰:粉煤灰:砂 $Q_C:Q_D:Q_f:Q_S$	水泥:石灰:粉煤灰:砂 $Q_C:Q_D:Q_f:Q_S$	水泥:石灰:粉煤灰:砂 $Q_C:Q_D:Q_f:Q_S$
32.5	32.5	1.20	252	70	34	1504	252	70	34	1444	252	70	34	1384	1:0.28:0.13:5.97	1:0.28:0.13:5.73	1:0.28:0.13:5.49
		1.25	252	70	35	1503	252	70	35	1443	252	70	35	1383	1:0.28:0.14:5.96	1:0.28:0.14:5.72	1:0.28:0.14:5.48
		1.30	252	70	36	1502	252	70	36	1442	252	70	36	1382	1:0.28:0.14:5.96	1:0.28:0.14:5.72	1:0.28:0.14:5.48
		1.35	252	70	38	1500	252	70	38	1440	252	70	38	1380	1:0.28:0.15:5.95	1:0.28:0.15:5.71	1:0.28:0.15:5.47
		1.40	252	70	39	1499	252	70	39	1439	252	70	39	1379	1:0.28:0.16:5.94	1:0.28:0.16:5.71	1:0.28:0.16:5.47
		1.45	252	70	41	1497	252	70	41	1437	252	70	41	1377	1:0.28:0.16:5.94	1:0.28:0.16:5.70	1:0.28:0.16:5.46
		1.50	252	70	42	1496	252	70	42	1436	252	70	42	1376	1:0.28:0.17:5.93	1:0.28:0.17:5.69	1:0.28:0.17:5.46
		1.55	252	70	43	1495	252	70	43	1435	252	70	43	1375	1:0.28:0.17:5.93	1:0.28:0.17:5.69	1:0.28:0.17:5.45
		1.60	252	70	45	1493	252	70	45	1433	252	70	45	1373	1:0.28:0.18:5.92	1:0.28:0.18:5.68	1:0.28:0.18:5.45
		1.65	252	70	46	1492	252	70	46	1432	252	70	46	1372	1:0.28:0.18:5.92	1:0.28:0.18:5.68	1:0.28:0.18:5.44
		1.70	252	70	48	1490	252	70	48	1430	252	70	48	1370	1:0.28:0.19:5.91	1:0.28:0.19:5.67	1:0.28:0.19:5.43
	37.5	1.20	219	107	29	1505	219	107	29	1445	219	107	29	1385	1:0.49:0.13:6.89	1:0.49:0.13:6.61	1:0.49:0.13:6.34
		1.25	219	107	30	1504	219	107	30	1444	219	107	30	1384	1:0.49:0.14:6.88	1:0.49:0.14:6.61	1:0.49:0.14:6.33
		1.30	219	107	32	1503	219	107	32	1443	219	107	32	1383	1:0.49:0.14:6.88	1:0.49:0.14:6.60	1:0.49:0.14:6.33
		1.35	219	107	33	1502	219	107	33	1442	219	107	33	1382	1:0.49:0.15:6.87	1:0.49:0.15:6.60	1:0.49:0.15:6.32
		1.40	219	107	34	1500	219	107	34	1440	219	107	34	1380	1:0.49:0.16:6.87	1:0.49:0.16:6.59	1:0.49:0.16:6.32
		1.45	219	107	35	1499	219	107	35	1439	219	107	35	1379	1:0.49:0.16:6.86	1:0.49:0.16:6.59	1:0.49:0.16:6.31
		1.50	219	107	36	1498	219	107	36	1438	219	107	36	1378	1:0.49:0.17:6.85	1:0.49:0.17:6.58	1:0.49:0.17:6.30
		1.55	219	107	38	1497	219	107	38	1437	219	107	38	1377	1:0.49:0.17:6.85	1:0.49:0.17:6.58	1:0.49:0.17:6.30
		1.60	219	107	39	1495	219	107	39	1435	219	107	39	1375	1:0.49:0.18:6.84	1:0.49:0.18:6.57	1:0.49:0.18:6.29
		1.65	219	107	40	1494	219	107	40	1434	219	107	40	1374	1:0.49:0.18:6.84	1:0.49:0.18:6.56	1:0.49:0.18:6.29
		1.70	219	107	41	1493	219	107	41	1433	219	107	41	1373	1:0.49:0.19:6.83	1:0.49:0.19:6.56	1:0.49:0.19:6.28

注：石灰膏为标准稠度（120mm）时的用量。

砂浆强度等级：M10　　施工水平：较差　　配制强度：12.50MPa　　粉煤灰取代水泥率：10%

水泥强度等级	水泥实际强度(MPa)	粉煤灰超量系数	材料用量（kg/m³）												配合比（重量比）		
			粗砂				中砂				细砂				粗砂	中砂	细砂
			水泥 Q_{C0}	石灰 Q_{D0}	粉煤灰 Q_{f0}	砂 Q_{S0}	水泥 Q_{C0}	石灰 Q_{D0}	粉煤灰 Q_{f0}	砂 Q_{S0}	水泥 Q_{C0}	石灰 Q_{D0}	粉煤灰 Q_{f0}	砂 Q_{S0}	水泥:石灰:粉煤灰:砂 $Q_C:Q_D:Q_f:Q_S$	水泥:石灰:粉煤灰:砂 $Q_C:Q_D:Q_f:Q_S$	水泥:石灰:粉煤灰:砂 $Q_C:Q_D:Q_f:Q_S$
42.5	42.5	1.20	193	136	26	1506	193	136	26	1446	193	136	26	1386	1:0.70:0.13:7.81	1:0.70:0.13:7.50	1:0.70:0.13:7.19
		1.25	193	136	27	1505	193	136	27	1445	193	136	27	1385	1:0.70:0.14:7.80	1:0.70:0.14:7.49	1:0.70:0.14:7.18
		1.30	193	136	28	1504	193	136	28	1444	193	136	28	1384	1:0.70:0.14:7.80	1:0.70:0.14:7.49	1:0.70:0.14:7.18
		1.35	193	136	29	1503	193	136	29	1443	193	136	29	1383	1:0.70:0.15:7.79	1:0.70:0.15:7.48	1:0.70:0.15:7.17
		1.40	193	136	30	1501	193	136	30	1441	193	136	30	1381	1:0.70:0.16:7.79	1:0.70:0.16:7.48	1:0.70:0.16:7.16
		1.45	193	136	31	1500	193	136	31	1440	193	136	31	1380	1:0.70:0.16:7.78	1:0.70:0.16:7.47	1:0.70:0.16:7.16
		1.50	193	136	32	1499	193	136	32	1439	193	136	32	1379	1:0.70:0.17:7.78	1:0.70:0.17:7.46	1:0.70:0.17:7.15
		1.55	193	136	33	1498	193	136	33	1438	193	136	33	1378	1:0.70:0.17:7.77	1:0.70:0.17:7.46	1:0.70:0.17:7.15
		1.60	193	136	34	1497	193	136	34	1437	193	136	34	1377	1:0.70:0.18:7.76	1:0.70:0.18:7.45	1:0.70:0.18:7.14
		1.65	193	136	35	1496	193	136	35	1436	193	136	35	1376	1:0.70:0.18:7.76	1:0.70:0.18:7.45	1:0.70:0.18:7.14
		1.70	193	136	36	1495	193	136	36	1435	193	136	36	1375	1:0.70:0.19:7.75	1:0.70:0.19:7.44	1:0.70:0.19:7.13
	47.5	1.20	173	158	23	1506	173	158	23	1446	173	158	23	1386	1:0.92:0.13:8.73	1:0.92:0.13:8.38	1:0.92:0.13:8.03
		1.25	173	158	24	1505	173	158	24	1445	173	158	24	1385	1:0.92:0.14:8.72	1:0.92:0.14:8.38	1:0.92:0.14:8.03
		1.30	173	158	25	1504	173	158	25	1444	173	158	25	1384	1:0.92:0.14:8.72	1:0.92:0.14:8.37	1:0.92:0.14:8.02
		1.35	173	158	26	1503	173	158	26	1443	173	158	26	1383	1:0.92:0.15:8.71	1:0.92:0.15:8.37	1:0.92:0.15:8.02
		1.40	173	158	27	1502	173	158	27	1442	173	158	27	1382	1:0.92:0.16:8.71	1:0.92:0.16:8.35	1:0.92:0.16:8.01
		1.45	173	158	28	1501	173	158	28	1441	173	158	28	1381	1:0.92:0.16:8.70	1:0.92:0.17:8.35	1:0.92:0.16:8.01
		1.50	173	158	29	1500	173	158	29	1440	173	158	29	1380	1:0.92:0.16:8.69	1:0.92:0.17:8.35	1:0.92:0.17:8.00
		1.55	173	158	30	1499	173	158	30	1439	173	158	30	1379	1:0.92:0.17:8.69	1:0.92:0.17:8.34	1:0.92:0.17:8.00
		1.60	173	158	31	1498	173	158	31	1438	173	158	31	1378	1:0.92:0.18:8.69	1:0.92:0.18:8.34	1:0.92:0.18:7.99
		1.65	173	158	32	1498	173	158	32	1438	173	158	32	1378	1:0.92:0.18:8.68	1:0.92:0.18:8.33	1:0.92:0.18:7.98
		1.70	173	158	33	1497	173	158	33	1437	173	158	33	1377	1:0.92:0.19:8.67	1:0.92:0.19:8.33	1:0.92:0.19:7.98

注：石灰膏为标准稠度（120mm）时的用量。

砂浆强度等级：M10　　施工水平：优良　　配制强度：11.50MPa　　粉煤灰取代水泥率：15％

水泥强度等级	水泥实际强度（MPa）	粉煤灰超量系数	材料用量（kg/m³）												配合比（重量比）		
			粗砂				中砂				细砂				粗砂	中砂	细砂
			水泥 Q_{C0}	石灰 Q_{D0}	粉煤灰 Q_{f0}	砂 Q_{S0}	水泥 Q_{C0}	石灰 Q_{D0}	粉煤灰 Q_{f0}	砂 Q_{S0}	水泥 Q_{C0}	石灰 Q_{D0}	粉煤灰 Q_{f0}	砂 Q_{S0}	水泥:石灰:粉煤灰:砂 $Q_C:Q_D:Q_f:Q_S$	水泥:石灰:粉煤灰:砂 $Q_C:Q_D:Q_f:Q_S$	水泥:石灰:粉煤灰:砂 $Q_C:Q_D:Q_f:Q_S$
32.5	32.5	1.20	230	80	49	1502	230	80	49	1442	230	80	49	1382	1:0.35:0.21:6.54	1:0.35:0.21:6.28	1:0.35:0.21:6.02
		1.25	230	80	51	1500	230	80	51	1440	230	80	51	1380	1:0.35:0.22:6.53	1:0.35:0.22:6.27	1:0.35:0.22:6.01
		1.30	230	80	53	1498	230	80	53	1438	230	80	53	1378	1:0.35:0.23:6.53	1:0.35:0.23:6.26	1:0.35:0.23:6.00
		1.35	230	80	55	1496	230	80	55	1436	230	80	55	1376	1:0.35:0.24:6.52	1:0.35:0.24:6.26	1:0.35:0.24:5.99
		1.40	230	80	57	1494	230	80	57	1434	230	80	57	1374	1:0.35:0.25:6.51	1:0.35:0.25:6.25	1:0.35:0.25:5.99
		1.45	230	80	59	1492	230	80	59	1432	230	80	59	1372	1:0.35:0.26:6.50	1:0.35:0.26:6.24	1:0.35:0.26:5.98
		1.50	230	80	61	1490	230	80	61	1430	230	80	61	1370	1:0.35:0.26:6.49	1:0.35:0.26:6.23	1:0.35:0.26:5.97
		1.55	230	80	63	1488	230	80	63	1428	230	80	63	1368	1:0.35:0.27:6.48	1:0.35:0.27:6.22	1:0.35:0.27:5.96
		1.60	230	80	65	1486	230	80	65	1426	230	80	65	1366	1:0.35:0.28:6.47	1:0.35:0.28:6.21	1:0.35:0.28:5.95
		1.65	230	80	67	1484	230	80	67	1424	230	80	67	1364	1:0.35:0.29:6.46	1:0.35:0.29:6.20	1:0.35:0.29:5.94
		1.70	230	80	69	1482	230	80	69	1422	230	80	69	1362	1:0.35:0.30:6.46	1:0.35:0.30:6.19	1:0.35:0.30:5.93
	37.5	1.20	199	116	42	1503	199	116	42	1443	199	116	42	1383	1:0.58:0.21:7.56	1:0.58:0.21:7.25	1:0.58:0.21:6.95
		1.25	199	116	44	1501	199	116	44	1441	199	116	44	1381	1:0.58:0.22:7.55	1:0.58:0.22:7.25	1:0.58:0.22:6.94
		1.30	199	116	46	1499	199	116	46	1439	199	116	46	1379	1:0.58:0.23:7.54	1:0.58:0.23:7.24	1:0.58:0.23:6.94
		1.35	199	116	47	1498	199	116	47	1438	199	116	47	1378	1:0.58:0.24:7.53	1:0.58:0.24:7.23	1:0.58:0.24:6.93
		1.40	199	116	49	1496	199	116	49	1436	199	116	49	1376	1:0.58:0.25:7.52	1:0.58:0.25:7.22	1:0.58:0.25:6.92
		1.45	199	116	51	1494	199	116	51	1434	199	116	51	1374	1:0.58:0.26:7.51	1:0.58:0.26:7.21	1:0.58:0.26:6.91
		1.50	199	116	53	1492	199	116	53	1432	199	116	53	1372	1:0.58:0.26:7.50	1:0.58:0.26:7.20	1:0.58:0.26:6.90
		1.55	199	116	54	1491	199	116	54	1431	199	116	54	1371	1:0.58:0.27:7.49	1:0.58:0.27:7.19	1:0.58:0.27:6.89
		1.60	199	116	56	1489	199	116	56	1429	199	116	56	1369	1:0.58:0.28:7.49	1:0.58:0.28:7.18	1:0.58:0.28:6.88
		1.65	199	116	58	1487	199	116	58	1427	199	116	58	1367	1:0.58:0.29:7.48	1:0.58:0.29:7.17	1:0.58:0.29:6.87
		1.70	199	116	60	1485	199	116	60	1425	199	116	60	1365	1:0.58:0.30:7.47	1:0.58:0.30:7.17	1:0.58:0.30:6.86

注：石灰膏为标准稠度（120mm）时的用量。

砂浆强度等级：M10　　施工水平：优良　　配制强度：11.50MPa　　粉煤灰取代水泥率：15％

水泥强度等级	水泥实际强度(MPa)	粉煤灰超量系数	材料用量（kg/m³）											配合比（重量比）		
			粗砂				中砂				细砂				粗砂	中砂	细砂
			水泥Q_{C0}	石灰Q_{D0}	粉煤灰Q_{f0}	砂Q_{S0}	水泥Q_{C0}	石灰Q_{D0}	粉煤灰Q_{f0}	砂Q_{S0}	水泥Q_{C0}	石灰Q_{D0}	粉煤灰Q_{f0}	砂Q_{S0}	水泥:石灰:粉煤灰:砂 $Q_C:Q_D:Q_f:Q_S$	水泥:石灰:粉煤灰:砂 $Q_C:Q_D:Q_f:Q_S$	水泥:石灰:粉煤灰:砂 $Q_C:Q_D:Q_f:Q_S$
42.5	42.5	1.20	176	144	37	1504	176	144	37	1444	176	144	37	1384	1:0.82:0.21:8.57	1:0.82:0.21:8.23	1:0.82:0.21:7.88
		1.25	176	144	39	1502	176	144	39	1442	176	144	39	1382	1:0.82:0.22:8.56	1:0.82:0.22:8.22	1:0.82:0.22:7.88
		1.30	176	144	40	1501	176	144	40	1441	176	144	40	1381	1:0.82:0.23:8.55	1:0.82:0.23:8.21	1:0.82:0.23:7.87
		1.35	176	144	42	1499	176	144	42	1439	176	144	42	1379	1:0.82:0.24:8.54	1:0.82:0.24:8.20	1:0.82:0.24:7.86
		1.40	176	144	43	1498	176	144	43	1438	176	144	43	1378	1:0.82:0.25:8.53	1:0.82:0.25:8.19	1:0.82:0.25:7.85
		1.45	176	144	45	1496	176	144	45	1436	176	144	45	1376	1:0.82:0.26:8.52	1:0.82:0.26:8.18	1:0.82:0.26:7.84
		1.50	176	144	46	1495	176	144	46	1435	176	144	46	1375	1:0.82:0.26:8.52	1:0.82:0.26:8.17	1:0.82:0.26:7.83
		1.55	176	144	48	1493	176	144	48	1433	176	144	48	1373	1:0.82:0.27:8.51	1:0.82:0.27:8.16	1:0.82:0.27:7.82
		1.60	176	144	50	1491	176	144	50	1431	176	144	50	1371	1:0.82:0.28:8.50	1:0.82:0.28:8.16	1:0.82:0.28:7.81
		1.65	176	144	51	1490	176	144	51	1430	176	144	51	1370	1:0.82:0.29:8.49	1:0.82:0.29:8.15	1:0.82:0.29:7.81
		1.70	176	144	53	1488	176	144	53	1428	176	144	53	1368	1:0.82:0.30:8.48	1:0.82:0.30:8.14	1:0.82:0.30:7.80
	47.5	1.20	157	165	33	1504	157	165	33	1444	157	165	33	1384	1:1.05:0.21:9.58	1:1.05:0.21:9.20	1:1.05:0.21:8.82
		1.25	157	165	35	1503	157	165	35	1443	157	165	35	1383	1:1.05:0.22:9.57	1:1.05:0.22:9.19	1:1.05:0.22:8.81
		1.30	157	165	36	1502	157	165	36	1442	157	165	36	1382	1:1.05:0.23:9.56	1:1.05:0.23:9.18	1:1.05:0.23:8.80
		1.35	157	165	37	1500	157	165	37	1440	157	165	37	1380	1:1.05:0.24:9.17	1:1.05:0.24:9.17	1:1.05:0.24:8.79
		1.40	157	165	39	1499	157	165	39	1439	157	165	39	1379	1:1.05:0.25:9.55	1:1.05:0.25:9.16	1:1.05:0.25:8.78
		1.45	157	165	40	1498	157	165	40	1438	157	165	40	1378	1:1.05:0.26:9.54	1:1.05:0.26:9.15	1:1.05:0.26:8.77
		1.50	157	165	42	1496	157	165	42	1436	157	165	42	1376	1:1.05:0.26:9.53	1:1.05:0.26:9.15	1:1.05:0.26:8.76
		1.55	157	165	43	1495	157	165	43	1435	157	165	43	1375	1:1.05:0.27:9.52	1:1.05:0.27:9.14	1:1.05:0.27:8.75
		1.60	157	165	44	1493	157	165	44	1433	157	165	44	1373	1:1.05:0.28:9.51	1:1.05:0.28:9.13	1:1.05:0.28:8.75
		1.65	157	165	46	1492	157	165	46	1432	157	165	46	1372	1:1.05:0.29:9.50	1:1.05:0.29:9.12	1:1.05:0.29:8.74
		1.70	157	165	47	1491	157	165	47	1431	157	165	47	1371	1:1.05:0.30:9.49	1:1.05:0.30:9.11	1:1.05:0.30:8.73

注：石灰膏为标准稠度（120mm）时的用量。

砂浆强度等级：M10　　施工水平：一般　　配制强度：12.00MPa　　粉煤灰取代水泥率：15%

水泥强度等级	水泥实际强度(MPa)	粉煤灰超量系数	材料用量 (kg/m³)											配合比 (重量比)		
			粗砂				中砂				细砂				粗砂	中砂	细砂
			水泥 Q_{C0}	石灰 Q_{D0}	粉煤灰 Q_{f0}	砂 Q_{S0}	水泥 Q_{C0}	石灰 Q_{D0}	粉煤灰 Q_{f0}	砂 Q_{S0}	水泥 Q_{C0}	石灰 Q_{D0}	粉煤灰 Q_{f0}	砂 Q_{S0}	水泥:石灰:粉煤灰:砂 $Q_C:Q_D:Q_f:Q_S$	水泥:石灰:粉煤灰:砂 $Q_C:Q_D:Q_f:Q_S$	水泥:石灰:粉煤灰:砂 $Q_C:Q_D:Q_f:Q_S$
32.5	32.5	1.20	234	75	50	1502	234	75	50	1442	234	75	50	1382	1:0.32:0.21:6.42	1:0.32:0.21:6.17	1:0.32:0.21:5.91
		1.25	234	75	52	1500	234	75	52	1440	234	75	52	1380	1:0.32:0.22:6.41	1:0.32:0.22:6.16	1:0.32:0.22:5.90
		1.30	234	75	54	1498	234	75	54	1438	234	75	54	1378	1:0.32:0.23:6.40	1:0.32:0.23:6.15	1:0.32:0.23:5.90
		1.35	234	75	56	1496	234	75	56	1436	234	75	56	1376	1:0.32:0.24:6.40	1:0.32:0.24:6.14	1:0.32:0.24:5.89
		1.40	234	75	58	1493	234	75	58	1433	234	75	58	1373	1:0.32:0.25:6.39	1:0.32:0.25:6.13	1:0.32:0.25:5.87
		1.45	234	75	60	1491	234	75	60	1431	234	75	60	1371	1:0.32:0.26:6.38	1:0.32:0.26:6.12	1:0.32:0.26:5.87
		1.50	234	75	62	1489	234	75	62	1429	234	75	62	1369	1:0.32:0.26:6.37	1:0.32:0.26:6.11	1:0.32:0.26:5.86
		1.55	234	75	64	1487	234	75	64	1427	234	75	64	1367	1:0.32:0.27:6.36	1:0.32:0.27:6.10	1:0.32:0.27:5.85
		1.60	234	75	66	1485	234	75	66	1425	234	75	66	1365	1:0.32:0.28:6.35	1:0.32:0.28:6.10	1:0.32:0.28:5.84
		1.65	234	75	68	1483	234	75	68	1423	234	75	68	1363	1:0.32:0.29:6.34	1:0.32:0.29:6.09	1:0.32:0.29:5.83
		1.70	234	75	70	1481	234	75	70	1421	234	75	70	1361	1:0.32:0.30:6.33	1:0.32:0.30:6.08	1:0.32:0.30:5.82
	37.5	1.20	203	112	43	1503	203	112	43	1443	203	112	43	1383	1:0.55:0.21:7.42	1:0.55:0.21:7.12	1:0.55:0.21:6.82
		1.25	203	112	45	1501	203	112	45	1441	203	112	45	1381	1:0.55:0.22:7.41	1:0.55:0.22:7.11	1:0.55:0.22:6.81
		1.30	203	112	46	1499	203	112	46	1439	203	112	46	1379	1:0.55:0.23:7.40	1:0.55:0.23:7.10	1:0.55:0.23:6.81
		1.35	203	112	48	1497	203	112	48	1437	203	112	48	1377	1:0.55:0.24:7.39	1:0.55:0.24:7.09	1:0.55:0.24:6.80
		1.40	203	112	50	1496	203	112	50	1436	203	112	50	1376	1:0.55:0.25:7.38	1:0.55:0.25:7.08	1:0.55:0.25:6.79
		1.45	203	112	52	1494	203	112	52	1434	203	112	52	1374	1:0.55:0.26:7.37	1:0.55:0.26:7.08	1:0.55:0.26:6.78
		1.50	203	112	54	1492	203	112	54	1432	203	112	54	1372	1:0.55:0.26:7.36	1:0.55:0.26:7.07	1:0.55:0.26:6.77
		1.55	203	112	55	1490	203	112	55	1430	203	112	55	1370	1:0.55:0.27:7.35	1:0.55:0.27:7.06	1:0.55:0.27:6.76
		1.60	203	112	57	1489	203	112	57	1429	203	112	57	1369	1:0.55:0.28:7.35	1:0.55:0.28:7.05	1:0.55:0.28:6.75
		1.65	203	112	59	1487	203	112	59	1427	203	112	59	1367	1:0.55:0.29:7.34	1:0.55:0.29:7.04	1:0.55:0.29:6.74
		1.70	203	112	61	1485	203	112	61	1425	203	112	61	1365	1:0.55:0.30:7.33	1:0.55:0.30:7.03	1:0.55:0.30:6.74

注：石灰膏为标准稠度（120mm）时的用量。

砂浆强度等级：M10　　施工水平：一般　　配制强度：12.00MPa　　粉煤灰取代水泥率：15%

水泥强度等级	水泥实际强度(MPa)	粉煤灰超量系数	材料用量（kg/m³）												配合比（重量比）		
			粗砂				中砂				细砂				粗砂	中砂	细砂
			水泥Q_C	石灰Q_D	粉煤灰Q_f	砂Q_S	水泥Q_C	石灰Q_D	粉煤灰Q_f	砂Q_S	水泥Q_C	石灰Q_D	粉煤灰Q_f	砂Q_S	水泥:石灰:粉煤灰:砂 $Q_C:Q_D:Q_f:Q_S$	水泥:石灰:粉煤灰:砂 $Q_C:Q_D:Q_f:Q_S$	水泥:石灰:粉煤灰:砂 $Q_C:Q_D:Q_f:Q_S$
42.5	42.5	1.20	179	140	38	1504	179	140	38	1444	179	140	38	1384	1:0.78:0.21:8.41	1:0.78:0.21:8.07	1:0.78:0.21:7.74
		1.25	179	140	39	1502	179	140	39	1442	179	140	39	1382	1:0.78:0.22:8.40	1:0.78:0.22:8.06	1:0.78:0.22:7.73
		1.30	179	140	41	1501	179	140	41	1441	179	140	41	1381	1:0.78:0.23:8.39	1:0.78:0.23:8.06	1:0.78:0.23:7.72
		1.35	179	140	43	1499	179	140	43	1439	179	140	43	1379	1:0.78:0.24:8.38	1:0.78:0.24:8.05	1:0.78:0.24:7.71
		1.40	179	140	44	1497	179	140	44	1437	179	140	44	1377	1:0.78:0.25:8.37	1:0.78:0.25:8.04	1:0.78:0.25:7.70
		1.45	179	140	46	1496	179	140	46	1436	179	140	46	1376	1:0.78:0.26:8.37	1:0.78:0.26:8.03	1:0.78:0.26:7.69
		1.50	179	140	47	1494	179	140	47	1434	179	140	47	1374	1:0.78:0.26:8.36	1:0.78:0.26:8.02	1:0.78:0.26:7.69
		1.55	179	140	49	1493	179	140	49	1433	179	140	49	1373	1:0.78:0.27:8.35	1:0.78:0.27:8.01	1:0.78:0.27:7.68
		1.60	179	140	50	1491	179	140	50	1431	179	140	50	1371	1:0.78:0.28:8.34	1:0.78:0.28:8.00	1:0.78:0.28:7.67
		1.65	179	140	52	1489	179	140	52	1429	179	140	52	1369	1:0.78:0.29:8.33	1:0.78:0.29:7.99	1:0.78:0.29:7.66
		1.70	179	140	54	1488	179	140	54	1428	179	140	54	1368	1:0.78:0.30:8.32	1:0.78:0.30:7.99	1:0.78:0.30:7.65
	47.5	1.20	160	162	34	1504	160	162	34	1444	160	162	34	1384	1:1.01:0.21:9.40	1:1.01:0.21:9.03	1:1.01:0.21:8.65
		1.25	160	162	35	1503	160	162	35	1443	160	162	35	1383	1:1.01:0.22:9.39	1:1.01:0.22:9.02	1:1.01:0.22:8.64
		1.30	160	162	37	1502	160	162	37	1442	160	162	37	1382	1:1.01:0.23:9.39	1:1.01:0.23:9.01	1:1.01:0.23:8.64
		1.35	160	162	38	1500	160	162	38	1440	160	162	38	1380	1:1.01:0.24:9.38	1:1.01:0.24:9.00	1:1.01:0.24:8.63
		1.40	160	162	40	1499	160	162	40	1439	160	162	40	1379	1:1.01:0.25:9.37	1:1.01:0.25:8.98	1:1.01:0.25:8.62
		1.45	160	162	41	1497	160	162	41	1437	160	162	41	1377	1:1.01:0.26:9.36	1:1.01:0.26:8.97	1:1.01:0.26:8.61
		1.50	160	162	42	1496	160	162	44	1434	160	162	44	1374	1:1.01:0.27:9.34	1:1.01:0.27:8.97	1:1.01:0.27:8.59
		1.55	160	162	44	1493	160	162	45	1433	160	162	45	1373	1:1.01:0.28:9.33	1:1.01:0.28:8.96	1:1.01:0.28:8.58
		1.60	160	162	45	1493	160	162	45	1433	160	162	45	1373	1:1.01:0.28:9.33	1:1.01:0.28:8.96	1:1.01:0.28:8.58
		1.65	160	162	47	1492	160	162	47	1432	160	162	47	1372	1:1.01:0.29:9.32	1:1.01:0.29:8.95	1:1.01:0.29:8.57
		1.70	160	162	48	1490	160	162	48	1430	160	162	48	1370	1:1.01:0.30:9.31	1:1.01:0.30:8.94	1:1.01:0.30:8.56

注：石灰膏为标准稠度（120mm）时的用量。

砂浆强度等级：M10　　施工水平：较差　　配制强度：12.50MPa　　粉煤灰取代水泥率：15％

水泥强度等级	水泥实际强度（MPa）	粉煤灰超量系数	材料用量（kg/m³）												配合比（重量比）		
			粗砂				中砂				细砂				粗砂	中砂	细砂
			水泥 Q_{C0}	石灰 Q_{D0}	粉煤灰 Q_{f0}	砂 Q_{S0}	水泥 Q_{C0}	石灰 Q_{D0}	粉煤灰 Q_{f0}	砂 Q_{S0}	水泥 Q_{C0}	石灰 Q_{D0}	粉煤灰 Q_{f0}	砂 Q_{S0}	水泥:石灰:粉煤灰:砂 $Q_C:Q_D:Q_f:Q_S$	水泥:石灰:粉煤灰:砂 $Q_C:Q_D:Q_f:Q_S$	水泥:石灰:粉煤灰:砂 $Q_C:Q_D:Q_f:Q_S$
32.5	32.5	1.20	238	70	50	1502	238	70	50	1442	238	70	50	1382	1:0.29:0.21:6.31	1:0.29:0.21:6.05	1:0.29:0.21:5.80
		1.25	238	70	53	1499	238	70	53	1439	238	70	53	1379	1:0.29:0.22:6.30	1:0.29:0.22:6.04	1:0.29:0.22:5.79
		1.30	238	70	55	1497	238	70	55	1437	238	70	55	1377	1:0.29:0.23:6.29	1:0.29:0.23:6.04	1:0.29:0.23:5.78
		1.35	238	70	57	1495	238	70	57	1435	238	70	57	1375	1:0.29:0.24:6.28	1:0.29:0.24:6.03	1:0.29:0.24:5.77
		1.40	238	70	59	1493	238	70	59	1433	238	70	59	1373	1:0.29:0.25:6.27	1:0.29:0.25:6.02	1:0.29:0.25:5.77
		1.45	238	70	61	1491	238	70	61	1431	238	70	61	1371	1:0.29:0.26:6.26	1:0.29:0.26:6.01	1:0.29:0.26:5.76
		1.50	238	70	63	1489	238	70	63	1429	238	70	63	1369	1:0.29:0.26:6.25	1:0.29:0.26:6.00	1:0.29:0.26:5.75
		1.55	238	70	65	1487	238	70	65	1427	238	70	65	1367	1:0.29:0.27:6.24	1:0.29:0.27:5.99	1:0.29:0.27:5.74
		1.60	238	70	67	1485	238	70	67	1425	238	70	67	1365	1:0.29:0.28:6.23	1:0.29:0.28:5.98	1:0.29:0.28:5.73
		1.65	238	70	69	1483	238	70	69	1423	238	70	69	1363	1:0.29:0.29:6.23	1:0.29:0.29:5.97	1:0.29:0.29:5.72
		1.70	238	70	71	1481	238	70	71	1421	238	70	71	1361	1:0.29:0.30:6.22	1:0.29:0.30:5.97	1:0.29:0.30:5.71
	37.5	1.20	206	107	44	1503	206	107	44	1443	206	107	44	1383	1:0.52:0.21:7.28	1:0.52:0.21:6.99	1:0.52:0.21:6.70
		1.25	206	107	46	1501	206	107	46	1441	206	107	46	1381	1:0.52:0.22:7.27	1:0.52:0.22:6.98	1:0.52:0.22:6.69
		1.30	206	107	47	1499	206	107	47	1439	206	107	47	1379	1:0.52:0.23:7.26	1:0.52:0.23:6.97	1:0.52:0.23:6.68
		1.35	206	107	49	1497	206	107	49	1437	206	107	49	1377	1:0.52:0.24:7.25	1:0.52:0.24:6.96	1:0.52:0.24:6.67
		1.40	206	107	51	1495	206	107	51	1435	206	107	51	1375	1:0.52:0.25:7.25	1:0.52:0.25:6.95	1:0.52:0.25:6.66
		1.45	206	107	53	1494	206	107	53	1434	206	107	53	1374	1:0.52:0.26:7.24	1:0.52:0.26:6.95	1:0.52:0.26:6.66
		1.50	206	107	55	1492	206	107	55	1432	206	107	55	1372	1:0.52:0.26:7.23	1:0.52:0.26:6.94	1:0.52:0.26:6.65
		1.55	206	107	56	1490	206	107	56	1430	206	107	56	1370	1:0.52:0.27:7.22	1:0.52:0.27:6.93	1:0.52:0.27:6.64
		1.60	206	107	58	1488	206	107	58	1428	206	107	58	1368	1:0.52:0.28:7.21	1:0.52:0.28:6.92	1:0.52:0.28:6.63
		1.65	206	107	60	1486	206	107	60	1426	206	107	60	1366	1:0.52:0.29:7.20	1:0.52:0.29:6.91	1:0.52:0.29:6.62
		1.70	206	107	62	1485	206	107	62	1425	206	107	62	1365	1:0.52:0.30:7.19	1:0.52:0.30:6.90	1:0.52:0.30:6.61

注：石灰膏为标准稠度（120mm）时的用量。

砂浆强度等级：M10　　　　施工水平：较差　　　　配制强度：12.50MPa　　　　粉煤灰取代水泥率：15%

水泥强度等级	水泥实际强度(MPa)	粉煤灰超量系数	材料用量（kg/m³）											配合比（重量比）			
			粗砂				中砂				细砂				粗砂	中砂	细砂
			水泥 Q_{C0}	石灰 Q_{D0}	粉煤灰 Q_{f0}	砂 Q_{S0}	水泥 Q_{C0}	石灰 Q_{D0}	粉煤灰 Q_{f0}	砂 Q_{S0}	水泥 Q_{C0}	石灰 Q_{D0}	粉煤灰 Q_{f0}	砂 Q_{S0}	水泥:石灰:粉煤灰:砂 $Q_C:Q_D:Q_f:Q_S$	水泥:石灰:粉煤灰:砂 $Q_C:Q_D:Q_f:Q_S$	水泥:石灰:粉煤灰:砂 $Q_C:Q_D:Q_f:Q_S$
42.5	42.5	1.20	182	136	39	1504	182	136	39	1444	182	136	39	1384	1:0.75:0.21:8.26	1:0.75:0.21:7.93	1:0.75:0.21:7.60
		1.25	182	136	40	1502	182	136	40	1442	182	136	40	1382	1:0.75:0.22:8.25	1:0.75:0.22:7.92	1:0.75:0.22:7.59
		1.30	182	136	42	1500	182	136	42	1440	182	136	42	1380	1:0.75:0.23:8.24	1:0.75:0.23:7.91	1:0.75:0.23:7.58
		1.35	182	136	43	1499	182	136	43	1439	182	136	43	1379	1:0.75:0.24:8.23	1:0.75:0.24:7.90	1:0.75:0.24:7.57
		1.40	182	136	45	1497	182	136	45	1437	182	136	45	1377	1:0.75:0.25:8.22	1:0.75:0.25:7.89	1:0.75:0.25:7.56
		1.45	182	136	47	1496	182	136	47	1436	182	136	47	1376	1:0.75:0.25:8.21	1:0.75:0.25:7.88	1:0.75:0.26:7.55
		1.50	182	136	48	1494	182	136	48	1434	182	136	48	1374	1:0.75:0.26:8.20	1:0.75:0.26:7.87	1:0.75:0.26:7.54
		1.55	182	136	50	1492	182	136	50	1432	182	136	50	1372	1:0.75:0.27:8.19	1:0.75:0.27:7.87	1:0.75:0.27:7.54
		1.60	182	136	51	1491	182	136	51	1431	182	136	51	1371	1:0.75:0.28:8.19	1:0.75:0.28:7.86	1:0.75:0.28:7.53
		1.65	182	136	53	1489	182	136	53	1429	182	136	53	1369	1:0.75:0.29:8.18	1:0.75:0.29:7.85	1:0.75:0.29:7.52
		1.70	182	136	55	1488	182	136	55	1428	182	136	55	1368	1:0.75:0.30:8.17	1:0.75:0.30:7.84	1:0.75:0.30:7.51
	47.5	1.20	163	158	35	1504	163	158	35	1444	163	158	35	1384	1:0.97:0.21:9.23	1:0.97:0.21:8.86	1:0.97:0.21:8.50
		1.25	163	158	36	1503	163	158	36	1443	163	158	36	1383	1:0.97:0.22:9.22	1:0.97:0.22:8.85	1:0.97:0.22:8.49
		1.30	163	158	37	1501	163	158	37	1441	163	158	37	1381	1:0.97:0.23:9.21	1:0.97:0.23:8.85	1:0.97:0.23:8.48
		1.35	163	158	39	1500	163	158	39	1440	163	158	39	1380	1:0.97:0.24:9.21	1:0.97:0.24:8.84	1:0.97:0.24:8.47
		1.40	163	158	40	1498	163	158	40	1438	163	158	40	1378	1:0.97:0.25:9.20	1:0.97:0.25:8.83	1:0.97:0.25:8.46
		1.45	163	158	42	1497	163	158	42	1437	163	158	42	1377	1:0.97:0.26:9.19	1:0.97:0.26:8.82	1:0.97:0.26:8.45
		1.50	163	158	43	1496	163	158	43	1436	163	158	43	1376	1:0.97:0.26:9.18	1:0.97:0.26:8.81	1:0.97:0.26:8.44
		1.55	163	158	45	1494	163	158	45	1434	163	158	45	1374	1:0.97:0.27:9.17	1:0.97:0.27:8.80	1:0.97:0.27:8.43
		1.60	163	158	46	1493	163	158	46	1433	163	158	46	1373	1:0.97:0.28:9.16	1:0.97:0.28:8.79	1:0.97:0.28:8.42
		1.65	163	158	47	1491	163	158	47	1431	163	158	47	1371	1:0.97:0.29:9.15	1:0.97:0.29:8.78	1:0.97:0.29:8.42
		1.70	163	158	49	1490	163	158	49	1430	163	158	49	1370	1:0.97:0.30:9.14	1:0.97:0.30:8.78	1:0.97:0.30:8.41

注：石灰膏为标准稠度（120mm）时的用量。

砂浆强度等级：M10　　　施工水平：优良　　　配制强度：11.50MPa　　　粉煤灰取代水泥率：20%

水泥强度等级	水泥实际强度(MPa)	粉煤灰超量系数	材料用量 (kg/m³)												配合比（重量比）		
			粗砂				中砂				细砂				粗砂	中砂	细砂
			水泥 Q_{C0}	石灰 Q_{D0}	粉煤灰 Q_{f0}	砂 Q_{S0}	水泥 Q_{C0}	石灰 Q_{D0}	粉煤灰 Q_{f0}	砂 Q_{S0}	水泥 Q_{C0}	石灰 Q_{D0}	粉煤灰 Q_{f0}	砂 Q_{S0}	水泥:石灰:粉煤灰:砂 $Q_C:Q_D:Q_f:Q_S$	水泥:石灰:粉煤灰:砂 $Q_C:Q_D:Q_f:Q_S$	水泥:石灰:粉煤灰:砂 $Q_C:Q_D:Q_f:Q_S$
32.5	32.5	1.20	216	80	65	1499	216	80	65	1439	216	80	65	1379	1:0.37:0.30:6.94	1:0.37:0.30:6.66	1:0.37:0.30:6.38
		1.25	216	80	68	1496	216	80	68	1436	216	80	68	1376	1:0.37:0.31:6.93	1:0.37:0.31:6.65	1:0.37:0.31:6.37
		1.30	216	80	70	1494	216	80	70	1434	216	80	70	1374	1:0.37:0.31:6.93	1:0.37:0.31:6.65	1:0.37:0.31:6.37
		1.35	216	80	73	1491	216	80	73	1431	216	80	73	1371	1:0.37:0.33:6.90	1:0.37:0.33:6.64	1:0.37:0.33:6.36
		1.40	216	80	76	1488	216	80	76	1428	216	80	76	1368	1:0.37:0.35:6.89	1:0.37:0.35:6.61	1:0.37:0.34:6.35
		1.45	216	80	78	1486	216	80	78	1426	216	80	78	1366	1:0.37:0.36:6.88	1:0.37:0.36:6.60	1:0.37:0.36:6.32
		1.50	216	80	81	1483	216	80	81	1423	216	80	81	1363	1:0.37:0.38:6.87	1:0.37:0.38:6.59	1:0.37:0.38:6.31
		1.55	216	80	84	1480	216	80	84	1420	216	80	84	1360	1:0.37:0.39:6.85	1:0.37:0.39:6.58	1:0.37:0.39:6.30
		1.60	216	80	86	1478	216	80	86	1418	216	80	86	1358	1:0.37:0.40:6.84	1:0.37:0.40:6.56	1:0.37:0.40:6.28
		1.65	216	80	89	1475	216	80	89	1415	216	80	89	1355	1:0.37:0.41:6.83	1:0.37:0.41:6.55	1:0.37:0.41:6.27
		1.70	216	80	92	1472	216	80	92	1412	216	80	92	1352	1:0.37:0.43:6.82	1:0.37:0.43:6.54	1:0.37:0.43:6.26
	37.5	1.20	187	116	56	1501	187	116	56	1441	187	116	56	1381	1:0.62:0.30:8.02	1:0.62:0.30:7.70	1:0.62:0.30:7.37
		1.25	187	116	59	1498	187	116	59	1438	187	116	59	1378	1:0.62:0.31:8.00	1:0.62:0.31:7.68	1:0.62:0.31:7.36
		1.30	187	116	61	1496	187	116	61	1436	187	116	61	1376	1:0.62:0.33:7.99	1:0.62:0.33:7.67	1:0.62:0.33:7.35
		1.35	187	116	63	1494	187	116	63	1434	187	116	63	1374	1:0.62:0.34:7.98	1:0.62:0.34:7.66	1:0.62:0.34:7.34
		1.40	187	116	66	1491	187	116	66	1431	187	116	66	1371	1:0.62:0.35:7.97	1:0.62:0.35:7.65	1:0.62:0.35:7.32
		1.45	187	116	68	1489	187	116	68	1429	187	116	68	1369	1:0.62:0.36:7.95	1:0.62:0.36:7.63	1:0.62:0.36:7.31
		1.50	187	116	70	1487	187	116	70	1427	187	116	70	1367	1:0.62:0.38:7.94	1:0.62:0.38:7.62	1:0.62:0.38:7.30
		1.55	187	116	73	1484	187	116	73	1424	187	116	73	1364	1:0.62:0.39:7.93	1:0.62:0.39:7.61	1:0.62:0.39:7.29
		1.60	187	116	75	1482	187	116	75	1422	187	116	75	1362	1:0.62:0.40:7.92	1:0.62:0.40:7.60	1:0.62:0.40:7.27
		1.65	187	116	77	1480	187	116	77	1420	187	116	77	1360	1:0.62:0.41:7.90	1:0.62:0.41:7.58	1:0.62:0.41:7.26
		1.70	187	116	80	1477	187	116	80	1417	187	116	80	1357	1:0.62:0.43:7.89	1:0.62:0.43:7.57	1:0.62:0.43:7.25

注：石灰膏为标准稠度（120mm）时的用量。

砂浆强度等级：M10　　施工水平：优良　　配制强度：11.50MPa　　粉煤灰取代水泥率：20%

水泥强度等级	水泥实际强度(MPa)	粉煤灰超量系数	材料用量（kg/m³）												配合比（重量比）		
			粗砂				中砂				细砂				粗砂	中砂	细砂
			水泥 Q_{C0}	石灰 Q_{D0}	粉煤灰 Q_{f0}	砂 Q_{S0}	水泥 Q_{C0}	石灰 Q_{D0}	粉煤灰 Q_{f0}	砂 Q_{S0}	水泥 Q_{C0}	石灰 Q_{D0}	粉煤灰 Q_{f0}	砂 Q_{S0}	水泥:石灰:粉煤灰:砂 $Q_C:Q_D:Q_f:Q_S$	水泥:石灰:粉煤灰:砂 $Q_C:Q_D:Q_f:Q_S$	水泥:石灰:粉煤灰:砂 $Q_C:Q_D:Q_f:Q_S$
42.5	42.5	1.20	165	144	50	1502	165	144	50	1442	165	144	50	1382	1:0.87:0.30:9.09	1:0.87:0.30:8.73	1:0.87:0.30:8.36
		1.25	165	144	52	1500	165	144	52	1440	165	144	52	1380	1:0.87:0.31:9.08	1:0.87:0.31:8.72	1:0.87:0.31:8.35
		1.30	165	144	54	1498	165	144	54	1438	165	144	54	1378	1:0.87:0.33:9.07	1:0.87:0.33:8.70	1:0.87:0.33:8.34
		1.35	165	144	56	1496	165	144	56	1436	165	144	56	1376	1:0.87:0.34:9.05	1:0.87:0.34:8.69	1:0.87:0.34:8.33
		1.40	165	144	58	1493	165	144	58	1433	165	144	58	1373	1:0.87:0.35:9.04	1:0.87:0.35:8.68	1:0.87:0.35:8.31
		1.45	165	144	60	1491	165	144	60	1431	165	144	60	1371	1:0.87:0.36:9.03	1:0.87:0.36:8.67	1:0.87:0.36:8.30
		1.50	165	144	62	1489	165	144	62	1429	165	144	62	1369	1:0.87:0.38:9.02	1:0.87:0.38:8.65	1:0.87:0.38:8.29
		1.55	165	144	64	1487	165	144	64	1427	165	144	64	1367	1:0.87:0.39:9.00	1:0.87:0.39:8.64	1:0.87:0.39:8.28
		1.60	165	144	66	1485	165	144	66	1425	165	144	66	1365	1:0.87:0.40:8.99	1:0.87:0.40:8.63	1:0.87:0.40:8.26
		1.65	165	144	68	1483	165	144	68	1423	165	144	68	1363	1:0.87:0.41:8.98	1:0.87:0.41:8.62	1:0.87:0.41:8.25
		1.70	165	144	70	1481	165	144	70	1421	165	144	70	1361	1:0.87:0.43:8.97	1:0.87:0.43:8.60	1:0.87:0.43:8.24
	47.5	1.20	148	165	44	1503	148	165	44	1443	148	165	44	1383	1:1.12:0.30:10.17	1:1.12:0.30:9.76	1:1.12:0.30:9.35
		1.25	148	165	46	1501	148	165	46	1441	148	165	46	1381	1:1.12:0.31:10.15	1:1.12:0.31:9.75	1:1.12:0.31:9.34
		1.30	148	165	48	1499	148	165	48	1439	148	165	48	1379	1:1.12:0.33:10.14	1:1.12:0.33:9.74	1:1.12:0.33:9.33
		1.35	148	165	50	1497	148	165	50	1437	148	165	50	1377	1:1.12:0.34:10.13	1:1.12:0.34:9.72	1:1.12:0.34:9.32
		1.40	148	165	52	1495	148	165	52	1435	148	165	52	1375	1:1.12:0.35:10.12	1:1.12:0.35:9.71	1:1.12:0.35:9.30
		1.45	148	165	54	1493	148	165	54	1433	148	165	54	1373	1:1.12:0.36:10.10	1:1.12:0.36:9.70	1:1.12:0.36:9.29
		1.50	148	165	55	1492	148	165	55	1432	148	165	55	1372	1:1.12:0.38:10.09	1:1.12:0.38:9.69	1:1.12:0.38:9.28
		1.55	148	165	57	1490	148	165	57	1430	148	165	57	1370	1:1.12:0.39:10.08	1:1.12:0.39:9.67	1:1.12:0.39:9.27
		1.60	148	165	59	1488	148	165	59	1428	148	165	59	1368	1:1.12:0.40:10.07	1:1.12:0.40:9.66	1:1.12:0.40:9.25
		1.65	148	165	61	1486	148	165	61	1426	148	165	61	1366	1:1.12:0.41:10.05	1:1.12:0.41:9.65	1:1.12:0.41:9.24
		1.70	148	165	63	1484	148	165	63	1424	148	165	63	1364	1:1.12:0.43:10.04	1:1.12:0.43:9.64	1:1.12:0.43:9.23

注：石灰膏为标准稠度（120mm）时的用量。

砂浆强度等级：M10　　　施工水平：一般　　　配制强度：12.00MPa　　　粉煤灰取代水泥率：20%

水泥强度等级	水泥实际强度(MPa)	粉煤灰超量系数	材料用量（kg/m³）											配合比（重量比）		
			粗砂				中砂				细砂				粗砂	中砂	细砂
			水泥 Q_{C0}	石灰 Q_{D0}	粉煤灰 Q_{f0}	砂 Q_{S0}	水泥 Q_{C0}	石灰 Q_{D0}	粉煤灰 Q_{f0}	砂 Q_{S0}	水泥 Q_{C0}	石灰 Q_{D0}	粉煤灰 Q_{f0}	砂 Q_{S0}	水泥:石灰:粉煤灰:砂 $Q_C:Q_D:Q_f:Q_S$	水泥:石灰:粉煤灰:砂 $Q_C:Q_D:Q_f:Q_S$	水泥:石灰:粉煤灰:砂 $Q_C:Q_D:Q_f:Q_S$
32.5	32.5	1.20	220	75	66	1499	220	75	66	1439	220	75	66	1379	1:0.34:0.30:6.81	1:0.34:0.30:6.54	1:0.34:0.30:6.27
		1.25	220	75	69	1496	220	75	69	1436	220	75	69	1376	1:0.34:0.31:6.80	1:0.34:0.31:6.53	1:0.34:0.31:6.25
		1.30	220	75	72	1493	220	75	72	1433	220	75	72	1373	1:0.34:0.33:6.79	1:0.34:0.33:6.51	1:0.34:0.33:6.24
		1.35	220	75	74	1491	220	75	74	1431	220	75	74	1371	1:0.34:0.34:6.77	1:0.34:0.34:6.50	1:0.34:0.34:6.23
		1.40	220	75	77	1488	220	75	77	1428	220	75	77	1368	1:0.34:0.35:6.76	1:0.34:0.35:6.49	1:0.34:0.35:6.22
		1.45	220	75	80	1485	220	75	80	1425	220	75	80	1365	1:0.34:0.36:6.75	1:0.34:0.36:6.48	1:0.34:0.36:6.20
		1.50	220	75	83	1482	220	75	83	1422	220	75	83	1362	1:0.34:0.38:6.74	1:0.34:0.38:6.46	1:0.34:0.38:6.19
		1.55	220	75	85	1480	220	75	85	1420	220	75	85	1360	1:0.34:0.39:6.72	1:0.34:0.39:6.45	1:0.34:0.39:6.18
		1.60	220	75	88	1477	220	75	88	1417	220	75	88	1357	1:0.34:0.40:6.71	1:0.34:0.40:6.44	1:0.34:0.40:6.17
		1.65	220	75	91	1474	220	75	91	1414	220	75	91	1354	1:0.34:0.41:6.70	1:0.34:0.41:6.43	1:0.34:0.41:6.15
		1.70	220	75	94	1471	220	75	94	1411	220	75	94	1351	1:0.34:0.43:6.69	1:0.34:0.43:6.41	1:0.34:0.43:6.14
	37.5	1.20	191	112	57	1500	191	112	57	1440	191	112	57	1380	1:0.59:0.30:7.87	1:0.59:0.30:7.55	1:0.59:0.30:7.24
		1.25	191	112	60	1498	191	112	60	1438	191	112	60	1378	1:0.59:0.31:7.85	1:0.59:0.31:7.54	1:0.59:0.31:7.23
		1.30	191	112	62	1496	191	112	62	1436	191	112	62	1376	1:0.59:0.33:7.84	1:0.59:0.33:7.53	1:0.59:0.33:7.21
		1.35	191	112	64	1493	191	112	64	1433	191	112	64	1373	1:0.59:0.34:7.83	1:0.59:0.34:7.51	1:0.59:0.34:7.20
		1.40	191	112	67	1491	191	112	67	1431	191	112	67	1371	1:0.59:0.35:7.82	1:0.59:0.35:7.50	1:0.59:0.35:7.19
		1.45	191	112	69	1489	191	112	69	1429	191	112	69	1369	1:0.59:0.36:7.80	1:0.59:0.36:7.49	1:0.59:0.36:7.18
		1.50	191	112	72	1486	191	112	72	1426	191	112	72	1366	1:0.59:0.38:7.79	1:0.59:0.38:7.48	1:0.59:0.38:7.16
		1.55	191	112	74	1484	191	112	74	1424	191	112	74	1364	1:0.59:0.39:7.78	1:0.59:0.39:7.46	1:0.59:0.39:7.15
		1.60	191	112	76	1481	191	112	76	1421	191	112	76	1361	1:0.59:0.40:7.77	1:0.59:0.40:7.45	1:0.59:0.40:7.14
		1.65	191	112	79	1479	191	112	79	1419	191	112	79	1359	1:0.59:0.41:7.75	1:0.59:0.41:7.44	1:0.59:0.41:7.13
		1.70	191	112	81	1477	191	112	81	1417	191	112	81	1357	1:0.59:0.43:7.74	1:0.59:0.43:7.43	1:0.59:0.43:7.11

注：石灰膏为标准稠度（120mm）时的用量。

砂浆强度等级：M10　　施工水平：一般　　配制强度：12.00MPa　　粉煤灰取代水泥率：20%

水泥强度等级	水泥实际强度(MPa)	粉煤灰超量系数	材料用量（kg/m³）											配合比（重量比）		
			粗砂				中砂				细砂				粗砂	中砂	细砂
			水泥 Q_{C0}	石灰 Q_{D0}	粉煤灰 Q_{f0}	砂 Q_{S0}	水泥 Q_{C0}	石灰 Q_{D0}	粉煤灰 Q_{f0}	砂 Q_{S0}	水泥 Q_{C0}	石灰 Q_{D0}	粉煤灰 Q_{f0}	砂 Q_{S0}	水泥:石灰:粉煤灰:砂 $Q_C:Q_D:Q_f:Q_S$	水泥:石灰:粉煤灰:砂 $Q_C:Q_D:Q_f:Q_S$	水泥:石灰:粉煤灰:砂 $Q_C:Q_D:Q_f:Q_S$
42.5	42.5	1.20	168	140	50	1502	168	140	50	1442	168	140	50	1382	1:0.83:0.30:8.92	1:0.83:0.30:8.57	1:0.83:0.30:8.21
		1.25	168	140	53	1499	168	140	53	1439	168	140	53	1379	1:0.83:0.31:8.91	1:0.83:0.31:8.55	1:0.83:0.31:8.20
		1.30	168	140	55	1497	168	140	55	1437	168	140	55	1377	1:0.83:0.33:8.90	1:0.83:0.33:8.54	1:0.83:0.33:8.18
		1.35	168	140	57	1495	168	140	57	1435	168	140	57	1375	1:0.83:0.34:8.88	1:0.83:0.34:8.53	1:0.83:0.34:8.17
		1.40	168	140	59	1493	168	140	59	1433	168	140	59	1373	1:0.83:0.35:8.87	1:0.83:0.35:8.52	1:0.83:0.35:8.16
		1.45	168	140	61	1491	168	140	61	1431	168	140	61	1371	1:0.83:0.36:8.86	1:0.83:0.36:8.50	1:0.83:0.36:8.15
		1.50	168	140	63	1489	168	140	63	1429	168	140	63	1369	1:0.83:0.38:8.85	1:0.83:0.38:8.49	1:0.83:0.38:8.13
		1.55	168	140	65	1487	168	140	65	1427	168	140	65	1367	1:0.83:0.39:8.83	1:0.83:0.39:8.48	1:0.83:0.39:8.12
		1.60	168	140	67	1485	168	140	67	1425	168	140	67	1365	1:0.83:0.40:8.82	1:0.83:0.40:8.47	1:0.83:0.40:8.11
		1.65	168	140	69	1483	168	140	69	1423	168	140	69	1363	1:0.83:0.41:8.81	1:0.83:0.41:8.45	1:0.83:0.41:8.10
		1.70	168	140	72	1481	168	140	72	1421	168	140	72	1361	1:0.83:0.43:8.80	1:0.83:0.43:8.44	1:0.83:0.43:8.08
	47.5	1.20	151	162	45	1502	151	162	45	1442	151	162	45	1382	1:1.07:0.30:9.98	1:1.07:0.30:9.58	1:1.07:0.30:9.18
		1.25	151	162	47	1501	151	162	47	1441	151	162	47	1381	1:1.07:0.31:9.97	1:1.07:0.31:9.55	1:1.07:0.31:9.17
		1.30	151	162	49	1499	151	162	49	1439	151	162	49	1379	1:1.07:0.32:9.95	1:1.07:0.32:9.55	1:1.07:0.32:9.16
		1.35	151	162	51	1497	151	162	51	1437	151	162	51	1377	1:1.07:0.34:9.94	1:1.07:0.34:9.54	1:1.07:0.34:9.14
		1.40	151	162	53	1495	151	162	53	1435	151	162	53	1375	1:1.07:0.35:9.93	1:1.07:0.35:9.53	1:1.07:0.35:9.13
		1.45	151	162	55	1493	151	162	55	1433	151	162	55	1373	1:1.07:0.36:9.92	1:1.07:0.36:9.52	1:1.07:0.36:9.12
		1.50	151	162	56	1491	151	162	56	1431	151	162	56	1371	1:1.07:0.38:9.90	1:1.07:0.38:9.50	1:1.07:0.38:9.11
		1.55	151	162	58	1489	151	162	58	1429	151	162	58	1369	1:1.07:0.39:9.89	1:1.07:0.39:9.49	1:1.07:0.39:9.09
		1.60	151	162	60	1487	151	162	60	1427	151	162	60	1367	1:1.07:0.40:9.88	1:1.07:0.40:9.48	1:1.07:0.40:9.08
		1.65	151	162	62	1486	151	162	62	1426	151	162	62	1366	1:1.07:0.41:9.87	1:1.07:0.41:9.47	1:1.07:0.41:9.07
		1.70	151	162	64	1484	151	162	64	1424	151	162	64	1364	1:1.07:0.43:9.85	1:1.07:0.43:9.45	1:1.07:0.43:9.06

注：石灰膏为标准稠度（120mm）时的用量。

砂浆强度等级：M10　　施工水平：较差　　配制强度：12.50MPa　　粉煤灰取代水泥率：20％

水泥强度等级	水泥实际强度(MPa)	粉煤灰超量系数	材料用量（kg/m³）												配合比（重量比）		
			粗砂				中砂				细砂				粗砂	中砂	细砂
			水泥Q_{C0}	石灰Q_{D0}	粉煤灰Q_{f0}	砂Q_{S0}	水泥Q_{C0}	石灰Q_{D0}	粉煤灰Q_{f0}	砂Q_{S0}	水泥Q_{C0}	石灰Q_{D0}	粉煤灰Q_{f0}	砂Q_{S0}	水泥:石灰:粉煤灰:砂 $Q_C:Q_D:Q_f:Q_S$	水泥:石灰:粉煤灰:砂 $Q_C:Q_D:Q_f:Q_S$	水泥:石灰:粉煤灰:砂 $Q_C:Q_D:Q_f:Q_S$
32.5	32.5	1.20	224	70	67	1499	224	70	67	1439	224	70	67	1379	1:0.31:0.30:6.69	1:0.31:0.30:6.42	1:0.31:0.30:6.15
		1.25	224	70	70	1496	224	70	70	1436	224	70	70	1376	1:0.31:0.31:6.67	1:0.31:0.31:6.41	1:0.31:0.31:6.14
		1.30	224	70	73	1493	224	70	73	1433	224	70	73	1373	1:0.31:0.33:6.66	1:0.31:0.33:6.39	1:0.31:0.33:6.13
		1.35	224	70	76	1490	224	70	76	1430	224	70	76	1370	1:0.31:0.34:6.65	1:0.31:0.34:6.38	1:0.31:0.34:6.11
		1.40	224	70	78	1488	224	70	78	1428	224	70	78	1368	1:0.31:0.35:6.64	1:0.31:0.35:6.37	1:0.31:0.35:6.10
		1.45	224	70	81	1485	224	70	81	1425	224	70	81	1365	1:0.31:0.36:6.62	1:0.31:0.36:6.36	1:0.31:0.36:6.09
		1.50	224	70	84	1482	224	70	84	1422	224	70	84	1362	1:0.31:0.38:6.61	1:0.31:0.38:6.34	1:0.31:0.38:6.08
		1.55	224	70	87	1479	224	70	87	1419	224	70	87	1359	1:0.31:0.39:6.60	1:0.31:0.39:6.33	1:0.31:0.39:6.06
		1.60	224	70	90	1476	224	70	90	1416	224	70	90	1356	1:0.31:0.40:6.59	1:0.31:0.40:6.32	1:0.31:0.40:6.05
		1.65	224	70	92	1474	224	70	92	1414	224	70	92	1354	1:0.31:0.41:6.57	1:0.31:0.41:6.31	1:0.31:0.41:6.04
		1.70	224	70	95	1471	224	70	95	1411	224	70	95	1351	1:0.31:0.43:6.56	1:0.31:0.43:6.29	1:0.31:0.43:6.03
	37.5	1.20	194	107	58	1500	194	107	58	1440	194	107	58	1380	1:0.55:0.30:7.72	1:0.55:0.30:7.41	1:0.55:0.30:7.11
		1.25	194	107	61	1498	194	107	61	1438	194	107	61	1378	1:0.55:0.31:7.71	1:0.55:0.31:7.40	1:0.55:0.31:7.09
		1.30	194	107	63	1495	194	107	63	1435	194	107	63	1375	1:0.55:0.33:7.70	1:0.55:0.33:7.39	1:0.55:0.33:7.08
		1.35	194	107	66	1493	194	107	66	1433	194	107	66	1373	1:0.55:0.34:7.69	1:0.55:0.34:7.38	1:0.55:0.34:7.07
		1.40	194	107	68	1491	194	107	68	1431	194	107	68	1371	1:0.55:0.35:7.67	1:0.55:0.35:7.36	1:0.55:0.35:7.06
		1.45	194	107	70	1488	194	107	70	1428	194	107	70	1368	1:0.55:0.36:7.66	1:0.55:0.36:7.35	1:0.55:0.36:7.04
		1.50	194	107	73	1486	194	107	73	1426	194	107	73	1366	1:0.55:0.38:7.65	1:0.55:0.38:7.34	1:0.55:0.38:7.03
		1.55	194	107	75	1483	194	107	75	1423	194	107	75	1363	1:0.55:0.39:7.64	1:0.55:0.39:7.33	1:0.55:0.39:7.02
		1.60	194	107	78	1481	194	107	78	1421	194	107	78	1361	1:0.55:0.40:7.62	1:0.55:0.40:7.31	1:0.55:0.40:7.01
		1.65	194	107	80	1478	194	107	80	1418	194	107	80	1358	1:0.55:0.41:7.61	1:0.55:0.41:7.30	1:0.55:0.41:6.99
		1.70	194	107	83	1476	194	107	83	1416	194	107	83	1356	1:0.55:0.43:7.60	1:0.55:0.43:7.29	1:0.55:0.43:6.98

注：石灰膏为标准稠度（120mm）时的用量。

砂浆强度等级：M10　　施工水平：较差　　配制强度：12.50MPa　　粉煤灰取代水泥率：20%

水泥强度等级	水泥实际强度(MPa)	粉煤灰超量系数	材料用量（kg/m³）												配合比（重量比）		
			粗砂				中砂				细砂				粗砂	中砂	细砂
			水泥 Q_{C0}	石灰 Q_{D0}	粉煤灰 Q_{f0}	砂 Q_{S0}	水泥 Q_{C0}	石灰 Q_{D0}	粉煤灰 Q_{f0}	砂 Q_{S0}	水泥 Q_{C0}	石灰 Q_{D0}	粉煤灰 Q_{f0}	砂 Q_{S0}	水泥:石灰:粉煤灰:砂 $Q_C:Q_D:Q_f:Q_S$	水泥:石灰:粉煤灰:砂 $Q_C:Q_D:Q_f:Q_S$	水泥:石灰:粉煤灰:砂 $Q_C:Q_D:Q_f:Q_S$
42.5	42.5	1.20	171	136	51	1501	171	136	51	1441	171	136	51	1381	1:0.79:0.30:8.76	1:0.79:0.30:8.41	1:0.79:0.30:8.06
		1.25	171	136	54	1499	171	136	54	1439	171	136	54	1379	1:0.79:0.31:8.75	1:0.79:0.31:8.40	1:0.79:0.31:8.05
		1.30	171	136	56	1497	171	136	56	1437	171	136	56	1377	1:0.79:0.33:8.73	1:0.79:0.33:8.38	1:0.79:0.33:8.03
		1.35	171	136	58	1495	171	136	58	1435	171	136	58	1375	1:0.79:0.34:8.72	1:0.79:0.34:8.37	1:0.79:0.34:8.02
		1.40	171	136	60	1493	171	136	60	1433	171	136	60	1373	1:0.79:0.35:8.71	1:0.79:0.35:8.36	1:0.79:0.35:8.01
		1.45	171	136	62	1491	171	136	62	1431	171	136	62	1371	1:0.79:0.36:8.70	1:0.79:0.36:8.35	1:0.79:0.36:8.00
		1.50	171	136	64	1489	171	136	64	1429	171	136	64	1369	1:0.79:0.38:8.68	1:0.79:0.38:8.33	1:0.79:0.38:7.98
		1.55	171	136	66	1486	171	136	66	1426	171	136	66	1366	1:0.79:0.39:8.67	1:0.79:0.39:8.32	1:0.79:0.39:7.97
		1.60	171	136	69	1484	171	136	69	1424	171	136	69	1364	1:0.79:0.40:8.66	1:0.79:0.40:8.31	1:0.79:0.40:7.96
		1.65	171	136	71	1482	171	136	71	1422	171	136	71	1362	1:0.79:0.41:8.65	1:0.79:0.41:8.30	1:0.79:0.41:7.95
		1.70	171	136	73	1480	171	136	73	1420	171	136	73	1360	1:0.79:0.43:8.63	1:0.79:0.43:8.28	1:0.79:0.43:7.93
	47.5	1.20	153	158	46	1502	153	158	46	1442	153	158	46	1382	1:1.03:0.30:9.80	1:1.03:0.30:9.41	1:1.03:0.30:9.01
		1.25	153	158	48	1500	153	158	48	1440	153	158	48	1380	1:1.03:0.31:9.78	1:1.03:0.31:9.39	1:1.03:0.31:9.00
		1.30	153	158	50	1498	153	158	50	1438	153	158	50	1378	1:1.03:0.33:9.77	1:1.03:0.33:9.38	1:1.03:0.33:8.99
		1.35	153	158	52	1497	153	158	52	1437	153	158	52	1377	1:1.03:0.34:9.76	1:1.03:0.34:9.37	1:1.03:0.34:8.98
		1.40	153	158	54	1495	153	158	54	1435	153	158	54	1375	1:1.03:0.35:9.75	1:1.03:0.35:9.36	1:1.03:0.35:8.96
		1.45	153	158	56	1493	153	158	56	1433	153	158	56	1373	1:1.03:0.36:9.73	1:1.03:0.36:9.34	1:1.03:0.36:8.95
		1.50	153	158	58	1491	153	158	58	1431	153	158	58	1371	1:1.03:0.38:9.72	1:1.03:0.38:9.33	1:1.03:0.38:8.94
		1.55	153	158	59	1489	153	158	59	1429	153	158	59	1369	1:1.03:0.39:9.71	1:1.03:0.39:9.32	1:1.03:0.39:8.93
		1.60	153	158	61	1487	153	158	61	1427	153	158	61	1367	1:1.03:0.40:9.70	1:1.03:0.40:9.31	1:1.03:0.40:8.91
		1.65	153	158	63	1485	153	158	63	1425	153	158	63	1365	1:1.03:0.41:9.68	1:1.03:0.41:9.29	1:1.03:0.41:8.90
		1.70	153	158	65	1483	153	158	65	1423	153	158	65	1363	1:1.03:0.43:9.67	1:1.03:0.43:9.28	1:1.03:0.43:8.89

注：石灰膏为标准稠度（120mm）时的用量。

M15 粉煤灰混合砂浆配合比

砂浆强度等级：M15　　施工水平：优良　　配制强度：17.25MPa　　粉煤灰取代水泥率：10%

水泥强度等级(MPa)	水泥实际强度(MPa)	粉煤灰超量系数	材料用量（kg/m³）												配合比（重量比）		
			粗砂				中砂				细砂				粗砂	中砂	细砂
			水泥 Q_{C0}	石灰 Q_{D0}	粉煤灰 Q_{f0}	砂 Q_{S0}	水泥 Q_{C0}	石灰 Q_{D0}	粉煤灰 Q_{f0}	砂 Q_{S0}	水泥 Q_{C0}	石灰 Q_{D0}	粉煤灰 Q_{f0}	砂 Q_{S0}	水泥:石灰:粉煤灰:砂 $Q_C:Q_D:Q_f:Q_S$	水泥:石灰:粉煤灰:砂 $Q_C:Q_D:Q_f:Q_S$	水泥:石灰:粉煤灰:砂 $Q_C:Q_D:Q_f:Q_S$
42.5	42.5	1.10	226	99	28	1507	226	99	28	1447	226	99	28	1387	1:0.44:0.12:6.67	1:0.44:0.12:6.40	1:0.44:0.12:6.14
		1.15	226	99	29	1506	226	99	29	1446	226	99	29	1386	1:0.44:0.13:6.66	1:0.44:0.13:6.40	1:0.44:0.13:6.13
		1.20	226	99	30	1505	226	99	30	1445	226	99	30	1385	1:0.44:0.13:6.66	1:0.44:0.13:6.39	1:0.44:0.13:6.13
		1.25	226	99	31	1504	226	99	31	1444	226	99	31	1384	1:0.44:0.14:6.65	1:0.44:0.14:6.39	1:0.44:0.14:6.12
		1.30	226	99	33	1502	226	99	33	1442	226	99	33	1382	1:0.44:0.14:6.65	1:0.44:0.14:6.38	1:0.44:0.14:6.12
		1.35	226	99	34	1501	226	99	34	1441	226	99	34	1381	1:0.44:0.15:6.64	1:0.44:0.15:6.38	1:0.44:0.15:6.11
		1.40	226	99	35	1500	226	99	35	1440	226	99	35	1380	1:0.44:0.16:6.64	1:0.44:0.16:6.37	1:0.44:0.16:6.11
		1.45	226	99	36	1499	226	99	36	1439	226	99	36	1379	1:0.44:0.16:6.63	1:0.44:0.16:6.37	1:0.44:0.16:6.10
		1.50	226	99	38	1497	226	99	38	1437	226	99	38	1377	1:0.44:0.17:6.63	1:0.44:0.17:6.36	1:0.44:0.17:6.09
	47.5	1.10	202	125	25	1508	202	125	25	1448	202	125	25	1388	1:0.62:0.12:7.46	1:0.62:0.12:7.16	1:0.62:0.12:6.86
		1.15	202	125	26	1507	202	125	26	1447	202	125	26	1387	1:0.62:0.13:7.45	1:0.62:0.13:7.15	1:0.62:0.13:6.86
		1.20	202	125	27	1506	202	125	27	1446	202	125	27	1386	1:0.62:0.13:7.45	1:0.62:0.13:7.15	1:0.62:0.13:6.85
		1.25	202	125	28	1504	202	125	28	1444	202	125	28	1384	1:0.62:0.14:7.44	1:0.62:0.14:7.14	1:0.62:0.14:6.85
		1.30	202	125	29	1503	202	125	29	1443	202	125	29	1383	1:0.62:0.14:7.43	1:0.62:0.14:7.14	1:0.62:0.14:6.84
		1.35	202	125	30	1502	202	125	30	1442	202	125	30	1382	1:0.62:0.15:7.43	1:0.62:0.15:7.13	1:0.62:0.15:6.83
		1.40	202	125	31	1501	202	125	31	1441	202	125	31	1381	1:0.62:0.16:7.42	1:0.62:0.16:7.13	1:0.62:0.16:6.83
		1.45	202	125	33	1500	202	125	33	1440	202	125	33	1380	1:0.62:0.16:7.42	1:0.62:0.16:7.13	1:0.62:0.16:6.82
		1.50	202	125	34	1499	202	125	34	1439	202	125	34	1379	1:0.62:0.17:7.41	1:0.62:0.17:7.11	1:0.62:0.17:6.82

注：石灰膏为标准稠度（120mm）时的用量。

砂浆强度等级：M15　　施工水平：优良　　配制强度：17.25MPa　　粉煤灰取代水泥率：10%

水泥强度等级（MPa）	水泥实际强度（MPa）	粉煤灰超量系数	材料用量（kg/m³）												配合比（重量比）		
			粗砂				中砂				细砂				粗砂	中砂	细砂
			水泥 Q_{C0}	石灰 Q_{D0}	粉煤灰 Q_{f0}	砂 Q_{S0}	水泥 Q_{C0}	石灰 Q_{D0}	粉煤灰 Q_{f0}	砂 Q_{S0}	水泥 Q_{C0}	石灰 Q_{D0}	粉煤灰 Q_{f0}	砂 Q_{S0}	水泥:石灰:粉煤灰:砂 $Q_C:Q_D:Q_f:Q_S$	水泥:石灰:粉煤灰:砂 $Q_C:Q_D:Q_f:Q_S$	水泥:石灰:粉煤灰:砂 $Q_C:Q_D:Q_f:Q_S$
52.5	52.5	1.10	183	147	22	1508	183	147	22	1448	183	147	22	1388	1:0.80:0.12:8.24	1:0.80:0.12:7.91	1:0.80:0.12:7.59
		1.15	183	147	23	1507	183	147	23	1447	183	147	23	1387	1:0.80:0.13:8.24	1:0.80:0.13:7.91	1:0.80:0.13:7.58
		1.20	183	147	24	1506	183	147	24	1446	183	147	24	1386	1:0.80:0.13:8.23	1:0.80:0.13:7.90	1:0.80:0.13:7.57
		1.25	183	147	25	1505	183	147	25	1445	183	147	25	1385	1:0.80:0.14:8.22	1:0.80:0.14:7.90	1:0.80:0.14:7.57
		1.30	183	147	26	1504	183	147	26	1444	183	147	26	1384	1:0.80:0.14:8.22	1:0.80:0.14:7.89	1:0.80:0.14:7.56
		1.35	183	147	27	1503	183	147	27	1443	183	147	27	1383	1:0.80:0.15:8.21	1:0.80:0.15:7.89	1:0.80:0.15:7.56
		1.40	183	147	28	1502	183	147	28	1442	183	147	28	1382	1:0.80:0.16:8.21	1:0.80:0.16:7.88	1:0.80:0.16:7.55
		1.45	183	147	29	1501	183	147	29	1441	183	147	29	1381	1:0.80:0.16:8.20	1:0.80:0.16:7.87	1:0.80:0.16:7.55
		1.50	183	147	30	1500	183	147	30	1440	183	147	30	1380	1:0.80:0.17:8.20	1:0.80:0.17:7.87	1:0.80:0.17:7.54
	57.5	1.10	167	164	20	1508	167	164	20	1448	167	164	20	1388	1:0.98:0.12:9.03	1:0.98:0.12:8.67	1:0.98:0.12:8.31
		1.15	167	164	21	1507	167	164	21	1447	167	164	21	1387	1:0.98:0.13:9.02	1:0.98:0.13:8.66	1:0.98:0.13:8.30
		1.20	167	164	22	1506	167	164	22	1446	167	164	22	1386	1:0.98:0.13:9.02	1:0.98:0.13:8.66	1:0.98:0.13:8.30
		1.25	167	164	23	1505	167	164	23	1445	167	164	23	1385	1:0.98:0.14:9.01	1:0.98:0.14:8.65	1:0.98:0.14:8.29
		1.30	167	164	24	1504	167	164	24	1444	167	164	24	1384	1:0.98:0.14:9.01	1:0.98:0.14:8.65	1:0.98:0.14:8.29
		1.35	167	164	25	1504	167	164	25	1444	167	164	25	1384	1:0.98:0.15:9.00	1:0.98:0.15:8.64	1:0.98:0.15:8.28
		1.40	167	164	26	1503	167	164	26	1443	167	164	26	1383	1:0.98:0.16:8.99	1:0.98:0.16:8.64	1:0.98:0.16:8.28
		1.45	167	164	27	1502	167	164	142	1382	167	164	27	1382	1:0.98:0.16:8.99	1:0.98:0.16:8.63	1:0.98:0.16:8.27
		1.50	167	164	28	1501	167	164	28	1441	167	164	28	1381	1:0.98:0.17:8.98	1:0.98:0.17:8.62	1:0.98:0.17:8.26

注：石灰膏为标准稠度（120mm）时的用量。

砂浆强度等级：M15　　施工水平：一般　　配制强度：18.00MPa　　粉煤灰取代水泥率：10％

水泥强度等级	水泥实际强度(MPa)	粉煤灰超量系数	材料用量（kg/m³）												配合比（重量比）		
			粗砂				中砂				细砂				粗砂	中砂	细砂
			水泥 Q_{C0}	石灰 Q_{D0}	粉煤灰 Q_{f0}	砂 Q_{S0}	水泥 Q_{C0}	石灰 Q_{D0}	粉煤灰 Q_{f0}	砂 Q_{S0}	水泥 Q_{C0}	石灰 Q_{D0}	粉煤灰 Q_{f0}	砂 Q_{S0}	水泥:石灰:粉煤灰:砂 $Q_C:Q_D:Q_f:Q_S$	水泥:石灰:粉煤灰:砂 $Q_C:Q_D:Q_f:Q_S$	水泥:石灰:粉煤灰:砂 $Q_C:Q_D:Q_f:Q_S$
42.5	42.5	1.10	231	93	28	1507	231	93	28	1447	231	93	28	1387	1:0.40:0.12:6.52	1:0.40:0.12:6.26	1:0.40:0.12:6.00
		1.15	231	93	30	1506	231	93	30	1446	231	93	30	1386	1:0.40:0.13:6.51	1:0.40:0.13:6.25	1:0.40:0.13:5.99
		1.20	231	93	31	1505	231	93	31	1445	231	93	31	1385	1:0.40:0.13:6.51	1:0.40:0.13:6.25	1:0.40:0.13:5.99
		1.25	231	93	32	1504	231	93	32	1444	231	93	32	1384	1:0.40:0.14:6.50	1:0.40:0.14:6.24	1:0.40:0.14:5.98
		1.30	231	93	33	1502	231	93	33	1442	231	93	33	1382	1:0.40:0.14:6.50	1:0.40:0.14:6.24	1:0.40:0.14:5.98
		1.35	231	93	35	1501	231	93	35	1441	231	93	35	1381	1:0.40:0.15:6.49	1:0.40:0.15:6.23	1:0.40:0.15:5.97
		1.40	231	93	36	1500	231	93	36	1440	231	93	36	1380	1:0.40:0.16:6.48	1:0.40:0.16:6.23	1:0.40:0.16:5.97
		1.45	231	93	37	1498	231	93	37	1438	231	93	37	1378	1:0.40:0.16:6.48	1:0.40:0.16:6.22	1:0.40:0.16:5.96
		1.50	231	93	39	1497	231	93	39	1437	231	93	39	1377	1:0.40:0.17:6.47	1:0.40:0.17:6.22	1:0.40:0.17:5.95
	47.5	1.10	207	120	25	1508	207	120	25	1448	207	120	25	1388	1:0.58:0.12:7.29	1:0.58:0.12:7.00	1:0.58:0.12:6.71
		1.15	207	120	26	1507	207	120	26	1447	207	120	26	1387	1:0.58:0.13:7.28	1:0.58:0.13:6.99	1:0.58:0.13:6.70
		1.20	207	120	26	1505	207	120	26	1445	207	120	26	1385	1:0.58:0.13:7.28	1:0.58:0.13:6.99	1:0.58:0.13:6.70
		1.25	207	120	29	1504	207	120	29	1444	207	120	29	1384	1:0.58:0.14:7.27	1:0.58:0.14:6.98	1:0.58:0.14:6.69
		1.30	207	120	30	1503	207	120	30	1443	207	120	30	1383	1:0.58:0.14:7.26	1:0.58:0.14:6.97	1:0.58:0.14:6.68
		1.35	207	120	31	1502	207	120	31	1442	207	120	31	1382	1:0.58:0.15:7.26	1:0.58:0.15:6.97	1:0.58:0.15:6.68
		1.40	207	120	32	1501	207	120	32	1441	207	120	32	1381	1:0.58:0.16:7.25	1:0.58:0.16:6.96	1:0.58:0.16:6.67
		1.45	207	120	33	1500	207	120	33	1440	207	120	33	1380	1:0.58:0.16:7.25	1:0.58:0.16:6.96	1:0.58:0.16:6.67
		1.50	207	120	34	1499	207	120	34	1439	207	120	34	1379	1:0.58:0.17:7.24	1:0.58:0.17:6.95	1:0.58:0.17:6.66

注：石灰膏为标准稠度（120mm）时的用量。

砂浆强度等级：M15　　施工水平：一般　　配制强度：18.00MPa　　粉煤灰取代水泥率：10%

水泥强度等级	水泥实际强度(MPa)	粉煤灰超量系数	材料用量（kg/m³）												配合比（重量比）		
			粗砂				中砂				细砂				粗砂	中砂	细砂
			水泥Q_{C0}	石灰Q_{D0}	粉煤灰Q_{f0}	砂Q_{S0}	水泥Q_{C0}	石灰Q_{D0}	粉煤灰Q_{f0}	砂Q_{S0}	水泥Q_{C0}	石灰Q_{D0}	粉煤灰Q_{f0}	砂Q_{S0}	水泥:石灰:粉煤灰:砂 $Q_C:Q_D:Q_f:Q_S$	水泥:石灰:粉煤灰:砂 $Q_C:Q_D:Q_f:Q_S$	水泥:石灰:粉煤灰:砂 $Q_C:Q_D:Q_f:Q_S$
52.5	52.5	1.10	187	142	23	1508	187	142	23	1448	187	142	23	1388	1:0.76:0.12:8.05	1:0.76:0.12:7.73	1:0.76:0.12:7.41
		1.15	187	142	24	1507	187	142	24	1447	187	142	24	1387	1:0.76:0.13:8.05	1:0.76:0.13:7.73	1:0.76:0.13:7.41
		1.20	187	142	25	1506	187	142	25	1446	187	142	25	1386	1:0.76:0.13:8.04	1:0.76:0.13:7.72	1:0.76:0.13:7.40
		1.25	187	142	26	1505	187	142	26	1445	187	142	26	1385	1:0.76:0.14:8.04	1:0.76:0.14:7.72	1:0.76:0.14:7.40
		1.30	187	142	27	1504	187	142	27	1444	187	142	27	1384	1:0.76:0.14:8.03	1:0.76:0.14:7.71	1:0.76:0.14:7.39
		1.35	187	142	28	1503	187	142	28	1443	187	142	28	1383	1:0.76:0.15:8.03	1:0.76:0.15:7.71	1:0.76:0.15:7.39
		1.40	187	142	29	1502	187	142	29	1442	187	142	29	1382	1:0.76:0.16:8.02	1:0.76:0.16:7.70	1:0.76:0.16:7.38
		1.45	187	142	30	1501	187	142	30	1441	187	142	30	1381	1:0.76:0.16:8.02	1:0.76:0.16:7.70	1:0.76:0.16:7.37
		1.50	187	142	31	1500	187	142	31	1440	187	142	31	1380	1:0.76:0.17:8.01	1:0.76:0.17:7.69	1:0.76:0.17:7.37
	57.5	1.10	171	160	21	1508	171	160	21	1448	171	160	21	1388	1:0.94:0.12:8.82	1:0.94:0.12:8.47	1:0.94:0.12:8.12
		1.15	171	160	22	1507	171	160	22	1447	171	160	22	1387	1:0.94:0.13:8.82	1:0.94:0.13:8.47	1:0.94:0.13:8.12
		1.20	171	160	23	1506	171	160	23	1446	171	160	23	1386	1:0.94:0.13:8.81	1:0.94:0.13:8.46	1:0.94:0.13:8.11
		1.25	171	160	24	1505	171	160	24	1445	171	160	24	1385	1:0.94:0.14:8.81	1:0.94:0.14:8.46	1:0.94:0.14:8.10
		1.30	171	160	25	1504	171	160	25	1444	171	160	25	1384	1:0.94:0.14:8.80	1:0.94:0.14:8.45	1:0.94:0.14:8.10
		1.35	171	160	26	1503	171	160	26	1443	171	160	26	1383	1:0.94:0.15:8.79	1:0.94:0.15:8.44	1:0.94:0.15:8.09
		1.40	171	160	27	1502	171	160	27	1442	171	160	27	1382	1:0.94:0.16:8.79	1:0.94:0.16:8.44	1:0.94:0.16:8.09
		1.45	171	160	28	1501	171	160	28	1441	171	160	28	1381	1:0.94:0.16:8.78	1:0.94:0.16:8.43	1:0.94:0.16:8.08
		1.50	171	160	28	1501	171	160	28	1441	171	160	28	1381	1:0.94:0.17:8.78	1:0.94:0.17:8.43	1:0.94:0.17:8.08

注：石灰膏为标准稠度（120mm）时的用量。

砂浆强度等级：M15　　施工水平：较差　　配制强度：18.75MPa　　粉煤灰取代水泥率：10%

水泥强度等级	水泥实际强度(MPa)	粉煤灰超量系数	材料用量（kg/m³）												配合比（重量比）		
			粗砂				中砂				细砂				粗砂	中砂	细砂
			水泥 Q_{C0}	石灰 Q_{D0}	粉煤灰 Q_{f0}	砂 Q_{S0}	水泥 Q_{C0}	石灰 Q_{D0}	粉煤灰 Q_{f0}	砂 Q_{S0}	水泥 Q_{C0}	石灰 Q_{D0}	粉煤灰 Q_{f0}	砂 Q_{S0}	水泥:石灰:粉煤灰:砂 $Q_C:Q_D:Q_f:Q_S$	水泥:石灰:粉煤灰:砂 $Q_C:Q_D:Q_f:Q_S$	水泥:石灰:粉煤灰:砂 $Q_C:Q_D:Q_f:Q_S$
42.5	42.5	1.10	237	87	29	1507	237	87	29	1447	237	87	29	1387	1:0.37:0.12:6.37	1:0.37:0.12:6.12	1:0.37:0.12:5.87
		1.15	237	87	30	1506	237	87	30	1446	237	87	30	1386	1:0.37:0.13:6.37	1:0.37:0.13:6.11	1:0.37:0.13:5.86
		1.20	237	87	32	1505	237	87	32	1445	237	87	32	1385	1:0.37:0.13:6.36	1:0.37:0.13:6.11	1:0.37:0.13:5.86
		1.25	237	87	33	1503	237	87	33	1443	237	87	33	1383	1:0.37:0.14:6.36	1:0.37:0.14:6.10	1:0.37:0.14:5.85
		1.30	237	87	34	1502	237	87	34	1442	237	87	34	1382	1:0.37:0.14:6.35	1:0.37:0.14:6.10	1:0.37:0.14:5.84
		1.35	237	87	35	1501	237	87	35	1441	237	87	35	1381	1:0.37:0.15:6.35	1:0.37:0.15:6.09	1:0.37:0.15:5.84
		1.40	237	87	37	1499	237	87	37	1439	237	87	37	1379	1:0.37:0.16:6.34	1:0.37:0.16:6.09	1:0.37:0.16:5.83
		1.45	237	87	38	1498	237	87	38	1438	237	87	38	1378	1:0.37:0.16:6.33	1:0.37:0.16:6.08	1:0.37:0.16:5.83
		1.50	237	87	39	1497	237	87	39	1437	237	87	39	1377	1:0.37:0.17:6.33	1:0.37:0.17:6.08	1:0.37:0.17:5.82
	47.5	1.10	212	115	26	1508	212	115	26	1448	212	115	26	1388	1:0.54:0.12:7.12	1:0.54:0.12:6.84	1:0.54:0.12:6.56
		1.15	212	115	27	1506	212	115	27	1446	212	115	27	1386	1:0.54:0.13:7.12	1:0.54:0.13:6.84	1:0.54:0.13:6.55
		1.20	212	115	28	1505	212	115	28	1445	212	115	28	1385	1:0.54:0.13:7.11	1:0.54:0.13:6.83	1:0.54:0.13:6.55
		1.25	212	115	29	1504	212	115	29	1444	212	115	29	1384	1:0.54:0.14:7.11	1:0.54:0.14:6.82	1:0.54:0.14:6.54
		1.30	212	115	31	1503	212	115	31	1443	212	115	31	1383	1:0.54:0.14:7.10	1:0.54:0.14:6.82	1:0.54:0.14:6.54
		1.35	212	115	32	1502	212	115	32	1442	212	115	32	1382	1:0.54:0.15:7.10	1:0.54:0.15:6.81	1:0.54:0.15:6.53
		1.40	212	115	33	1501	212	115	33	1441	212	115	33	1381	1:0.54:0.16:7.09	1:0.54:0.16:6.81	1:0.54:0.16:6.52
		1.45	212	115	34	1499	212	115	34	1439	212	115	34	1379	1:0.54:0.16:7.09	1:0.54:0.16:6.80	1:0.54:0.16:6.52
		1.50	212	115	35	1498	212	115	35	1438	212	115	35	1378	1:0.54:0.17:7.08	1:0.54:0.17:6.80	1:0.54:0.17:6.51

注：石灰膏为标准稠度（120mm）时的用量。

砂浆强度等级：M15　　施工水平：较差　　配制强度：18.75MPa　　粉煤灰取代水泥率：10%

水泥强度等级	水泥实际强度(MPa)	粉煤灰超量系数	材料用量（kg/m³）											配合比（重量比）											
			粗砂				中砂				细砂				粗砂				中砂				细砂			
			水泥Q_{C0}	石灰Q_{D0}	粉煤灰Q_{f0}	砂Q_{S0}	水泥Q_{C0}	石灰Q_{D0}	粉煤灰Q_{f0}	砂Q_{S0}	水泥Q_{C0}	石灰Q_{D0}	粉煤灰Q_{f0}	砂Q_{S0}	水泥:石灰:粉煤灰:砂 $Q_C:Q_D:Q_f:Q_S$				水泥:石灰:粉煤灰:砂 $Q_C:Q_D:Q_f:Q_S$				水泥:石灰:粉煤灰:砂 $Q_C:Q_D:Q_f:Q_S$			
52.5	52.5	1.10	191	137	23	1508	191	137	23	1448	191	137	23	1388	1:0.72:0.12:7.88				1:0.72:0.12:7.56				1:0.72:0.12:7.25			
		1.15	191	137	24	1507	191	137	24	1447	191	137	24	1387	1:0.72:0.13:7.87				1:0.72:0.13:7.56				1:0.72:0.13:7.24			
		1.20	191	137	26	1506	191	137	26	1446	191	137	26	1386	1:0.72:0.13:7.86				1:0.72:0.13:7.55				1:0.72:0.13:7.24			
		1.25	191	137	27	1505	191	137	27	1445	191	137	27	1385	1:0.72:0.14:7.86				1:0.72:0.14:7.55				1:0.72:0.14:7.23			
		1.30	191	137	28	1504	191	137	28	1444	191	137	28	1384	1:0.72:0.14:7.85				1:0.72:0.14:7.54				1:0.72:0.14:7.23			
		1.35	191	137	29	1503	191	137	29	1443	191	137	29	1383	1:0.72:0.15:7.85				1:0.72:0.15:7.53				1:0.72:0.15:7.22			
		1.40	191	137	30	1501	191	137	30	1441	191	137	30	1381	1:0.72:0.16:7.84				1:0.72:0.16:7.53				1:0.72:0.16:7.22			
		1.45	191	137	31	1500	191	137	31	1440	191	137	31	1380	1:0.72:0.16:7.84				1:0.72:0.16:7.52				1:0.72:0.16:7.21			
		1.50	191	137	32	1499	191	137	32	1439	191	137	32	1379	1:0.72:0.17:7.83				1:0.72:0.17:7.52				1:0.72:0.17:7.20			
	57.5	1.10	175	156	21	1508	175	156	21	1448	175	156	21	1388	1:0.89:0:8.63				1:0.89:0.12:8.28				1:0.89:0.12:7.94			
		1.15	175	156	22	1507	175	156	22	1447	175	156	22	1387	1:0.89:0.13:8.62				1:0.89:0.13:8.28				1:0.89:0.13:7.93			
		1.20	175	156	23	1506	175	156	23	1446	175	156	23	1386	1:0.89:0.13:8.62				1:0.89:0.13:8.27				1:0.89:0.13:7.93			
		1.25	175	156	24	1505	175	156	24	1445	175	156	24	1385	1:0.89:0.14:8.61				1:0.89:0.14:8.27				1:0.89:0.14:7.92			
		1.30	175	156	25	1504	175	156	25	1444	175	156	25	1384	1:0.89:0.14:8.60				1:0.89:0.14:8.26				1:0.89:0.14:7.92			
		1.35	175	156	26	1503	175	156	26	1443	175	156	26	1383	1:0.89:0.15:8.60				1:0.89:0.15:8.26				1:0.89:0.15:7.91			
		1.40	175	156	27	1502	175	156	27	1442	175	156	27	1382	1:0.89:0.16:8.59				1:0.89:0.16:8.25				1:0.89:0.16:7.91			
		1.45	175	156	28	1501	175	156	28	1441	175	156	28	1381	1:0.89:0.16:8.59				1:0.89:0.16:8.24				1:0.89:0.16:7.90			
		1.50	175	156	29	1500	175	156	29	1440	175	156	29	1380	1:0.89:0.17:8.58				1:0.89:0.17:8.24				1:0.89:0.17:7.90			

注：石灰膏为标准稠度（120mm）时的用量。

砂浆强度等级：M15　　施工水平：优良　　配制强度：17.25MPa　　粉煤灰取代水泥率：15%

水泥强度等级	水泥实际强度(MPa)	粉煤灰超量系数	材料用量 (kg/m³)												配合比（重量比）		
			粗砂				中砂				细砂				粗砂	中砂	细砂
			水泥 Q_{C0}	石灰 Q_{D0}	粉煤灰 Q_{f0}	砂 Q_{S0}	水泥 Q_{C0}	石灰 Q_{D0}	粉煤灰 Q_{f0}	砂 Q_{S0}	水泥 Q_{C0}	石灰 Q_{D0}	粉煤灰 Q_{f0}	砂 Q_{S0}	水泥:石灰:粉煤灰:砂 $Q_C:Q_D:Q_f:Q_S$	水泥:石灰:粉煤灰:砂 $Q_C:Q_D:Q_f:Q_S$	水泥:石灰:粉煤灰:砂 $Q_C:Q_D:Q_f:Q_S$
42.5	42.5	1.10	213	99	41	1506	213	99	41	1446	213	99	41	1386	1:0.46:0.19:7.06	1:0.46:0.19:6.78	1:0.46:0.19:6.49
		1.15	213	99	43	1504	213	99	43	1444	213	99	43	1384	1:0.46:0.20:7.05	1:0.46:0.20:6.77	1:0.46:0.20:6.49
		1.20	213	99	45	1502	213	99	45	1442	213	99	45	1382	1:0.46:0.21:7.04	1:0.46:0.21:6.76	1:0.46:0.21:6.48
		1.25	213	99	47	1501	213	99	47	1441	213	99	47	1381	1:0.46:0.22:7.03	1:0.46:0.22:6.75	1:0.46:0.22:6.47
		1.30	213	99	49	1499	213	99	49	1439	213	99	49	1379	1:0.46:0.23:7.02	1:0.46:0.23:6.74	1:0.46:0.23:6.46
		1.35	213	99	51	1497	213	99	51	1437	213	99	51	1377	1:0.46:0.24:7.01	1:0.46:0.24:6.73	1:0.46:0.24:6.45
		1.40	213	99	53	1495	213	99	53	1435	213	99	53	1375	1:0.46:0.25:7.00	1:0.46:0.25:6.72	1:0.46:0.25:6.44
		1.45	213	99	55	1493	213	99	55	1433	213	99	55	1373	1:0.46:0.26:6.99	1:0.46:0.26:6.71	1:0.46:0.26:6.43
		1.50	213	99	57	1491	213	99	57	1431	213	99	57	1371	1:0.46:0.26:6.99	1:0.46:0.26:6.70	1:0.46:0.26:6.42
	47.5	1.10	191	125	37	1507	191	125	37	1447	191	125	37	1387	1:0.66:0.19:7.89	1:0.66:0.19:7.57	1:0.66:0.19:7.26
		1.15	191	125	39	1505	191	125	39	1445	191	125	39	1385	1:0.66:0.20:7.88	1:0.66:0.20:7.57	1:0.66:0.20:7.25
		1.20	191	125	40	1503	191	125	40	1443	191	125	40	1383	1:0.66:0.21:7.87	1:0.66:0.21:7.56	1:0.66:0.21:7.24
		1.25	191	125	42	1502	191	125	42	1442	191	125	42	1382	1:0.66:0.22:7.86	1:0.66:0.22:7.55	1:0.66:0.22:7.23
		1.30	191	125	44	1500	191	125	44	1440	191	125	44	1380	1:0.66:0.23:7.85	1:0.66:0.23:7.54	1:0.66:0.23:7.22
		1.35	191	125	46	1498	191	125	46	1438	191	125	46	1378	1:0.66:0.24:7.84	1:0.66:0.24:7.53	1:0.66:0.24:7.22
		1.40	191	125	47	1497	191	125	47	1437	191	125	47	1377	1:0.66:0.25:7.84	1:0.66:0.25:7.52	1:0.66:0.25:7.21
		1.45	191	125	49	1495	191	125	49	1435	191	125	49	1375	1:0.66:0.26:7.83	1:0.66:0.26:7.51	1:0.66:0.26:7.20
		1.50	191	125	51	1493	191	125	51	1433	191	125	51	1373	1:0.66:0.26:7.82	1:0.66:0.26:7.50	1:0.66:0.26:7.19

注：石灰膏为标准稠度（120mm）时的用量。

砂浆强度等级：M15　　施工水平：优良　　配制强度：17.25MPa　　粉煤灰取代水泥率：15%

水泥强度等级	水泥实际强度(MPa)	粉煤灰超量系数	材料用量（kg/m³）												配合比（重量比）		
			粗砂				中砂				细砂				粗砂	中砂	细砂
			水泥 Q_{C0}	石灰 Q_{D0}	粉煤灰 Q_{f0}	砂 Q_{S0}	水泥 Q_{C0}	石灰 Q_{D0}	粉煤灰 Q_{f0}	砂 Q_{S0}	水泥 Q_{C0}	石灰 Q_{D0}	粉煤灰 Q_{f0}	砂 Q_{S0}	水泥:石灰:粉煤灰:砂 $Q_C:Q_D:Q_f:Q_S$	水泥:石灰:粉煤灰:砂 $Q_C:Q_D:Q_f:Q_S$	水泥:石灰:粉煤灰:砂 $Q_C:Q_D:Q_f:Q_S$
52.5	52.5	1.10	173	147	34	1507	173	147	34	1447	173	147	34	1387	1:0.85:0.19:8.72	1:0.85:0.19:8.37	1:0.85:0.19:8.03
		1.15	173	147	35	1505	173	147	35	1445	173	147	35	1385	1:0.85:0.20:8.71	1:0.85:0.20:8.36	1:0.85:0.20:8.02
		1.20	173	147	37	1504	173	147	37	1444	173	147	37	1384	1:0.85:0.21:8.70	1:0.85:0.21:8.36	1:0.85:0.21:8.01
		1.25	173	147	38	1502	173	147	38	1442	173	147	38	1382	1:0.85:0.22:8.69	1:0.85:0.22:8.35	1:0.85:0.22:8.00
		1.30	173	147	40	1501	173	147	40	1441	173	147	40	1381	1:0.85:0.23:8.69	1:0.85:0.23:8.34	1:0.85:0.23:7.99
		1.35	173	147	41	1499	173	147	41	1439	173	147	41	1379	1:0.85:0.24:8.68	1:0.85:0.24:8.33	1:0.85:0.24:7.98
		1.40	173	147	43	1498	173	147	43	1438	173	147	43	1378	1:0.85:0.25:8.67	1:0.85:0.25:8.32	1:0.85:0.25:7.97
		1.45	173	147	44	1496	173	147	44	1436	173	147	44	1376	1:0.85:0.26:8.66	1:0.85:0.26:8.31	1:0.85:0.26:7.96
		1.50	173	147	46	1495	173	147	46	1435	173	147	46	1375	1:0.85:0.26:8.65	1:0.85:0.26:8.30	1:0.85:0.26:7.96
	57.5	1.10	158	164	31	1507	158	164	31	1447	158	164	31	1387	1:1.04:0.19:9.55	1:1.04:0.19:9.17	1:1.04:0.19:8.79
		1.15	158	164	32	1506	158	164	32	1446	158	164	32	1386	1:1.04:0.20:9.54	1:1.04:0.20:9.16	1:1.04:0.20:8.78
		1.20	158	164	33	1504	158	164	33	1444	158	164	33	1384	1:1.04:0.21:9.54	1:1.04:0.21:9.15	1:1.04:0.21:8.77
		1.25	158	164	35	1503	158	164	35	1443	158	164	35	1383	1:1.04:0.22:9.53	1:1.04:0.22:9.15	1:1.04:0.22:8.77
		1.30	158	164	36	1502	158	164	36	1442	158	164	36	1382	1:1.04:0.23:9.52	1:1.04:0.23:9.14	1:1.04:0.23:8.76
		1.35	158	164	38	1500	158	164	38	1440	158	164	38	1380	1:1.04:0.24:9.51	1:1.04:0.24:9.13	1:1.04:0.24:8.75
		1.40	158	164	39	1499	158	164	39	1439	158	164	39	1379	1:1.04:0.25:9.50	1:1.04:0.25:9.12	1:1.04:0.25:8.74
		1.45	158	164	40	1497	158	164	40	1437	158	164	40	1377	1:1.04:0.26:9.49	1:1.04:0.26:9.11	1:1.04:0.26:8.73
		1.50	158	164	42	1496	158	164	42	1436	158	164	42	1376	1:1.04:0.26:9.48	1:1.04:0.26:9.10	1:1.04:0.26:8.72

注：石灰膏为标准稠度（120mm）时的用量。

砂浆强度等级：M15　　施工水平：一般　　配制强度：18.00MPa　　粉煤灰取代水泥率：15％

水泥强度等级	水泥实际强度(MPa)	粉煤灰超量系数	材料用量（kg/m³）												配合比（重量比）		
			粗砂				中砂				细砂				粗砂	中砂	细砂
			水泥 Q_{C0}	石灰 Q_{D0}	粉煤灰 Q_{f0}	砂 Q_{S0}	水泥 Q_{C0}	石灰 Q_{D0}	粉煤灰 Q_{f0}	砂 Q_{S0}	水泥 Q_{C0}	石灰 Q_{D0}	粉煤灰 Q_{f0}	砂 Q_{S0}	水泥:石灰:粉煤灰:砂 $Q_C:Q_D:Q_f:Q_S$	水泥:石灰:粉煤灰:砂 $Q_C:Q_D:Q_f:Q_S$	水泥:石灰:粉煤灰:砂 $Q_C:Q_D:Q_f:Q_S$
42.5	42.5	1.10	218	93	42	1506	218	93	42	1446	218	93	42	1386	1:0.43:0.19:6.90	1:0.43:0.19:6.62	1:0.43:0.19:6.35
		1.15	218	93	44	1504	218	93	44	1444	218	93	44	1384	1:0.43:0.20:6.89	1:0.43:0.20:6.61	1:0.43:0.20:6.34
		1.20	218	93	46	1502	218	93	46	1442	218	93	46	1382	1:0.43:0.21:6.88	1:0.43:0.21:6.60	1:0.43:0.21:6.33
		1.25	218	93	48	1500	218	93	48	1440	218	93	48	1380	1:0.43:0.22:6.87	1:0.43:0.22:6.59	1:0.43:0.22:6.32
		1.30	218	93	50	1498	218	93	50	1438	218	93	50	1378	1:0.43:0.23:6.86	1:0.43:0.23:6.59	1:0.43:0.23:6.31
		1.35	218	93	52	1497	218	93	52	1437	218	93	52	1377	1:0.43:0.24:6.85	1:0.43:0.24:6.58	1:0.43:0.24:6.30
		1.40	218	93	54	1495	218	93	54	1435	218	93	54	1375	1:0.43:0.25:6.84	1:0.43:0.25:6.57	1:0.43:0.25:6.29
		1.45	218	93	56	1493	218	93	56	1433	218	93	56	1373	1:0.43:0.26:6.83	1:0.43:0.26:6.56	1:0.43:0.26:6.28
		1.50	218	93	58	1491	218	93	58	1431	218	93	58	1371	1:0.43:0.26:6.83	1:0.43:0.26:6.55	1:0.43:0.26:6.28
	47.5	1.10	195	120	38	1507	195	120	38	1447	195	120	38	1387	1:0.61:0.19:7.71	1:0.61:0.19:7.40	1:0.61:0.19:7.10
		1.15	195	120	40	1505	195	120	40	1445	195	120	40	1385	1:0.61:0.20:7.70	1:0.61:0.20:7.39	1:0.61:0.20:7.09
		1.20	195	120	41	1503	195	120	41	1443	195	120	41	1383	1:0.61:0.21:7.69	1:0.61:0.21:7.38	1:0.61:0.21:7.08
		1.25	195	120	43	1501	195	120	43	1441	195	120	43	1381	1:0.61:0.22:7.68	1:0.61:0.22:7.38	1:0.61:0.22:7.07
		1.30	195	120	45	1500	195	120	45	1440	195	120	45	1380	1:0.61:0.23:7.67	1:0.61:0.23:7.37	1:0.61:0.23:7.06
		1.35	195	120	47	1498	195	120	47	1438	195	120	47	1378	1:0.61:0.24:7.66	1:0.61:0.24:7.36	1:0.61:0.24:7.05
		1.40	195	120	48	1496	195	120	48	1436	195	120	48	1376	1:0.61:0.25:7.66	1:0.61:0.25:7.35	1:0.61:0.25:7.04
		1.45	195	120	50	1494	195	120	50	1434	195	120	50	1374	1:0.61:0.26:7.65	1:0.61:0.26:7.34	1:0.61:0.26:7.03
		1.50	195	120	52	1493	195	120	52	1433	195	120	52	1373	1:0.61:0.26:7.64	1:0.61:0.26:7.33	1:0.61:0.26:7.02

注：石灰膏为标准稠度（120mm）时的用量。

砂浆强度等级：M15　　施工水平：一般　　配制强度：18.00MPa　　粉煤灰取代水泥率：15%

水泥强度等级	水泥实际强度(MPa)	粉煤灰超量系数	材料用量（kg/m³）												配合比（重量比）			
			粗砂				中砂				细砂				粗砂	中砂	细砂
			水泥 Q_{C0}	石灰 Q_{D0}	粉煤灰 Q_{f0}	砂 Q_{S0}	水泥 Q_{C0}	石灰 Q_{D0}	粉煤灰 Q_{f0}	砂 Q_{S0}	水泥 Q_{C0}	石灰 Q_{D0}	粉煤灰 Q_{f0}	砂 Q_{S0}	水泥:石灰:粉煤灰:砂 $Q_C:Q_D:Q_f:Q_S$	水泥:石灰:粉煤灰:砂 $Q_C:Q_D:Q_f:Q_S$	水泥:石灰:粉煤灰:砂 $Q_C:Q_D:Q_f:Q_S$
52.5	52.5	1.10	177	142	34	1507	177	142	34	1447	177	142	34	1387	1:0.80:0.19:8.52	1:0.80:0.19:8.18	1:0.80:0.19:7.84
		1.15	177	142	36	1505	177	142	36	1445	177	142	36	1385	1:0.80:0.20:8.51	1:0.80:0.20:8.17	1:0.80:0.20:7.83
		1.20	177	142	37	1504	177	142	37	1444	177	142	37	1384	1:0.80:0.21:8.50	1:0.80:0.21:8.17	1:0.80:0.21:7.83
		1.25	177	142	39	1502	177	142	39	1442	177	142	39	1382	1:0.80:0.22:8.50	1:0.80:0.22:8.16	1:0.80:0.22:7.82
		1.30	177	142	41	1501	177	142	41	1441	177	142	41	1381	1:0.80:0.23:8.49	1:0.80:0.23:8.15	1:0.80:0.23:7.81
		1.35	177	142	42	1499	177	142	42	1439	177	142	42	1379	1:0.80:0.24:8.48	1:0.80:0.24:8.14	1:0.80:0.24:7.80
		1.40	177	142	44	1498	177	142	44	1438	177	142	44	1378	1:0.80:0.25:8.47	1:0.80:0.25:8.13	1:0.80:0.25:7.79
		1.45	177	142	45	1496	177	142	45	1436	177	142	45	1376	1:0.80:0.26:8.46	1:0.80:0.26:8.12	1:0.80:0.26:7.78
		1.50	177	142	47	1494	177	142	47	1434	177	142	47	1374	1:0.80:0.26:8.45	1:0.80:0.26:8.11	1:0.80:0.26:7.77
	57.5	1.10	161	160	31	1507	161	160	31	1447	161	160	31	1387	1:0.99:0.19:9.34	1:0.99:0.19:8.96	1:0.99:0.19:8.59
		1.15	161	160	33	1506	161	160	33	1446	161	160	33	1386	1:0.99:0.20:9.33	1:0.99:0.20:8.96	1:0.99:0.20:8.58
		1.20	161	160	34	1504	161	160	34	1444	161	160	34	1384	1:0.99:0.21:9.32	1:0.99:0.21:8.95	1:0.99:0.21:8.57
		1.25	161	160	36	1503	161	160	36	1443	161	160	36	1383	1:0.99:0.22:9.31	1:0.99:0.22:8.94	1:0.99:0.22:8.57
		1.30	161	160	37	1501	161	160	37	1441	161	160	37	1381	1:0.99:0.23:9.30	1:0.99:0.23:8.93	1:0.99:0.23:8.56
		1.35	161	160	38	1500	161	160	38	1440	161	160	38	1380	1:0.99:0.24:9.29	1:0.99:0.24:8.92	1:0.99:0.24:8.55
		1.40	161	160	40	1499	161	160	40	1439	161	160	40	1379	1:0.99:0.25:9.28	1:0.99:0.25:8.91	1:0.99:0.25:8.54
		1.45	161	160	41	1497	161	160	41	1437	161	160	41	1377	1:0.99:0.26:9.27	1:0.99:0.26:8.90	1:0.99:0.26:8.53
		1.50	161	160	43	1496	161	160	43	1436	161	160	43	1376	1:0.99:0.26:9.27	1:0.99:0.26:8.89	1:0.99:0.26:8.52

注：石灰膏为标准稠度（120mm）时的用量。

砂浆强度等级：M15　　施工水平：较差　　配制强度：18.75MPa　　粉煤灰取代水泥率：15%

水泥强度等级	水泥实际强度(MPa)	粉煤灰超量系数	材料用量（kg/m³）											配合比（重量比）		
			粗砂				中砂				细砂				粗砂	中砂	细砂
			水泥 Q_{C0}	石灰 Q_{D0}	粉煤灰 Q_{f0}	砂 Q_{S0}	水泥 Q_{C0}	石灰 Q_{D0}	粉煤灰 Q_{f0}	砂 Q_{S0}	水泥 Q_{C0}	石灰 Q_{D0}	粉煤灰 Q_{f0}	砂 Q_{S0}	水泥:石灰:粉煤灰:砂 $Q_C:Q_D:Q_f:Q_S$	水泥:石灰:粉煤灰:砂 $Q_C:Q_D:Q_f:Q_S$	水泥:石灰:粉煤灰:砂 $Q_C:Q_D:Q_f:Q_S$
42.5	42.5	1.10	223	87	43	1506	223	87	43	1446	223	87	43	1386	1:0.39:0.19:6.74	1:0.39:0.19:6.47	1:0.39:0.19:6.21
		1.15	223	87	45	1504	223	87	45	1444	223	87	45	1384	1:0.39:0.20:6.73	1:0.39:0.20:6.47	1:0.39:0.20:6.20
		1.20	223	87	47	1502	223	87	47	1442	223	87	47	1382	1:0.39:0.21:6.72	1:0.39:0.21:6.46	1:0.39:0.21:6.19
		1.25	223	87	49	1500	223	87	49	1440	223	87	49	1380	1:0.39:0.22:6.72	1:0.39:0.22:6.45	1:0.39:0.22:6.18
		1.30	223	87	51	1498	223	87	51	1438	223	87	51	1378	1:0.39:0.23:6.71	1:0.39:0.23:6.44	1:0.39:0.23:6.17
		1.35	223	87	53	1496	223	87	53	1436	223	87	53	1376	1:0.39:0.24:6.70	1:0.39:0.24:6.43	1:0.39:0.24:6.16
		1.40	223	87	55	1494	223	87	55	1434	223	87	55	1374	1:0.39:0.25:6.69	1:0.39:0.25:6.42	1:0.39:0.25:6.15
		1.45	223	87	57	1492	223	87	57	1432	223	87	57	1372	1:0.39:0.26:6.68	1:0.39:0.26:6.41	1:0.39:0.26:6.14
		1.50	223	87	59	1490	223	87	59	1430	223	87	59	1370	1:0.39:0.26:6.67	1:0.39:0.26:6.40	1:0.39:0.26:6.13
	47.5	1.10	200	115	39	1506	200	115	39	1446	200	115	39	1386	1:0.57:0.19:7.54	1:0.57:0.19:7.24	1:0.57:0.19:6.94
		1.15	200	115	41	1505	200	115	41	1445	200	115	41	1385	1:0.57:0.20:7.53	1:0.57:0.20:7.23	1:0.57:0.20:6.93
		1.20	200	115	42	1503	200	115	42	1443	200	115	42	1383	1:0.57:0.21:7.52	1:0.57:0.21:7.21	1:0.57:0.21:6.92
		1.25	200	115	44	1501	200	115	44	1441	200	115	44	1381	1:0.57:0.22:7.51	1:0.57:0.22:7.21	1:0.57:0.22:6.91
		1.30	200	115	46	1499	200	115	46	1439	200	115	46	1379	1:0.57:0.23:7.50	1:0.57:0.23:7.20	1:0.57:0.23:6.90
		1.35	200	115	48	1498	200	115	48	1438	200	115	48	1378	1:0.57:0.24:7.49	1:0.57:0.24:7.19	1:0.57:0.24:6.89
		1.40	200	115	49	1496	200	115	49	1436	200	115	49	1376	1:0.57:0.25:7.48	1:0.57:0.25:7.18	1:0.57:0.25:6.88
		1.45	200	115	51	1494	200	115	51	1434	200	115	51	1374	1:0.57:0.26:7.48	1:0.57:0.26:7.18	1:0.57:0.26:6.88
		1.50	200	115	53	1492	200	115	53	1432	200	115	53	1372	1:0.57:0.26:7.47	1:0.57:0.26:7.17	1:0.57:0.26:6.87

注：石灰膏为标准稠度（120mm）时的用量。

砂浆强度等级：M15　　施工水平：较差　　配制强度：18.75MPa　　粉煤灰取代水泥率：15%

水泥强度等级	水泥实际强度(MPa)	粉煤灰超量系数	材料用量（kg/m³）											配合比（重量比）		
			粗砂				中砂				细砂				粗砂	中砂	细砂
			水泥 Q_{C0}	石灰 Q_{D0}	粉煤灰 Q_{f0}	砂 Q_{S0}	水泥 Q_{C0}	石灰 Q_{D0}	粉煤灰 Q_{f0}	砂 Q_{S0}	水泥 Q_{C0}	石灰 Q_{D0}	粉煤灰 Q_{f0}	砂 Q_{S0}	水泥:石灰:粉煤灰:砂 $Q_C:Q_D:Q_f:Q_S$	水泥:石灰:粉煤灰:砂 $Q_C:Q_D:Q_f:Q_S$	水泥:石灰:粉煤灰:砂 $Q_C:Q_D:Q_f:Q_S$
52.5	52.5	1.10	181	137	35	1507	181	137	35	1447	181	137	35	1387	1:0.76:0.19:8.33	1:0.76:0.19:8.00	1:0.76:0.19:7.67
		1.15	181	137	37	1505	181	137	37	1445	181	137	37	1385	1:0.76:0.20:8.32	1:0.76:0.20:7.99	1:0.76:0.20:7.66
		1.20	181	137	38	1504	181	137	38	1444	181	137	38	1384	1:0.76:0.21:8.32	1:0.76:0.21:7.98	1:0.76:0.21:7.65
		1.25	181	137	40	1502	181	137	40	1442	181	137	40	1382	1:0.76:0.22:8.31	1:0.76:0.22:7.97	1:0.76:0.22:7.64
		1.30	181	137	41	1500	181	137	41	1440	181	137	41	1380	1:0.76:0.23:8.30	1:0.76:0.23:7.97	1:0.76:0.23:7.63
		1.35	181	137	43	1499	181	137	43	1439	181	137	43	1379	1:0.76:0.24:8.29	1:0.76:0.24:7.96	1:0.76:0.24:7.63
		1.40	181	137	45	1497	181	137	45	1437	181	137	45	1377	1:0.76:0.25:8.28	1:0.76:0.25:7.95	1:0.76:0.25:7.62
		1.45	181	137	46	1496	181	137	46	1436	181	137	46	1376	1:0.76:0.26:8.27	1:0.76:0.26:7.94	1:0.76:0.26:7.61
		1.50	181	137	47	1494	181	137	47	1434	181	137	47	1374	1:0.76:0.26:8.26	1:0.76:0.26:7.93	1:0.76:0.26:7.60
	57.5	1.10	165	156	32	1507	165	156	32	1447	165	156	32	1387	1:0.94:0.19:9.13	1:0.94:0.19:8.77	1:0.94:0.19:8.40
		1.15	165	156	34	1506	165	156	34	1446	165	156	34	1386	1:0.94:0.20:9.12	1:0.94:0.20:8.76	1:0.94:0.20:8.39
		1.20	165	156	35	1504	165	156	35	1444	165	156	35	1384	1:0.94:0.21:9.11	1:0.94:0.21:8.75	1:0.94:0.21:8.38
		1.25	165	156	36	1503	165	156	36	1443	165	156	36	1383	1:0.94:0.22:9.10	1:0.94:0.22:8.74	1:0.94:0.22:8.38
		1.30	165	156	38	1501	165	156	38	1441	165	156	38	1381	1:0.94:0.23:9.09	1:0.94:0.23:8.73	1:0.94:0.23:8.37
		1.35	165	156	39	1500	165	156	39	1440	165	156	39	1380	1:0.94:0.24:9.08	1:0.94:0.24:8.72	1:0.94:0.24:8.36
		1.40	165	156	41	1498	165	156	41	1438	165	156	41	1378	1:0.94:0.25:9.08	1:0.94:0.25:8.71	1:0.94:0.25:8.35
		1.45	165	156	42	1497	165	156	42	1437	165	156	42	1377	1:0.94:0.26:9.07	1:0.94:0.26:8.70	1:0.94:0.26:8.34
		1.50	165	156	44	1495	165	156	44	1435	165	156	44	1375	1:0.94:0.26:9.06	1:0.94:0.26:8.69	1:0.94:0.26:8.33

注：石灰膏为标准稠度（120mm）时的用量。

砂浆强度等级：M15　　施工水平：优良　　配制强度：17.25MPa　　粉煤灰取代水泥率：20％

水泥强度等级	水泥实际强度(MPa)	粉煤灰超量系数	材料用量（kg/m³） 粗砂 水泥 Q_{C0}	石灰 Q_{D0}	粉煤灰 Q_{f0}	砂 Q_{S0}	中砂 水泥 Q_{C0}	石灰 Q_{D0}	粉煤灰 Q_{f0}	砂 Q_{S0}	细砂 水泥 Q_{C0}	石灰 Q_{D0}	粉煤灰 Q_{f0}	砂 Q_{S0}	配合比（重量比） 粗砂 水泥:石灰:粉煤灰:砂 $Q_C:Q_D:Q_f:Q_S$	中砂 水泥:石灰:粉煤灰:砂 $Q_C:Q_D:Q_f:Q_S$	细砂 水泥:石灰:粉煤灰:砂 $Q_C:Q_D:Q_f:Q_S$
42.5	42.5	1.10	201	99	55	1505	201	99	55	1445	201	99	55	1385	1:0.49:0.28:7.49	1:0.49:0.28:7.19	1:0.49:0.28:6.89
		1.15	201	99	58	1502	201	99	58	1442	201	99	58	1382	1:0.49:0.29:7.48	1:0.49:0.29:7.18	1:0.49:0.29:6.88
		1.20	201	99	60	1500	201	99	60	1440	201	99	60	1380	1:0.49:0.30:7.47	1:0.49:0.30:7.17	1:0.49:0.30:6.87
		1.25	201	99	63	1497	201	99	63	1437	201	99	63	1377	1:0.49:0.31:7.45	1:0.49:0.31:7.15	1:0.49:0.31:6.86
		1.30	201	99	65	1495	201	99	65	1435	201	99	65	1375	1:0.49:0.33:7.44	1:0.49:0.33:7.14	1:0.49:0.33:6.84
		1.35	201	99	68	1492	201	99	68	1432	201	99	68	1372	1:0.49:0.34:7.43	1:0.49:0.34:7.13	1:0.49:0.34:6.83
		1.40	201	99	70	1490	201	99	70	1430	201	99	70	1370	1:0.49:0.35:7.42	1:0.49:0.35:7.12	1:0.49:0.35:6.82
		1.45	201	99	73	1487	201	99	73	1427	201	99	73	1367	1:0.49:0.36:7.40	1:0.49:0.36:7.10	1:0.49:0.36:6.81
		1.50	201	99	75	1485	201	99	75	1425	201	99	75	1365	1:0.49:0.38:7.39	1:0.49:0.38:7.09	1:0.49:0.38:6.79
	47.5	1.10	180	125	49	1506	180	125	49	1446	180	125	49	1386	1:0.70:0.28:8.38	1:0.70:0.28:8.04	1:0.70:0.28:7.71
		1.15	180	125	52	1503	180	125	52	1443	180	125	52	1383	1:0.70:0.29:8.36	1:0.70:0.29:8.03	1:0.70:0.29:7.70
		1.20	180	125	54	1501	180	125	54	1441	180	125	54	1381	1:0.70:0.30:8.35	1:0.70:0.30:8.02	1:0.70:0.30:7.68
		1.25	180	125	56	1499	180	125	56	1439	180	125	56	1379	1:0.70:0.31:8.34	1:0.70:0.31:8.00	1:0.70:0.31:7.67
		1.30	180	125	58	1497	180	125	58	1437	180	125	58	1377	1:0.70:0.33:8.33	1:0.70:0.33:7.99	1:0.70:0.33:7.66
		1.35	180	125	61	1494	180	125	61	1434	180	125	61	1374	1:0.70:0.34:8.31	1:0.70:0.34:7.98	1:0.70:0.34:7.65
		1.40	180	125	63	1492	180	125	63	1432	180	125	63	1372	1:0.70:0.35:8.30	1:0.70:0.35:7.97	1:0.70:0.35:7.63
		1.45	180	125	65	1490	180	125	65	1430	180	125	65	1370	1:0.70:0.36:8.29	1:0.70:0.36:7.95	1:0.70:0.36:7.62
		1.50	180	125	67	1488	180	125	67	1428	180	125	67	1368	1:0.70:0.38:8.28	1:0.70:0.38:7.94	1:0.70:0.38:7.61

注：石灰膏为标准稠度（120mm）时的用量。

砂浆强度等级：M15　　施工水平：优良　　配制强度：17.25MPa　　粉煤灰取代水泥率：20％

水泥强度等级	水泥实际强度(MPa)	粉煤灰超量系数	材料用量（kg/m³） 粗砂				中砂				细砂				配合比（重量比） 粗砂 水泥:石灰:粉煤灰:砂 $Q_C:Q_D:Q_f:Q_S$	中砂 水泥:石灰:粉煤灰:砂 $Q_C:Q_D:Q_f:Q_S$	细砂 水泥:石灰:粉煤灰:砂 $Q_C:Q_D:Q_f:Q_S$
			水泥Q_{C0}	石灰Q_{D0}	粉煤灰Q_{f0}	砂Q_{S0}	水泥Q_{C0}	石灰Q_{D0}	粉煤灰Q_{f0}	砂Q_{S0}	水泥Q_{C0}	石灰Q_{D0}	粉煤灰Q_{f0}	砂Q_{S0}			
52.5	52.5	1.10	163	147	45	1506	163	147	45	1446	163	147	45	1386	1:0.90:0.28:9.26	1:0.90:0.28:8.89	1:0.90:0.28:8.52
		1.15	163	147	47	1504	163	147	47	1444	163	147	47	1384	1:0.90:0.29:9.25	1:0.90:0.29:8.88	1:0.90:0.29:8.51
		1.20	163	147	49	1502	163	147	49	1442	163	147	49	1382	1:0.90:0.30:9.23	1:0.90:0.30:8.87	1:0.90:0.30:8.50
		1.25	163	147	51	1500	163	147	51	1440	163	147	51	1380	1:0.90:0.31:9.22	1:0.90:0.31:8.85	1:0.90:0.31:8.48
		1.30	163	147	53	1498	163	147	53	1438	163	147	53	1378	1:0.90:0.33:9.21	1:0.90:0.33:8.84	1:0.90:0.33:8.47
		1.35	163	147	55	1496	163	147	55	1436	163	147	55	1376	1:0.90:0.34:9.20	1:0.90:0.34:8.83	1:0.90:0.34:8.46
		1.40	163	147	57	1494	163	147	57	1434	163	147	57	1374	1:0.90:0.35:9.18	1:0.90:0.35:8.82	1:0.90:0.35:8.45
		1.45	163	147	59	1492	163	147	59	1432	163	147	59	1372	1:0.90:0.36:9.17	1:0.90:0.36:8.80	1:0.90:0.36:8.43
		1.50	163	147	61	1490	163	147	61	1430	163	147	61	1370	1:0.90:0.38:9.16	1:0.90:0.38:8.79	1:0.90:0.38:8.42
	57.5	1.10	148	164	41	1506	148	164	41	1446	148	164	41	1386	1:1.11:0.28:10.14	1:1.11:0.28:9.74	1:1.11:0.28:9.34
		1.15	148	164	43	1504	148	164	43	1444	148	164	43	1384	1:1.11:0.29:10.13	1:1.11:0.29:9.73	1:1.11:0.29:9.32
		1.20	148	164	45	1503	148	164	45	1443	148	164	45	1383	1:1.11:0.30:10.12	1:1.11:0.30:9.71	1:1.11:0.30:9.31
		1.25	148	164	46	1501	148	164	46	1441	148	164	46	1381	1:1.11:0.31:10.11	1:1.11:0.31:9.70	1:1.11:0.31:9.30
		1.30	148	164	48	1499	148	164	48	1439	148	164	48	1379	1:1.11:0.33:10.09	1:1.11:0.33:9.69	1:1.11:0.33:9.29
		1.35	148	164	50	1497	148	164	50	1437	148	164	50	1377	1:1.11:0.34:10.08	1:1.11:0.34:9.68	1:1.11:0.34:9.27
		1.40	148	164	52	1495	148	164	52	1435	148	164	52	1375	1:1.11:0.35:10.07	1:1.11:0.35:9.66	1:1.11:0.35:9.26
		1.45	148	164	54	1493	148	164	54	1433	148	164	54	1373	1:1.11:0.36:10.06	1:1.11:0.36:9.65	1:1.11:0.36:9.25
		1.50	148	164	56	1491	148	164	56	1431	148	164	56	1371	1:1.11:0.38:10.04	1:1.11:0.38:9.64	1:1.11:0.38:9.24

注：石灰膏为标准稠度（120mm）时的用量。

砂浆强度等级：M15　　施工水平：一般　　配制强度：18.00MPa　　粉煤灰取代水泥率：20%

水泥强度等级	水泥实际强度(MPa)	粉煤灰超量系数	材料用量（kg/m³）												配合比（重量比）			
			粗砂				中砂				细砂				粗砂	中砂	细砂
			水泥Q_{C0}	石灰Q_{D0}	粉煤灰Q_{f0}	砂Q_{S0}	水泥Q_{C0}	石灰Q_{D0}	粉煤灰Q_{f0}	砂Q_{S0}	水泥Q_{C0}	石灰Q_{D0}	粉煤灰Q_{f0}	砂Q_{S0}	水泥:石灰:粉煤灰:砂 $Q_C:Q_D:Q_f:Q_S$	水泥:石灰:粉煤灰:砂 $Q_C:Q_D:Q_f:Q_S$	水泥:石灰:粉煤灰:砂 $Q_C:Q_D:Q_f:Q_S$
42.5	42.5	1.10	206	93	57	1505	206	93	57	1445	206	93	57	1385	1:0.45:0.28:7.32	1:0.45:0.28:7.03	1:0.45:0.28:6.74
		1.15	206	93	59	1502	206	93	59	1442	206	93	59	1382	1:0.45:0.29:7.31	1:0.45:0.29:7.02	1:0.45:0.29:6.72
		1.20	206	93	62	1500	206	93	62	1440	206	93	62	1380	1:0.45:0.30:7.30	1:0.45:0.30:7.00	1:0.45:0.30:6.71
		1.25	206	93	64	1497	206	93	64	1437	206	93	64	1377	1:0.45:0.31:7.28	1:0.45:0.31:6.99	1:0.45:0.31:6.70
		1.30	206	93	67	1495	206	93	67	1435	206	93	67	1375	1:0.45:0.33:7.27	1:0.45:0.33:6.98	1:0.45:0.33:6.69
		1.35	206	93	69	1492	206	93	69	1432	206	93	69	1372	1:0.45:0.34:7.26	1:0.45:0.34:6.97	1:0.45:0.34:6.67
		1.40	206	93	72	1489	206	93	72	1429	206	93	72	1369	1:0.45:0.35:7.25	1:0.45:0.35:6.95	1:0.45:0.35:6.66
		1.45	206	93	75	1487	206	93	75	1427	206	93	75	1367	1:0.45:0.36:7.23	1:0.45:0.36:6.94	1:0.45:0.36:6.65
		1.50	206	93	77	1484	206	93	77	1424	206	93	77	1364	1:0.45:0.38:7.22	1:0.45:0.38:6.93	1:0.45:0.38:6.64
	47.5	1.10	184	120	51	1505	184	120	51	1445	184	120	51	1385	1:0.65:0.28:8.18	1:0.65:0.28:7.86	1:0.65:0.28:7.53
		1.15	184	120	53	1503	184	120	53	1443	184	120	53	1383	1:0.65:0.29:8.17	1:0.65:0.29:7.85	1:0.65:0.29:7.52
		1.20	184	120	55	1501	184	120	55	1441	184	120	55	1381	1:0.65:0.30:8.16	1:0.65:0.30:7.83	1:0.65:0.30:7.51
		1.25	184	120	57	1499	184	120	57	1439	184	120	57	1379	1:0.65:0.31:8.15	1:0.65:0.31:7.82	1:0.65:0.31:7.49
		1.30	184	120	60	1496	184	120	60	1436	184	120	60	1376	1:0.65:0.33:8.13	1:0.65:0.33:7.81	1:0.65:0.33:7.48
		1.35	184	120	62	1494	184	120	62	1434	184	120	62	1374	1:0.65:0.34:8.12	1:0.65:0.34:7.80	1:0.65:0.34:7.47
		1.40	184	120	64	1492	184	120	64	1432	184	120	64	1372	1:0.65:0.35:8.11	1:0.65:0.35:7.78	1:0.65:0.35:7.46
		1.45	184	120	67	1489	184	120	67	1429	184	120	67	1369	1:0.65:0.36:8.10	1:0.65:0.36:7.77	1:0.65:0.36:7.44
		1.50	184	120	69	1487	184	120	69	1427	184	120	69	1367	1:0.65:0.38:8.08	1:0.65:0.38:7.76	1:0.65:0.38:7.43

注：石灰膏为标准稠度（120mm）时的用量。

砂浆强度等级：M15　　施工水平：一般　　配制强度：18.00MPa　　粉煤灰取代水泥率：20%

水泥强度等级	水泥实际强度(MPa)	粉煤灰超量系数	材料用量（kg/m³）													配合比（重量比）		
			粗砂				中砂				细砂				粗砂	中砂	细砂
			水泥 Q_{C0}	石灰 Q_{D0}	粉煤灰 Q_{f0}	砂 Q_{S0}	水泥 Q_{C0}	石灰 Q_{D0}	粉煤灰 Q_{f0}	砂 Q_{S0}	水泥 Q_{C0}	石灰 Q_{D0}	粉煤灰 Q_{f0}	砂 Q_{S0}	水泥:石灰:粉煤灰:砂 $Q_C:Q_D:Q_f:Q_S$	水泥:石灰:粉煤灰:砂 $Q_C:Q_D:Q_f:Q_S$	水泥:石灰:粉煤灰:砂 $Q_C:Q_D:Q_f:Q_S$
52.5	52.5	1.10	166	142	46	1506	166	142	46	1446	166	142	46	1386	1:0.85:0.28:9.05	1:0.85:0.28:8.69	1:0.85:0.28:8.33
		1.15	166	142	48	1504	166	142	48	1444	166	142	48	1384	1:0.85:0.29:9.04	1:0.85:0.29:8.68	1:0.85:0.29:8.32
		1.20	166	142	50	1502	166	142	50	1442	166	142	50	1382	1:0.85:0.30:9.02	1:0.85:0.30:8.66	1:0.85:0.30:8.30
		1.25	166	142	52	1500	166	142	52	1440	166	142	52	1380	1:0.85:0.31:9.01	1:0.85:0.31:8.65	1:0.85:0.31:8.29
		1.30	166	142	54	1498	166	142	54	1438	166	142	54	1378	1:0.85:0.33:9.00	1:0.85:0.33:8.64	1:0.85:0.33:8.28
		1.35	166	142	56	1495	166	142	56	1435	166	142	56	1375	1:0.85:0.34:8.99	1:0.85:0.34:8.63	1:0.85:0.34:8.27
		1.40	166	142	58	1493	166	142	58	1433	166	142	58	1373	1:0.85:0.35:8.97	1:0.85:0.35:8.61	1:0.85:0.35:8.25
		1.45	166	142	60	1491	166	142	60	1431	166	142	60	1371	1:0.85:0.36:8.96	1:0.85:0.36:8.60	1:0.85:0.36:8.24
		1.50	166	142	62	1489	166	142	62	1429	166	142	62	1369	1:0.85:0.38:8.95	1:0.85:0.38:8.59	1:0.85:0.38:8.23
	57.5	1.10	152	160	42	1506	152	160	42	1446	152	160	42	1386	1:1.05:0.28:9.91	1:1.05:0.28:9.52	1:1.05:0.28:9.12
		1.15	152	160	44	1504	152	160	44	1444	152	160	44	1384	1:1.05:0.29:9.90	1:1.05:0.29:9.51	1:1.05:0.29:9.11
		1.20	152	160	46	1502	152	160	46	1442	152	160	46	1382	1:1.05:0.30:9.89	1:1.05:0.30:9.49	1:1.05:0.30:9.10
		1.25	152	160	47	1501	152	160	47	1441	152	160	47	1381	1:1.05:0.31:9.88	1:1.05:0.31:9.48	1:1.05:0.31:9.09
		1.30	152	160	49	1499	152	160	49	1439	152	160	49	1379	1:1.05:0.33:9.86	1:1.05:0.33:9.47	1:1.05:0.33:9.07
		1.35	152	160	51	1497	152	160	51	1437	152	160	51	1377	1:1.05:0.34:9.85	1:1.05:0.34:9.46	1:1.05:0.34:9.06
		1.40	152	160	53	1495	152	160	53	1435	152	160	53	1375	1:1.05:0.35:9.84	1:1.05:0.35:9.44	1:1.05:0.35:9.05
		1.45	152	160	55	1493	152	160	55	1433	152	160	55	1373	1:1.05:0.36:9.83	1:1.05:0.36:9.43	1:1.05:0.36:9.04
		1.50	152	160	57	1491	152	160	57	1431	152	160	57	1371	1:1.05:0.38:9.81	1:1.05:0.38:9.42	1:1.05:0.38:9.02

注：石灰膏为标准稠度（120mm）时的用量。

砂浆强度等级：M15　　施工水平：较差　　配制强度：18.75MPa　　粉煤灰取代水泥率：20％

水泥强度等级	水泥实际强度(MPa)	粉煤灰超量系数	材料用量（kg/m³）											配合比（重量比）		
			粗砂				中砂				细砂				粗砂	中砂	细砂
			水泥 Q_{C0}	石灰 Q_{D0}	粉煤灰 Q_{f0}	砂 Q_{S0}	水泥 Q_{C0}	石灰 Q_{D0}	粉煤灰 Q_{f0}	砂 Q_{S0}	水泥 Q_{C0}	石灰 Q_{D0}	粉煤灰 Q_{f0}	砂 Q_{S0}	水泥:石灰:粉煤灰:砂 $Q_C:Q_D:Q_f:Q_S$	水泥:石灰:粉煤灰:砂 $Q_C:Q_D:Q_f:Q_S$	水泥:石灰:粉煤灰:砂 $Q_C:Q_D:Q_f:Q_S$
42.5	42.5	1.10	210	87	58	1505	210	87	58	1445	210	87	58	1385	1:0.41:0.28:7.16	1:0.41:0.28:6.87	1:0.41:0.28:6.59
		1.15	210	87	60	1502	210	87	60	1442	210	87	60	1382	1:0.41:0.29:7.15	1:0.41:0.29:6.86	1:0.41:0.29:6.57
		1.20	210	87	63	1499	210	87	63	1439	210	87	63	1379	1:0.41:0.30:7.13	1:0.41:0.30:6.85	1:0.41:0.30:6.56
		1.25	210	87	66	1497	210	87	66	1437	210	87	66	1377	1:0.41:0.31:7.12	1:0.41:0.31:6.83	1:0.41:0.31:6.55
		1.30	210	87	68	1494	210	87	68	1434	210	87	68	1374	1:0.41:0.33:7.11	1:0.41:0.33:6.82	1:0.41:0.33:6.54
		1.35	210	87	71	1492	210	87	71	1432	210	87	71	1372	1:0.41:0.34:7.10	1:0.41:0.34:6.81	1:0.41:0.34:6.52
		1.40	210	87	74	1489	210	87	74	1429	210	87	74	1369	1:0.41:0.35:7.08	1:0.41:0.35:6.80	1:0.41:0.35:6.51
		1.45	210	87	76	1486	210	87	76	1426	210	87	76	1366	1:0.41:0.36:7.07	1:0.41:0.36:6.78	1:0.41:0.36:6.50
		1.50	210	87	79	1484	210	87	79	1424	210	87	79	1364	1:0.41:0.38:7.06	1:0.41:0.38:6.77	1:0.41:0.38:6.49
	47.5	1.10	188	115	52	1505	188	115	52	1445	188	115	52	1385	1:0.61:0.28:8.00	1:0.61:0.28:7.68	1:0.61:0.28:7.36
		1.15	188	115	54	1503	188	115	54	1443	188	115	54	1383	1:0.61:0.29:7.99	1:0.61:0.29:7.67	1:0.61:0.29:7.35
		1.20	188	115	56	1501	188	115	56	1441	188	115	56	1381	1:0.61:0.30:7.98	1:0.61:0.30:7.66	1:0.61:0.30:7.34
		1.25	188	115	59	1498	188	115	59	1438	188	115	59	1378	1:0.61:0.31:7.97	1:0.61:0.31:7.65	1:0.61:0.31:7.33
		1.30	188	115	61	1496	188	115	61	1436	188	115	61	1376	1:0.61:0.33:7.95	1:0.61:0.33:7.63	1:0.61:0.33:7.31
		1.35	188	115	63	1494	188	115	63	1434	188	115	63	1374	1:0.61:0.34:7.94	1:0.61:0.34:7.62	1:0.61:0.34:7.30
		1.40	188	115	66	1491	188	115	66	1431	188	115	66	1371	1:0.61:0.35:7.93	1:0.61:0.35:7.61	1:0.61:0.35:7.29
		1.45	188	115	68	1489	188	115	68	1429	188	115	68	1369	1:0.61:0.36:7.92	1:0.61:0.36:7.60	1:0.61:0.36:7.28
		1.50	188	115	71	1486	188	115	71	1426	188	115	71	1366	1:0.61:0.38:7.90	1:0.61:0.38:7.58	1:0.61:0.38:7.26

注：石灰膏为标准稠度（120mm）时的用量。

砂浆强度等级：M15　　施工水平：较差　　配制强度：18.75MPa　　粉煤灰取代水泥率：20%

水泥强度等级	水泥实际强度(MPa)	粉煤灰超量系数	材料用量 (kg/m³)											配合比（重量比）		
			粗砂				中砂				细砂				粗砂	中砂	细砂
			水泥 Q_{C0}	石灰 Q_{D0}	粉煤灰 Q_{f0}	砂 Q_{S0}	水泥 Q_{C0}	石灰 Q_{D0}	粉煤灰 Q_{f0}	砂 Q_{S0}	水泥 Q_{C0}	石灰 Q_{D0}	粉煤灰 Q_{f0}	砂 Q_{S0}	水泥:石灰:粉煤灰:砂 $Q_C:Q_D:Q_f:Q_S$	水泥:石灰:粉煤灰:砂 $Q_C:Q_D:Q_f:Q_S$	水泥:石灰:粉煤灰:砂 $Q_C:Q_D:Q_f:Q_S$
52.5	52.5	1.10	170	137	47	1506	170	137	47	1446	170	137	47	1386	1:0.81:0.28:8.85	1:0.81:0.28:8.50	1:0.81:0.28:8.14
		1.15	170	137	49	1504	170	137	49	1444	170	137	49	1384	1:0.81:0.29:8.84	1:0.81:0.29:8.48	1:0.81:0.29:8.13
		1.20	170	137	51	1501	170	137	51	1441	170	137	51	1381	1:0.81:0.30:8.82	1:0.81:0.30:8.47	1:0.81:0.30:8.12
		1.25	170	137	53	1499	170	137	53	1439	170	137	53	1379	1:0.81:0.31:8.81	1:0.81:0.31:8.46	1:0.81:0.31:8.11
		1.30	170	137	55	1497	170	137	55	1437	170	137	55	1377	1:0.81:0.33:8.80	1:0.81:0.33:8.45	1:0.81:0.33:8.09
		1.35	170	137	57	1495	170	137	57	1435	170	137	57	1375	1:0.81:0.34:8.79	1:0.81:0.34:8.43	1:0.81:0.34:8.08
		1.40	170	137	60	1493	170	137	60	1433	170	137	60	1373	1:0.81:0.35:8.77	1:0.81:0.35:8.42	1:0.81:0.35:8.07
		1.45	170	137	62	1491	170	137	62	1431	170	137	62	1371	1:0.81:0.36:8.76	1:0.81:0.36:8.41	1:0.81:0.36:8.06
		1.50	170	137	64	1489	170	137	64	1429	170	137	64	1369	1:0.81:0.38:8.75	1:0.81:0.38:8.40	1:0.81:0.38:8.04
	57.5	1.10	155	156	43	1506	155	156	43	1446	155	156	43	1386	1:1.00:0.28:9.69	1:1.00:0.28:9.31	1:1.00:0.28:8.92
		1.15	155	156	45	1504	155	156	45	1444	155	156	45	1384	1:1.00:0.29:9.68	1:1.00:0.29:9.29	1:1.00:0.29:8.91
		1.20	155	156	47	1502	155	156	47	1442	155	156	47	1382	1:1.00:0.30:9.67	1:1.00:0.30:9.28	1:1.00:0.30:8.90
		1.25	155	156	49	1500	155	156	49	1440	155	156	49	1380	1:1.00:0.31:9.66	1:1.00:0.31:9.27	1:1.00:0.31:8.88
		1.30	155	156	51	1498	155	156	51	1438	155	156	51	1378	1:1.00:0.33:9.64	1:1.00:0.33:9.26	1:1.00:0.33:8.87
		1.35	155	156	52	1496	155	156	52	1436	155	156	52	1376	1:1.00:0.34:9.63	1:1.00:0.34:9.24	1:1.00:0.34:8.86
		1.40	155	156	54	1494	155	156	54	1434	155	156	54	1374	1:1.00:0.35:9.62	1:1.00:0.35:9.23	1:1.00:0.35:8.85
		1.45	155	156	56	1493	155	156	56	1433	155	156	56	1373	1:1.00:0.36:9.61	1:1.00:0.36:9.22	1:1.00:0.36:8.83
		1.50	155	156	58	1491	155	156	58	1431	155	156	58	1371	1:1.00:0.38:9.59	1:1.00:0.38:9.21	1:1.00:0.38:8.82

注：石灰膏为标准稠度（120mm）时的用量。

M20 粉煤灰混合砂浆配合比

砂浆强度等级：M20　　施工水平：优良　　配制强度：23.00MPa　　粉煤灰取代水泥率：10%

水泥强度等级	水泥实际强度(MPa)	粉煤灰超量系数	材料用量（kg/m³）												配合比（重量比）		
			粗砂				中砂				细砂				粗砂	中砂	细 砂
			水泥Q_{C0}	石灰Q_{D0}	粉煤灰Q_{f0}	砂Q_{S0}	水泥Q_{C0}	石灰Q_{D0}	粉煤灰Q_{f0}	砂Q_{S0}	水泥Q_{C0}	石灰Q_{D0}	粉煤灰Q_{f0}	砂Q_{S0}	水泥:石灰:粉煤灰:砂 $Q_C:Q_D:Q_f:Q_S$	水泥:石灰:粉煤灰:砂 $Q_C:Q_D:Q_f:Q_S$	水泥:石灰:粉煤灰:砂 $Q_C:Q_D:Q_f:Q_S$
42.5	42.5	1.10	266	54	33	1507	266	54	33	1447	266	54	33	1387	1:0.20:0.12:5.66	1:0.20:0.12:5.44	1:0.20:0.12:5.21
		1.15	266	54	34	1506	266	54	34	1446	266	54	34	1386	1:0.20:0.12:5.66	1:0.20:0.12:5.43	1:0.20:0.12:5.20
		1.20	266	54	35	1504	266	54	35	1444	266	54	35	1384	1:0.20:0.13:5.65	1:0.20:0.13:5.42	1:0.20:0.13:5.20
		1.25	266	54	37	1503	266	54	37	1443	266	54	37	1383	1:0.20:0.14:5.64	1:0.20:0.14:5.42	1:0.20:0.14:5.19
		1.30	266	54	38	1501	266	54	38	1441	266	54	38	1381	1:0.20:0.14:5.64	1:0.20:0.14:5.41	1:0.20:0.14:5.19
		1.35	266	54	40	1500	266	54	40	1440	266	54	40	1380	1:0.20:0.15:5.63	1:0.20:0.15:5.41	1:0.20:0.15:5.18
		1.40	266	54	41	1498	266	54	41	1438	266	54	41	1378	1:0.20:0.16:5.63	1:0.20:0.16:5.40	1:0.20:0.16:5.18
		1.45	266	54	43	1497	266	54	43	1437	266	54	43	1377	1:0.20:0.16:5.62	1:0.20:0.16:5.40	1:0.20:0.16:5.17
		1.50	266	54	44	1495	266	54	44	1435	266	54	44	1375	1:0.20:0.17:5.62	1:0.20:0.17:5.39	1:0.20:0.17:5.17
	47.5	1.10	238	85	29	1507	238	85	29	1447	238	85	29	1387	1:0.36:0.12:6.33	1:0.36:0.12:6.08	1:0.36:0.12:5.82
		1.15	238	85	30	1506	238	85	30	1446	238	85	30	1386	1:0.36:0.13:6.32	1:0.36:0.13:6.07	1:0.36:0.13:5.82
		1.20	238	85	32	1505	238	85	32	1445	238	85	32	1385	1:0.36:0.13:6.32	1:0.36:0.13:6.07	1:0.36:0.13:5.81
		1.25	238	85	33	1503	238	85	33	1443	238	85	33	1383	1:0.36:0.14:6.31	1:0.36:0.14:6.06	1:0.36:0.14:5.81
		1.30	238	85	34	1502	238	85	34	1442	238	85	34	1382	1:0.36:0.14:6.31	1:0.36:0.14:6.05	1:0.36:0.14:5.80
		1.35	238	85	36	1501	238	85	36	1441	238	85	36	1381	1:0.36:0.15:6.30	1:0.36:0.15:6.05	1:0.36:0.15:5.80
		1.40	238	85	37	1499	238	85	37	1439	238	85	37	1379	1:0.36:0.16:6.30	1:0.36:0.16:6.04	1:0.36:0.16:5.79
		1.45	238	85	38	1498	238	85	38	1438	238	85	38	1378	1:0.36:0.16:6.29	1:0.36:0.16:6.04	1:0.36:0.16:5.79
		1.50	238	85	40	1497	238	85	40	1437	238	85	40	1377	1:0.36:0.17:6.28	1:0.36:0.17:6.03	1:0.36:0.17:5.78

注：石灰膏为标准稠度（120mm）时的用量。

砂浆强度等级：M20　　施工水平：优良　　配制强度：23.00MPa　　粉煤灰取代水泥率：10%

水泥强度等级	水泥实际强度(MPa)	粉煤灰超量系数	材料用量（kg/m³）												配合比（重量比）		
			粗砂				中砂				细砂				粗砂	中砂	细砂
			水泥 Q_{C0}	石灰 Q_{D0}	粉煤灰 Q_{f0}	砂 Q_{S0}	水泥 Q_{C0}	石灰 Q_{D0}	粉煤灰 Q_{f0}	砂 Q_{S0}	水泥 Q_{C0}	石灰 Q_{D0}	粉煤灰 Q_{f0}	砂 Q_{S0}	水泥:石灰:粉煤灰:砂 $Q_C:Q_D:Q_f:Q_S$	水泥:石灰:粉煤灰:砂 $Q_C:Q_D:Q_f:Q_S$	水泥:石灰:粉煤灰:砂 $Q_C:Q_D:Q_f:Q_S$
52.5	52.5	1.10	216	111	26	1508	216	111	26	1448	216	111	26	1388	1:0.51:0.12:7.00	1:0.51:0.12:6.72	1:0.51:0.12:6.44
		1.15	216	111	28	1506	216	111	28	1446	216	111	28	1386	1:0.51:0.13:6.99	1:0.51:0.13:6.71	1:0.51:0.13:6.43
		1.20	216	111	29	1505	216	111	29	1445	216	111	29	1385	1:0.51:0.13:6.98	1:0.51:0.13:6.71	1:0.51:0.13:6.43
		1.25	216	111	30	1504	216	111	30	1444	216	111	30	1384	1:0.51:0.14:6.98	1:0.51:0.14:6.70	1:0.51:0.14:6.42
		1.30	216	111	31	1503	216	111	31	1443	216	111	31	1383	1:0.51:0.14:6.97	1:0.51:0.14:6.70	1:0.51:0.14:6.42
		1.35	216	111	32	1502	216	111	32	1442	216	111	32	1382	1:0.51:0.15:6.97	1:0.51:0.15:6.69	1:0.51:0.15:6.41
		1.40	216	111	34	1500	216	111	34	1440	216	111	34	1380	1:0.51:0.16:6.96	1:0.51:0.16:6.68	1:0.51:0.16:6.41
		1.45	216	111	35	1499	216	111	35	1439	216	111	35	1379	1:0.51:0.16:6.96	1:0.51:0.16:6.68	1:0.51:0.16:6.40
		1.50	216	111	36	1498	216	111	36	1438	216	111	36	1378	1:0.51:0.17:6.95	1:0.51:0.17:6.67	1:0.51:0.17:6.39
	57.5	1.10	197	131	24	1508	197	131	24	1448	197	131	24	1388	1:0.67:0.12:7.66	1:0.67:0.12:7.36	1:0.67:0.12:7.05
		1.15	197	131	25	1507	197	131	25	1447	197	131	25	1387	1:0.67:0.13:7.66	1:0.67:0.13:7.35	1:0.67:0.13:7.05
		1.20	197	131	26	1506	197	131	26	1446	197	131	26	1386	1:0.67:0.13:7.65	1:0.67:0.13:7.35	1:0.67:0.13:7.04
		1.25	197	131	27	1505	197	131	27	1445	197	131	27	1385	1:0.67:0.14:7.65	1:0.67:0.14:7.34	1:0.67:0.14:7.04
		1.30	197	131	28	1503	197	131	28	1443	197	131	28	1383	1:0.67:0.14:7.64	1:0.67:0.14:7.34	1:0.67:0.14:7.03
		1.35	197	131	30	1502	197	131	30	1442	197	131	30	1382	1:0.67:0.15:7.64	1:0.67:0.15:7.33	1:0.67:0.15:7.03
		1.40	197	131	31	1501	197	131	31	1441	197	131	31	1381	1:0.67:0.16:7.63	1:0.67:0.16:7.32	1:0.67:0.16:7.02
		1.45	197	131	32	1500	197	131	32	1440	197	131	32	1380	1:0.67:0.16:7.62	1:0.67:0.16:7.32	1:0.67:0.16:7.01
		1.50	197	131	33	1499	197	131	33	1439	197	131	33	1379	1:0.67:0.17:7.62	1:0.67:0.17:7.31	1:0.67:0.17:7.01

注：石灰膏为标准稠度（120mm）时的用量。

砂浆强度等级：M20　　施工水平：一般　　配制强度：24.00MPa　　粉煤灰取代水泥率：10%

水泥强度等级	水泥实际强度(MPa)	粉煤灰超量系数	材料用量（kg/m³）											配合比（重量比）		
			粗砂				中砂				细砂				粗砂	中砂	细砂
			水泥Q_{C0}	石灰Q_{D0}	粉煤灰Q_{f0}	砂Q_{S0}	水泥Q_{C0}	石灰Q_{D0}	粉煤灰Q_{f0}	砂Q_{S0}	水泥Q_{C0}	石灰Q_{D0}	粉煤灰Q_{f0}	砂Q_{S0}	水泥:石灰:粉煤灰:砂 $Q_C:Q_D:Q_f:Q_S$	水泥:石灰:粉煤灰:砂 $Q_C:Q_D:Q_f:Q_S$	水泥:石灰:粉煤灰:砂 $Q_C:Q_D:Q_f:Q_S$
42.5	42.5	1.10	273	46	33	1507	273	46	33	1447	273	46	33	1387	1:0.17:0.12:5.52	1:0.17:0.12:5.30	1:0.17:0.12:5.08
		1.15	273	46	35	1505	273	46	35	1445	273	46	35	1385	1:0.17:0.13:5.51	1:0.17:0.13:5.29	1:0.17:0.13:5.07
		1.20	273	46	36	1504	273	46	36	1444	273	46	36	1384	1:0.17:0.13:5.50	1:0.17:0.13:5.29	1:0.17:0.13:5.07
		1.25	273	46	38	1502	273	46	38	1442	273	46	38	1382	1:0.17:0.14:5.50	1:0.17:0.14:5.28	1:0.17:0.14:5.06
		1.30	273	46	39	1501	273	46	39	1441	273	46	39	1381	1:0.17:0.14:5.49	1:0.17:0.14:5.27	1:0.17:0.14:5.05
		1.35	273	46	41	1499	273	46	41	1439	273	46	41	1379	1:0.17:0.15:5.49	1:0.17:0.15:5.27	1:0.17:0.15:5.05
		1.40	273	46	42	1498	273	46	42	1438	273	46	42	1378	1:0.17:0.16:5.48	1:0.17:0.16:5.26	1:0.17:0.16:5.04
		1.45	273	46	44	1496	273	46	44	1436	273	46	44	1376	1:0.17:0.16:5.48	1:0.17:0.16:5.26	1:0.17:0.16:5.04
		1.50	273	46	46	1495	273	46	46	1435	273	46	46	1375	1:0.17:0.17:5.47	1:0.17:0.17:5.25	1:0.17:0.17:5.03
	47.5	1.10	244	78	30	1507	244	78	30	1447	244	78	30	1387	1:0.32:0.12:6.17	1:0.32:0.12:5.92	1:0.32:0.12:5.68
		1.15	244	78	31	1506	244	78	31	1446	244	78	31	1386	1:0.32:0.13:6.16	1:0.32:0.13:5.92	1:0.32:0.13:5.67
		1.20	244	78	33	1505	244	78	33	1445	244	78	33	1385	1:0.32:0.13:6.16	1:0.32:0.13:5.91	1:0.32:0.13:5.66
		1.25	244	78	34	1503	244	78	34	1443	244	78	34	1383	1:0.32:0.14:6.15	1:0.32:0.14:5.90	1:0.32:0.14:5.66
		1.30	244	78	35	1502	244	78	35	1442	244	78	35	1382	1:0.32:0.14:6.14	1:0.32:0.14:5.90	1:0.32:0.14:5.65
		1.35	244	78	37	1500	244	78	37	1440	244	78	37	1380	1:0.32:0.15:6.14	1:0.32:0.15:5.89	1:0.32:0.15:5.65
		1.40	244	78	38	1499	244	78	38	1439	244	78	38	1379	1:0.32:0.16:6.13	1:0.32:0.16:5.89	1:0.32:0.16:5.64
		1.45	244	78	39	1498	244	78	39	1438	244	78	39	1378	1:0.32:0.16:6.13	1:0.32:0.16:5.88	1:0.32:0.16:5.64
		1.50	244	78	41	1496	244	78	41	1436	244	78	41	1376	1:0.32:0.17:6.12	1:0.32:0.17:5.88	1:0.32:0.17:5.63

注：石灰膏为标准稠度（120mm）时的用量。

砂浆强度等级：M20　　施工水平：一般　　配制强度：24.00MPa　　粉煤灰取代水泥率：10%

水泥强度等级	水泥实际强度(MPa)	粉煤灰超量系数	材料用量（kg/m³）											配合比（重量比）		
			粗砂				中砂				细砂				粗砂	中砂	细砂
			水泥 Q_{C0}	石灰 Q_{D0}	粉煤灰 Q_{f0}	砂 Q_{S0}	水泥 Q_{C0}	石灰 Q_{D0}	粉煤灰 Q_{f0}	砂 Q_{S0}	水泥 Q_{C0}	石灰 Q_{D0}	粉煤灰 Q_{f0}	砂 Q_{S0}	水泥:石灰:粉煤灰:砂 $Q_C:Q_D:Q_f:Q_S$	水泥:石灰:粉煤灰:砂 $Q_C:Q_D:Q_f:Q_S$	水泥:石灰:粉煤灰:砂 $Q_C:Q_D:Q_f:Q_S$
52.5	52.5	1.10	221	104	27	1508	221	104	27	1448	221	104	27	1388	1:0.47:0.12:6.82	1:0.47:0.12:6.55	1:0.47:0.12:6.27
		1.15	221	104	28	1506	221	104	28	1446	221	104	28	1386	1:0.47:0.13:6.81	1:0.47:0.13:6.54	1:0.47:0.13:6.27
		1.20	221	104	29	1505	221	104	29	1445	221	104	29	1385	1:0.47:0.13:6.81	1:0.47:0.13:6.53	1:0.47:0.13:6.26
		1.25	221	104	31	1504	221	104	31	1444	221	104	31	1384	1:0.47:0.14:6.80	1:0.47:0.14:6.53	1:0.47:0.14:6.26
		1.30	221	104	32	1503	221	104	32	1443	221	104	32	1383	1:0.47:0.14:6.79	1:0.47:0.14:6.52	1:0.47:0.14:6.25
		1.35	221	104	33	1501	221	104	33	1441	221	104	33	1381	1:0.47:0.15:6.79	1:0.47:0.15:6.52	1:0.47:0.15:6.25
		1.40	221	104	34	1500	221	104	34	1440	221	104	34	1380	1:0.47:0.15:6.78	1:0.47:0.16:6.51	1:0.47:0.16:6.24
		1.45	221	104	36	1499	221	104	36	1439	221	104	36	1379	1:0.47:0.16:6.78	1:0.47:0.16:6.51	1:0.47:0.16:6.24
		1.50	221	104	37	1498	221	104	37	1438	221	104	37	1378	1:0.47:0.17:6.77	1:0.47:0.17:6.50	1:0.47:0.17:6.23
	57.5	1.10	202	126	25	1508	202	126	25	1448	202	126	25	1388	1:0.62:0.12:7.47	1:0.62:0.12:7.17	1:0.62:0.12:6.87
		1.15	202	126	26	1507	202	126	26	1447	202	126	26	1387	1:0.62:0.13:7.46	1:0.62:0.13:7.16	1:0.62:0.13:6.87
		1.20	202	126	27	1506	202	126	27	1446	202	126	27	1386	1:0.62:0.13:7.46	1:0.62:0.13:7.16	1:0.62:0.13:6.86
		1.25	202	126	28	1504	202	126	28	1444	202	126	28	1384	1:0.62:0.14:7.45	1:0.62:0.14:7.15	1:0.62:0.14:6.86
		1.30	202	126	29	1503	202	126	29	1443	202	126	29	1383	1:0.62:0.14:7.44	1:0.62:0.14:7.15	1:0.62:0.14:6.85
		1.35	202	126	30	1502	202	126	30	1442	202	126	30	1382	1:0.62:0.15:7.44	1:0.62:0.15:7.14	1:0.62:0.15:6.84
		1.40	202	126	31	1501	202	126	31	1441	202	126	31	1381	1:0.62:0.16:7.43	1:0.62:0.16:7.14	1:0.62:0.16:6.84
		1.45	202	126	33	1500	202	126	33	1440	202	126	33	1380	1:0.62:0.16:7.43	1:0.62:0.16:7.13	1:0.62:0.16:6.83
		1.50	202	126	34	1499	202	126	34	1439	202	126	34	1379	1:0.62:0.17:7.42	1:0.62:0.17:7.13	1:0.62:0.17:6.83

注：石灰膏为标准稠度（120mm）时的用量。

砂浆强度等级：M20　　施工水平：较差　　配制强度：25.00MPa　　粉煤灰取代水泥率：10%

水泥强度等级	水泥实际强度(MPa)	粉煤灰超量系数	材料用量（kg/m³）												配合比（重量比）		
			粗砂				中砂				细砂				粗砂	中砂	细砂
			水泥 Q_{C0}	石灰 Q_{D0}	粉煤灰 Q_{f0}	砂 Q_{S0}	水泥 Q_{C0}	石灰 Q_{D0}	粉煤灰 Q_{f0}	砂 Q_{S0}	水泥 Q_{C0}	石灰 Q_{D0}	粉煤灰 Q_{f0}	砂 Q_{S0}	水泥:石灰:粉煤灰:砂 $Q_C:Q_D:Q_f:Q_S$	水泥:石灰:粉煤灰:砂 $Q_C:Q_D:Q_f:Q_S$	水泥:石灰:粉煤灰:砂 $Q_C:Q_D:Q_f:Q_S$
42.5	42.5	1.10	280	39	34	1507	280	39	34	1447	280	39	34	1387	1:0.14:0.12:5.38	1:0.14:0.12:5.16	1:0.14:0.12:4.95
		1.15	280	39	36	1505	280	39	36	1445	280	39	36	1385	1:0.14:0.13:5.37	1:0.14:0.13:5.16	1:0.14:0.13:4.94
		1.20	280	39	37	1504	280	39	37	1444	280	39	37	1384	1:0.14:0.13:5.37	1:0.14:0.13:5.15	1:0.14:0.13:4.94
		1.25	280	39	39	1502	280	39	39	1442	280	39	39	1382	1:0.14:0.14:5.36	1:0.14:0.14:5.15	1:0.14:0.14:4.93
		1.30	280	39	40	1501	280	39	40	1441	280	39	40	1381	1:0.14:0.14:5.36	1:0.14:0.14:5.14	1:0.14:0.14:4.93
		1.35	280	39	42	1499	280	39	42	1439	280	39	42	1379	1:0.14:0.15:5.35	1:0.14:0.15:5.14	1:0.14:0.15:4.92
		1.40	280	39	44	1498	280	39	44	1438	280	39	44	1378	1:0.14:0.16:5.34	1:0.14:0.16:5.13	1:0.14:0.16:4.92
		1.45	280	39	45	1496	280	39	45	1436	280	39	45	1376	1:0.14:0.16:5.34	1:0.14:0.16:5.13	1:0.14:0.16:4.91
		1.50	280	39	47	1494	280	39	47	1434	280	39	47	1374	1:0.14:0.17:5.33	1:0.14:0.17:5.12	1:0.14:0.17:4.91
	47.5	1.10	251	71	31	1507	251	71	31	1447	251	71	31	1387	1:0.29:0.12:6.01	1:0.29:0.12:5.77	1:0.29:0.12:5.53
		1.15	251	71	32	1506	251	71	32	1446	251	71	32	1386	1:0.29:0.13:6.01	1:0.29:0.13:5.77	1:0.29:0.13:5.53
		1.20	251	71	33	1504	251	71	33	1444	251	71	33	1384	1:0.29:0.13:6.00	1:0.29:0.13:5.76	1:0.29:0.13:5.52
		1.25	251	71	35	1503	251	71	35	1443	251	71	35	1383	1:0.29:0.14:6.00	1:0.29:0.14:5.76	1:0.29:0.14:5.52
		1.30	251	71	36	1502	251	71	36	1442	251	71	36	1382	1:0.29:0.14:5.99	1:0.29:0.14:5.75	1:0.29:0.14:5.51
		1.35	251	71	38	1500	251	71	38	1440	251	71	38	1380	1:0.29:0.15:5.98	1:0.29:0.15:5.75	1:0.29:0.15:5.51
		1.40	251	71	39	1499	251	71	39	1439	251	71	39	1379	1:0.29:0.16:5.98	1:0.29:0.16:5.74	1:0.29:0.16:5.50
		1.45	251	71	40	1497	251	71	40	1437	251	71	40	1377	1:0.29:0.16:5.97	1:0.29:0.16:5.73	1:0.29:0.16:5.49
		1.50	251	71	42	1496	251	71	42	1436	251	71	42	1376	1:0.29:0.17:5.97	1:0.29:0.17:5.73	1:0.29:0.17:5.49

注：石灰膏为标准稠度（120mm）时的用量。

砂浆强度等级：M20　　施工水平：较差　　配制强度：25.00MPa　　粉煤灰取代水泥率：10%

水泥强度等级	水泥实际强度(MPa)	粉煤灰超量系数	材料用量（kg/m³）												配合比（重量比）		
			粗砂				中砂				细砂				粗砂	中砂	细砂
			水泥Q_{C0}	石灰Q_{D0}	粉煤灰Q_{f0}	砂Q_{S0}	水泥Q_{C0}	石灰Q_{D0}	粉煤灰Q_{f0}	砂Q_{S0}	水泥Q_{C0}	石灰Q_{D0}	粉煤灰Q_{f0}	砂Q_{S0}	水泥:石灰:粉煤灰:砂 $Q_C:Q_D:Q_f:Q_S$	水泥:石灰:粉煤灰:砂 $Q_C:Q_D:Q_f:Q_S$	水泥:石灰:粉煤灰:砂 $Q_C:Q_D:Q_f:Q_S$
52.5	52.5	1.10	227	98	28	1507	227	98	28	1447	227	98	28	1387	1:0.43:0.12:6.65	1:0.43:0.12:6.38	1:0.43:0.12:6.12
		1.15	227	98	29	1506	227	98	29	1446	227	98	29	1386	1:0.43:0.13:6.64	1:0.43:0.13:6.38	1:0.43:0.13:6.11
		1.20	227	98	30	1505	227	98	30	1445	227	98	30	1385	1:0.43:0.13:6.64	1:0.43:0.13:6.37	1:0.43:0.13:6.11
		1.25	227	98	32	1504	227	98	32	1444	227	98	32	1384	1:0.43:0.14:6.63	1:0.43:0.14:6.37	1:0.43:0.14:6.10
		1.30	227	98	33	1502	227	98	33	1442	227	98	33	1382	1:0.43:0.14:6.62	1:0.43:0.14:6.36	1:0.43:0.14:6.09
		1.35	227	98	34	1501	227	98	34	1441	227	98	34	1381	1:0.43:0.15:6.62	1:0.43:0.15:6.35	1:0.43:0.15:6.09
		1.40	227	98	35	1500	227	98	35	1440	227	98	35	1380	1:0.43:0.16:6.61	1:0.43:0.16:6.35	1:0.43:0.16:6.08
		1.45	227	98	37	1499	227	98	37	1439	227	98	37	1379	1:0.43:0.16:6.61	1:0.43:0.16:6.34	1:0.43:0.16:6.08
		1.50	227	98	38	1497	227	98	38	1437	227	98	38	1377	1:0.43:0.17:6.60	1:0.43:0.17:6.34	1:0.43:0.17:6.07
	57.5	1.10	207	120	25	1508	207	120	25	1448	207	120	25	1388	1:0.58:0.12:7.28	1:0.58:0.12:6.99	1:0.58:0.12:6.70
		1.15	207	120	26	1507	207	120	26	1447	207	120	26	1387	1:0.58:0.13:7.27	1:0.58:0.13:6.98	1:0.58:0.13:6.70
		1.20	207	120	28	1505	207	120	28	1445	207	120	28	1385	1:0.58:0.13:7.27	1:0.58:0.13:6.98	1:0.58:0.13:6.69
		1.25	207	120	29	1504	207	120	29	1444	207	120	29	1384	1:0.58:0.14:7.26	1:0.58:0.14:6.97	1:0.58:0.14:6.68
		1.30	207	120	30	1503	207	120	30	1443	207	120	30	1383	1:0.58:0.14:7.26	1:0.58:0.14:6.97	1:0.58:0.14:6.68
		1.35	207	120	31	1502	207	120	31	1442	207	120	31	1382	1:0.58:0.15:7.25	1:0.58:0.15:6.96	1:0.58:0.15:6.67
		1.40	207	120	32	1501	207	120	32	1441	207	120	32	1381	1:0.58:0.16:7.25	1:0.58:0.16:6.96	1:0.58:0.16:6.67
		1.45	207	120	33	1500	207	120	33	1440	207	120	33	1380	1:0.58:0.16:7.24	1:0.58:0.16:6.95	1:0.58:0.16:6.66
		1.50	207	120	35	1498	207	120	35	1438	207	120	35	1378	1:0.58:0.17:7.24	1:0.58:0.17:6.95	1:0.58:0.17:6.66

注：石灰膏为标准稠度（120mm）时的用量。

砂浆强度等级：M20　　施工水平：优良　　配制强度：23.00MPa　　粉煤灰取代水泥率：15%

水泥强度等级	水泥实际强度(MPa)	粉煤灰超量系数	材料用量（kg/m³）											配合比（重量比）		
			粗砂				中砂				细砂				粗砂	中砂	细砂
			水泥Q_{C0}	石灰Q_{D0}	粉煤灰Q_{f0}	砂Q_{S0}	水泥Q_{C0}	石灰Q_{D0}	粉煤灰Q_{f0}	砂Q_{S0}	水泥Q_{C0}	石灰Q_{D0}	粉煤灰Q_{f0}	砂Q_{S0}	水泥:石灰:粉煤灰:砂 $Q_C:Q_D:Q_f:Q_S$	水泥:石灰:粉煤灰:砂 $Q_C:Q_D:Q_f:Q_S$	水泥:石灰:粉煤灰:砂 $Q_C:Q_D:Q_f:Q_S$
42.5	42.5	1.10	251	54	49	1506	251	54	49	1446	251	54	49	1386	1:0.22:0.19:5.99	1:0.22:0.19:5.75	1:0.22:0.19:5.51
		1.15	251	54	51	1503	251	54	51	1443	251	54	51	1383	1:0.22:0.20:5.98	1:0.22:0.20:5.74	1:0.22:0.20:5.50
		1.20	251	54	53	1501	251	54	53	1441	251	54	53	1381	1:0.22:0.21:5.97	1:0.22:0.21:5.73	1:0.22:0.21:5.49
		1.25	251	54	55	1499	251	54	55	1439	251	54	55	1379	1:0.22:0.22:5.96	1:0.22:0.22:5.72	1:0.22:0.22:5.48
		1.30	251	54	58	1497	251	54	58	1437	251	54	58	1377	1:0.22:0.23:5.95	1:0.22:0.23:5.71	1:0.22:0.23:5.48
		1.35	251	54	60	1494	251	54	60	1434	251	54	60	1374	1:0.22:0.24:5.94	1:0.22:0.24:5.71	1:0.22:0.24:5.47
		1.40	251	54	62	1492	251	54	62	1432	251	54	62	1372	1:0.22:0.25:5.94	1:0.22:0.25:5.70	1:0.22:0.25:5.46
		1.45	251	54	64	1490	251	54	64	1430	251	54	64	1370	1:0.22:0.26:5.93	1:0.22:0.26:5.69	1:0.22:0.26:5.45
		1.50	251	54	67	1488	251	54	67	1428	251	54	67	1368	1:0.22:0.26:5.92	1:0.22:0.26:5.68	1:0.22:0.26:5.44
	47.5	1.10	225	85	44	1506	225	85	44	1446	225	85	44	1386	1:0.38:0.19:6.69	1:0.38:0.19:6.43	1:0.38:0.19:6.16
		1.15	225	85	46	1504	225	85	46	1444	225	85	46	1384	1:0.38:0.20:6.69	1:0.38:0.20:6.42	1:0.38:0.20:6.15
		1.20	225	85	48	1502	225	85	48	1442	225	85	48	1382	1:0.38:0.21:6.68	1:0.38:0.21:6.41	1:0.38:0.21:6.14
		1.25	225	85	50	1500	225	85	50	1440	225	85	50	1380	1:0.38:0.22:6.67	1:0.38:0.22:6.40	1:0.38:0.22:6.13
		1.30	225	85	52	1498	225	85	52	1438	225	85	52	1378	1:0.38:0.23:6.66	1:0.38:0.23:6.39	1:0.38:0.23:6.13
		1.35	225	85	54	1496	225	85	54	1436	225	85	54	1376	1:0.38:0.24:6.65	1:0.38:0.24:6.38	1:0.38:0.24:6.12
		1.40	225	85	56	1494	225	85	56	1434	225	85	56	1374	1:0.38:0.25:6.64	1:0.38:0.25:6.38	1:0.38:0.25:6.11
		1.45	225	85	58	1492	225	85	58	1432	225	85	58	1372	1:0.38:0.26:6.63	1:0.38:0.26:6.37	1:0.38:0.26:6.10
		1.50	225	85	60	1490	225	85	60	1430	225	85	60	1370	1:0.38:0.26:6.62	1:0.38:0.26:6.36	1:0.38:0.26:6.09

注：石灰膏为标准稠度（120mm）时的用量。

砂浆强度等级：M20　　施工水平：优良　　配制强度：23.00MPa　　粉煤灰取代水泥率：15%

水泥强度等级	水泥实际强度(MPa)	粉煤灰超量系数	材料用量（kg/m³）											配合比（重量比）		
			粗砂				中砂				细砂				粗砂	中砂	细砂
			水泥 Q_{C0}	石灰 Q_{D0}	粉煤灰 Q_{f0}	砂 Q_{S0}	水泥 Q_{C0}	石灰 Q_{D0}	粉煤灰 Q_{f0}	砂 Q_{S0}	水泥 Q_{C0}	石灰 Q_{D0}	粉煤灰 Q_{f0}	砂 Q_{S0}	水泥:石灰:粉煤灰:砂 $Q_C:Q_D:Q_f:Q_S$	水泥:石灰:粉煤灰:砂 $Q_C:Q_D:Q_f:Q_S$	水泥:石灰:粉煤灰:砂 $Q_C:Q_D:Q_f:Q_S$
52.5	52.5	1.10	204	111	40	1506	204	111	40	1446	204	111	40	1386	1:0.54:0.19:7.40	1:0.54:0.19:7.11	1:0.54:0.19:6.81
		1.15	204	111	41	1505	204	111	41	1445	204	111	41	1385	1:0.54:0.20:7.39	1:0.54:0.20:7.10	1:0.54:0.20:6.80
		1.20	204	111	43	1503	204	111	43	1443	204	111	43	1383	1:0.54:0.21:7.38	1:0.54:0.21:7.09	1:0.54:0.21:6.79
		1.25	204	111	45	1501	204	111	45	1441	204	111	45	1381	1:0.54:0.22:7.37	1:0.54:0.22:7.08	1:0.54:0.22:6.79
		1.30	204	111	47	1499	204	111	47	1439	204	111	47	1379	1:0.54:0.23:7.37	1:0.54:0.23:7.07	1:0.54:0.23:6.78
		1.35	204	111	48	1497	204	111	48	1437	204	111	48	1377	1:0.54:0.24:7.36	1:0.54:0.24:7.06	1:0.54:0.24:6.77
		1.40	204	111	50	1496	204	111	50	1436	204	111	50	1376	1:0.54:0.25:7.35	1:0.54:0.25:7.05	1:0.54:0.25:6.76
		1.45	204	111	52	1494	204	111	52	1434	204	111	52	1374	1:0.54:0.26:7.34	1:0.54:0.26:7.04	1:0.54:0.26:6.75
		1.50	204	111	54	1492	204	111	54	1432	204	111	54	1372	1:0.54:0.26:7.33	1:0.54:0.26:7.04	1:0.54:0.26:6.74
	57.5	1.10	186	131	36	1507	186	131	36	1447	186	131	36	1387	1:0.71:0.19:8.11	1:0.71:0.19:7.79	1:0.71:0.19:7.46
		1.15	186	131	38	1505	186	131	38	1445	186	131	38	1385	1:0.71:0.20:8.10	1:0.71:0.20:7.78	1:0.71:0.20:7.45
		1.20	186	131	39	1503	186	131	39	1443	186	131	39	1383	1:0.71:0.21:8.09	1:0.71:0.21:7.77	1:0.71:0.21:7.44
		1.25	186	131	41	1502	186	131	41	1442	186	131	41	1382	1:0.71:0.22:8.08	1:0.71:0.22:7.76	1:0.71:0.22:7.44
		1.30	186	131	43	1500	186	131	43	1440	186	131	43	1380	1:0.71:0.23:8.07	1:0.71:0.23:7.75	1:0.71:0.23:7.43
		1.35	186	131	44	1499	186	131	44	1439	186	131	44	1379	1:0.71:0.24:8.06	1:0.71:0.24:7.74	1:0.71:0.24:7.42
		1.40	186	131	46	1497	186	131	46	1437	186	131	46	1377	1:0.71:0.25:8.06	1:0.71:0.25:7.73	1:0.71:0.25:7.41
		1.45	186	131	48	1495	186	131	48	1435	186	131	48	1375	1:0.71:0.26:8.05	1:0.71:0.26:7.72	1:0.71:0.26:7.40
		1.50	186	131	49	1494	186	131	49	1434	186	131	49	1374	1:0.71:0.26:8.04	1:0.71:0.26:7.71	1:0.71:0.26:7.39

注：石灰膏为标准稠度（120mm）时的用量。

砂浆强度等级：M20　　施工水平：一般　　配制强度：24.00MPa　　粉煤灰取代水泥率：15%

水泥强度等级	水泥实际强度(MPa)	粉煤灰超量系数	材料用量（kg/m³）												配合比（重量比）		
			粗砂				中砂				细砂				粗砂	中砂	细砂
			水泥Q_{C0}	石灰Q_{D0}	粉煤灰Q_{f0}	砂Q_{S0}	水泥Q_{C0}	石灰Q_{D0}	粉煤灰Q_{f0}	砂Q_{S0}	水泥Q_{C0}	石灰Q_{D0}	粉煤灰Q_{f0}	砂Q_{S0}	水泥:石灰:粉煤灰:砂 $Q_C:Q_D:Q_f:Q_S$	水泥:石灰:粉煤灰:砂 $Q_C:Q_D:Q_f:Q_S$	水泥:石灰:粉煤灰:砂 $Q_C:Q_D:Q_f:Q_S$
42.5	42.5	1.10	258	46	50	1505	258	46	50	1445	258	46	50	1385	1:0.18:0.19:5.83	1:0.18:0.19:5.60	1:0.18:0.19:5.37
		1.15	258	46	52	1503	258	46	52	1443	258	46	52	1383	1:0.18:0.20:5.83	1:0.18:0.20:5.59	1:0.18:0.20:5.36
		1.20	258	46	55	1501	258	46	55	1441	258	46	55	1381	1:0.18:0.21:5.82	1:0.18:0.21:5.58	1:0.18:0.21:5.35
		1.25	258	46	57	1499	258	46	57	1439	258	46	57	1379	1:0.18:0.22:5.81	1:0.18:0.22:5.58	1:0.18:0.22:5.34
		1.30	258	46	59	1496	258	46	59	1436	258	46	59	1376	1:0.18:0.23:5.80	1:0.18:0.23:5.57	1:0.18:0.23:5.33
		1.35	258	46	61	1494	258	46	61	1434	258	46	61	1374	1:0.18:0.24:5.79	1:0.18:0.24:5.56	1:0.18:0.24:5.33
		1.40	258	46	64	1492	258	46	64	1432	258	46	64	1372	1:0.18:0.25:5.78	1:0.18:0.25:5.55	1:0.18:0.25:5.32
		1.45	258	46	66	1490	258	46	66	1430	258	46	66	1370	1:0.18:0.26:5.77	1:0.18:0.26:5.54	1:0.18:0.26:5.31
		1.50	258	46	68	1487	258	46	68	1427	258	46	68	1367	1:0.18:0.26:5.76	1:0.18:0.26:5.53	1:0.18:0.26:5.30
	47.5	1.10	231	78	45	1506	231	78	45	1446	231	78	45	1386	1:0.34:0.19:6.52	1:0.34:0.19:6.26	1:0.34:0.19:6.00
		1.15	231	78	47	1504	231	78	47	1444	231	78	47	1384	1:0.34:0.20:6.51	1:0.34:0.20:6.25	1:0.34:0.20:5.99
		1.20	231	78	49	1502	231	78	49	1442	231	78	49	1382	1:0.34:0.21:6.51	1:0.34:0.21:6.24	1:0.34:0.21:5.99
		1.25	231	78	51	1500	231	78	51	1440	231	78	51	1380	1:0.34:0.22:6.50	1:0.34:0.22:6.24	1:0.34:0.22:5.98
		1.30	231	78	53	1498	231	78	53	1438	231	78	53	1378	1:0.34:0.23:6.49	1:0.34:0.23:6.23	1:0.34:0.23:5.97
		1.35	231	78	55	1496	231	78	55	1436	231	78	55	1376	1:0.34:0.24:6.48	1:0.34:0.24:6.22	1:0.34:0.24:5.96
		1.40	231	78	57	1494	231	78	57	1434	231	78	57	1374	1:0.34:0.25:6.47	1:0.34:0.25:6.21	1:0.34:0.25:5.95
		1.45	231	78	59	1492	231	78	59	1432	231	78	59	1372	1:0.34:0.26:6.46	1:0.34:0.26:6.20	1:0.34:0.26:5.94
		1.50	231	78	61	1490	231	78	61	1430	231	78	61	1370	1:0.34:0.26:6.45	1:0.34:0.26:6.19	1:0.34:0.26:5.93

注：石灰膏为标准稠度（120mm）时的用量。

砂浆强度等级：M20　　施工水平：一般　　配制强度：24.00MPa　　粉煤灰取代水泥率：15%

水泥强度等级	水泥实际强度(MPa)	粉煤灰超量系数	材料用量（kg/m³）												配合比（重量比）		
			粗砂				中砂				细砂				粗砂	中砂	细砂
			水泥 Q_{C0}	石灰 Q_{D0}	粉煤灰 Q_{f0}	砂 Q_{S0}	水泥 Q_{C0}	石灰 Q_{D0}	粉煤灰 Q_{f0}	砂 Q_{S0}	水泥 Q_{C0}	石灰 Q_{D0}	粉煤灰 Q_{f0}	砂 Q_{S0}	水泥:石灰:粉煤灰:砂 $Q_C:Q_D:Q_f:Q_S$	水泥:石灰:粉煤灰:砂 $Q_C:Q_D:Q_f:Q_S$	水泥:石灰:粉煤灰:砂 $Q_C:Q_D:Q_f:Q_S$
52.5	52.5	1.10	209	104	41	1506	209	104	41	1446	209	104	41	1386	1:0.50:0.19:7.21	1:0.50:0.19:6.92	1:0.50:0.19:6.64
		1.15	209	104	42	1504	209	104	42	1444	209	104	42	1384	1:0.50:0.20:7.20	1:0.50:0.20:6.92	1:0.50:0.20:6.63
		1.20	209	104	44	1503	209	104	44	1443	209	104	44	1383	1:0.50:0.21:7.19	1:0.50:0.21:6.91	1:0.50:0.21:6.62
		1.25	209	104	46	1501	209	104	46	1441	209	104	46	1381	1:0.50:0.22:7.19	1:0.50:0.22:6.90	1:0.50:0.22:6.61
		1.30	209	104	48	1499	209	104	48	1439	209	104	48	1379	1:0.50:0.23:7.18	1:0.50:0.23:6.89	1:0.50:0.23:6.60
		1.35	209	104	50	1497	209	104	50	1437	209	104	50	1377	1:0.50:0.24:7.17	1:0.50:0.24:6.88	1:0.50:0.24:6.59
		1.40	209	104	52	1495	209	104	52	1435	209	104	52	1375	1:0.50:0.25:7.16	1:0.50:0.25:6.87	1:0.50:0.25:6.58
		1.45	209	104	53	1493	209	104	53	1433	209	104	53	1373	1:0.50:0.26:7.15	1:0.50:0.26:6.86	1:0.50:0.26:6.58
		1.50	209	104	55	1492	209	104	55	1432	209	104	55	1372	1:0.50:0.26:7.14	1:0.50:0.26:6.85	1:0.50:0.26:6.57
	57.5	1.10	191	126	37	1507	191	126	37	1447	191	126	37	1387	1:0.66:0.19:7.90	1:0.66:0.19:7.59	1:0.66:0.19:7.27
		1.15	191	126	39	1505	191	126	39	1445	191	126	39	1385	1:0.66:0.20:7.89	1:0.66:0.20:7.58	1:0.66:0.20:7.26
		1.20	191	126	40	1503	191	126	40	1443	191	126	40	1383	1:0.66:0.21:7.88	1:0.66:0.21:7.57	1:0.66:0.21:7.25
		1.25	191	126	42	1502	191	126	42	1442	191	126	42	1382	1:0.66:0.22:7.87	1:0.66:0.22:7.56	1:0.66:0.22:7.24
		1.30	191	126	44	1500	191	126	44	1440	191	126	44	1380	1:0.66:0.23:7.86	1:0.66:0.23:7.55	1:0.66:0.23:7.24
		1.35	191	126	45	1498	191	126	45	1438	191	126	45	1378	1:0.66:0.24:7.86	1:0.66:0.24:7.54	1:0.66:0.24:7.23
		1.40	191	126	47	1497	191	126	47	1437	191	126	47	1377	1:0.66:0.25:7.85	1:0.66:0.25:7.53	1:0.66:0.25:7.22
		1.45	191	126	49	1495	191	126	49	1435	191	126	49	1375	1:0.66:0.26:7.84	1:0.66:0.26:7.52	1:0.66:0.26:7.21
		1.50	191	126	50	1493	191	126	50	1433	191	126	50	1373	1:0.66:0.26:7.83	1:0.66:0.26:7.51	1:0.66:0.26:7.20

注：石灰膏为标准稠度（120mm）时的用量。

砂浆强度等级：M20　　施工水平：较差　　配制强度：25.00MPa　　粉煤灰取代水泥率：15%

水泥强度等级	水泥实际强度(MPa)	粉煤灰超量系数	材料用量（kg/m³）												配合比（重量比）		
			粗砂				中砂				细砂				粗砂	中砂	细砂
			水泥Q_{C0}	石灰Q_{D0}	粉煤灰Q_{f0}	砂Q_{S0}	水泥Q_{C0}	石灰Q_{D0}	粉煤灰Q_{f0}	砂Q_{S0}	水泥Q_{C0}	石灰Q_{D0}	粉煤灰Q_{f0}	砂Q_{S0}	水泥:石灰:粉煤灰:砂 $Q_C:Q_D:Q_f:Q_S$	水泥:石灰:粉煤灰:砂 $Q_C:Q_D:Q_f:Q_S$	水泥:石灰:粉煤灰:砂 $Q_C:Q_D:Q_f:Q_S$
42.5	42.5	1.10	265	39	51	1505	265	39	51	1445	265	39	51	1385	1:0.15:0.19:5.69	1:0.15:0.19:5.46	1:0.15:0.19:5.24
		1.15	265	39	54	1503	265	39	54	1443	265	39	54	1383	1:0.15:0.20:5.68	1:0.15:0.20:5.45	1:0.15:0.20:5.23
		1.20	265	39	56	1501	265	39	56	1441	265	39	56	1381	1:0.15:0.21:5.67	1:0.15:0.21:5.44	1:0.15:0.21:5.22
		1.25	265	39	58	1498	265	39	58	1438	265	39	58	1378	1:0.15:0.22:5.66	1:0.15:0.22:5.44	1:0.15:0.22:5.21
		1.30	265	39	61	1496	265	39	61	1436	265	39	61	1376	1:0.15:0.23:5.65	1:0.15:0.23:5.43	1:0.15:0.23:5.20
		1.35	265	39	63	1494	265	39	63	1434	265	39	63	1374	1:0.15:0.24:5.64	1:0.15:0.24:5.42	1:0.15:0.24:5.19
		1.40	265	39	65	1491	265	39	65	1431	265	39	65	1371	1:0.15:0.25:5.64	1:0.15:0.25:5.41	1:0.15:0.25:5.18
		1.45	265	39	68	1489	265	39	68	1429	265	39	68	1369	1:0.15:0.26:5.63	1:0.15:0.26:5.40	1:0.15:0.26:5.17
		1.50	265	39	70	1487	265	39	70	1427	265	39	70	1367	1:0.15:0.26:5.39		1:0.15:0.26:5.16
	47.5	1.10	237	71	46	1506	237	71	46	1446	237	71	46	1386	1:0.30:0.19:6.36	1:0.30:0.19:6.11	1:0.30:0.19:5.85
		1.15	237	71	48	1504	237	71	48	1444	237	71	48	1384	1:0.30:0.20:6.35	1:0.30:0.20:6.10	1:0.30:0.20:5.84
		1.20	237	71	50	1502	237	71	50	1442	237	71	50	1382	1:0.30:0.21:6.34	1:0.30:0.21:6.09	1:0.30:0.21:5.84
		1.25	237	71	52	1500	237	71	52	1440	237	71	52	1380	1:0.30:0.22:6.33	1:0.30:0.22:6.08	1:0.30:0.22:5.83
		1.30	237	71	54	1497	237	71	54	1437	237	71	54	1377	1:0.30:0.23:6.32	1:0.30:0.23:6.07	1:0.30:0.23:5.82
		1.35	237	71	56	1495	237	71	56	1435	237	71	56	1375	1:0.30:0.24:6.32	1:0.30:0.24:6.06	1:0.30:0.24:5.81
		1.40	237	71	58	1493	237	71	58	1433	237	71	58	1373	1:0.30:0.25:6.31	1:0.30:0.25:6.05	1:0.30:0.25:5.80
		1.45	237	71	61	1491	237	71	61	1431	237	71	61	1371	1:0.30:0.26:6.30	1:0.30:0.26:6.04	1:0.30:0.26:5.79
		1.50	237	71	63	1489	237	71	63	1429	237	71	63	1369	1:0.30:0.26:6.29	1:0.30:0.26:6.04	1:0.30:0.26:5.78

注：石灰膏为标准稠度（120mm）时的用量。

砂浆强度等级：M20　　　施工水平：较差　　　配制强度：25.00MPa　　　粉煤灰取代水泥率：15%

水泥强度等级	水泥实际强度(MPa)	粉煤灰超量系数	材料用量（kg/m³）											配合比（重量比）			
			粗砂				中砂				细砂				粗砂	中砂	细砂
			水泥Q_{C0}	石灰Q_{D0}	粉煤灰Q_{f0}	砂Q_{S0}	水泥Q_{C0}	石灰Q_{D0}	粉煤灰Q_{f0}	砂Q_{S0}	水泥Q_{C0}	石灰Q_{D0}	粉煤灰Q_{f0}	砂Q_{S0}	水泥:石灰:粉煤灰:砂 $Q_C:Q_D:Q_f:Q_S$	水泥:石灰:粉煤灰:砂 $Q_C:Q_D:Q_f:Q_S$	水泥:石灰:粉煤灰:砂 $Q_C:Q_D:Q_f:Q_S$
52.5	52.5	1.10	214	98	42	1506	214	98	42	1446	214	98	42	1386	1:0.46:0.19:7.03	1:0.46:0.19:6.75	1:0.46:0.19:6.47
		1.15	214	98	43	1504	214	98	43	1444	214	98	43	1384	1:0.46:0.20:7.02	1:0.46:0.20:6.74	1:0.46:0.20:6.46
		1.20	214	98	45	1502	214	98	45	1442	214	98	45	1382	1:0.46:0.21:7.01	1:0.46:0.21:6.73	1:0.46:0.21:6.45
		1.25	214	98	47	1501	214	98	47	1441	214	98	47	1381	1:0.46:0.22:7.00	1:0.46:0.22:6.72	1:0.46:0.22:6.44
		1.30	214	98	49	1499	214	98	49	1439	214	98	49	1379	1:0.46:0.23:7.00	1:0.46:0.23:6.72	1:0.46:0.23:6.44
		1.35	214	98	51	1497	214	98	51	1437	214	98	51	1377	1:0.46:0.24:6.99	1:0.46:0.24:6.71	1:0.46:0.24:6.43
		1.40	214	98	53	1495	214	98	53	1435	214	98	53	1375	1:0.46:0.25:6.98	1:0.46:0.25:6.70	1:0.46:0.25:6.42
		1.45	214	98	55	1493	214	98	55	1433	214	98	55	1373	1:0.46:0.26:6.97	1:0.46:0.26:6.69	1:0.46:0.26:6.41
		1.50	214	98	57	1491	214	98	57	1431	214	98	57	1371	1:0.46:0.26:6.96	1:0.46:0.26:6.68	1:0.46:0.26:6.40
	57.5	1.10	196	120	38	1507	196	120	38	1447	196	120	38	1387	1:0.61:0.19:7.70	1:0.61:0.19:7.40	1:0.61:0.19:7.09
		1.15	196	120	40	1505	196	120	40	1445	196	120	40	1385	1:0.61:0.20:7.69	1:0.61:0.20:7.39	1:0.61:0.20:7.08
		1.20	196	120	41	1503	196	120	41	1443	196	120	41	1383	1:0.61:0.21:7.68	1:0.61:0.21:7.38	1:0.61:0.21:7.07
		1.25	196	120	43	1501	196	120	43	1441	196	120	43	1381	1:0.61:0.22:7.68	1:0.61:0.22:7.37	1:0.61:0.22:7.06
		1.30	196	120	45	1500	196	120	45	1440	196	120	45	1380	1:0.61:0.23:7.67	1:0.61:0.23:7.36	1:0.61:0.23:7.05
		1.35	196	120	47	1498	196	120	47	1438	196	120	47	1378	1:0.61:0.24:7.66	1:0.61:0.24:7.35	1:0.61:0.24:7.04
		1.40	196	120	48	1496	196	120	48	1436	196	120	48	1376	1:0.61:0.25:7.65	1:0.61:0.25:7.34	1:0.61:0.25:7.04
		1.45	196	120	50	1494	196	120	50	1434	196	120	50	1374	1:0.61:0.26:7.64	1:0.61:0.26:7.03	1:0.61:0.26:7.03
		1.50	196	120	52	1493	196	120	52	1433	196	120	52	1373	1:0.61:0.26:7.63	1:0.61:0.26:7.33	1:0.61:0.26:7.02

注：石灰膏为标准稠度（120mm）时的用量。

砂浆强度等级：M20　　施工水平：优良　　配制强度：23.00MPa　　粉煤灰取代水泥率：20%

水泥强度等级	水泥实际强度（MPa）	粉煤灰超量系数	材料用量（kg/m³）												配合比（重量比）		
			粗砂				中砂				细砂				粗砂	中砂	细砂
			水泥 Q_{C0}	石灰 Q_{D0}	粉煤灰 Q_{f0}	砂 Q_{S0}	水泥 Q_{C0}	石灰 Q_{D0}	粉煤灰 Q_{f0}	砂 Q_{S0}	水泥 Q_{C0}	石灰 Q_{D0}	粉煤灰 Q_{f0}	砂 Q_{S0}	水泥:石灰:粉煤灰:砂 $Q_C:Q_D:Q_f:Q_S$	水泥:石灰:粉煤灰:砂 $Q_C:Q_D:Q_f:Q_S$	水泥:石灰:粉煤灰:砂 $Q_C:Q_D:Q_f:Q_S$
42.5	42.5	1.10	237	54	65	1504	237	54	65	1444	237	54	65	1384	1:0.23:0.28:6.36	1:0.23:0.28:6.10	1:0.23:0.28:5.85
		1.15	237	54	68	1501	237	54	68	1441	237	54	68	1381	1:0.23:0.29:6.34	1:0.23:0.29:6.09	1:0.23:0.29:5.84
		1.20	237	54	71	1498	237	54	71	1438	237	54	71	1378	1:0.23:0.30:6.33	1:0.23:0.30:6.08	1:0.23:0.30:5.82
		1.25	237	54	74	1495	237	54	74	1435	237	54	74	1375	1:0.23:0.31:6.32	1:0.23:0.31:6.07	1:0.23:0.31:5.81
		1.30	237	54	77	1492	237	54	77	1432	237	54	77	1372	1:0.23:0.33:6.31	1:0.23:0.33:6.05	1:0.23:0.33:5.80
		1.35	237	54	80	1489	237	54	80	1429	237	54	80	1369	1:0.23:0.34:6.29	1:0.23:0.34:6.04	1:0.23:0.34:5.78
		1.40	237	54	83	1486	237	54	83	1426	237	54	83	1366	1:0.23:0.35:6.28	1:0.23:0.35:6.03	1:0.23:0.35:5.77
		1.45	237	54	86	1483	237	54	86	1423	237	54	86	1363	1:0.23:0.36:6.27	1:0.23:0.36:6.02	1:0.23:0.36:5.76
		1.50	237	54	89	1480	237	54	89	1420	237	54	89	1360	1:0.23:0.38:6.26	1:0.23:0.38:6.00	1:0.23:0.38:5.75
	47.5	1.10	212	85	58	1505	212	85	58	1445	212	85	58	1385	1:0.40:0.28:7.11	1:0.40:0.28:6.82	1:0.40:0.28:6.54
		1.15	212	85	61	1502	212	85	61	1442	212	85	61	1382	1:0.40:0.29:7.09	1:0.40:0.29:6.81	1:0.40:0.29:6.53
		1.20	212	85	64	1499	212	85	64	1439	212	85	64	1379	1:0.40:0.30:7.08	1:0.40:0.30:6.80	1:0.40:0.30:6.52
		1.25	212	85	66	1497	212	85	66	1437	212	85	66	1377	1:0.40:0.31:7.07	1:0.40:0.31:6.79	1:0.40:0.31:6.50
		1.30	212	85	69	1494	212	85	69	1434	212	85	69	1374	1:0.40:0.33:7.06	1:0.40:0.33:6.77	1:0.40:0.33:6.49
		1.35	212	85	71	1491	212	85	71	1431	212	85	71	1371	1:0.40:0.34:7.04	1:0.40:0.34:6.76	1:0.40:0.34:6.48
		1.40	212	85	74	1489	212	85	74	1429	212	85	74	1369	1:0.40:0.35:7.03	1:0.40:0.35:6.75	1:0.40:0.35:6.47
		1.45	212	85	77	1486	212	85	77	1426	212	85	77	1366	1:0.40:0.36:7.02	1:0.40:0.36:6.74	1:0.40:0.36:6.45
		1.50	212	85	79	1484	212	85	79	1424	212	85	79	1364	1:0.40:0.38:7.01	1:0.40:0.38:6.72	1:0.40:0.38:6.44

注：石灰膏为标准稠度（120mm）时的用量。

砂浆强度等级：M20　　施工水平：优良　　配制强度：23.00MPa　　粉煤灰取代水泥率：20%

水泥强度等级	水泥实际强度(MPa)	粉煤灰超量系数	材料用量（kg/m³）												配合比（重量比）		
			粗砂				中砂				细砂				粗砂	中砂	细砂
			水泥 Q_{C0}	石灰 Q_{D0}	粉煤灰 Q_{f0}	砂 Q_{S0}	水泥 Q_{C0}	石灰 Q_{D0}	粉煤灰 Q_{f0}	砂 Q_{S0}	水泥 Q_{C0}	石灰 Q_{D0}	粉煤灰 Q_{f0}	砂 Q_{S0}	水泥:石灰:粉煤灰:砂 $Q_C:Q_D:Q_f:Q_S$	水泥:石灰:粉煤灰:砂 $Q_C:Q_D:Q_f:Q_S$	水泥:石灰:粉煤灰:砂 $Q_C:Q_D:Q_f:Q_S$
52.5	52.5	1.10	192	111	53	1505	192	111	53	1445	192	111	53	1385	1:0.58:0.28:7.86	1:0.58:0.28:7.54	1:0.58:0.28:7.23
		1.15	192	111	55	1503	192	111	55	1443	192	111	55	1383	1:0.58:0.29:7.85	1:0.58:0.29:7.53	1:0.58:0.29:7.22
		1.20	192	111	57	1500	192	111	57	1440	192	111	57	1380	1:0.58:0.30:7.83	1:0.58:0.30:7.52	1:0.58:0.30:7.21
		1.25	192	111	60	1498	192	111	60	1438	192	111	60	1378	1:0.58:0.31:7.82	1:0.58:0.31:7.51	1:0.58:0.31:7.19
		1.30	192	111	62	1496	192	111	62	1436	192	111	62	1376	1:0.58:0.33:7.81	1:0.58:0.33:7.49	1:0.58:0.33:7.18
		1.35	192	111	65	1493	192	111	65	1433	192	111	65	1373	1:0.58:0.34:7.80	1:0.58:0.34:7.48	1:0.58:0.34:7.17
		1.40	192	111	67	1491	192	111	67	1431	192	111	67	1371	1:0.58:0.35:7.78	1:0.58:0.35:7.47	1:0.58:0.35:7.16
		1.45	192	111	69	1488	192	111	69	1428	192	111	69	1368	1:0.58:0.36:7.77	1:0.58:0.36:7.46	1:0.58:0.36:7.14
		1.50	192	111	72	1486	192	111	72	1426	192	111	72	1366	1:0.58:0.38:7.76	1:0.58:0.38:7.44	1:0.58:0.38:7.13
	57.5	1.10	175	131	48	1506	175	131	48	1446	175	131	48	1386	1:0.75:0.28:8.61	1:0.75:0.28:8.27	1:0.75:0.28:7.92
		1.15	175	131	50	1503	175	131	50	1443	175	131	50	1383	1:0.75:0.29:8.60	1:0.75:0.29:8.25	1:0.75:0.29:7.91
		1.20	175	131	52	1501	175	131	52	1441	175	131	52	1381	1:0.75:0.30:8.58	1:0.75:0.30:8.24	1:0.75:0.30:7.90
		1.25	175	131	55	1499	175	131	55	1439	175	131	55	1379	1:0.75:0.31:8.57	1:0.75:0.31:8.23	1:0.75:0.31:7.88
		1.30	175	131	57	1497	175	131	57	1437	175	131	57	1377	1:0.75:0.33:8.56	1:0.75:0.33:8.22	1:0.75:0.33:7.87
		1.35	175	131	59	1495	175	131	59	1435	175	131	59	1375	1:0.75:0.34:8.55	1:0.75:0.34:8.20	1:0.75:0.34:7.86
		1.40	175	131	61	1493	175	131	61	1433	175	131	61	1373	1:0.75:0.35:8.53	1:0.75:0.35:8.19	1:0.75:0.35:7.85
		1.45	175	131	63	1490	175	131	63	1430	175	131	63	1370	1:0.75:0.36:8.52	1:0.75:0.36:8.18	1:0.75:0.36:7.83
		1.50	175	131	66	1488	175	131	66	1428	175	131	66	1368	1:0.75:0.38:8.51	1:0.75:0.38:8.17	1:0.75:0.38:7.82

注：石灰膏为标准稠度（120mm）时的用量。

砂浆强度等级：M20　　施工水平：一般　　配制强度：24.00MPa　　粉煤灰取代水泥率：20%

水泥强度等级	水泥实际强度(MPa)	粉煤灰超量系数	材料用量（kg/m³）												配合比（重量比）		
			粗砂				中砂				细砂				粗砂	中砂	细砂
			水泥 Q_C	石灰 Q_D	粉煤灰 Q_f	砂 Q_S	水泥 Q_C	石灰 Q_D	粉煤灰 Q_f	砂 Q_S	水泥 Q_C	石灰 Q_D	粉煤灰 Q_f	砂 Q_S	水泥:石灰:粉煤灰:砂 $Q_C:Q_D:Q_f:Q_S$	水泥:石灰:粉煤灰:砂 $Q_C:Q_D:Q_f:Q_S$	水泥:石灰:粉煤灰:砂 $Q_C:Q_D:Q_f:Q_S$
42.5	42.5	1.10	243	46	67	1504	243	46	67	1444	243	46	67	1384	1:0.19:0.28:6.19	1:0.19:0.28:5.95	1:0.19:0.28:5.70
		1.15	243	46	70	1501	243	46	70	1441	243	46	70	1381	1:0.19:0.29:6.18	1:0.19:0.29:5.93	1:0.19:0.29:5.69
		1.20	243	46	73	1498	243	46	73	1438	243	46	73	1378	1:0.19:0.30:6.17	1:0.19:0.30:5.92	1:0.19:0.30:5.67
		1.25	243	46	76	1495	243	46	76	1435	243	46	76	1375	1:0.19:0.31:6.16	1:0.19:0.31:5.91	1:0.19:0.31:5.66
		1.30	243	46	79	1492	243	46	79	1432	243	46	79	1372	1:0.19:0.33:6.14	1:0.19:0.33:5.90	1:0.19:0.33:5.65
		1.35	243	46	82	1489	243	46	82	1429	243	46	82	1369	1:0.19:0.34:6.13	1:0.19:0.34:5.88	1:0.19:0.34:5.64
		1.40	243	46	85	1486	243	46	85	1426	243	46	85	1366	1:0.19:0.35:6.12	1:0.19:0.35:5.87	1:0.19:0.35:5.62
		1.45	243	46	88	1483	243	46	88	1423	243	46	88	1363	1:0.19:0.36:6.11	1:0.19:0.36:5.86	1:0.19:0.36:5.61
		1.50	243	46	91	1480	243	46	91	1420	243	46	91	1360	1:0.19:0.38:6.09	1:0.19:0.38:5.84	1:0.19:0.38:5.60
	47.5	1.10	217	78	60	1505	217	78	60	1445	217	78	60	1385	1:0.36:0.28:6.92	1:0.36:0.28:6.65	1:0.36:0.28:6.37
		1.15	217	78	62	1502	217	78	62	1442	217	78	62	1382	1:0.36:0.29:6.91	1:0.36:0.29:6.64	1:0.36:0.29:6.36
		1.20	217	78	65	1499	217	78	65	1439	217	78	65	1379	1:0.36:0.30:6.90	1:0.36:0.30:6.62	1:0.36:0.30:6.35
		1.25	217	78	68	1496	217	78	68	1436	217	78	68	1376	1:0.36:0.31:6.89	1:0.36:0.31:6.61	1:0.36:0.31:6.33
		1.30	217	78	71	1494	217	78	71	1434	217	78	71	1374	1:0.36:0.33:6.87	1:0.36:0.33:6.60	1:0.36:0.33:6.32
		1.35	217	78	73	1491	217	78	73	1431	217	78	73	1371	1:0.36:0.34:6.86	1:0.36:0.34:6.59	1:0.36:0.34:6.31
		1.40	217	78	76	1488	217	78	76	1428	217	78	76	1368	1:0.36:0.35:6.85	1:0.36:0.35:6.57	1:0.36:0.35:6.30
		1.45	217	78	79	1486	217	78	79	1426	217	78	79	1366	1:0.36:0.36:6.84	1:0.36:0.36:6.56	1:0.36:0.36:6.28
		1.50	217	78	81	1483	217	78	81	1423	217	78	81	1363	1:0.36:0.38:6.82	1:0.36:0.38:6.55	1:0.36:0.38:6.27

注：石灰膏为标准稠度（120mm）时的用量。

砂浆强度等级：M20　　施工水平：一般　　配制强度：24.00MPa　　粉煤灰取代水泥率：20％

水泥强度等级	水泥实际强度(MPa)	粉煤灰超量系数	材料用量（kg/m³）												配合比（重量比）		
			粗砂				中砂				细砂				粗砂	中砂	细砂
			水泥 Q_{C0}	石灰 Q_{D0}	粉煤灰 Q_{f0}	砂 Q_{S0}	水泥 Q_{C0}	石灰 Q_{D0}	粉煤灰 Q_{f0}	砂 Q_{S0}	水泥 Q_{C0}	石灰 Q_{D0}	粉煤灰 Q_{f0}	砂 Q_{S0}	水泥:石灰:粉煤灰:砂 $Q_C:Q_D:Q_f:Q_S$	水泥:石灰:粉煤灰:砂 $Q_C:Q_D:Q_f:Q_S$	水泥:石灰:粉煤灰:砂 $Q_C:Q_D:Q_f:Q_S$
52.5	52.5	1.10	197	104	54	1505	197	104	54	1445	197	104	54	1385	1:0.53:0.28:7.66	1:0.53:0.28:7.35	1:0.53:0.28:7.05
		1.15	197	104	57	1503	197	104	57	1443	197	104	57	1383	1:0.53:0.29:7.64	1:0.53:0.29:7.34	1:0.53:0.29:7.03
		1.20	197	104	59	1500	197	104	59	1440	197	104	59	1380	1:0.53:0.30:7.63	1:0.53:0.30:7.33	1:0.53:0.30:7.02
		1.25	197	104	61	1498	197	104	61	1438	197	104	61	1378	1:0.53:0.31:7.62	1:0.53:0.31:7.31	1:0.53:0.31:7.01
		1.30	197	104	64	1495	197	104	64	1435	197	104	64	1375	1:0.53:0.33:7.61	1:0.53:0.33:7.30	1:0.53:0.33:7.00
		1.35	197	104	66	1493	197	104	66	1433	197	104	66	1373	1:0.53:0.34:7.59	1:0.53:0.34:7.29	1:0.53:0.34:6.98
		1.40	197	104	69	1490	197	104	69	1430	197	104	69	1370	1:0.53:0.35:7.58	1:0.53:0.35:7.28	1:0.53:0.35:6.97
		1.45	197	104	71	1488	197	104	71	1428	197	104	71	1368	1:0.53:0.36:7.57	1:0.53:0.36:7.26	1:0.53:0.36:6.96
		1.50	197	104	74	1485	197	104	74	1425	197	104	74	1365	1:0.53:0.38:7.56	1:0.53:0.38:7.25	1:0.53:0.38:6.95
	57.5	1.10	179	126	49	1506	179	126	49	146	179	126	49	1386	1:0.70:0.28:8.39	1:0.70:0.28:8.05	1:0.70:0.28:7.72
		1.15	179	126	52	1503	179	126	52	1443	179	126	52	1383	1:0.70:0.29:8.38	1:0.70:0.29:8.04	1:0.70:0.29:7.71
		1.20	179	126	54	1501	179	126	54	1441	179	126	54	1381	1:0.70:0.30:8.36	1:0.70:0.30:8.03	1:0.70:0.30:7.69
		1.25	179	126	56	1499	179	126	56	1439	179	126	56	1379	1:0.70:0.31:8.35	1:0.70:0.31:8.02	1:0.70:0.31:7.68
		1.30	179	126	58	1497	179	126	58	1437	179	126	58	1377	1:0.70:0.33:8.34	1:0.70:0.33:8.00	1:0.70:0.33:7.67
		1.35	179	126	61	1494	179	126	61	1434	179	126	61	1374	1:0.70:0.34:8.33	1:0.70:0.34:7.99	1:0.70:0.34:7.66
		1.40	179	126	63	1492	179	126	63	1432	179	126	63	1372	1:0.70:0.35:8.31	1:0.70:0.35:7.98	1:0.70:0.35:7.64
		1.45	179	126	65	1490	179	126	65	1430	179	126	65	1370	1:0.70:0.36:8.30	1:0.70:0.36:7.97	1:0.70:0.36:7.63
		1.50	179	126	67	1488	179	126	67	1428	179	126	67	1368	1:0.70:0.38:8.29	1:0.70:0.38:7.95	1:0.70:0.38:7.62

注：石灰膏为标准稠度（120mm）时的用量。

砂浆强度等级：M20　　施工水平：较差　　配制强度：25.00MPa　　粉煤灰取代水泥率：20%

水泥强度等级	水泥实际强度(MPa)	粉煤灰超量系数	材料用量（kg/m³）												配合比（重量比）		
			粗砂				中砂				细砂				粗砂	中砂	细砂
			水泥 Q_{C0}	石灰 Q_{D0}	粉煤灰 Q_{f0}	砂 Q_{S0}	水泥 Q_{C0}	石灰 Q_{D0}	粉煤灰 Q_{f0}	砂 Q_{S0}	水泥 Q_{C0}	石灰 Q_{D0}	粉煤灰 Q_{f0}	砂 Q_{S0}	水泥:石灰:粉煤灰:砂 $Q_C:Q_D:Q_f:Q_S$	水泥:石灰:粉煤灰:砂 $Q_C:Q_D:Q_f:Q_S$	水泥:石灰:粉煤灰:砂 $Q_C:Q_D:Q_f:Q_S$
42.5	42.5	1.10	249	39	68	1504	249	39	68	1444	249	39	68	1384	1:0.16:0.28:6.04	1:0.16:0.28:5.80	1:0.16:0.28:5.56
		1.15	249	39	72	1501	249	39	72	1441	249	39	72	1381	1:0.16:0.29:6.03	1:0.16:0.29:5.78	1:0.16:0.29:5.54
		1.20	249	39	75	1498	249	39	75	1438	249	39	75	1378	1:0.16:0.30:6.01	1:0.16:0.30:5.77	1:0.16:0.30:5.53
		1.25	249	39	78	1494	249	39	78	1434	249	39	78	1374	1:0.16:0.31:6.00	1:0.16:0.31:5.76	1:0.16:0.31:5.52
		1.30	249	39	81	1491	249	39	81	1431	249	39	81	1371	1:0.16:0.33:5.99	1:0.16:0.33:5.75	1:0.16:0.33:5.51
		1.35	249	39	84	1488	249	39	84	1428	249	39	84	1368	1:0.16:0.34:5.98	1:0.16:0.34:5.73	1:0.16:0.34:5.49
		1.40	249	39	87	1485	249	39	87	1425	249	39	87	1365	1:0.16:0.35:5.96	1:0.16:0.35:5.72	1:0.16:0.35:5.48
		1.45	249	39	90	1482	249	39	90	1422	249	39	90	1362	1:0.16:0.36:5.95	1:0.16:0.36:5.71	1:0.16:0.36:5.47
		1.50	249	39	93	1479	249	39	93	1419	249	39	93	1359	1:0.16:0.38:5.94	1:0.16:0.38:5.70	1:0.16:0.38:5.46
	47.5	1.10	223	71	61	1504	223	71	61	1444	223	71	61	1384	1:0.32:0.28:6.75	1:0.32:0.28:6.48	1:0.32:0.28:6.21
		1.15	223	71	64	1502	223	71	64	1442	223	71	64	1382	1:0.32:0.29:6.74	1:0.32:0.29:6.47	1:0.32:0.29:6.20
		1.20	223	71	67	1499	223	71	67	1439	223	71	67	1379	1:0.32:0.30:6.73	1:0.32:0.30:6.46	1:0.32:0.30:6.19
		1.25	223	71	70	1496	223	71	70	1436	223	71	70	1376	1:0.32:0.31:6.71	1:0.32:0.31:6.44	1:0.32:0.31:6.18
		1.30	223	71	72	1493	223	71	72	1433	223	71	72	1373	1:0.32:0.33:6.70	1:0.32:0.33:6.43	1:0.32:0.33:6.16
		1.35	223	71	75	1491	223	71	75	1431	223	71	75	1371	1:0.32:0.34:6.69	1:0.32:0.34:6.42	1:0.32:0.34:6.15
		1.40	223	71	78	1488	223	71	78	1428	223	71	78	1368	1:0.32:0.35:6.68	1:0.32:0.35:6.41	1:0.32:0.35:6.14
		1.45	223	71	81	1485	223	71	81	1425	223	71	81	1365	1:0.32:0.36:6.66	1:0.32:0.36:6.39	1:0.32:0.36:6.13
		1.50	223	71	84	1482	223	71	84	1422	223	71	84	1362	1:0.32:0.38:6.65	1:0.32:0.38:6.38	1:0.32:0.38:6.11

注：石灰膏为标准稠度（120mm）时的用量。

砂浆强度等级：M20　　　施工水平：较差　　　配制强度：25.00MPa　　　粉煤灰取代水泥率：20%

水泥强度等级	水泥实际强度(MPa)	粉煤灰超量系数	材料用量（kg/m³）													配合比（重量比）		
			粗砂				中砂				细砂				粗砂	中砂	细砂
			水泥 Q_{C0}	石灰 Q_{D0}	粉煤灰 Q_{f0}	砂 Q_{S0}	水泥 Q_{C0}	石灰 Q_{D0}	粉煤灰 Q_{f0}	砂 Q_{S0}	水泥 Q_{C0}	石灰 Q_{D0}	粉煤灰 Q_{f0}	砂 Q_{S0}	水泥:石灰:粉煤灰:砂 $Q_C:Q_D:Q_f:Q_S$	水泥:石灰:粉煤灰:砂 $Q_C:Q_D:Q_f:Q_S$	水泥:石灰:粉煤灰:砂 $Q_C:Q_D:Q_f:Q_S$
52.5	52.5	1.10	202	98	55	1505	202	98	55	1445	202	98	55	1385	1:0.49:0.28:7.46	1:0.49:0.28:7.17	1:0.49:0.28:6.87
		1.15	202	98	58	1502	202	98	58	1442	202	98	58	1382	1:0.49:0.29:7.45	1:0.49:0.29:7.15	1:0.49:0.29:6.86
		1.20	202	98	60	1500	202	98	60	1440	202	98	60	1380	1:0.49:0.30:7.44	1:0.49:0.30:7.14	1:0.49:0.30:6.84
		1.25	202	98	63	1497	202	98	63	1437	202	98	63	1377	1:0.49:0.31:7.43	1:0.49:0.31:7.13	1:0.49:0.31:6.83
		1.30	202	98	66	1495	202	98	66	1435	202	98	66	1375	1:0.49:0.33:7.41	1:0.49:0.33:7.12	1:0.49:0.33:6.82
		1.35	202	98	68	1492	202	98	68	1432	202	98	68	1372	1:0.49:0.34:7.40	1:0.49:0.34:7.10	1:0.49:0.34:6.81
		1.40	202	98	71	1490	202	98	71	1430	202	98	71	1370	1:0.49:0.35:7.39	1:0.49:0.35:7.09	1:0.49:0.35:6.79
		1.45	202	98	73	1487	202	98	73	1427	202	98	73	1367	1:0.49:0.36:7.38	1:0.49:0.36:7.08	1:0.49:0.36:6.78
		1.50	202	98	76	1485	202	98	76	1425	202	98	76	1365	1:0.49:0.38:7.36	1:0.49:0.38:7.07	1:0.49:0.38:6.77
	57.5	1.10	184	120	51	1505	184	120	51	1445	184	120	51	1385	1:0.65:0.28:8.18	1:0.65:0.28:7.85	1:0.65:0.28:7.53
		1.15	184	120	53	1503	184	120	53	1443	184	120	53	1383	1:0.65:0.29:8.17	1:0.65:0.29:7.84	1:0.65:0.29:7.51
		1.20	184	120	55	1501	184	120	55	1441	184	120	55	1381	1:0.65:0.30:8.15	1:0.65:0.30:7.83	1:0.65:0.30:7.50
		1.25	184	120	58	1498	184	120	58	1438	184	120	58	1378	1:0.65:0.31:8.14	1:0.65:0.31:7.81	1:0.65:0.31:7.49
		1.30	184	120	60	1496	184	120	60	1436	184	120	60	1376	1:0.65:0.33:8.13	1:0.65:0.33:7.80	1:0.65:0.33:7.48
		1.35	184	120	62	1494	184	120	62	1434	184	120	62	1374	1:0.65:0.34:8.12	1:0.65:0.34:7.79	1:0.65:0.34:7.46
		1.40	184	120	64	1492	184	120	64	1432	184	120	64	1372	1:0.65:0.35:8.10	1:0.65:0.35:7.78	1:0.65:0.35:7.45
		1.45	184	120	67	1489	184	120	67	1429	184	120	67	1369	1:0.65:0.36:8.09	1:0.65:0.36:7.76	1:0.65:0.36:7.44
		1.50	184	120	69	1487	184	120	69	1427	184	120	69	1367	1:0.65:0.38:8.08	1:0.65:0.38:7.75	1:0.65:0.38:7.43

注：石灰膏为标准稠度（120mm）时的用量。

四、沸石粉混合砂浆配合比

表中符号说明：

Q_{C0}——每立方米砂浆的水泥用量（kg）；

Q_{D0}——每立方米砂浆的石灰用量（kg）；

Q_{Z0}——每立方米砂浆的沸石粉用量（kg）；

Q_{S0}——每立方米砂浆的砂子用量（kg）；

Q_C——水泥用量；

Q_D——石灰用量；

Q_Z——沸石粉；

Q_S——砂子用量。

M5.0沸石粉混合砂浆配合比

砂浆强度等级：M5.0　　施工水平：优良　　配制强度：5.75MPa

水泥强度等级	水泥实际强度(MPa)	沸石粉掺量(%)	材料用量（kg/m³）												配合比（重量比）		
			粗砂				中砂				细砂				粗砂	中砂	细砂
			水泥 Q_C	石灰 Q_D	沸石粉 Q_{ZO}	砂 Q_{SO}	水泥 Q_C	石灰 Q_D	沸石粉 Q_{ZO}	砂 Q_{SO}	水泥 Q_C	石灰 Q_D	沸石粉 Q_{ZO}	砂 Q_{SO}	水泥:石灰:沸石粉:砂 $Q_C:Q_D:Q_Z:Q_S$	水泥:石灰:沸石粉:砂 $Q_C:Q_D:Q_Z:Q_S$	水泥:石灰:沸石粉:砂 $Q_C:Q_D:Q_Z:Q_S$
32.5	32.5	50.00	212	69	69	1510	212	69	69	1450	212	69	69	1390	1:0.33:0.33:7.14	1:0.33:0.33:6.85	1:0.33:0.33:6.57
		51.00	212	68	71	1510	212	68	71	1450	212	68	71	1390	1:0.32:0.33:7.14	1:0.32:0.33:6.85	1:0.32:0.33:6.57
		52.00	212	66	72	1510	212	66	72	1450	212	66	72	1390	1:0.31:0.34:7.14	1:0.31:0.34:6.85	1:0.31:0.34:6.57
		53.00	212	65	73	1510	212	65	73	1450	212	65	73	1390	1:0.31:0.35:7.14	1:0.31:0.35:6.85	1:0.31:0.35:6.57
		54.00	212	64	75	1510	212	64	75	1450	212	64	75	1390	1:0.30:0.35:7.14	1:0.30:0.35:6.85	1:0.30:0.35:6.57
		55.00	212	62	76	1510	212	62	76	1450	212	62	76	1390	1:0.29:0.36:7.14	1:0.29:0.36:6.85	1:0.29:0.36:6.57
		56.00	212	61	77	1510	212	61	77	1450	212	61	77	1390	1:0.29:0.37:7.14	1:0.29:0.37:6.85	1:0.29:0.37:6.57
		57.00	212	60	79	1510	212	60	79	1450	212	60	79	1390	1:0.28:0.37:7.14	1:0.28:0.37:6.85	1:0.28:0.37:6.57
		58.00	212	58	80	1510	212	58	80	1450	212	58	80	1390	1:0.27:0.38:7.14	1:0.27:0.38:6.85	1:0.27:0.38:6.57
		59.00	212	57	82	1510	212	57	82	1450	212	57	82	1390	1:0.27:0.39:7.14	1:0.27:0.39:6.85	1:0.27:0.39:6.57
		60.00	212	55	83	1510	212	55	83	1450	212	55	83	1390	1:0.26:0.39:7.14	1:0.26:0.39:6.85	1:0.26:0.39:6.57
	37.5	50.00	183	83	83	1510	183	83	83	1450	183	83	83	1390	1:0.45:0.45:8.23	1:0.45:0.45:7.91	1:0.45:0.45:7.58
		51.00	183	82	85	1510	183	82	85	1450	183	82	85	1390	1:0.45:0.46:8.23	1:0.45:0.46:7.91	1:0.45:0.46:7.58
		52.00	183	80	87	1510	183	80	87	1450	183	80	87	1390	1:0.44:0.47:8.23	1:0.44:0.47:7.91	1:0.44:0.47:7.58
		53.00	183	78	88	1510	183	78	88	1450	183	78	88	1390	1:0.43:0.48:8.23	1:0.43:0.48:7.91	1:0.43:0.48:7.58
		54.00	183	77	90	1510	183	77	90	1450	183	77	90	1390	1:0.42:0.49:8.23	1:0.42:0.49:7.91	1:0.42:0.49:7.58
		55.00	183	75	92	1510	183	75	92	1450	183	75	92	1390	1:0.41:0.50:8.23	1:0.41:0.50:7.91	1:0.41:0.50:7.58
		56.00	183	73	93	1510	183	73	93	1450	183	73	93	1390	1:0.40:0.51:8.23	1:0.40:0.51:7.91	1:0.40:0.51:7.58
		57.00	183	72	95	1510	183	72	95	1450	183	72	95	1390	1:0.39:0.52:8.23	1:0.39:0.52:7.91	1:0.39:0.52:7.58
		58.00	183	70	97	1510	183	70	97	1450	183	70	97	1390	1:0.38:0.53:8.23	1:0.38:0.53:7.91	1:0.38:0.53:7.58
		59.00	183	68	98	1510	183	68	98	1450	183	68	98	1390	1:0.37:0.54:8.23	1:0.37:0.54:7.91	1:0.37:0.54:7.58
		60.00	183	67	100	1510	183	67	100	1450	183	67	100	1390	1:0.36:0.54:8.23	1:0.36:0.54:7.91	1:0.36:0.54:7.58

砂浆强度等级：M5.0　　　施工水平：优良　　　配制强度：5.75MPa

水泥强度等级	水泥实际强度(MPa)	沸石粉掺量(%)	材料用量（kg/m³）											配合比（重量比）			
			粗砂				中砂				细砂				粗砂	中砂	细砂
			水泥 Q_{C0}	石灰 Q_{D0}	沸石粉 Q_{Z0}	砂 Q_{S0}	水泥 Q_{C0}	石灰 Q_{D0}	沸石粉 Q_{Z0}	砂 Q_{S0}	水泥 Q_{C0}	石灰 Q_{D0}	沸石粉 Q_{Z0}	砂 Q_{S0}	水泥:石灰:沸石粉:砂 $Q_C:Q_D:Q_Z:Q_S$	水泥:石灰:沸石粉:砂 $Q_C:Q_D:Q_Z:Q_S$	水泥:石灰:沸石粉:砂 $Q_C:Q_D:Q_Z:Q_S$
42.5	42.5	50.00	162	94	94	1510	162	94	94	1450	162	94	94	1390	1:0.58:0.58:9.33	1:0.58:0.58:8.96	1:0.58:0.58:8.59
		51.00	162	92	96	1510	162	92	96	1450	162	92	96	1390	1:0.57:0.59:9.33	1:0.57:0.59:8.96	1:0.57:0.59:8.59
		52.00	162	90	98	1510	162	90	98	1450	162	90	98	1390	1:0.56:0.60:9.33	1:0.56:0.60:8.96	1:0.56:0.60:8.59
		53.00	162	88	100	1510	162	88	100	1450	162	88	100	1390	1:0.55:0.62:9.33	1:0.55:0.62:8.96	1:0.55:0.62:8.59
		54.00	162	87	102	1510	162	87	102	1450	162	87	102	1390	1:0.53:0.63:9.33	1:0.53:0.63:8.96	1:0.53:0.63:8.59
		55.00	162	85	103	1510	162	85	103	1450	162	85	103	1390	1:0.52:0.64:9.33	1:0.52:0.64:8.96	1:0.52:0.64:8.59
		56.00	162	83	105	1510	162	83	105	1450	162	83	105	1390	1:0.51:0.65:9.33	1:0.51:0.65:8.96	1:0.51:0.65:8.59
		57.00	162	81	107	1510	162	81	107	1450	162	81	107	1390	1:0.50:0.66:9.33	1:0.50:0.66:8.96	1:0.50:0.66:8.59
		58.00	162	79	109	1510	162	79	109	1450	162	79	109	1390	1:0.49:0.67:9.33	1:0.49:0.67:8.96	1:0.49:0.67:8.59
		59.00	162	77	111	1510	162	77	111	1450	162	77	111	1390	1:0.48:0.69:9.33	1:0.48:0.69:8.96	1:0.48:0.69:8.59
		60.00	162	75	113	1510	162	75	113	1450	162	75	113	1390	1:0.47:0.70:9.33	1:0.47:0.70:8.96	1:0.47:0.70:8.59
	47.5	50.00	145	103	103	1510	145	103	103	1450	145	103	103	1390	1:0.71:0.71:10.43	1:0.71:0.71:10.01	1:0.71:0.71:9.60
		51.00	145	101	105	1510	145	101	105	1450	145	101	105	1390	1:0.69:0.72:10.43	1:0.69:0.72:10.01	1:0.69:0.72:9.60
		52.00	145	98	107	1510	145	98	107	1450	145	98	107	1390	1:0.68:0.74:10.43	1:0.68:0.74:10.01	1:0.68:0.74:9.60
		53.00	145	96	109	1510	145	96	109	1450	145	96	109	1390	1:0.67:0.75:10.43	1:0.67:0.75:10.01	1:0.67:0.75:9.60
		54.00	145	94	111	1510	145	94	111	1450	145	94	111	1390	1:0.65:0.77:10.43	1:0.65:0.77:10.01	1:0.65:0.77:9.60
		55.00	145	92	113	1510	145	92	113	1450	145	92	113	1390	1:0.64:0.78:10.43	1:0.64:0.78:10.01	1:0.64:0.78:9.60
		56.00	145	90	115	1510	145	90	115	1450	145	90	115	1390	1:0.62:0.79:10.43	1:0.62:0.79:10.01	1:0.62:0.79:9.60
		57.00	145	88	117	1510	145	88	117	1450	145	88	117	1390	1:0.61:0.81:10.43	1:0.61:0.81:10.01	1:0.61:0.81:9.60
		58.00	145	86	119	1510	145	86	119	1450	145	86	119	1390	1:0.60:0.82:10.43	1:0.60:0.82:10.01	1:0.60:0.82:9.60
		59.00	145	84	121	1510	145	84	121	1450	145	84	121	1390	1:0.58:0.84:10.43	1:0.58:0.84:10.01	1:0.58:0.84:9.60
		60.00	145	82	123	1510	145	82	123	1450	145	82	123	1390	1:0.57:0.85:10.43	1:0.57:0.85:10.01	1:0.57:0.85:9.60

砂浆强度等级：M5.0　　施工水平：一般　　配制强度：6.00MPa

水泥强度等级	水泥实际强度(MPa)	沸石粉掺量(%)	材料用量（kg/m³）											配合比（重量比）		
			粗砂				中砂				细砂				粗砂	中砂	细砂
			水泥Q_{C0}	石灰Q_{D0}	沸石粉Q_{Z0}	砂Q_{S0}	水泥Q_{C0}	石灰Q_{D0}	沸石粉Q_{Z0}	砂Q_{S0}	水泥Q_{C0}	石灰Q_{D0}	沸石粉Q_{Z0}	砂Q_{S0}	水泥:石灰:沸石粉:砂 $Q_C:Q_D:Q_Z:Q_S$	水泥:石灰:沸石粉:砂 $Q_C:Q_D:Q_Z:Q_S$	水泥:石灰:沸石粉:砂 $Q_C:Q_D:Q_Z:Q_S$
32.5	32.5	50.00	214	68	68	1510	214	68	68	1450	214	68	68	1390	1:0.32:0.32:7.05	1:0.32:0.32:6.77	1:0.32:0.32:6.49
		51.00	214	67	69	1510	214	67	69	1450	214	67	69	1390	1:0.31:0.32:7.05	1:0.31:0.32:6.77	1:0.31:0.32:6.49
		52.00	214	65	71	1510	214	65	71	1450	214	65	71	1390	1:0.30:0.33:7.05	1:0.30:0.33:6.77	1:0.30:0.33:6.49
		53.00	214	64	72	1510	214	64	72	1450	214	62	73	1390	1:0.29:0.34:7.05	1:0.29:0.34:6.77	1:0.29:0.34:6.49
		54.00	214	62	73	1510	214	62	73	1450	214	62	73	1390	1:0.29:0.34:7.05	1:0.29:0.34:6.77	1:0.29:0.34:6.49
		55.00	214	61	75	1510	214	61	75	1450	214	61	75	1390	1:0.29:0.35:7.05	1:0.29:0.35:6.77	1:0.29:0.35:6.49
		56.00	214	60	76	1510	214	60	76	1450	214	60	76	1390	1:0.28:0.36:7.05	1:0.28:0.36:6.77	1:0.28:0.36:6.49
		57.00	214	58	77	1510	214	58	77	1450	214	58	77	1390	1:0.27:0.36:7.05	1:0.27:0.36:6.77	1:0.27:0.36:6.49
		58.00	214	57	79	1510	214	57	79	1450	214	57	79	1390	1:0.27:0.37:7.05	1:0.27:0.37:6.77	1:0.27:0.37:6.49
		59.00	214	56	80	1510	214	56	80	1450	214	56	80	1390	1:0.26:0.37:7.05	1:0.26:0.37:6.77	1:0.26:0.37:6.49
		60.00	214	54	82	1510	214	54	82	1450	214	54	82	1390	1:0.25:0.38:7.05	1:0.25:0.38:6.77	1:0.25:0.38:6.49
	37.5	50.00	186	82	82	1510	186	82	82	1450	186	82	82	1390	1:0.44:0.44:8.14	1:0.44:0.44:7.81	1:0.44:0.44:7.49
		51.00	186	81	84	1510	186	81	84	1450	186	81	84	1390	1:0.43:0.45:8.14	1:0.43:0.45:7.81	1:0.43:0.45:7.49
		52.00	186	79	85	1510	186	79	85	1450	186	79	85	1390	1:0.43:0.46:8.14	1:0.43:0.46:7.81	1:0.43:0.46:7.49
		53.00	186	77	87	1510	186	77	87	1450	186	77	87	1390	1:0.42:0.47:8.14	1:0.42:0.47:7.81	1:0.42:0.47:7.49
		54.00	186	76	89	1510	186	76	89	1450	186	76	89	1390	1:0.41:0.48:8.14	1:0.41:0.48:7.81	1:0.41:0.48:7.49
		55.00	186	74	90	1510	186	74	90	1450	186	74	90	1390	1:0.40:0.49:8.14	1:0.40:0.49:7.81	1:0.40:0.49:7.49
		56.00	186	72	92	1510	186	72	92	1450	186	72	92	1390	1:0.39:0.50:8.14	1:0.39:0.50:7.81	1:0.39:0.50:7.49
		57.00	186	71	94	1510	186	71	94	1450	186	71	94	1390	1:0.38:0.50:8.14	1:0.38:0.50:7.81	1:0.38:0.50:7.49
		58.00	186	69	95	1510	186	69	95	1450	186	69	95	1390	1:0.37:0.51:8.14	1:0.37:0.51:7.81	1:0.37:0.51:7.49
		59.00	186	67	97	1510	186	67	97	1450	186	67	97	1390	1:0.36:0.52:8.14	1:0.36:0.52:7.81	1:0.36:0.52:7.49
		60.00	186	66	99	1510	186	66	99	1450	186	66	99	1390	1:0.35:0.53:8.14	1:0.35:0.53:7.81	1:0.35:0.53:7.49

砂浆强度等级：M5.0　　施工水平：一般　　配制强度：6.00MPa

水泥强度等级	水泥实际强度(MPa)	沸石粉掺量(%)	材料用量（kg/m³）											配合比（重量比）		
			粗砂				中砂				细砂				粗砂	中砂	细砂
			水泥 Q_{C0}	石灰 Q_{D0}	沸石粉 Q_{Z0}	砂 Q_{S0}	水泥 Q_{C0}	石灰 Q_{D0}	沸石粉 Q_{Z0}	砂 Q_{S0}	水泥 Q_{C0}	石灰 Q_{D0}	沸石粉 Q_{Z0}	砂 Q_{S0}	水泥:石灰:沸石粉:砂 $Q_C:Q_D:Q_Z:Q_S$	水泥:石灰:沸石粉:砂 $Q_C:Q_D:Q_Z:Q_S$	水泥:石灰:沸石粉:砂 $Q_C:Q_D:Q_Z:Q_S$
42.5	42.5	50.00	164	93	93	1510	164	93	93	1450	164	93	93	1390	1:0.57:0.57:9.22	1:0.57:0.57:8.85	1:0.57:0.57:8.49
		51.00	164	91	95	1510	164	91	95	1450	164	91	95	1390	1:0.56:0.58:9.22	1:0.56:0.58:8.85	1:0.56:0.58:8.49
		52.00	164	89	97	1510	164	89	97	1450	164	89	97	1390	1:0.55:0.59:9.22	1:0.55:0.59:8.85	1:0.55:0.59:8.49
		53.00	164	88	99	1510	164	88	99	1450	164	88	99	1390	1:0.53:0.60:9.22	1:0.53:0.60:8.85	1:0.53:0.60:8.49
		54.00	164	86	101	1510	164	86	101	1450	164	86	101	1390	1:0.52:0.61:9.22	1:0.52:0.61:8.85	1:0.52:0.61:8.49
		55.00	164	84	102	1510	164	84	102	1450	164	84	102	1390	1:0.51:0.63:9.22	1:0.51:0.63:8.85	1:0.51:0.63:8.49
		56.00	164	82	104	1510	164	82	104	1450	164	82	104	1390	1:0.50:0.64:9.22	1:0.50:0.64:8.85	1:0.50:0.64:8.49
		57.00	164	80	106	1510	164	80	106	1450	164	80	106	1390	1:0.49:0.65:9.22	1:0.49:0.65:8.85	1:0.49:0.65:8.49
		58.00	164	78	108	1510	164	78	108	1450	164	78	108	1390	1:0.48:0.66:9.22	1:0.48:0.66:8.85	1:0.48:0.66:8.49
		59.00	164	76	110	1510	164	76	110	1450	164	76	110	1390	1:0.47:0.67:9.22	1:0.47:0.67:8.85	1:0.47:0.67:8.49
		60.00	164	74	112	1510	164	74	112	1450	164	74	112	1390	1:0.45:0.68:9.22	1:0.45:0.68:8.85	1:0.45:0.68:8.49
	47.5	50.00	147	102	102	1510	147	102	102	1450	147	102	102	1390	1:0.69:0.69:10.30	1:0.69:0.69:9.90	1:0.69:0.69:9.49
		51.00	147	100	104	1510	147	100	104	1450	147	100	104	1390	1:0.68:0.71:10.30	1:0.68:0.71:9.90	1:0.68:0.71:9.49
		52.00	147	98	106	1510	147	98	106	1450	147	98	106	1390	1:0.67:0.72:10.30	1:0.67:0.72:9.90	1:0.67:0.72:9.49
		53.00	147	96	108	1510	147	96	108	1450	147	96	108	1390	1:0.65:0.74:10.30	1:0.65:0.74:9.90	1:0.65:0.74:9.49
		54.00	147	94	110	1510	147	94	110	1450	147	94	110	1390	1:0.64:0.75:10.30	1:0.64:0.75:9.90	1:0.64:0.75:9.49
		55.00	147	92	112	1510	147	92	112	1450	147	92	112	1390	1:0.62:0.76:10.30	1:0.62:0.76:9.90	1:0.62:0.76:9.49
		56.00	147	90	114	1510	147	90	114	1450	147	90	114	1390	1:0.61:0.78:10.30	1:0.61:0.78:9.90	1:0.61:0.78:9.49
		57.00	147	87	116	1510	147	87	116	1450	147	87	116	1390	1:0.60:0.79:10.30	1:0.60:0.79:9.90	1:0.60:0.79:9.49
		58.00	147	85	118	1510	147	85	118	1450	147	85	118	1390	1:0.58:0.81:10.30	1:0.58:0.81:9.90	1:0.58:0.81:9.49
		59.00	147	83	120	1510	147	83	120	1450	147	83	120	1390	1:0.57:0.82:10.30	1:0.57:0.82:9.90	1:0.57:0.82:9.49
		60.00	147	81	122	1510	147	81	122	1450	147	81	122	1390	1:0.56:0.83:10.30	1:0.56:0.83:9.90	1:0.56:0.83:9.49

砂浆强度等级：M5.0　　施工水平：较差　　配制强度：6.25MPa

水泥强度等级	水泥实际强度(MPa)	沸石粉掺量(%)	材料用量（kg/m³）												配合比（重量比）		
			粗砂				中砂				细砂				粗砂	中砂	细砂
			水泥 Q_{C0}	石灰 Q_{D0}	沸石粉 Q_{Z0}	砂 Q_{S0}	水泥 Q_{C0}	石灰 Q_{D0}	沸石粉 Q_{Z0}	砂 Q_{S0}	水泥 Q_{C0}	石灰 Q_{D0}	沸石粉 Q_{Z0}	砂 Q_{S0}	水泥:石灰:沸石粉:砂 $Q_C:Q_D:Q_Z:Q_S$	水泥:石灰:沸石粉:砂 $Q_C:Q_D:Q_Z:Q_S$	水泥:石灰:沸石粉:砂 $Q_C:Q_D:Q_Z:Q_S$
32.5	32.5	50.00	217	67	67	1510	217	67	67	1450	217	67	67	1390	1:0.31:0.31:6.97	1:0.31:0.31:6.69	1:0.31:0.31:6.41
		51.00	217	65	68	1510	217	65	68	1450	217	65	68	1390	1:0.30:0.31:6.97	1:0.30:0.31:6.69	1:0.30:0.31:6.41
		52.00	217	64	69	1510	217	64	69	1450	217	64	69	1390	1:0.30:0.32:6.97	1:0.30:0.32:6.69	1:0.30:0.32:6.41
		53.00	217	63	71	1510	217	63	71	1450	217	63	71	1390	1:0.29:0.33:6.97	1:0.29:0.33:6.69	1:0.29:0.33:6.41
		54.00	217	61	72	1510	217	61	72	1450	217	61	72	1390	1:0.28:0.33:6.97	1:0.28:0.33:6.69	1:0.28:0.33:6.41
		55.00	217	60	73	1510	217	60	73	1450	217	60	73	1390	1:0.28:0.34:6.97	1:0.28:0.34:6.69	1:0.28:0.34:6.41
		56.00	217	59	75	1510	217	59	75	1450	217	59	75	1390	1:0.27:0.34:6.97	1:0.27:0.34:6.69	1:0.27:0.34:6.41
		57.00	217	57	76	1510	217	57	76	1450	217	57	76	1390	1:0.26:0.35:6.97	1:0.26:0.35:6.69	1:0.26:0.35:6.41
		58.00	217	56	77	1510	217	56	77	1450	217	56	77	1390	1:0.26:0.36:6.97	1:0.26:0.36:6.69	1:0.26:0.36:6.41
		59.00	217	55	79	1510	217	55	79	1450	217	55	79	1390	1:0.25:0.36:6.97	1:0.25:0.36:6.69	1:0.25:0.36:6.41
		60.00	217	53	80	1510	217	53	80	1450	217	53	80	1390	1:0.25:0.37:6.97	1:0.25:0.37:6.69	1:0.25:0.37:6.41
	37.5	50.00	188	81	81	1510	188	81	81	1450	188	81	81	1390	1:0.43:0.43:8.04	1:0.43:0.43:7.72	1:0.43:0.43:7.40
		51.00	188	79	83	1510	188	79	83	1450	188	79	83	1390	1:0.42:0.44:8.04	1:0.42:0.44:7.72	1:0.42:0.44:7.40
		52.00	188	78	84	1510	188	78	84	1450	188	78	84	1390	1:0.41:0.45:8.04	1:0.41:0.45:7.72	1:0.41:0.45:7.40
		53.00	188	76	86	1510	188	76	86	1450	188	76	86	1390	1:0.41:0.46:8.04	1:0.41:0.46:7.72	1:0.41:0.46:7.40
		54.00	188	75	88	1510	188	75	88	1450	188	75	88	1390	1:0.40:0.47:8.04	1:0.40:0.47:7.72	1:0.40:0.47:7.40
		55.00	188	73	89	1510	188	73	89	1450	188	73	89	1390	1:0.39:0.47:8.04	1:0.39:0.47:7.72	1:0.39:0.47:7.40
		56.00	188	71	91	1510	188	71	91	1450	188	71	91	1390	1:0.38:0.48:8.04	1:0.38:0.48:7.72	1:0.38:0.48:7.40
		57.00	188	70	92	1510	188	70	92	1450	188	70	92	1390	1:0.37:0.49:8.04	1:0.37:0.49:7.72	1:0.37:0.49:7.40
		58.00	188	68	94	1510	188	68	94	1450	188	68	94	1390	1:0.36:0.50:8.04	1:0.36:0.50:7.72	1:0.36:0.50:7.40
		59.00	188	66	96	1510	188	66	96	1450	188	66	96	1390	1:0.35:0.51:8.04	1:0.35:0.51:7.72	1:0.35:0.51:7.40
		60.00	188	65	97	1510	188	65	97	1450	188	65	97	1390	1:0.35:0.52:8.04	1:0.35:0.52:7.72	1:0.35:0.52:7.40

砂浆强度等级：M5.0　　施工水平：较差　　配制强度：6.25MPa

水泥强度等级	水泥实际强度(MPa)	沸石粉掺量(%)	材料用量（kg/m³） 粗砂 水泥 Q_{C0}	石灰 Q_{D0}	沸石粉 Q_{Z0}	砂 Q_{S0}	中砂 水泥 Q_{C0}	石灰 Q_{D0}	沸石粉 Q_{Z0}	砂 Q_{S0}	细砂 水泥 Q_{C0}	石灰 Q_{D0}	沸石粉 Q_{Z0}	砂 Q_{S0}	配合比（重量比） 粗砂 水泥:石灰:沸石粉:砂 $Q_C:Q_D:Q_Z:Q_S$	中砂 水泥:石灰:沸石粉:砂 $Q_C:Q_D:Q_Z:Q_S$	细砂 水泥:石灰:沸石粉:砂 $Q_C:Q_D:Q_Z:Q_S$
42.5	42.5	50.00	166	92	92	1510	166	92	92	1450	166	92	92	1390	1:0.56:0.56:9.11	1:0.56:0.56:8.75	1:0.56:0.56:8.39
		51.00	166	90	94	1510	166	90	94	1450	166	90	94	1390	1:0.54:0.57:9.11	1:0.54:0.57:8.75	1:0.54:0.57:8.39
		52.00	166	88	96	1510	166	88	96	1450	166	88	96	1390	1:0.53:0.58:9.11	1:0.53:0.58:8.75	1:0.53:0.58:8.39
		53.00	166	87	98	1510	166	87	98	1450	166	87	98	1390	1:0.52:0.59:9.11	1:0.52:0.59:8.75	1:0.52:0.59:8.39
		54.00	166	85	100	1510	166	85	100	1450	166	85	100	1390	1:0.51:0.60:9.11	1:0.51:0.60:8.75	1:0.51:0.60:8.39
		55.00	166	83	101	1510	166	83	101	1450	166	83	101	1390	1:0.50:0.61:9.11	1:0.50:0.61:8.75	1:0.50:0.61:8.39
		56.00	166	81	103	1510	166	81	103	1450	166	81	103	1390	1:0.49:0.62:9.11	1:0.49:0.62:8.75	1:0.49:0.62:8.39
		57.00	166	79	105	1510	166	79	105	1450	166	79	105	1390	1:0.48:0.63:9.11	1:0.48:0.63:8.75	1:0.48:0.63:8.39
		58.00	166	77	107	1510	166	77	107	1450	166	77	107	1390	1:0.47:0.64:9.11	1:0.47:0.64:8.75	1:0.47:0.64:8.39
		59.00	166	76	109	1510	166	76	109	1450	166	76	109	1390	1:0.46:0.66:9.11	1:0.46:0.66:8.75	1:0.46:0.66:8.39
		60.00	166	74	111	1510	166	74	111	1450	166	74	111	1390	1:0.44:0.67:9.11	1:0.44:0.67:8.75	1:0.44:0.67:8.39
	47.5	50.00	148	101	101	1510	148	101	101	1450	148	101	101	1390	1:0.68:0.68:10.18	1:0.68:0.68:9.78	1:0.68:0.68:9.37
		51.00	148	99	103	1510	148	99	103	1450	148	99	103	1390	1:0.67:0.69:10.18	1:0.67:0.69:9.78	1:0.67:0.69:9.37
		52.00	148	97	105	1510	148	97	105	1450	148	97	105	1390	1:0.65:0.71:10.18	1:0.65:0.71:9.78	1:0.65:0.71:9.37
		53.00	148	95	107	1510	148	95	107	1450	148	95	107	1390	1:0.64:0.72:10.18	1:0.64:0.72:9.78	1:0.64:0.72:9.37
		54.00	148	93	109	1510	148	93	109	1450	148	93	109	1390	1:0.63:0.73:10.18	1:0.63:0.73:9.78	1:0.63:0.73:9.37
		55.00	148	91	111	1510	148	91	111	1450	148	91	111	1390	1:0.61:0.75:10.18	1:0.61:0.75:9.78	1:0.61:0.75:9.37
		56.00	148	89	113	1510	148	89	113	1450	148	89	113	1390	1:0.60:0.76:10.18	1:0.60:0.76:9.78	1:0.60:0.76:9.37
		57.00	148	87	115	1510	148	87	115	1450	148	87	115	1390	1:0.59:0.78:10.18	1:0.59:0.78:9.78	1:0.57:0.78:9.37
		58.00	148	85	117	1510	148	85	117	1450	148	85	117	1390	1:0.57:0.79:10.18	1:0.57:0.79:9.78	1:0.57:0.79:9.37
		59.00	148	83	119	1510	148	83	119	1450	148	83	119	1390	1:0.56:0.80:10.18	1:0.56:0.80:9.78	1:0.56:0.80:9.37
		60.00	148	81	121	1510	148	81	121	1450	148	81	121	1390	1:0.54:0.82:10.18	1:0.54:0.82:9.78	1:0.54:0.82:9.37

M7.5 沸石粉混合砂浆配合比

砂浆强度等级：M7.5　　施工水平：优良　　配制强度：8.63MPa

水泥强度等级	水泥实际强度(MPa)	沸石粉掺量(%)	材料用量（kg/m³）												配合比（重量比）		
			粗砂				中砂				细砂				粗砂	中砂	细砂
			水泥 Q_{C0}	石灰 Q_{D0}	沸石粉 Q_{Z0}	砂 Q_{S0}	水泥 Q_{C0}	石灰 Q_{D0}	沸石粉 Q_{Z0}	砂 Q_{S0}	水泥 Q_{C0}	石灰 Q_{D0}	沸石粉 Q_{Z0}	砂 Q_{S0}	水泥:石灰:沸石粉:砂 $Q_C:Q_D:Q_Z:Q_S$	水泥:石灰:沸石粉:砂 $Q_C:Q_D:Q_Z:Q_S$	水泥:石灰:沸石粉:砂 $Q_C:Q_D:Q_Z:Q_S$
32.5	32.5	50	241	55	55	1510	241	55	55	1450	241	55	55	1390	1:0.23:0.23:6.27	1:0.23:0.23:6.02	1:0.23:0.23:5.77
		51	241	53	56	1510	241	53	56	1450	241	53	56	1390	1:0.22:0.23:6.27	1:0.22:0.23:6.02	1:0.22:0.23:5.77
		52	241	52	57	1510	241	52	57	1450	241	52	57	1390	1:0.22:0.24:6.27	1:0.22:0.24:6.02	1:0.22:0.24:5.77
		53	241	51	58	1510	241	51	58	1450	241	51	58	1390	1:0.21:0.24:6.27	1:0.21:0.24:6.02	1:0.21:0.24:5.77
		54	241	50	59	1510	241	50	59	1450	241	50	59	1390	1:0.21:0.24:6.27	1:0.21:0.24:6.02	1:0.21:0.24:5.77
		55	241	49	60	1510	241	49	60	1450	241	49	60	1390	1:0.20:0.25:6.27	1:0.20:0.25:6.02	1:0.20:0.25:5.77
		56	241	48	61	1510	241	48	61	1450	241	48	61	1390	1:0.20:0.25:6.27	1:0.20:0.25:6.02	1:0.20:0.25:5.77
		57	241	47	62	1510	241	47	62	1450	241	47	62	1390	1:0.19:0.26:6.27	1:0.19:0.26:6.02	1:0.19:0.26:5.77
		58	241	46	63	1510	241	46	63	1450	241	46	63	1390	1:0.19:0.26:6.27	1:0.19:0.26:6.02	1:0.19:0.26:5.77
		59	241	45	64	1510	241	45	64	1450	241	45	64	1390	1:0.19:0.27:6.27	1:0.19:0.27:6.02	1:0.19:0.27:5.77
		60	241	44	66	1510	241	44	66	1450	241	44	66	1390	1:0.18:0.27:6.27	1:0.18:0.27:6.02	1:0.18:0.27:5.77
	37.5	50	184	83	83	1510	184	83	83	1450	184	83	83	1390	1:0.45:0.45:8.20	1:0.45:0.45:7.87	1:0.45:0.45:7.55
		51	184	81	85	1510	184	81	85	1450	184	81	85	1390	1:0.44:0.46:8.20	1:0.44:0.46:7.87	1:0.44:0.46:7.55
		52	184	80	86	1510	184	80	86	1450	184	80	86	1390	1:0.43:0.47:8.20	1:0.43:0.47:7.87	1:0.43:0.47:7.55
		53	184	78	88	1510	184	78	88	1450	184	78	88	1390	1:0.42:0.48:8.20	1:0.42:0.48:7.87	1:0.42:0.48:7.55
		54	184	76	90	1510	184	76	90	1450	184	76	90	1390	1:0.41:0.49:8.20	1:0.41:0.49:7.87	1:0.41:0.49:7.55
		55	184	75	91	1510	184	75	91	1450	184	75	91	1390	1:0.41:0.50:8.20	1:0.41:0.50:7.87	1:0.41:0.50:7.55
		56	184	73	93	1510	184	73	93	1450	184	73	93	1390	1:0.40:0.50:8.20	1:0.40:0.50:7.87	1:0.40:0.50:7.55
		57	184	71	95	1510	184	71	95	1450	184	71	95	1390	1:0.39:0.51:8.20	1:0.39:0.51:7.87	1:0.39:0.51:7.55
		58	184	70	96	1510	184	70	96	1450	184	70	96	1390	1:0.38:0.52:8.20	1:0.38:0.52:7.87	1:0.38:0.52:7.55
		59	184	68	98	1510	184	68	98	1450	184	68	98	1390	1:0.37:0.53:8.20	1:0.37:0.53:7.87	1:0.37:0.53:7.55
		60	184	66	100	1510	184	66	100	1450	184	66	100	1390	1:0.36:0.54:8.20	1:0.36:0.54:7.87	1:0.36:0.54:7.55

砂浆强度等级：M7.5　　施工水平：优良　　配制强度：8.63MPa

水泥强度等级	水泥实际强度(MPa)	沸石粉掺量(%)	材料用量（kg/m³）												配合比（重量比）		
			粗砂				中砂				细砂				粗砂	中砂	细砂
			水泥 Q_{C0}	石灰 Q_{D0}	沸石粉 Q_{Z0}	砂 Q_{S0}	水泥 Q_{C0}	石灰 Q_{D0}	沸石粉 Q_{Z0}	砂 Q_{S0}	水泥 Q_{C0}	石灰 Q_{D0}	沸石粉 Q_{Z0}	砂 Q_{S0}	水泥:石灰:沸石粉:砂 $Q_C:Q_D:Q_Z:Q_S$	水泥:石灰:沸石粉:砂 $Q_C:Q_D:Q_Z:Q_S$	水泥:石灰:沸石粉:砂 $Q_C:Q_D:Q_Z:Q_S$
42.5	42.5	50	184	83	83	1510	184	83	83	1450	184	83	83	1390	1:0.45:0.45:8.20	1:0.45:0.45:7.87	1:0.45:0.45:7.55
		51	184	81	85	1510	184	81	85	1450	184	81	85	1390	1:0.44:0.46:8.20	1:0.44:0.46:7.87	1:0.44:0.46:7.55
		52	184	80	86	1510	184	80	86	1450	184	80	86	1390	1:0.43:0.47:8.20	1:0.43:0.47:7.87	1:0.43:0.47:7.55
		53	184	78	88	1510	184	78	88	1450	184	78	88	1390	1:0.42:0.48:8.20	1:0.42:0.48:7.87	1:0.42:0.48:7.55
		54	184	76	90	1510	184	76	90	1450	184	76	90	1390	1:0.41:0.49:8.20	1:0.41:0.49:7.87	1:0.41:0.49:7.55
		55	184	75	91	1510	184	75	91	1450	184	75	91	1390	1:0.41:0.50:8.20	1:0.41:0.50:7.87	1:0.41:0.50:7.55
		56	184	73	93	1510	184	73	93	1450	184	73	93	1390	1:0.40:0.50:8.20	1:0.40:0.50:7.87	1:0.40:0.50:7.55
		57	184	71	95	1510	184	71	95	1450	184	71	95	1390	1:0.39:0.51:8.20	1:0.39:0.51:7.87	1:0.39:0.51:7.55
		58	184	70	96	1510	184	70	96	1450	184	70	96	1390	1:0.38:0.52:8.20	1:0.38:0.52:7.87	1:0.38:0.52:7.55
		59	184	68	98	1510	184	68	98	1450	184	68	98	1390	1:0.37:0.53:8.20	1:0.37:0.53:7.87	1:0.37:0.53:7.55
		60	184	66	100	1510	184	66	100	1450	184	66	100	1390	1:0.36:0.54:8.20	1:0.36:0.54:7.87	1:0.36:0.54:7.55
	47.5	50	165	93	93	1510	165	93	93	1450	165	93	93	1390	1:0.56:0.56:9.16	1:0.56:0.56:8.80	1:0.56:0.56:8.44
		51	165	91	94	1510	165	91	94	1450	165	91	94	1390	1:0.55:0.57:9.16	1:0.55:0.57:8.80	1:0.55:0.57:8.44
		52	165	89	96	1510	165	89	96	1450	165	89	96	1390	1:0.54:0.58:9.16	1:0.54:0.58:8.80	1:0.54:0.58:8.44
		53	165	87	98	1510	165	87	98	1450	165	87	98	1390	1:0.53:0.60:9.16	1:0.53:0.60:8.80	1:0.53:0.60:8.44
		54	165	85	100	1510	165	85	100	1450	165	85	100	1390	1:0.52:0.61:9.16	1:0.52:0.61:8.80	1:0.52:0.61:8.44
		55	165	83	102	1510	165	83	102	1450	165	83	102	1390	1:0.51:0.62:9.16	1:0.51:0.62:8.80	1:0.51:0.62:8.44
		56	165	81	104	1510	165	81	104	1450	165	81	104	1390	1:0.49:0.63:9.16	1:0.49:0.63:8.80	1:0.49:0.63:8.44
		57	165	80	106	1510	165	80	106	1450	165	80	106	1390	1:0.48:0.64:9.16	1:0.48:0.64:8.80	1:0.48:0.64:8.44
		58	165	78	107	1510	165	78	107	1450	165	78	107	1390	1:0.47:0.65:9.16	1:0.47:0.65:8.80	1:0.47:0.65:8.44
		59	165	76	109	1510	165	76	109	1450	165	76	109	1390	1:0.46:0.66:9.16	1:0.46:0.66:8.80	1:0.46:0.66:8.44
		60	165	74	111	1510	165	74	111	1450	165	74	111	1390	1:0.45:0.67:9.16	1:0.45:0.67:8.80	1:0.45:0.67:8.44

砂浆强度等级：M7.5　　施工水平：一般　　配制强度：9.00MPa

水泥强度等级	水泥实际强度(MPa)	沸石粉掺量(%)	材料用量（kg/m³）											配合比（重量比）		
			粗 砂				中 砂				细 砂				粗 砂	中 砂	细 砂
			水泥Q_{C0}	石灰Q_{D0}	沸石粉Q_{Z0}	砂Q_{S0}	水泥Q_{C0}	石灰Q_{D0}	沸石粉Q_{Z0}	砂Q_{S0}	水泥Q_{C0}	石灰Q_{D0}	沸石粉Q_{Z0}	砂Q_{S0}	水泥:石灰:沸石粉:砂 $Q_C:Q_D:Q_Z:Q_S$	水泥:石灰:沸石粉:砂 $Q_C:Q_D:Q_Z:Q_S$	水泥:石灰:沸石粉:砂 $Q_C:Q_D:Q_Z:Q_S$
32.5	32.5	50	245	53	53	1510	245	53	53	1450	245	53	53	1390	1:0.22:0.22:6.17	1:0.22:0.22:5.93	1:0.22:0.22:5.68
		51	245	52	54	1510	245	52	54	1450	245	52	54	1390	1:0.21:0.22:6.17	1:0.21:0.22:5.93	1:0.21:0.22:5.68
		52	245	51	55	1510	245	51	55	1450	245	51	55	1390	1:0.21:0.22:6.17	1:0.21:0.22:5.93	1:0.21:0.22:5.68
		53	245	50	56	1510	245	50	56	1450	245	50	56	1390	1:0.20:0.23:6.17	1:0.20:0.23:5.93	1:0.20:0.23:5.68
		54	245	48	57	1510	245	48	57	1450	245	48	57	1390	1:0.20:0.23:6.17	1:0.20:0.23:5.93	1:0.20:0.23:5.68
		55	245	47	58	1510	245	47	58	1450	245	47	58	1390	1:0.19:0.24:6.17	1:0.19:0.24:5.93	1:0.19:0.24:5.68
		56	245	46	59	1510	245	46	59	1450	245	46	59	1390	1:0.19:0.24:6.17	1:0.19:0.24:5.93	1:0.19:0.24:5.68
		57	245	45	60	1510	245	45	60	1450	245	45	60	1390	1:0.19:0.25:6.17	1:0.19:0.25:5.93	1:0.19:0.25:5.68
		58	245	44	61	1510	245	44	61	1450	245	44	61	1390	1:0.18:0.25:6.17	1:0.18:0.25:5.93	1:0.18:0.25:5.68
		59	245	43	62	1510	245	43	62	1450	245	43	62	1390	1:0.18:0.25:6.17	1:0.18:0.25:5.93	1:0.18:0.25:5.68
		60	245	42	63	1510	245	42	63	1450	245	42	63	1390	1:0.17:0.26:6.17	1:0.17:0.26:5.93	1:0.17:0.26:5.68
	37.5	50	212	69	69	1510	212	69	69	1450	212	69	69	1390	1:0.33:0.33:7.12	1:0.33:0.33:6.84	1:0.33:0.33:6.56
		51	212	68	70	1510	212	68	70	1450	212	68	70	1390	1:0.32:0.33:7.12	1:0.32:0.33:6.84	1:0.32:0.33:6.56
		52	212	66	72	1510	212	66	72	1450	212	66	72	1390	1:0.31:0.34:7.12	1:0.31:0.34:6.84	1:0.31:0.34:6.56
		53	212	65	73	1510	212	65	73	1450	212	65	73	1390	1:0.31:0.34:7.12	1:0.31:0.34:6.84	1:0.31:0.34:6.56
		54	212	63	75	1510	212	63	75	1450	212	63	75	1390	1:0.30:0.35:7.12	1:0.30:0.35:6.84	1:0.30:0.35:6.56
		55	212	62	76	1510	212	62	76	1450	212	62	76	1390	1:0.29:0.36:7.12	1:0.29:0.36:6.84	1:0.29:0.36:6.56
		56	212	61	77	1510	212	61	77	1450	212	61	77	1390	1:0.29:0.36:7.12	1:0.29:0.36:6.84	1:0.29:0.36:6.56
		57	212	59	79	1510	212	59	79	1450	212	59	79	1390	1:0.28:0.37:7.12	1:0.28:0.37:6.84	1:0.28:0.37:6.56
		58	212	58	80	1510	212	58	80	1450	212	58	80	1390	1:0.27:0.38:7.12	1:0.27:0.38:6.84	1:0.27:0.38:6.56
		59	212	57	81	1510	212	57	81	1450	212	57	81	1390	1:0.27:0.38:7.12	1:0.27:0.38:6.84	1:0.27:0.38:6.56
		60	212	55	83	1510	212	55	83	1450	212	55	83	1390	1:0.26:0.39:7.12	1:0.26:0.39:6.84	1:0.26:0.39:6.56

砂浆强度等级：M7.5　　施工水平：一般　　配制强度：9.00MPa

水泥强度等级	水泥实际强度(MPa)	沸石粉掺量(%)	材料用量（kg/m³）												配合比（重量比）		
			粗砂				中砂				细砂				粗砂	中砂	细砂
			水泥 Q_{C0}	石灰 Q_{D0}	沸石粉 Q_{Z0}	砂 Q_{S0}	水泥 Q_{C0}	石灰 Q_{D0}	沸石粉 Q_{Z0}	砂 Q_{S0}	水泥 Q_{C0}	石灰 Q_{D0}	沸石粉 Q_{Z0}	砂 Q_{S0}	水泥:石灰:沸石粉:砂 $Q_C:Q_D:Q_Z:Q_S$	水泥:石灰:沸石粉:砂 $Q_C:Q_D:Q_Z:Q_S$	水泥:石灰:沸石粉:砂 $Q_C:Q_D:Q_Z:Q_S$
42.5	42.5	50	187	81	81	1510	187	81	81	1450	187	81	81	1390	1:0.44:0.44:8.07	1:0.44:0.44:7.75	1:0.44:0.44:7.43
		51	187	80	83	1510	187	80	83	1450	187	80	83	1390	1:0.43:0.44:8.07	1:0.43:0.44:7.75	1:0.43:0.44:7.43
		52	187	78	85	1510	187	78	85	1450	187	78	85	1390	1:0.42:0.45:8.07	1:0.42:0.45:7.75	1:0.42:0.45:7.43
		53	187	77	86	1510	187	77	86	1450	187	77	86	1390	1:0.41:0.46:8.07	1:0.41:0.46:7.75	1:0.41:0.46:7.43
		54	187	75	88	1510	187	75	88	1450	187	75	88	1390	1:0.40:0.47:8.07	1:0.40:0.47:7.75	1:0.40:0.47:7.43
		55	187	73	90	1510	187	73	90	1450	187	73	90	1390	1:0.39:0.48:8.07	1:0.39:0.48:7.75	1:0.39:0.48:7.43
		56	187	72	91	1510	187	72	91	1450	187	72	91	1390	1:0.38:0.49:8.07	1:0.38:0.49:7.75	1:0.38:0.49:7.43
		57	187	70	93	1510	187	70	93	1450	187	70	93	1390	1:0.37:0.50:8.07	1:0.37:0.50:7.75	1:0.37:0.50:7.43
		58	187	68	94	1510	187	68	94	1450	187	68	94	1390	1:0.37:0.51:8.07	1:0.37:0.51:7.75	1:0.37:0.51:7.43
		59	187	67	96	1510	187	67	96	1450	187	67	96	1390	1:0.36:0.51:8.07	1:0.36:0.51:7.75	1:0.36:0.51:7.43
		60	187	65	98	1510	187	65	98	1450	187	65	98	1390	1:0.35:0.52:8.07	1:0.35:0.52:7.75	1:0.35:0.52:7.43
42.5	47.5	50	167	91	91	1510	167	91	91	1450	167	91	91	1390	1:0.55:0.55:9.02	1:0.55:0.55:8.66	1:0.55:0.55:8.30
		51	167	89	93	1510	167	89	93	1450	167	89	93	1390	1:0.53:0.56:9.02	1:0.53:0.56:8.66	1:0.53:0.56:8.30
		52	167	88	95	1510	167	88	95	1450	167	88	95	1390	1:0.52:0.57:9.02	1:0.52:0.57:8.66	1:0.52:0.57:8.30
		53	167	86	97	1510	167	86	97	1450	167	86	97	1390	1:0.51:0.58:9.02	1:0.51:0.58:8.66	1:0.51:0.58:8.30
		54	167	84	99	1510	167	84	99	1450	167	84	99	1390	1:0.50:0.59:9.02	1:0.50:0.59:8.66	1:0.50:0.59:8.30
		55	167	82	100	1510	167	82	100	1450	167	82	100	1390	1:0.49:0.60:9.02	1:0.49:0.60:8.66	1:0.49:0.60:8.30
		56	167	80	102	1510	167	80	102	1450	167	80	102	1390	1:0.48:0.61:9.02	1:0.48:0.61:8.66	1:0.48:0.61:8.30
		57	167	79	104	1510	167	79	104	1450	167	79	104	1390	1:0.47:0.62:9.02	1:0.47:0.62:8.66	1:0.47:0.62:8.30
		58	167	77	106	1510	167	77	106	1450	167	77	106	1390	1:0.46:0.63:9.02	1:0.46:0.63:8.66	1:0.46:0.63:8.30
		59	167	75	108	1510	167	75	108	1450	167	75	108	1390	1:0.45:0.64:9.02	1:0.45:0.64:8.66	1:0.45:0.64:8.30
		60	167	73	110	1510	167	73	110	1450	167	73	110	1390	1:0.44:0.65:9.02	1:0.44:0.65:8.66	1:0.44:0.65:8.30

砂浆强度等级：M7.5　　施工水平：较差　　配制强度：9.38MPa

水泥强度等级(MPa)	水泥实际强度(MPa)	沸石粉掺量(%)	材料用量(kg/m³) 粗砂				中砂				细砂				配合比(重量比) 粗砂 水泥:石灰:沸石粉:砂 $Q_C:Q_D:Q_Z:Q_S$	中砂 水泥:石灰:沸石粉:砂 $Q_C:Q_D:Q_Z:Q_S$	细砂 水泥:石灰:沸石粉:砂 $Q_C:Q_D:Q_Z:Q_S$
			水泥 Q_{C0}	石灰 Q_{D0}	沸石粉 Q_{Z0}	砂 Q_{S0}	水泥 Q_{C0}	石灰 Q_{D0}	沸石粉 Q_{Z0}	砂 Q_{S0}	水泥 Q_{C0}	石灰 Q_{D0}	沸石粉 Q_{Z0}	砂 Q_{S0}			
32.5	32.5	50	248	51	51	1510	248	51	51	1450	248	51	51	1390	1:0.20:0.20:6.08	1:0.20:0.20:5.84	1:0.20:0.20:5.59
		51	248	50	52	1510	248	50	52	1450	248	50	52	1390	1:0.20:0.21:6.08	1:0.20:0.21:5.84	1:0.20:0.21:5.59
		52	248	49	53	1510	248	49	53	1450	248	49	53	1390	1:0.20:0.21:6.08	1:0.20:0.21:5.84	1:0.20:0.21:5.59
		53	248	48	54	1510	248	48	54	1450	248	48	54	1390	1:0.19:0.22:6.08	1:0.19:0.22:5.84	1:0.19:0.22:5.59
		54	248	47	55	1510	248	47	55	1450	248	47	55	1390	1:0.19:0.22:6.08	1:0.19:0.22:5.84	1:0.19:0.22:5.59
		55	248	46	56	1510	248	46	56	1450	248	46	56	1390	1:0.18:0.22:6.08	1:0.18:0.22:5.84	1:0.18:0.22:5.59
		56	248	45	57	1510	248	45	57	1450	248	45	57	1390	1:0.18:0.23:6.08	1:0.18:0.23:5.84	1:0.18:0.23:5.59
		57	248	44	58	1510	248	44	58	1450	248	44	58	1390	1:0.18:0.23:6.08	1:0.18:0.23:5.84	1:0.18:0.23:5.59
		58	248	43	59	1510	248	43	59	1450	248	43	59	1390	1:0.17:0.24:6.08	1:0.17:0.24:5.84	1:0.17:0.24:5.59
		59	248	42	60	1510	248	42	60	1450	248	42	60	1390	1:0.17:0.24:6.08	1:0.17:0.24:5.84	1:0.17:0.24:5.59
		60	248	41	61	1510	248	41	61	1450	248	41	61	1390	1:0.16:0.25:6.08	1:0.16:0.25:5.84	1:0.16:0.25:5.59
	37.5	50	215	67	67	1510	215	67	67	1450	215	67	67	1390	1:0.31:0.31:7.01	1:0.31:0.31:6.73	1:0.31:0.31:6.46
		51	215	66	69	1510	215	66	69	1450	215	66	69	1390	1:0.31:0.32:7.01	1:0.31:0.32:6.73	1:0.31:0.32:6.46
		52	215	65	70	1510	215	65	70	1450	215	65	70	1390	1:0.30:0.33:7.01	1:0.30:0.33:6.73	1:0.30:0.33:6.46
		53	215	63	71	1510	215	63	71	1450	215	63	71	1390	1:0.29:0.33:7.01	1:0.29:0.33:6.73	1:0.29:0.33:6.46
		54	215	62	73	1510	215	62	73	1450	215	62	73	1390	1:0.29:0.34:7.01	1:0.29:0.34:6.73	1:0.29:0.34:6.46
		55	215	61	74	1510	215	61	74	1450	215	61	74	1390	1:0.28:0.34:7.01	1:0.28:0.34:6.73	1:0.28:0.34:6.46
		56	215	59	75	1510	215	59	75	1450	215	59	75	1390	1:0.28:0.35:7.01	1:0.28:0.35:6.73	1:0.28:0.35:6.46
		57	215	58	77	1510	215	58	77	1450	215	58	77	1390	1:0.27:0.36:7.01	1:0.27:0.36:6.73	1:0.27:0.36:6.46
		58	215	57	78	1510	215	57	78	1450	215	57	78	1390	1:0.26:0.36:7.01	1:0.26:0.36:6.73	1:0.26:0.36:6.46
		59	215	55	79	1510	215	55	79	1450	215	55	79	1390	1:0.26:0.37:7.01	1:0.26:0.37:6.73	1:0.26:0.37:6.46
		60	215	54	81	1510	215	54	81	1450	215	54	81	1390	1:0.25:0.38:7.01	1:0.25:0.38:6.73	1:0.25:0.38:6.46

砂浆强度等级：M7.5　　施工水平：较差　　配制强度：9.38MPa

水泥强度等级	水泥实际强度(MPa)	沸石粉掺量(%)	材料用量（kg/m³）												配合比（重量比）		
			粗　砂				中　砂				细　砂				粗　砂	中　砂	细　砂
			水泥 Q_{C0}	石灰 Q_{D0}	沸石粉 Q_{Z0}	砂 Q_{S0}	水泥 Q_{C0}	石灰 Q_{D0}	沸石粉 Q_{Z0}	砂 Q_{S0}	水泥 Q_{C0}	石灰 Q_{D0}	沸石粉 Q_{Z0}	砂 Q_{S0}	水泥:石灰:沸石粉:砂 $Q_C:Q_D:Q_Z:Q_S$	水泥:石灰:沸石粉:砂 $Q_C:Q_D:Q_Z:Q_S$	水泥:石灰:沸石粉:砂 $Q_C:Q_D:Q_Z:Q_S$
42.5	42.5	50	190	80	80	1510	190	80	80	1450	190	80	80	1390	1:0.42:0.42:7.95	1:0.42:0.42:7.63	1:0.42:0.42:7.32
		51	190	78	82	1510	190	78	82	1450	190	78	82	1390	1:0.41:0.43:7.95	1:0.41:0.43:7.63	1:0.41:0.43:7.32
		52	190	77	83	1510	190	77	83	1450	190	77	83	1390	1:0.40:0.44:7.95	1:0.40:0.44:7.63	1:0.40:0.44:7.32
		53	190	75	85	1510	190	75	85	1450	190	75	85	1390	1:0.40:0.45:7.95	1:0.40:0.45:7.63	1:0.40:0.45:7.32
		54	190	74	86	1510	190	74	86	1450	190	74	86	1390	1:0.39:0.45:7.95	1:0.39:0.45:7.63	1:0.39:0.45:7.32
		55	190	72	88	1510	190	72	88	1450	190	72	88	1390	1:0.38:0.46:7.95	1:0.38:0.46:7.63	1:0.38:0.46:7.32
		56	190	70	90	1510	190	70	90	1450	190	70	90	1390	1:0.37:0.47:7.95	1:0.37:0.47:7.63	1:0.37:0.47:7.32
		57	190	69	91	1510	190	69	91	1450	190	69	91	1390	1:0.36:0.48:7.95	1:0.36:0.48:7.63	1:0.36:0.48:7.32
		58	190	67	93	1510	190	67	93	1450	190	67	93	1390	1:0.35:0.49:7.95	1:0.35:0.49:7.63	1:0.35:0.49:7.32
		59	190	66	94	1510	190	66	94	1450	190	66	94	1390	1:0.35:0.50:7.95	1:0.35:0.50:7.63	1:0.35:0.50:7.32
		60	190	64	96	1510	190	64	96	1450	190	64	96	1390	1:0.34:0.51:7.95	1:0.34:0.51:7.63	1:0.34:0.51:7.32
	47.5	50	170	90	90	1510	170	90	90	1450	170	90	90	1390	1:0.53:0.53:8.88	1:0.53:0.53:8.53	1:0.53:0.53:8.18
		51	170	88	92	1510	170	88	92	1450	170	88	92	1390	1:0.52:0.54:8.88	1:0.52:0.54:8.53	1:0.52:0.54:8.18
		52	170	86	94	1510	170	86	94	1450	170	86	94	1390	1:0.51:0.55:8.88	1:0.51:0.55:8.53	1:0.51:0.55:8.18
		53	170	85	95	1510	170	85	95	1450	170	85	95	1390	1:0.50:0.56:8.88	1:0.50:0.56:8.53	1:0.50:0.56:8.18
		54	170	83	97	1510	170	83	97	1450	170	83	97	1390	1:0.49:0.57:8.88	1:0.49:0.57:8.53	1:0.49:0.57:8.18
		55	170	81	99	1510	170	81	99	1450	170	81	99	1390	1:0.48:0.58:8.88	1:0.48:0.58:8.53	1:0.48:0.58:8.18
		56	170	79	101	1510	170	79	101	1450	170	79	101	1390	1:0.47:0.59:8.88	1:0.47:0.59:8.53	1:0.47:0.59:8.18
		57	170	77	103	1510	170	77	103	1450	170	77	103	1390	1:0.46:0.60:8.88	1:0.46:0.60:8.53	1:0.46:0.60:8.18
		58	170	76	104	1510	170	76	104	1450	170	76	104	1390	1:0.44:0.61:8.88	1:0.44:0.61:8.53	1:0.44:0.61:8.18
		59	170	74	106	1510	170	74	106	1450	170	74	106	1390	1:0.43:0.62:8.88	1:0.43:0.62:8.53	1:0.43:0.62:8.18
		60	170	72	108	1510	170	72	108	1450	170	72	108	1390	1:0.42:0.64:8.88	1:0.42:0.64:8.53	1:0.42:0.64:8.18

M10沸石粉混合砂浆配合比

砂浆强度等级：M10　　施工水平：优良　　配制强度：11.50MPa

水泥强度等级	水泥实际强度(MPa)	沸石粉掺量(%)	材料用量（kg/m³） 粗砂				中砂				细砂				配合比（重量比） 粗砂 水泥:石灰:沸石粉:砂	中砂 水泥:石灰:沸石粉:砂	细砂 水泥:石灰:沸石粉:砂
			水泥 Q_{C0}	石灰 Q_{D0}	沸石粉 Q_{Z0}	砂 Q_{S0}	水泥 Q_{C0}	石灰 Q_{D0}	沸石粉 Q_{Z0}	砂 Q_{S0}	水泥 Q_{C0}	石灰 Q_{D0}	沸石粉 Q_{Z0}	砂 Q_{S0}	$Q_C:Q_D:Q_Z:Q_S$	$Q_C:Q_D:Q_Z:Q_S$	$Q_C:Q_D:Q_Z:Q_S$
32.5	32.5	50	270	40	40	1510	270	40	40	1450	270	40	40	1390	1:0.15:0.15:5.59	1:0.15:0.15:5.37	1:0.15:0.15:5.15
		51	270	39	41	1510	270	39	41	1450	270	39	41	1390	1:0.15:0.15:5.59	1:0.15:0.15:5.37	1:0.15:0.15:5.15
		52	270	38	42	1510	270	38	42	1450	270	38	42	1390	1:0.14:0.15:5.59	1:0.14:0.15:5.37	1:0.14:0.15:5.15
		53	270	38	42	1510	270	38	42	1450	270	38	42	1390	1:0.14:0.16:5.59	1:0.14:0.16:5.37	1:0.14:0.16:5.15
		54	270	37	43	1510	270	37	43	1450	270	37	43	1390	1:0.14:0.16:5.59	1:0.14:0.16:5.37	1:0.14:0.16:5.15
		55	270	36	44	1510	270	36	44	1450	270	36	44	1390	1:0.13:0.16:5.59	1:0.13:0.16:5.37	1:0.13:0.16:5.15
		56	270	35	45	1510	270	35	45	1450	270	35	45	1390	1:0.13:0.17:5.59	1:0.13:0.17:5.37	1:0.13:0.17:5.15
		57	270	34	46	1510	270	34	46	1450	270	34	46	1390	1:0.13:0.17:5.59	1:0.13:0.17:5.37	1:0.13:0.17:5.15
		58	270	34	46	1510	270	34	46	1450	270	34	46	1390	1:0.12:0.17:5.59	1:0.12:0.17:5.37	1:0.12:0.17:5.15
		59	270	33	47	1510	270	33	47	1450	270	33	47	1390	1:0.12:0.17:5.59	1:0.12:0.17:5.37	1:0.12:0.17:5.15
		60	270	32	48	1510	270	32	48	1450	270	32	48	1390	1:0.12:0.18:5.59	1:0.12:0.18:5.37	1:0.12:0.18:5.15
32.5	37.5	50	234	58	58	1510	234	58	58	1450	234	58	58	1390	1:0.25:0.25:6.45	1:0.25:0.25:6.20	1:0.25:0.25:5.94
		51	234	57	59	1510	234	57	59	1450	234	57	59	1390	1:0.24:0.25:6.45	1:0.24:0.25:6.20	1:0.24:0.25:5.94
		52	234	56	60	1510	234	56	60	1450	234	56	60	1390	1:0.24:0.26:6.45	1:0.24:0.26:6.20	1:0.24:0.26:5.94
		53	234	55	61	1510	234	55	61	1450	234	55	61	1390	1:0.23:0.26:6.45	1:0.23:0.26:6.20	1:0.23:0.26:5.94
		54	234	53	63	1510	234	53	63	1450	234	53	63	1390	1:0.23:0.27:6.45	1:0.23:0.27:6.20	1:0.23:0.27:5.94
		55	234	52	64	1510	234	52	64	1450	234	52	64	1390	1:0.22:0.27:6.45	1:0.22:0.27:6.20	1:0.22:0.27:5.94
		56	234	51	65	1510	234	51	65	1450	234	51	65	1390	1:0.22:0.28:6.45	1:0.22:0.28:6.20	1:0.22:0.28:5.94
		57	234	50	66	1510	234	50	66	1450	234	50	66	1390	1:0.21:0.28:6.45	1:0.21:0.28:6.20	1:0.21:0.28:5.94
		58	234	49	67	1510	234	49	67	1450	234	49	67	1390	1:0.21:0.29:6.45	1:0.21:0.29:6.20	1:0.21:0.29:5.94
		59	234	48	68	1510	234	48	68	1450	234	48	68	1390	1:0.20:0.29:6.45	1:0.20:0.29:6.20	1:0.20:0.29:5.94
		60	234	46	70	1510	234	46	70	1450	234	46	70	1390	1:0.20:0.30:6.45	1:0.20:0.30:6.20	1:0.20:0.30:5.94

砂浆强度等级：M10　　施工水平：优良　　配制强度：11.50MPa

水泥强度等级	水泥实际强度(MPa)	沸石粉掺量(%)	材料用量（kg/m³）											配合比（重量比）		
			粗砂				中砂				细砂				粗砂 水泥:石灰:沸石粉:砂 $Q_C:Q_D:Q_Z:Q_S$	中砂 水泥:石灰:沸石粉:砂 $Q_C:Q_D:Q_Z:Q_S$	细砂 水泥:石灰:沸石粉:砂 $Q_C:Q_D:Q_Z:Q_S$
			水泥 Q_{C0}	石灰 Q_{D0}	沸石粉 Q_{Z0}	砂 Q_{S0}	水泥 Q_{C0}	石灰 Q_{D0}	沸石粉 Q_{Z0}	砂 Q_{S0}	水泥 Q_{C0}	石灰 Q_{D0}	沸石粉 Q_{Z0}	砂 Q_{S0}			
42.5	42.5	50	206	72	72	1510	206	72	72	1450	206	72	72	1390	1:0.35:0.35:7.31	1:0.35:0.35:7.02	1:0.35:0.35:6.73
		51	206	70	73	1510	206	70	73	1450	206	70	73	1390	1:0.34:0.35:7.31	1:0.34:0.35:7.02	1:0.34:0.35:6.73
		52	206	69	75	1510	206	69	75	1450	206	69	75	1390	1:0.33:0.36:7.31	1:0.33:0.36:7.02	1:0.33:0.36:6.73
		53	206	67	76	1510	206	67	76	1450	206	67	76	1390	1:0.33:0.37:7.31	1:0.33:0.37:7.02	1:0.33:0.37:6.73
		54	206	66	77	1510	206	66	77	1450	206	66	77	1390	1:0.32:0.38:7.31	1:0.32:0.38:7.02	1:0.32:0.38:6.73
		55	206	65	79	1510	206	65	79	1450	206	65	79	1390	1:0.31:0.38:7.31	1:0.31:0.38:7.02	1:0.31:0.38:6.73
		56	206	63	80	1510	206	63	80	1450	206	63	80	1390	1:0.31:0.39:7.31	1:0.31:0.39:7.02	1:0.31:0.39:6.73
		57	206	62	82	1510	206	62	82	1450	206	62	82	1390	1:0.30:0.40:7.31	1:0.30:0.40:7.02	1:0.30:0.40:6.73
		58	206	60	83	1510	206	60	83	1450	206	60	83	1390	1:0.29:0.40:7.31	1:0.29:0.40:7.02	1:0.29:0.40:6.73
		59	206	59	85	1510	206	59	85	1450	206	59	85	1390	1:0.28:0.41:7.31	1:0.28:0.41:7.02	1:0.28:0.41:6.73
		60	206	57	86	1510	206	57	86	1450	206	57	86	1390	1:0.28:0.42:7.31	1:0.28:0.42:7.02	1:0.28:0.42:6.73
	47.5	50	185	83	83	1510	185	83	83	1450	185	83	83	1390	1:0.45:0.45:8.17	1:0.45:0.45:7.85	1:0.45:0.45:7.52
		51	185	81	84	1510	185	81	84	1450	185	81	84	1390	1:0.44:0.46:8.17	1:0.44:0.46:7.85	1:0.44:0.46:7.52
		52	185	79	86	1510	185	79	86	1450	185	79	86	1390	1:0.43:0.47:8.17	1:0.43:0.47:7.85	1:0.43:0.47:7.52
		53	185	78	88	1510	185	78	88	1450	185	78	88	1390	1:0.42:0.47:8.17	1:0.42:0.47:7.85	1:0.42:0.47:7.52
		54	185	76	89	1510	185	76	89	1450	185	76	89	1390	1:0.41:0.48:8.17	1:0.41:0.48:7.85	1:0.41:0.48:7.52
		55	185	74	91	1510	185	74	91	1450	185	74	91	1390	1:0.40:0.49:8.17	1:0.40:0.49:7.85	1:0.40:0.49:7.52
		56	185	73	93	1510	185	73	93	1450	185	73	93	1390	1:0.39:0.50:8.17	1:0.39:0.50:7.85	1:0.39:0.50:7.52
		57	185	71	94	1510	185	71	94	1450	185	71	94	1390	1:0.38:0.51:8.17	1:0.38:0.51:7.85	1:0.38:0.51:7.52
		58	185	69	96	1510	185	69	96	1450	185	69	96	1390	1:0.37:0.52:8.17	1:0.37:0.52:7.85	1:0.37:0.52:7.52
		59	185	68	97	1510	185	68	97	1450	185	68	97	1390	1:0.37:0.53:8.17	1:0.37:0.53:7.85	1:0.37:0.53:7.52
		60	185	66	99	1510	185	66	99	1450	185	66	99	1390	1:0.36:0.54:8.17	1:0.36:0.54:7.85	1:0.36:0.54:7.52

砂浆强度等级：M10　　施工水平：一般　　配制强度：12.00MPa

水泥强度等级	水泥实际强度(MPa)	沸石粉掺量(％)	材料用量（kg/m³）												配合比（重量比）		
			粗砂				中砂				细砂				粗砂	中砂	细砂
			水泥 Q_{C0}	石灰 Q_{D0}	沸石粉 Q_{Z0}	砂 Q_{S0}	水泥 Q_{C0}	石灰 Q_{D0}	沸石粉 Q_{Z0}	砂 Q_{S0}	水泥 Q_{C0}	石灰 Q_{D0}	沸石粉 Q_{Z0}	砂 Q_{S0}	水泥：石灰：沸石粉：砂 $Q_C:Q_D:Q_Z:Q_S$	水泥：石灰：沸石粉：砂 $Q_C:Q_D:Q_Z:Q_S$	水泥：石灰：沸石粉：砂 $Q_C:Q_D:Q_Z:Q_S$
32.5	32.5	50	275	37	37	1510	275	37	37	1450	275	37	37	1390	1:0.14:0.14:5.49	1:0.14:0.14:5.27	1:0.14:0.14:5.05
		51	275	37	38	1510	275	37	38	1450	275	37	38	1390	1:0.13:0.14:5.49	1:0.13:0.14:5.27	1:0.13:0.14:5.05
		52	275	36	39	1510	275	36	39	1450	275	36	39	1390	1:0.13:0.14:5.49	1:0.13:0.14:5.27	1:0.13:0.14:5.05
		53	275	35	40	1510	275	35	40	1450	275	35	40	1390	1:0.14:0.14:5.49	1:0.14:0.14:5.27	1:0.14:0.14:5.05
		54	275	34	40	1510	275	34	40	1450	275	34	40	1390	1:0.15:0.15:5.49	1:0.15:0.15:5.27	1:0.15:0.15:5.05
		55	275	34	41	1510	275	34	41	1450	275	34	41	1390	1:0.12:0.15:5.49	1:0.12:0.15:5.27	1:0.12:0.15:5.05
		56	275	33	42	1510	275	33	42	1450	275	33	42	1390	1:0.12:0.15:5.49	1:0.12:0.15:5.27	1:0.12:0.15:5.05
		57	275	32	43	1510	275	32	43	1450	275	32	43	1390	1:0.12:0.16:5.49	1:0.12:0.16:5.27	1:0.12:0.16:5.05
		58	275	31	43	1510	275	31	43	1450	275	31	43	1390	1:0.11:0.16:5.49	1:0.11:0.16:5.27	1:0.11:0.16:5.05
		59	275	31	44	1510	275	31	44	1450	275	31	44	1390	1:0.11:0.16:5.49	1:0.11:0.16:5.27	1:0.11:0.16:5.05
		60	275	30	45	1510	275	30	45	1450	275	30	45	1390	1:0.11:0.16:5.49	1:0.11:0.16:5.27	1:0.11:0.16:5.05
	37.5	50	238	56	56	1510	238	56	56	1450	238	56	56	1390	1:0.23:0.23:6.33	1:0.23:0.23:6.08	1:0.23:0.23:5.83
		51	238	55	57	1510	238	55	57	1450	238	55	57	1390	1:0.23:0.24:6.33	1:0.23:0.24:6.08	1:0.23:0.24:5.83
		52	238	54	58	1510	238	54	58	1450	238	54	58	1390	1:0.24:0.22:6.33	1:0.22:0.24:6.08	1:0.22:0.24:5.83
		53	238	52	59	1510	238	52	59	1450	238	52	59	1390	1:0.22:0.25:6.33	1:0.22:0.25:6.08	1:0.22:0.25:5.83
		54	238	51	60	1510	238	51	60	1450	238	51	60	1390	1:0.22:0.25:6.33	1:0.22:0.25:6.08	1:0.22:0.25:5.83
		55	238	50	61	1510	238	50	61	1450	238	50	61	1390	1:0.21:0.26:6.33	1:0.21:0.26:6.08	1:0.21:0.26:5.83
		56	238	49	62	1510	238	49	62	1450	238	49	62	1390	1:0.21:0.26:6.33	1:0.21:0.26:6.08	1:0.21:0.26:5.83
		57	238	48	64	1510	238	48	64	1450	238	48	64	1390	1:0.20:0.27:6.33	1:0.20:0.27:6.08	1:0.20:0.27:5.83
		58	238	47	65	1510	238	47	65	1450	238	47	65	1390	1:0.20:0.27:6.33	1:0.20:0.27:6.08	1:0.20:0.27:5.83
		59	238	46	66	1510	238	46	66	1450	238	46	66	1390	1:0.19:0.28:6.33	1:0.19:0.28:6.08	1:0.19:0.28:5.83
		60	238	45	67	1510	238	45	67	1450	238	45	67	1390	1:0.19:0.28:6.33	1:0.19:0.28:6.08	1:0.19:0.28:5.83

砂浆强度等级：M10　　施工水平：一般　　配制强度：12.00MPa

水泥强度等级	水泥实际强度(MPa)	沸石粉掺量(%)	材料用量（kg/m³）											配合比（重量比）		
			粗砂				中砂				细砂				粗砂	中砂	细砂
			水泥Q_{C0}	石灰Q_{D0}	沸石粉Q_{Z0}	砂Q_{S0}	水泥Q_{C0}	石灰Q_{D0}	沸石粉Q_{Z0}	砂Q_{S0}	水泥Q_{C0}	石灰Q_{D0}	沸石粉Q_{Z0}	砂Q_{S0}	水泥:石灰:沸石粉:砂 $Q_C:Q_D:Q_Z:Q_S$	水泥:石灰:沸石粉:砂 $Q_C:Q_D:Q_Z:Q_S$	水泥:石灰:沸石粉:砂 $Q_C:Q_D:Q_Z:Q_S$
42.5	42.5	50	210	70	70	1510	210	70	70	1450	210	70	70	1390	1:0.33:0.33:7.18	1:0.33:0.33:6.89	1:0.33:0.33:6.61
		51	210	68	71	1510	210	68	71	1450	210	68	71	1390	1:0.33:0.34:7.18	1:0.33:0.34:6.89	1:0.33:0.34:6.61
		52	210	67	73	1510	210	67	73	1450	210	67	73	1390	1:0.32:0.35:7.18	1:0.32:0.35:6.89	1:0.32:0.35:6.61
		53	210	66	74	1510	210	66	74	1450	210	66	74	1390	1:0.31:0.35:7.18	1:0.31:0.35:6.89	1:0.31:0.35:6.61
		54	210	64	75	1510	210	64	75	1450	210	64	75	1390	1:0.31:0.36:7.18	1:0.31:0.36:6.89	1:0.31:0.36:6.61
		55	210	63	77	1510	210	63	77	1450	210	63	77	1390	1:0.30:0.37:7.18	1:0.30:0.37:6.89	1:0.30:0.37:6.61
		56	210	61	78	1510	210	61	78	1450	210	61	78	1390	1:0.29:0.37:7.18	1:0.29:0.37:6.89	1:0.29:0.37:6.61
		57	210	60	80	1510	210	60	80	1450	210	60	80	1390	1:0.29:0.38:7.18	1:0.29:0.38:6.89	1:0.29:0.38:6.61
		58	210	59	81	1510	210	59	81	1450	210	59	81	1390	1:0.28:0.38:7.18	1:0.28:0.38:6.89	1:0.28:0.38:6.61
		59	210	57	82	1510	210	57	82	1450	210	57	82	1390	1:0.27:0.39:7.18	1:0.27:0.39:6.89	1:0.27:0.39:6.61
		60	210	56	84	1510	210	56	84	1450	210	56	84	1390	1:0.27:0.40:7.18	1:0.27:0.40:6.89	1:0.27:0.40:6.61
	47.5	50	188	81	81	1510	188	81	81	1450	188	81	81	1390	1:0.43:0.43:8.02	1:0.43:0.43:7.70	1:0.43:0.43:7.38
		51	188	79	83	1510	188	79	83	1450	188	79	83	1390	1:0.42:0.44:8.02	1:0.42:0.44:7.70	1:0.42:0.44:7.38
		52	188	78	84	1510	188	78	84	1450	188	78	84	1390	1:0.41:0.45:8.02	1:0.41:0.45:7.70	1:0.41:0.45:7.38
		53	188	76	86	1510	188	76	86	1450	188	76	86	1390	1:0.40:0.46:8.02	1:0.40:0.46:7.70	1:0.40:0.46:7.38
		54	188	74	87	1510	188	74	87	1450	188	74	87	1390	1:0.40:0.46:8.02	1:0.40:0.46:7.70	1:0.40:0.46:7.38
		55	188	73	89	1510	188	73	89	1450	188	73	89	1390	1:0.39:0.47:8.02	1:0.39:0.47:7.70	1:0.39:0.47:7.38
		56	188	71	91	1510	188	71	91	1450	188	71	91	1390	1:0.38:0.48:8.02	1:0.38:0.48:7.70	1:0.38:0.48:7.38
		57	188	70	92	1510	188	70	92	1450	188	70	92	1390	1:0.37:0.49:8.02	1:0.37:0.49:7.70	1:0.37:0.49:7.38
		58	188	68	94	1510	188	68	94	1450	188	68	94	1390	1:0.36:0.50:8.02	1:0.36:0.50:7.70	1:0.36:0.50:7.38
		59	188	66	95	1510	188	66	95	1450	188	66	95	1390	1:0.35:0.51:8.02	1:0.35:0.51:7.70	1:0.35:0.51:7.38
		60	188	65	97	1510	188	65	97	1450	188	65	97	1390	1:0.34:0.52:8.02	1:0.34:0.52:7.70	1:0.34:0.52:7.38

砂浆强度等级：M10　　施工水平：较差　　配制强度：12.50MPa

水泥强度等级	水泥实际强度(MPa)	沸石粉掺量(%)	材料用量 (kg/m³)											配合比（重量比）		
			粗砂				中砂				细砂				粗砂	中砂	细砂
			水泥 Q_{C0}	石灰 Q_{D0}	沸石粉 Q_{Z0}	砂 Q_{S0}	水泥 Q_{C0}	石灰 Q_{D0}	沸石粉 Q_{Z0}	砂 Q_{S0}	水泥 Q_{C0}	石灰 Q_{D0}	沸石粉 Q_{Z0}	砂 Q_{S0}	水泥:石灰:沸石粉:砂 $Q_C:Q_D:Q_Z:Q_S$	水泥:石灰:沸石粉:砂 $Q_C:Q_D:Q_Z:Q_S$	水泥:石灰:沸石粉:砂 $Q_C:Q_D:Q_Z:Q_S$
32.5	32.5	50	280	35	35	1510	280	35	35	1450	280	35	35	1390	1:0.12:0.12:5.39	1:0.12:0.12:5.18	1:0.12:0.12:4.96
		51	280	34	36	1510	280	34	36	1450	280	34	36	1390	1:0.12:0.13:5.39	1:0.12:0.13:5.18	1:0.12:0.13:4.96
		52	280	34	36	1510	280	34	36	1450	280	34	36	1390	1:0.12:0.13:5.39	1:0.12:0.13:5.18	1:0.12:0.13:4.96
		53	280	33	37	1510	280	33	37	1450	280	33	37	1390	1:0.12:0.13:5.39	1:0.12:0.13:5.18	1:0.12:0.13:4.96
		54	280	32	38	1510	280	32	38	1450	280	32	38	1390	1:0.11:0.14:5.39	1:0.11:0.14:5.18	1:0.11:0.13:4.96
		55	280	31	38	1510	280	31	38	1450	280	31	38	1390	1:0.11:0.14:5.39	1:0.11:0.14:5.18	1:0.11:0.14:4.96
		56	280	31	39	1510	280	31	39	1450	280	31	39	1390	1:0.11:0.14:5.39	1:0.11:0.14:5.18	1:0.11:0.14:4.96
		57	280	30	40	1510	280	30	40	1450	280	30	40	1390	1:0.10:0.14:5.39	1:0.10:0.14:5.18	1:0.11:0.14:4.96
		58	280	29	40	1510	280	29	40	1450	280	29	40	1390	1:0.10:0.15:5.39	1:0.10:0.15:5.18	1:0.10:0.14:4.96
		59	280	29	41	1510	280	29	41	1450	280	29	41	1390	1:0.10:0.15:5.39	1:0.10:0.15:5.18	1:0.10:0.15:4.96
		60	280	28	42	1510	280	28	42	1450	280	28	42	1390	1:0.10:0.15:5.39	1:0.10:0.15:5.18	1:0.10:0.15:4.96
32.5	37.5	50	243	54	54	1510	243	54	54	1450	243	54	54	1390	1:0.22:0.22:6.22	1:0.22:0.22:5.97	1:0.22:0.22:5.72
		51	243	53	55	1510	243	53	55	1450	243	53	55	1390	1:0.22:0.23:6.22	1:0.22:0.23:5.97	1:0.22:0.23:5.72
		52	243	51	56	1510	243	51	56	1450	243	51	56	1390	1:0.21:0.23:6.22	1:0.21:0.23:5.97	1:0.21:0.23:5.72
		53	243	50	57	1510	243	50	57	1450	243	50	57	1390	1:0.20:0.24:6.22	1:0.20:0.24:5.97	1:0.21:0.23:5.72
		54	243	49	58	1510	243	49	58	1450	243	49	58	1390	1:0.20:0.24:6.22	1:0.20:0.24:5.97	1:0.20:0.24:5.72
		55	243	48	59	1510	243	48	59	1450	243	48	59	1390	1:0.19:0.25:6.22	1:0.19:0.25:5.97	1:0.20:0.24:5.72
		56	243	47	60	1510	243	47	60	1450	243	47	60	1390	1:0.19:0.25:6.22	1:0.19:0.25:5.97	1:0.19:0.25:5.72
		57	243	46	61	1510	243	46	61	1450	243	46	61	1390	1:0.19:0.26:6.22	1:0.19:0.26:5.97	1:0.19:0.26:5.72
		58	243	45	62	1510	243	45	62	1450	243	45	62	1390	1:0.19:0.26:6.22	1:0.19:0.26:5.97	1:0.19:0.25:5.72
		59	243	44	63	1510	243	44	63	1450	243	44	63	1390	1:0.18:0.26:6.22	1:0.18:0.26:5.97	1:0.18:0.26:5.72
		60	243	43	64	1510	243	43	64	1450	243	43	64	1390	1:0.18:0.26:6.22	1:0.18:0.26:5.97	1:0.18:0.26:5.72

砂浆强度等级：M10　　施工水平：较差　　配制强度：12.50MPa

水泥强度等级	水泥实际强度（MPa）	沸石粉掺量（%）	材料用量（kg/m³）												配合比（重量比）		
			粗砂				中砂				细砂				粗砂	中砂	细砂
			水泥 Q_C	石灰 Q_D	沸石粉 Q_Z	砂 Q_S	水泥 Q_C	石灰 Q_D	沸石粉 Q_Z	砂 Q_S	水泥 Q_C	石灰 Q_D	沸石粉 Q_Z	砂 Q_S	水泥:石灰:沸石粉:砂 $Q_C:Q_D:Q_Z:Q_S$	水泥:石灰:沸石粉:砂 $Q_C:Q_D:Q_Z:Q_S$	水泥:石灰:沸石粉:砂 $Q_C:Q_D:Q_Z:Q_S$
42.5	42.5	50	214	68	68	1510	214	68	68	1450	214	68	68	1390	1:0.32:0.32:7.05	1:0.32:0.32:6.77	1:0.32:0.32:6.49
		51	214	67	69	1510	214	67	69	1450	214	67	69	1390	1:0.31:0.32:7.05	1:0.31:0.32:6.77	1:0.31:0.32:6.49
		52	214	65	71	1510	214	65	71	1450	214	65	71	1390	1:0.30:0.33:7.05	1:0.30:0.33:6.77	1:0.30:0.33:6.49
		53	214	64	72	1510	214	64	72	1450	214	64	72	1390	1:0.30:0.34:7.05	1:0.30:0.34:6.77	1:0.30:0.34:6.49
		54	214	62	73	1510	214	62	73	1450	214	62	73	1390	1:0.29:0.34:7.05	1:0.29:0.34:6.77	1:0.29:0.34:6.49
		55	214	61	75	1510	214	61	75	1450	214	61	75	1390	1:0.29:0.35:7.05	1:0.29:0.35:6.77	1:0.29:0.35:6.49
		56	214	60	76	1510	214	60	76	1450	214	60	76	1390	1:0.28:0.35:7.05	1:0.28:0.35:6.77	1:0.28:0.35:6.49
		57	214	58	77	1510	214	58	77	1450	214	58	77	1390	1:0.27:0.36:7.05	1:0.27:0.36:6.77	1:0.27:0.36:6.49
		58	214	57	79	1510	214	57	79	1450	214	57	79	1390	1:0.27:0.37:7.05	1:0.27:0.37:6.77	1:0.27:0.37:6.49
		59	214	56	80	1510	214	56	80	1450	214	56	80	1390	1:0.26:0.37:7.05	1:0.26:0.37:6.77	1:0.26:0.37:6.49
		60	214	54	81	1510	214	54	81	1450	214	54	81	1390	1:0.25:0.38:7.05	1:0.25:0.38:6.77	1:0.25:0.38:6.49
42.5	47.5	50	192	79	79	1510	192	79	79	1450	192	79	79	1390	1:0.41:0.41:7.88	1:0.41:0.41:7.56	1:0.41:0.41:7.25
		51	192	78	81	1510	192	78	81	1450	192	78	81	1390	1:0.40:0.42:7.88	1:0.40:0.42:7.56	1:0.40:0.42:7.25
		52	192	76	82	1510	192	76	82	1450	192	76	82	1390	1:0.40:0.43:7.88	1:0.40:0.43:7.56	1:0.40:0.43:7.25
		53	192	74	84	1510	192	74	84	1450	192	74	84	1390	1:0.39:0.44:7.88	1:0.39:0.44:7.56	1:0.39:0.44:7.25
		54	192	73	85	1510	192	73	85	1450	192	73	85	1390	1:0.38:0.45:7.88	1:0.38:0.45:7.56	1:0.38:0.45:7.25
		55	192	71	87	1510	192	71	87	1450	192	71	87	1390	1:0.37:0.45:7.88	1:0.37:0.45:7.56	1:0.37:0.45:7.25
		56	192	70	89	1510	192	70	89	1450	192	70	89	1390	1:0.36:0.46:7.88	1:0.36:0.46:7.56	1:0.36:0.46:7.25
		57	192	68	90	1510	192	68	90	1450	192	68	90	1390	1:0.36:0.47:7.88	1:0.36:0.47:7.56	1:0.36:0.47:7.25
		58	192	66	92	1510	192	66	92	1450	192	66	92	1390	1:0.35:0.48:7.88	1:0.35:0.48:7.56	1:0.35:0.48:7.25
		59	192	65	93	1510	192	65	93	1450	192	65	93	1390	1:0.34:0.49:7.88	1:0.34:0.49:7.56	1:0.34:0.49:7.25
		60	192	63	95	1510	192	63	95	1450	192	63	95	1390	1:0.33:0.50:7.88	1:0.33:0.50:7.56	1:0.33:0.50:7.25

M15 沸石粉混合砂浆配合比

砂浆强度等级：M15　　施工水平：优良　　配制强度：17.25MPa

水泥强度等级	水泥实际强度(MPa)	沸石粉掺量(%)	材料用量（kg/m³）											配合比（重量比）		
			粗砂				中砂				细砂				粗砂	中砂	细砂
			水泥 Q_{C0}	石灰 Q_{D0}	沸石粉 Q_{Z0}	砂 Q_{S0}	水泥 Q_{C0}	石灰 Q_{D0}	沸石粉 Q_{Z0}	砂 Q_{S0}	水泥 Q_{C0}	石灰 Q_{D0}	沸石粉 Q_{Z0}	砂 Q_{S0}	水泥:石灰:沸石粉:砂 $Q_C:Q_D:Q_Z:Q_S$	水泥:石灰:沸石粉:砂 $Q_C:Q_D:Q_Z:Q_S$	水泥:石灰:沸石粉:砂 $Q_C:Q_D:Q_Z:Q_S$
42.5	42.5	50	251	49	49	1510	251	49	49	1450	251	49	49	1390	1:0.20:0.20:6.01	1:0.20:0.20:5.77	1:0.20:0.20:5.53
		51	251	48	50	1510	251	48	50	1450	251	48	50	1390	1:0.19:0.20:6.01	1:0.19:0.20:5.77	1:0.19:0.20:5.53
		52	251	47	51	1510	251	47	51	1450	251	47	51	1390	1:0.19:0.20:6.01	1:0.19:0.20:5.77	1:0.19:0.20:5.53
		53	251	46	52	1510	251	46	52	1450	251	46	52	1390	1:0.19:0.21:6.01	1:0.19:0.21:5.77	1:0.19:0.21:5.53
		54	251	45	53	1510	251	45	53	1450	251	45	53	1390	1:0.18:0.21:6.01	1:0.18:0.21:5.77	1:0.18:0.21:5.53
		55	251	44	54	1510	251	44	54	1450	251	44	54	1390	1:0.18:0.22:6.01	1:0.18:0.22:5.77	1:0.18:0.22:5.53
		56	251	44	55	1510	251	44	55	1450	251	44	55	1390	1:0.17:0.22:6.01	1:0.17:0.22:5.77	1:0.17:0.22:5.53
		57	251	43	56	1510	251	43	56	1450	251	43	56	1390	1:0.17:0.22:6.01	1:0.17:0.22:5.77	1:0.17:0.22:5.53
		58	251	42	57	1510	251	42	57	1450	251	42	57	1390	1:0.17:0.23:6.01	1:0.17:0.23:5.77	1:0.17:0.23:5.53
		59	251	41	58	1510	251	41	58	1450	251	41	58	1390	1:0.16:0.23:6.01	1:0.16:0.23:5.77	1:0.16:0.23:5.53
		60	251	40	59	1510	251	40	59	1450	251	40	59	1390	1:0.16:0.24:6.01	1:0.16:0.24:5.77	1:0.16:0.24:5.53
	47.5	50	225	63	63	1510	225	63	63	1450	225	63	63	1390	1:0.28:0.28:6.72	1:0.28:0.28:6.45	1:0.28:0.28:6.19
		51	225	61	64	1510	225	61	64	1450	225	61	64	1390	1:0.27:0.28:6.72	1:0.27:0.28:6.45	1:0.27:0.28:6.19
		52	225	60	65	1510	225	60	65	1450	225	60	65	1390	1:0.27:0.29:6.72	1:0.27:0.29:6.45	1:0.27:0.29:6.19
		53	225	59	66	1510	225	59	66	1450	225	59	66	1390	1:0.26:0.29:6.72	1:0.26:0.29:6.45	1:0.26:0.29:6.19
		54	225	58	68	1510	225	58	68	1450	225	58	68	1390	1:0.26:0.30:6.72	1:0.26:0.30:6.45	1:0.26:0.30:6.19
		55	225	56	69	1510	225	56	69	1450	225	56	69	1390	1:0.25:0.31:6.72	1:0.25:0.31:6.45	1:0.25:0.31:6.19
		56	225	55	70	1510	225	55	70	1450	225	55	70	1390	1:0.25:0.31:6.72	1:0.25:0.31:6.45	1:0.25:0.31:6.19
		57	225	54	71	1510	225	54	71	1450	225	54	71	1390	1:0.24:0.32:6.72	1:0.24:0.32:6.45	1:0.24:0.32:6.19
		58	225	53	73	1510	225	53	73	1450	225	53	73	1390	1:0.23:0.32:6.72	1:0.23:0.32:6.45	1:0.23:0.32:6.19
		59	225	51	74	1510	225	51	74	1450	225	51	74	1390	1:0.23:0.33:6.72	1:0.23:0.33:6.45	1:0.23:0.33:6.19
		60	225	50	75	1510	225	50	75	1450	225	50	75	1390	1:0.22:0.33:6.72	1:0.22:0.33:6.45	1:0.22:0.33:6.19

砂浆强度等级：M15　　施工水平：优良　　配制强度：17.25MPa

水泥强度等级	水泥实际强度(MPa)	沸石粉掺量(%)	材料用量（kg/m³）												配合比（重量比）		
			粗砂				中砂				细砂				粗砂	中砂	细砂
			水泥Q_{C0}	石灰Q_{D0}	沸石粉Q_{Z0}	砂Q_{S0}	水泥Q_{C0}	石灰Q_{D0}	沸石粉Q_{Z0}	砂Q_{S0}	水泥Q_{C0}	石灰Q_{D0}	沸石粉Q_{Z0}	砂Q_{S0}	水泥:石灰:沸石粉:砂 $Q_C:Q_D:Q_Z:Q_S$	水泥:石灰:沸石粉:砂 $Q_C:Q_D:Q_Z:Q_S$	水泥:石灰:沸石粉:砂 $Q_C:Q_D:Q_Z:Q_S$
52.5	52.5	50	203	73	73	1510	203	73	73	1450	203	73	73	1390	1:0.36:0.36:7.43	1:0.36:0.36:7.13	1:0.36:0.36:6.84
		51	203	72	75	1510	203	72	75	1450	203	72	75	1390	1:0.35:0.37:7.43	1:0.35:0.37:7.13	1:0.35:0.37:6.84
		52	203	70	76	1510	203	70	76	1450	203	70	76	1390	1:0.35:0.38:7.43	1:0.35:0.38:7.13	1:0.35:0.38:6.84
		53	203	69	78	1510	203	69	78	1450	203	69	78	1390	1:0.34:0.38:7.43	1:0.34:0.38:7.13	1:0.34:0.38:6.84
		54	203	67	79	1510	203	67	79	1450	203	67	79	1390	1:0.33:0.39:7.43	1:0.33:0.39:7.13	1:0.33:0.39:6.84
		55	203	66	81	1510	203	66	81	1450	203	66	81	1390	1:0.32:0.40:7.43	1:0.32:0.40:7.13	1:0.32:0.40:6.84
		56	203	65	82	1510	203	65	82	1450	203	65	82	1390	1:0.32:0.40:7.43	1:0.32:0.40:7.13	1:0.32:0.40:6.84
		57	203	63	84	1510	203	63	84	1450	203	63	84	1390	1:0.31:0.41:7.43	1:0.31:0.41:7.13	1:0.31:0.41:6.84
		58	203	62	85	1510	203	62	85	1450	203	62	85	1390	1:0.30:0.42:7.43	1:0.30:0.42:7.13	1:0.30:0.42:6.84
		59	203	60	87	1510	203	60	87	1450	203	60	87	1390	1:0.30:0.43:7.43	1:0.30:0.43:7.13	1:0.30:0.43:6.84
		60	203	59	88	1510	203	59	88	1450	203	59	88	1390	1:0.29:0.43:7.43	1:0.29:0.43:7.13	1:0.29:0.43:6.84
	57.5	50	186	82	82	1510	186	82	82	1450	186	82	82	1390	1:0.44:0.44:8.13	1:0.44:0.44:7.81	1:0.44:0.44:7.49
		51	186	81	84	1510	186	81	84	1450	186	81	84	1390	1:0.43:0.45:8.13	1:0.43:0.45:7.81	1:0.43:0.45:7.49
		52	186	79	85	1510	186	79	85	1450	186	79	85	1390	1:0.43:0.46:8.13	1:0.43:0.46:7.81	1:0.43:0.46:7.49
		53	186	77	87	1510	186	77	87	1450	186	77	87	1390	1:0.42:0.47:8.13	1:0.42:0.47:7.81	1:0.42:0.47:7.49
		54	186	76	89	1510	186	76	89	1450	186	76	89	1390	1:0.41:0.48:8.13	1:0.41:0.48:7.81	1:0.41:0.48:7.49
		55	186	74	90	1510	186	74	90	1450	186	74	90	1390	1:0.40:0.49:8.13	1:0.40:0.49:7.81	1:0.40:0.49:7.49
		56	186	72	92	1510	186	72	92	1450	186	72	92	1390	1:0.39:0.50:8.13	1:0.39:0.50:7.81	1:0.39:0.50:7.49
		57	186	71	94	1510	186	71	94	1450	186	71	94	1390	1:0.38:0.50:8.13	1:0.38:0.50:7.81	1:0.38:0.50:7.49
		58	186	69	95	1510	186	69	95	1450	186	69	95	1390	1:0.37:0.51:8.13	1:0.37:0.51:7.81	1:0.37:0.51:7.49
		59	186	67	97	1510	186	67	97	1450	186	67	97	1390	1:0.36:0.52:8.13	1:0.36:0.52:7.81	1:0.36:0.52:7.49
		60	186	66	99	1510	186	66	99	1450	186	66	99	1390	1:0.35:0.53:8.13	1:0.35:0.53:7.81	1:0.35:0.53:7.49

砂浆强度等级：M15　　施工水平：一般　　配制强度：18.00MPa

水泥强度等级(MPa)	水泥实际强度(MPa)	沸石粉掺量(%)	材料用量（kg/m³）											配合比（重量比）		
			粗砂				中砂				细砂				粗砂	中砂	细砂
			水泥 Q_{C0}	石灰 Q_{D0}	沸石粉 Q_{Z0}	砂 Q_{S0}	水泥 Q_{C0}	石灰 Q_{D0}	沸石粉 Q_{Z0}	砂 Q_{S0}	水泥 Q_{C0}	石灰 Q_{D0}	沸石粉 Q_{Z0}	砂 Q_{S0}	水泥:石灰:沸石粉:砂 $Q_C:Q_D:Q_Z:Q_S$	水泥:石灰:沸石粉:砂 $Q_C:Q_D:Q_Z:Q_S$	水泥:石灰:沸石粉:砂 $Q_C:Q_D:Q_Z:Q_S$
42.5	42.5	50	257	47	47	1510	257	47	47	1450	257	47	47	1390	1:0.18:0.18:5.88	1:0.18:0.18:5.64	1:0.18:0.18:5.41
		51	257	46	47	1510	257	46	47	1450	257	46	47	1390	1:0.18:0.18:5.88	1:0.18:0.18:5.64	1:0.18:0.18:5.41
		52	257	45	48	1510	257	45	48	1450	257	45	48	1390	1:0.17:0.19:5.88	1:0.17:0.19:5.64	1:0.17:0.19:5.41
		53	257	44	49	1510	257	44	49	1450	257	44	49	1390	1:0.17:0.19:5.88	1:0.17:0.19:5.64	1:0.17:0.19:5.41
		54	257	43	50	1510	257	43	50	1450	257	43	50	1390	1:0.17:0.20:5.88	1:0.17:0.20:5.64	1:0.17:0.20:5.41
		55	257	42	51	1510	257	42	51	1450	257	42	51	1390	1:0.16:0.20:5.88	1:0.16:0.20:5.64	1:0.16:0.20:5.41
		56	257	41	52	1510	257	41	52	1450	257	41	52	1390	1:0.16:0.20:5.88	1:0.16:0.20:5.64	1:0.16:0.20:5.41
		57	257	40	53	1510	257	40	53	1450	257	40	53	1390	1:0.16:0.21:5.88	1:0.16:0.21:5.64	1:0.16:0.21:5.41
		58	257	39	54	1510	257	39	54	1450	257	39	54	1390	1:0.15:0.21:5.88	1:0.15:0.21:5.64	1:0.15:0.21:5.41
		59	257	38	55	1510	257	38	55	1450	257	38	55	1390	1:0.15:0.21:5.88	1:0.15:0.21:5.64	1:0.15:0.21:5.41
		60	257	37	56	1510	257	37	56	1450	257	37	56	1390	1:0.14:0.22:5.88	1:0.14:0.22:5.64	1:0.14:0.22:5.41
42.5	47.5	50	230	60	60	1510	230	60	60	1450	230	60	60	1390	1:0.26:0.26:6.57	1:0.26:0.26:6.31	1:0.26:0.26:6.05
		51	230	59	61	1510	230	59	61	1450	230	59	61	1390	1:0.26:0.27:6.57	1:0.26:0.27:6.31	1:0.26:0.27:6.05
		52	230	58	62	1510	230	58	62	1450	230	58	62	1390	1:0.25:0.27:6.57	1:0.25:0.27:6.31	1:0.25:0.27:6.05
		53	230	56	64	1510	230	56	64	1450	230	56	64	1390	1:0.25:0.28:6.57	1:0.25:0.28:6.31	1:0.25:0.28:6.05
		54	230	55	65	1510	230	55	65	1450	230	55	65	1390	1:0.24:0.28:6.57	1:0.24:0.28:6.31	1:0.24:0.28:6.05
		55	230	54	66	1510	230	54	66	1450	230	54	66	1390	1:0.24:0.29:6.57	1:0.24:0.29:6.31	1:0.24:0.29:6.05
		56	230	53	67	1510	230	53	67	1450	230	53	67	1390	1:0.23:0.29:6.57	1:0.23:0.29:6.31	1:0.23:0.29:6.05
		57	230	52	68	1510	230	52	68	1450	230	52	68	1390	1:0.22:0.30:6.57	1:0.22:0.30:6.31	1:0.22:0.30:6.05
		58	230	50	70	1510	230	50	70	1450	230	50	70	1390	1:0.22:0.30:6.57	1:0.22:0.30:6.31	1:0.22:0.30:6.05
		59	230	49	71	1510	230	49	71	1450	230	49	71	1390	1:0.21:0.31:6.57	1:0.21:0.31:6.31	1:0.21:0.31:6.05
		60	230	48	72	1510	230	48	72	1450	230	48	72	1390	1:0.21:0.31:6.57	1:0.21:0.31:6.31	1:0.21:0.31:6.05

砂浆强度等级：M15　　施工水平：一般　　配制强度：18.00MPa

水泥强度等级	水泥实际强度(MPa)	沸石粉掺量(%)	材料用量（kg/m³）											配合比（重量比）					
			粗 砂				中 砂				细 砂				粗 砂	中 砂	细 砂
			水泥 Q_{C0}	石灰 Q_{D0}	沸石粉 Q_{Z0}	砂 Q_{S0}	水泥 Q_{C0}	石灰 Q_{D0}	沸石粉 Q_{Z0}	砂 Q_{S0}	水泥 Q_{C0}	石灰 Q_{D0}	沸石粉 Q_{Z0}	砂 Q_{S0}	水泥:石灰:沸石粉:砂 $Q_C:Q_D:Q_Z:Q_S$	水泥:石灰:沸石粉:砂 $Q_C:Q_D:Q_Z:Q_S$	水泥:石灰:沸石粉:砂 $Q_C:Q_D:Q_Z:Q_S$
52.5	52.5	50	208	71	71	1510	208	71	71	1450	208	71	71	1390	1:0.34:0.34:7.26	1:0.34:0.34:6.97	1:0.34:0.34:6.68
		51	208	70	72	1510	208	70	72	1450	208	70	72	1390	1:0.33:0.35:7.26	1:0.33:0.35:6.97	1:0.33:0.35:6.68
		52	208	68	74	1510	208	68	74	1450	208	68	74	1390	1:0.33:0.35:7.26	1:0.33:0.35:6.97	1:0.33:0.35:6.68
		53	208	67	75	1510	208	67	75	1450	208	67	75	1390	1:0.32:0.36:7.26	1:0.32:0.36:6.97	1:0.32:0.36:6.68
		54	208	65	77	1510	208	65	77	1450	208	65	77	1390	1:0.31:0.37:7.26	1:0.31:0.37:6.97	1:0.31:0.37:6.68
		55	208	64	78	1510	208	64	78	1450	208	64	78	1390	1:0.31:0.38:7.26	1:0.31:0.38:6.97	1:0.31:0.38:6.68
		56	208	62	80	1510	208	62	80	1450	208	62	80	1390	1:0.29:0.39:7.26	1:0.30:0.39:6.97	1:0.30:0.38:6.68
		57	208	61	81	1510	208	61	81	1450	208	61	81	1390	1:0.29:0.39:7.26	1:0.29:0.39:6.97	1:0.29:0.39:6.68
		58	208	60	82	1510	208	60	82	1450	208	60	82	1390	1:0.29:0.40:7.26	1:0.29:0.40:6.97	1:0.29:0.40:6.68
		59	208	58	84	1510	208	58	84	1450	208	58	84	1390	1:0.28:0.40:7.26	1:0.28:0.40:6.97	1:0.28:0.40:6.68
		60	208	57	85	1510	208	57	85	1450	208	57	85	1390	1:0.27:0.41:7.26	1:0.27:0.41:6.97	1:0.27:0.41:6.68
	57.5	50	190	80	80	1510	190	80	80	1450	190	80	80	1390	1:0.42:0.42:7.95	1:0.42:0.42:7.63	1:0.42:0.42:7.32
		51	190	78	82	1510	190	78	82	1450	190	78	82	1390	1:0.41:0.43:7.95	1:0.41:0.43:7.63	1:0.41:0.43:7.32
		52	190	77	83	1510	190	77	83	1450	190	77	83	1390	1:0.40:0.44:7.95	1:0.40:0.44:7.63	1:0.40:0.44:7.32
		53	190	75	85	1510	190	75	85	1450	190	75	85	1390	1:0.40:0.45:7.95	1:0.40:0.45:7.63	1:0.40:0.45:7.32
		54	190	74	86	1510	190	74	86	1450	190	74	86	1390	1:0.39:0.46:7.95	1:0.39:0.46:7.63	1:0.39:0.46:7.32
		55	190	72	88	1510	190	72	88	1450	190	72	88	1390	1:0.38:0.46:7.95	1:0.38:0.46:7.63	1:0.38:0.46:7.32
		56	190	70	90	1510	190	70	90	1450	190	70	90	1390	1:0.37:0.47:7.95	1:0.37:0.47:7.63	1:0.37:0.47:7.32
		57	190	69	91	1510	190	69	91	1450	190	69	91	1390	1:0.36:0.48:7.95	1:0.36:0.48:7.63	1:0.36:0.48:7.32
		58	190	67	93	1510	190	67	93	1450	190	67	93	1390	1:0.35:0.49:7.95	1:0.35:0.49:7.63	1:0.35:0.49:7.32
		59	190	66	94	1510	190	66	94	1450	190	66	94	1390	1:0.35:0.50:7.95	1:0.35:0.50:7.63	1:0.35:0.50:7.32
		60	190	64	96	1510	190	64	96	1450	190	64	96	1390	1:0.34:0.51:7.95	1:0.34:0.51:7.63	1:0.34:0.51:7.32

砂浆强度等级：M15　　施工水平：较差　　配制强度：18.75MPa

水泥强度等级	水泥实际强度(MPa)	沸石粉掺量(%)	材料用量（kg/m³）												配合比（重量比）		
			粗砂				中砂				细砂				粗砂	中砂	细砂
			水泥 Q_{C0}	石灰 Q_{D0}	沸石粉 Q_{Z0}	砂 Q_{S0}	水泥 Q_{C0}	石灰 Q_{D0}	沸石粉 Q_{Z0}	砂 Q_{S0}	水泥 Q_{C0}	石灰 Q_{D0}	沸石粉 Q_{Z0}	砂 Q_{S0}	水泥:石灰:沸石粉:砂 $Q_C:Q_D:Q_Z:Q_S$	水泥:石灰:沸石粉:砂 $Q_C:Q_D:Q_Z:Q_S$	水泥:石灰:沸石粉:砂 $Q_C:Q_D:Q_Z:Q_S$
42.5	42.5	50	263	44	44	1510	263	44	44	1450	263	44	44	1390	1:0.17:0.17:5.75	1:0.17:0.17:5.52	1:0.17:0.17:5.29
		51	263	43	44	1510	263	43	44	1450	263	43	44	1390	1:0.16:0.17:5.75	1:0.16:0.17:5.52	1:0.16:0.17:5.29
		52	263	42	45	1510	263	42	45	1450	263	42	45	1390	1:0.16:0.17:5.75	1:0.16:0.17:5.52	1:0.16:0.17:5.29
		53	263	41	46	1510	263	41	46	1450	263	41	46	1390	1:0.16:0.18:5.75	1:0.16:0.18:5.52	1:0.16:0.18:5.29
		54	263	40	47	1510	263	40	47	1450	263	40	47	1390	1:0.15:0.18:5.75	1:0.15:0.18:5.52	1:0.15:0.18:5.29
		55	263	39	48	1510	263	39	48	1450	263	39	48	1390	1:0.15:0.18:5.75	1:0.15:0.18:5.52	1:0.15:0.18:5.29
		56	263	38	49	1510	263	38	49	1450	263	38	49	1390	1:0.15:0.19:5.75	1:0.15:0.19:5.52	1:0.15:0.19:5.29
		57	263	38	50	1510	263	38	50	1450	263	38	50	1390	1:0.14:0.19:5.75	1:0.14:0.19:5.52	1:0.14:0.19:5.29
		58	263	37	51	1510	263	37	51	1450	263	37	51	1390	1:0.14:0.19:5.75	1:0.14:0.19:5.52	1:0.14:0.19:5.29
		59	263	36	51	1510	263	36	51	1450	263	36	51	1390	1:0.14:0.20:5.75	1:0.14:0.20:5.52	1:0.14:0.20:5.29
		60	263	35	52	1510	263	35	52	1450	263	35	52	1390	1:0.13:0.20:5.75	1:0.13:0.20:5.52	1:0.13:0.20:5.29
	47.5	50	235	57	57	1510	235	57	57	1450	235	57	57	1390	1:0.24:0.24:6.42	1:0.24:0.24:6.17	1:0.24:0.24:5.91
		51	235	56	59	1510	235	56	59	1450	235	56	59	1390	1:0.24:0.25:6.42	1:0.24:0.25:6.17	1:0.24:0.25:5.91
		52	235	55	60	1510	235	55	60	1450	235	55	60	1390	1:0.23:0.26:6.42	1:0.23:0.26:6.17	1:0.23:0.26:5.91
		53	235	54	61	1510	235	54	61	1450	235	54	61	1390	1:0.26:0.26:6.42	1:0.26:0.26:6.17	1:0.26:0.26:5.91
		54	235	53	62	1510	235	53	62	1450	235	53	62	1390	1:0.26:0.26:6.42	1:0.26:0.26:6.17	1:0.26:0.26:5.91
		55	235	52	63	1510	235	52	63	1450	235	52	63	1390	1:0.22:0.27:6.42	1:0.22:0.27:6.17	1:0.22:0.27:5.91
		56	235	51	64	1510	235	51	64	1450	235	51	64	1390	1:0.21:0.27:6.42	1:0.21:0.27:6.17	1:0.21:0.27:5.91
		57	235	49	65	1510	235	49	65	1450	235	49	65	1390	1:0.28:0.28:6.42	1:0.28:0.28:6.17	1:0.28:0.28:5.91
		58	235	48	67	1510	235	48	67	1450	235	48	67	1390	1:0.28:0.28:6.42	1:0.28:0.28:6.17	1:0.28:0.28:5.91
		59	235	47	68	1510	235	47	68	1450	235	47	68	1390	1:0.20:0.29:6.42	1:0.20:0.29:6.17	1:0.20:0.29:5.91
		60	235	46	69	1510	235	46	69	1450	235	46	69	1390	1:0.20:0.29:6.42	1:0.20:0.29:6.17	1:0.20:0.29:5.91

砂浆强度等级：M15　　施工水平：较差　　配制强度：18.75MPa

水泥强度等级	水泥实际强度(MPa)	沸石粉掺量(%)	材料用量（kg/m³）											配合比（重量比）		
			粗砂				中砂				细砂				粗砂	中砂	细砂
			水泥Q_{C0}	石灰Q_{D0}	沸石粉Q_{Z0}	砂Q_{S0}	水泥Q_{C0}	石灰Q_{D0}	沸石粉Q_{Z0}	砂Q_{S0}	水泥Q_{C0}	石灰Q_{D0}	沸石粉Q_{Z0}	砂Q_{S0}	水泥:石灰:沸石粉:砂 $Q_C:Q_D:Q_Z:Q_S$	水泥:石灰:沸石粉:砂 $Q_C:Q_D:Q_Z:Q_S$	水泥:石灰:沸石粉:砂 $Q_C:Q_D:Q_Z:Q_S$
52.5	52.5	50	213	69	69	1510	213	69	69	1450	213	69	69	1390	1:0.32:0.32:7.10	1:0.32:0.32:6.82	1:0.32:0.32:6.53
		51	213	67	70	1510	213	67	70	1450	213	67	70	1390	1:0.32:0.33:7.10	1:0.32:0.33:6.82	1:0.32:0.33:6.53
		52	213	66	71	1510	213	66	71	1450	213	66	71	1390	1:0.31:0.34:7.10	1:0.31:0.34:6.82	1:0.31:0.34:6.53
		53	213	65	73	1510	213	65	73	1450	213	65	73	1390	1:0.30:0.34:7.10	1:0.30:0.34:6.82	1:0.30:0.34:6.53
		54	213	63	74	1510	213	63	74	1450	213	63	74	1390	1:0.30:0.35:7.10	1:0.30:0.35:6.82	1:0.30:0.35:6.53
		55	213	62	75	1510	213	62	75	1450	213	62	75	1390	1:0.29:0.35:7.10	1:0.29:0.35:6.82	1:0.29:0.35:6.53
		56	213	60	77	1510	213	60	77	1450	213	60	77	1390	1:0.28:0.36:7.10	1:0.28:0.36:6.82	1:0.28:0.36:6.53
		57	213	59	78	1510	213	59	78	1450	213	59	78	1390	1:0.28:0.37:7.10	1:0.28:0.37:6.82	1:0.28:0.37:6.53
		58	213	58	80	1510	213	58	80	1450	213	58	80	1390	1:0.27:0.37:7.10	1:0.27:0.37:6.82	1:0.27:0.37:6.53
		59	213	56	81	1510	213	56	81	1450	213	56	81	1390	1:0.26:0.38:7.10	1:0.26:0.38:6.82	1:0.26:0.38:6.53
		60	213	55	82	1510	213	55	82	1450	213	55	82	1390	1:0.26:0.39:7.10	1:0.26:0.39:6.82	1:0.26:0.39:6.53
	57.5	50	194	78	78	1510	194	78	78	1450	194	78	78	1390	1:0.40:0.40:7.77	1:0.40:0.40:7.47	1:0.40:0.40:7.16
		51	194	76	79	1510	194	76	79	1450	194	76	79	1390	1:0.39:0.41:7.77	1:0.39:0.41:7.47	1:0.39:0.41:7.16
		52	194	75	81	1510	194	75	81	1450	194	75	81	1390	1:0.38:0.42:7.77	1:0.38:0.42:7.47	1:0.38:0.42:7.16
		53	194	73	83	1510	194	73	83	1450	194	73	83	1390	1:0.38:0.43:7.77	1:0.38:0.43:7.47	1:0.38:0.43:7.16
		54	194	72	84	1510	194	72	84	1450	194	72	84	1390	1:0.37:0.43:7.77	1:0.37:0.43:7.47	1:0.37:0.43:7.16
		55	194	70	86	1510	194	70	86	1450	194	70	86	1390	1:0.36:0.44:7.77	1:0.36:0.44:7.47	1:0.36:0.44:7.16
		56	194	69	87	1510	194	69	87	1450	194	69	87	1390	1:0.35:0.45:7.77	1:0.35:0.45:7.47	1:0.35:0.45:7.16
		57	194	67	89	1510	194	67	89	1450	194	67	89	1390	1:0.34:0.46:7.77	1:0.34:0.46:7.47	1:0.34:0.46:7.16
		58	194	65	90	1510	194	65	90	1450	194	65	90	1390	1:0.34:0.47:7.77	1:0.34:0.47:7.47	1:0.34:0.47:7.16
		59	194	64	92	1510	194	64	92	1450	194	64	92	1390	1:0.33:0.47:7.77	1:0.33:0.47:7.47	1:0.33:0.47:7.16
		60	194	62	93	1510	194	62	93	1450	194	62	93	1390	1:0.32:0.48:7.77	1:0.32:0.48:7.47	1:0.32:0.48:7.16

M20沸石粉混合砂浆配合比

砂浆强度等级：M20　　施工水平：优良　　配制强度：23.00MPa

水泥强度等级	水泥实际强度(MPa)	沸石粉掺量(%)	材料用量（kg/m³）												配合比（重量比）		
			粗砂				中砂				细砂				粗砂 水泥:石灰:沸石粉:砂	中砂 水泥:石灰:沸石粉:砂	细砂 水泥:石灰:沸石粉:砂
			水泥Q_C	石灰Q_D	沸石粉Q_Z	砂Q_S	水泥Q_C	石灰Q_D	沸石粉Q_Z	砂Q_S	水泥Q_C	石灰Q_D	沸石粉Q_Z	砂Q_S	$Q_C:Q_D:Q_Z:Q_S$	$Q_C:Q_D:Q_Z:Q_S$	$Q_C:Q_D:Q_Z:Q_S$
42.5	42.5	50	296	27	27	1510	296	27	27	1450	296	27	27	1390	1:0.09:0.09:5.11	1:0.09:0.09:4.90	1:0.09:0.09:4.70
		51	296	27	28	1510	296	27	28	1450	296	27	28	1390	1:0.09:0.09:5.11	1:0.09:0.09:4.90	1:0.09:0.09:4.70
		52	296	26	28	1510	296	26	28	1450	296	26	28	1390	1:0.09:0.10:5.11	1:0.09:0.10:4.90	1:0.09:0.10:4.70
		53	296	25	29	1510	296	25	29	1450	296	25	29	1390	1:0.09:0.10:5.11	1:0.09:0.10:4.90	1:0.09:0.10:4.70
		54	296	25	29	1510	296	25	29	1450	296	25	29	1390	1:0.08:0.10:5.11	1:0.08:0.10:4.90	1:0.08:0.10:4.70
		55	296	24	30	1510	296	24	30	1450	296	24	30	1390	1:0.08:0.10:5.11	1:0.08:0.10:4.90	1:0.08:0.10:4.70
		56	296	24	30	1510	296	24	30	1450	296	24	30	1390	1:0.08:0.10:5.11	1:0.08:0.10:4.90	1:0.08:0.10:4.70
		57	296	23	31	1510	296	23	31	1450	296	23	31	1390	1:0.08:0.11:5.11	1:0.08:0.11:4.90	1:0.08:0.11:4.70
		58	296	23	31	1510	296	23	31	1450	296	23	31	1390	1:0.08:0.11:5.11	1:0.08:0.11:4.90	1:0.08:0.11:4.70
		59	296	22	32	1510	296	22	32	1450	296	22	32	1390	1:0.08:0.11:5.11	1:0.08:0.11:4.90	1:0.08:0.11:4.70
		60	296	22	33	1510	296	22	33	1450	296	22	33	1390	1:0.07:0.11:5.11	1:0.07:0.11:4.90	1:0.07:0.11:4.70
42.5	47.5	50	265	43	43	1510	265	43	43	1450	265	43	43	1390	1:0.16:0.16:5.71	1:0.16:0.16:5.48	1:0.16:0.16:5.25
		51	265	42	44	1510	265	42	44	1450	265	42	44	1390	1:0.16:0.16:5.71	1:0.16:0.16:5.48	1:0.16:0.16:5.25
		52	265	41	44	1510	265	41	44	1450	265	41	44	1390	1:0.15:0.17:5.71	1:0.15:0.17:5.48	1:0.15:0.17:5.25
		53	265	40	45	1510	265	40	45	1450	265	40	45	1390	1:0.15:0.17:5.71	1:0.15:0.17:5.48	1:0.15:0.17:5.25
		54	265	39	46	1510	265	39	46	1450	265	39	46	1390	1:0.15:0.18:5.71	1:0.15:0.18:5.48	1:0.15:0.18:5.25
		55	265	38	47	1510	265	38	47	1450	265	38	47	1390	1:0.14:0.18:5.71	1:0.14:0.18:5.48	1:0.14:0.18:5.25
		56	265	38	48	1510	265	38	48	1450	265	38	48	1390	1:0.14:0.18:5.71	1:0.14:0.18:5.48	1:0.14:0.18:5.25
		57	265	37	49	1510	265	37	49	1450	265	37	49	1390	1:0.14:0.18:5.71	1:0.14:0.18:5.48	1:0.14:0.18:5.25
		58	265	36	50	1510	265	36	50	1450	265	36	50	1390	1:0.14:0.19:5.71	1:0.14:0.19:5.48	1:0.14:0.19:5.25
		59	265	35	50	1510	265	35	50	1450	265	35	50	1390	1:0.13:0.19:5.71	1:0.13:0.19:5.48	1:0.13:0.19:5.25
		60	265	34	51	1510	265	34	51	1450	265	34	51	1390	1:0.13:0.19:5.71	1:0.13:0.19:5.48	1:0.13:0.19:5.25

砂浆强度等级：M20　　施工水平：优良　　配制强度：23.00MPa

水泥强度等级	水泥实际强度(MPa)	沸石粉掺量(%)	材料用量（kg/m³）													配合比（重量比）		
			粗砂				中砂				细砂				粗砂	中砂	细砂
			水泥 Q_{C0}	石灰 Q_{D0}	沸石粉 Q_{Z0}	砂 Q_{S0}	水泥 Q_{C0}	石灰 Q_{D0}	沸石粉 Q_{Z0}	砂 Q_{S0}	水泥 Q_{C0}	石灰 Q_{D0}	沸石粉 Q_{Z0}	砂 Q_{S0}	水泥:石灰:沸石粉:砂 $Q_C:Q_D:Q_Z:Q_S$	水泥:石灰:沸石粉:砂 $Q_C:Q_D:Q_Z:Q_S$	水泥:石灰:沸石粉:砂 $Q_C:Q_D:Q_Z:Q_S$
52.5	52.5	50	239	55	55	1510	239	55	55	1450	239	55	55	1390	1:0.23:0.23:6.31	1:0.23:0.23:6.06	1:0.23:0.23:5.81
		51	239	54	56	1510	239	54	56	1450	239	54	56	1390	1:0.23:0.24:6.31	1:0.22:0.24:6.06	1:0.23:0.24:5.81
		52	239	53	57	1510	239	53	57	1450	239	53	57	1390	1:0.22:0.24:6.31	1:0.22:0.24:6.06	1:0.22:0.24:5.81
		53	239	52	59	1510	239	52	59	1450	239	52	59	1390	1:0.22:0.24:6.31	1:0.22:0.24:6.06	1:0.22:0.24:5.81
		54	239	51	60	1510	239	51	60	1450	239	51	60	1390	1:0.21:0.25:6.31	1:0.21:0.25:6.06	1:0.21:0.25:5.81
		55	239	50	61	1510	239	50	61	1450	239	50	61	1390	1:0.21:0.25:6.31	1:0.21:0.25:6.06	1:0.21:0.25:5.81
		56	239	49	62	1510	239	49	62	1450	239	49	62	1390	1:0.20:0.26:6.31	1:0.20:0.26:6.06	1:0.20:0.26:5.81
		57	239	48	63	1510	239	48	63	1450	239	48	63	1390	1:0.20:0.26:6.31	1:0.20:0.26:6.06	1:0.20:0.26:5.81
		58	239	46	64	1510	239	46	64	1450	239	46	64	1390	1:0.19:0.27:6.31	1:0.19:0.27:6.06	1:0.19:0.27:5.81
		59	239	45	65	1510	239	45	65	1450	239	45	65	1390	1:0.19:0.27:6.31	1:0.19:0.27:6.06	1:0.19:0.27:5.81
		60	239	44	66	1510	239	44	66	1450	239	44	66	1390	1:0.18:0.28:6.31	1:0.18:0.28:6.06	1:0.18:0.28:5.81
	57.5	50	219	66	66	1510	219	66	66	1450	219	66	66	1390	1:0.30:0.30:6.91	1:0.30:0.30:6.63	1:0.30:0.30:6.36
		51	219	64	67	1510	219	64	67	1450	219	64	67	1390	1:0.29:0.31:6.91	1:0.29:0.31:6.63	1:0.29:0.31:6.36
		52	219	63	68	1510	219	63	68	1450	219	63	68	1390	1:0.29:0.31:6.91	1:0.29:0.31:6.63	1:0.29:0.31:6.36
		53	219	62	70	1510	219	62	70	1450	219	62	70	1390	1:0.28:0.32:6.91	1:0.28:0.32:6.63	1:0.28:0.32:6.36
		54	219	60	71	1510	219	60	71	1450	219	60	71	1390	1:0.28:0.32:6.91	1:0.28:0.32:6.63	1:0.28:0.32:6.36
		55	219	59	72	1510	219	59	72	1450	219	59	72	1390	1:0.27:0.33:6.91	1:0.27:0.33:6.63	1:0.27:0.33:6.36
		56	219	58	74	1510	219	58	74	1450	219	58	74	1390	1:0.26:0.34:6.91	1:0.26:0.34:6.63	1:0.26:0.34:6.36
		57	219	56	75	1510	219	56	75	1450	219	56	75	1390	1:0.26:0.34:6.91	1:0.26:0.34:6.63	1:0.26:0.34:6.36
		58	219	55	76	1510	219	55	76	1450	219	55	76	1390	1:0.25:0.35:6.91	1:0.25:0.35:6.63	1:0.25:0.35:6.36
		59	219	54	78	1510	219	54	78	1450	219	54	78	1390	1:0.25:0.35:6.91	1:0.25:0.35:6.63	1:0.25:0.35:6.36
		60	219	53	79	1510	219	53	79	1450	219	53	79	1390	1:0.24:0.36:6.91	1:0.24:0.36:6.63	1:0.24:0.36:6.36

砂浆强度等级：M20　　施工水平：一般　　配制强度：24.00MPa

水泥强度等级	水泥实际强度(MPa)	沸石粉掺量(%)	材料用量（kg/m³）												配合比（重量比）		
			粗砂				中砂				细砂				粗砂	中砂	细砂
			水泥Q_{C0}	石灰Q_{D0}	沸石粉Q_{Z0}	砂Q_{S0}	水泥Q_{C0}	石灰Q_{D0}	沸石粉Q_{Z0}	砂Q_{S0}	水泥Q_{C0}	石灰Q_{D0}	沸石粉Q_{Z0}	砂Q_{S0}	水泥:石灰:沸石粉:砂 $Q_C:Q_D:Q_Z:Q_S$	水泥:石灰:沸石粉:砂 $Q_C:Q_D:Q_Z:Q_S$	水泥:石灰:沸石粉:砂 $Q_C:Q_D:Q_Z:Q_S$
42.5	42.5	50	304	23	23	1510	304	23	23	1450	304	23	23	1390	1:0.08:0.08:4.97	1:0.08:0.08:4.78	1:0.08:0.08:4.58
		51	304	23	24	1510	304	23	24	1450	304	23	24	1390	1:0.07:0.08:4.97	1:0.07:0.08:4.78	1:0.07:0.08:4.58
		52	304	22	24	1510	304	22	24	1450	304	22	24	1390	1:0.07:0.08:4.97	1:0.07:0.08:4.78	1:0.07:0.08:4.58
		53	304	22	25	1510	304	22	25	1450	304	22	25	1390	1:0.07:0.08:4.97	1:0.07:0.08:4.78	1:0.07:0.08:4.58
		54	304	21	25	1510	304	21	25	1450	304	21	25	1390	1:0.07:0.08:4.97	1:0.07:0.08:4.78	1:0.07:0.08:4.58
		55	304	21	26	1510	304	21	26	1450	304	21	26	1390	1:0.07:0.08:4.97	1:0.07:0.08:4.78	1:0.07:0.08:4.58
		56	304	20	26	1510	304	20	26	1450	304	20	26	1390	1:0.07:0.08:4.97	1:0.07:0.08:4.78	1:0.07:0.08:4.58
		57	304	20	26	1510	304	20	26	1450	304	20	26	1390	1:0.07:0.08:4.97	1:0.07:0.08:4.78	1:0.07:0.08:4.58
		58	304	20	27	1510	304	20	27	1450	304	20	27	1390	1:0.06:0.09:4.97	1:0.06:0.09:4.78	1:0.06:0.09:4.58
		59	304	19	27	1510	304	19	27	1450	304	19	27	1390	1:0.06:0.09:4.97	1:0.06:0.09:4.78	1:0.06:0.09:4.58
		60	304	19	28	1510	304	19	28	1450	304	19	28	1390	1:0.06:0.09:4.97	1:0.06:0.09:4.78	1:0.06:0.09:4.58
	47.5	50	272	39	39	1510	272	39	39	1450	272	39	39	1390	1:0.14:0.14:5.56	1:0.14:0.14:5.34	1:0.14:0.14:5.12
		51	272	38	40	1510	272	38	40	1450	272	38	40	1390	1:0.14:0.15:5.56	1:0.14:0.15:5.34	1:0.14:0.15:5.12
		52	272	38	41	1510	272	38	41	1450	272	38	41	1390	1:0.14:0.15:5.56	1:0.14:0.15:5.34	1:0.14:0.15:5.12
		53	272	37	42	1510	272	37	42	1450	272	37	42	1390	1:0.14:0.15:5.56	1:0.14:0.15:5.34	1:0.14:0.15:5.12
		54	272	36	42	1510	272	36	42	1450	272	36	42	1390	1:0.13:0.16:5.56	1:0.13:0.16:5.34	1:0.13:0.16:5.12
		55	272	35	43	1510	272	35	43	1450	272	35	43	1390	1:0.13:0.16:5.56	1:0.13:0.16:5.34	1:0.13:0.16:5.12
		56	272	34	44	1510	272	34	44	1450	272	34	44	1390	1:0.13:0.16:5.56	1:0.13:0.16:5.34	1:0.13:0.16:5.12
		57	272	34	45	1510	272	34	45	1450	272	34	45	1390	1:0.12:0.16:5.56	1:0.12:0.16:5.34	1:0.12:0.16:5.12
		58	272	33	45	1510	272	33	45	1450	272	33	45	1390	1:0.12:0.17:5.56	1:0.12:0.17:5.34	1:0.12:0.17:5.12
		59	272	32	46	1510	272	32	46	1450	272	32	46	1390	1:0.12:0.17:5.56	1:0.12:0.17:5.34	1:0.12:0.17:5.12
		60	272	31	47	1510	272	31	47	1450	272	31	47	1390	1:0.12:0.17:5.56	1:0.12:0.17:5.34	1:0.12:0.17:5.12

砂浆强度等级：M20　　施工水平：一般　　配制强度：24.00MPa

水泥强度等级	水泥实际强度(MPa)	沸石粉掺量(%)	材料用量（kg/m³）												配合比（重量比）		
			粗砂				中砂				细砂				粗砂	中砂	细砂
			水泥Q_{C0}	石灰Q_{D0}	沸石粉Q_{Z0}	砂Q_{S0}	水泥Q_{C0}	石灰Q_{D0}	沸石粉Q_{Z0}	砂Q_{S0}	水泥Q_{C0}	石灰Q_{D0}	沸石粉Q_{Z0}	砂Q_{S0}	水泥:石灰:沸石粉:砂 $Q_C:Q_D:Q_Z:Q_S$	水泥:石灰:沸石粉:砂 $Q_C:Q_D:Q_Z:Q_S$	水泥:石灰:沸石粉:砂 $Q_C:Q_D:Q_Z:Q_S$
52.5	52.5	50	246	52	52	1510	246	52	52	1450	246	52	52	1390	1:0.21:0.21:6.14	1:0.21:0.21:5.90	1:0.21:0.21:5.66
		51	246	51	53	1510	246	51	53	1450	246	51	53	1390	1:0.21:0.22:6.14	1:0.21:0.22:5.90	1:0.21:0.22:5.66
		52	246	50	54	1510	246	50	54	1450	246	50	54	1390	1:0.20:0.22:6.14	1:0.20:0.22:5.90	1:0.20:0.22:5.66
		53	246	49	55	1510	246	49	55	1450	246	49	55	1390	1:0.20:0.22:6.14	1:0.20:0.22:5.90	1:0.20:0.22:5.66
		54	246	48	56	1510	246	48	56	1450	246	48	56	1390	1:0.20:0.23:6.14	1:0.20:0.23:5.90	1:0.20:0.23:5.66
		55	246	47	57	1510	246	47	57	1450	246	47	57	1390	1:0.19:0.23:6.14	1:0.19:0.23:5.90	1:0.19:0.23:5.66
		56	246	46	58	1510	246	46	58	1450	246	46	58	1390	1:0.19:0.24:6.14	1:0.19:0.24:5.90	1:0.19:0.24:5.66
		57	246	45	59	1510	246	45	59	1450	246	45	59	1390	1:0.18:0.24:6.14	1:0.18:0.24:5.90	1:0.18:0.24:5.66
		58	246	44	60	1510	246	44	60	1450	246	44	60	1390	1:0.18:0.25:6.14	1:0.18:0.25:5.90	1:0.18:0.25:5.66
		59	246	43	62	1510	246	43	62	1450	246	43	62	1390	1:0.17:0.25:6.14	1:0.17:0.25:5.90	1:0.17:0.25:5.66
		60	246	42	63	1510	246	42	63	1450	246	42	63	1390	1:0.17:0.25:6.14	1:0.17:0.25:5.90	1:0.17:0.25:5.66
	57.5	50	224	63	63	1510	224	63	63	1450	224	63	63	1390	1:0.28:0.28:6.73	1:0.28:0.28:6.46	1:0.28:0.28:6.20
		51	224	62	64	1510	224	62	64	1450	224	62	64	1390	1:0.27:0.29:6.73	1:0.27:0.29:6.46	1:0.27:0.29:6.20
		52	224	60	65	1510	224	60	65	1450	224	60	65	1390	1:0.27:0.29:6.73	1:0.27:0.29:6.46	1:0.27:0.29:6.20
		53	224	59	67	1510	224	59	67	1450	224	59	67	1390	1:0.26:0.30:6.73	1:0.26:0.30:6.46	1:0.26:0.30:6.20
		54	224	58	68	1510	224	58	68	1450	224	58	68	1390	1:0.26:0.30:6.73	1:0.26:0.30:6.46	1:0.26:0.30:6.20
		55	224	57	69	1510	224	57	69	1450	224	57	69	1390	1:0.25:0.31:6.73	1:0.25:0.31:6.46	1:0.25:0.31:6.20
		56	224	55	70	1510	224	55	70	1450	224	55	70	1390	1:0.25:0.31:6.73	1:0.25:0.31:6.46	1:0.25:0.31:6.20
		57	224	54	72	1510	224	54	72	1450	224	54	72	1390	1:0.24:0.32:6.73	1:0.24:0.32:6.46	1:0.24:0.32:6.20
		58	224	53	73	1510	224	53	73	1450	224	53	73	1390	1:0.24:0.32:6.73	1:0.24:0.32:6.46	1:0.24:0.32:6.20
		59	224	52	74	1510	224	52	74	1450	224	52	74	1390	1:0.23:0.33:6.73	1:0.23:0.33:6.46	1:0.23:0.33:6.20
		60	224	50	75	1510	224	50	75	1450	224	50	75	1390	1:0.22:0.34:6.73	1:0.22:0.34:6.46	1:0.22:0.34:6.20

砂浆强度等级：M20　　施工水平：较差　　配制强度：25.00MPa

水泥强度等级	水泥实际强度(MPa)	沸石粉掺量(%)	材料用量（kg/m³）													配合比（重量比）					
			粗 砂				中 砂				细 砂				粗 砂	中 砂	细 砂
			水泥 Q_{C0}	石灰 Q_{D0}	沸石粉 Q_{Z0}	砂 Q_{S0}	水泥 Q_{C0}	石灰 Q_{D0}	沸石粉 Q_{Z0}	砂 Q_{S0}	水泥 Q_{C0}	石灰 Q_{D0}	沸石粉 Q_{Z0}	砂 Q_{S0}	水泥:石灰:沸石粉:砂 $Q_C:Q_D:Q_Z:Q_S$	水泥:石灰:沸石粉:砂 $Q_C:Q_D:Q_Z:Q_S$	水泥:石灰:沸石粉:砂 $Q_C:Q_D:Q_Z:Q_S$
42.5	42.5	50	311	19	19	1510	311	19	19	1450	311	19	19	1390	1:0.06:0.06:4.85	1:0.06:0.06:4.66	1:0.06:0.06:4.46
		51	311	19	20	1510	311	19	20	1450	311	19	20	1390	1:0.06:0.06:4.85	1:0.06:0.06:4.66	1:0.06:0.06:4.46
		52	311	19	20	1510	311	19	20	1450	311	19	20	1390	1:0.06:0.06:4.85	1:0.06:0.06:4.66	1:0.06:0.06:4.46
		53	311	18	21	1510	311	18	21	1450	311	18	21	1390	1:0.06:0.07:4.85	1:0.06:0.07:4.66	1:0.06:0.07:4.46
		54	311	18	21	1510	311	18	21	1450	311	18	21	1390	1:0.06:0.07:4.85	1:0.06:0.07:4.66	1:0.06:0.07:4.46
		55	311	17	21	1510	311	17	21	1450	311	17	21	1390	1:0.06:0.07:4.85	1:0.06:0.07:4.66	1:0.06:0.07:4.46
		56	311	17	22	1510	311	17	22	1450	311	17	22	1390	1:0.05:0.07:4.85	1:0.05:0.07:4.66	1:0.05:0.07:4.46
		57	311	17	22	1510	311	17	22	1450	311	17	22	1390	1:0.05:0.07:4.85	1:0.05:0.07:4.66	1:0.05:0.07:4.46
		58	311	16	22	1510	311	16	22	1450	311	16	22	1390	1:0.05:0.07:4.85	1:0.05:0.07:4.66	1:0.05:0.07:4.46
		59	311	16	23	1510	311	16	23	1450	311	16	23	1390	1:0.05:0.07:4.85	1:0.05:0.07:4.66	1:0.05:0.07:4.46
		60	311	15	23	1510	311	15	23	1450	311	15	23	1390	1:0.05:0.07:4.85	1:0.05:0.07:4.66	1:0.05:0.07:4.46
	47.5	50	279	36	36	1510	279	36	36	1450	279	36	36	1390	1:0.13:0.13:5.42	1:0.13:0.13:5.21	1:0.13:0.13:4.99
		51	279	35	36	1510	279	35	36	1450	279	35	36	1390	1:0.13:0.13:5.42	1:0.13:0.13:5.21	1:0.13:0.13:4.99
		52	279	34	37	1510	279	34	37	1450	279	34	37	1390	1:0.12:0.13:5.42	1:0.12:0.13:5.21	1:0.12:0.13:4.99
		53	279	34	38	1510	279	34	38	1450	279	34	38	1390	1:0.14:0.14:5.42	1:0.12:0.14:5.21	1:0.12:0.14:4.99
		54	279	33	39	1510	279	33	39	1450	279	33	39	1390	1:0.12:0.14:5.42	1:0.12:0.14:5.21	1:0.12:0.14:4.99
		55	279	32	39	1510	279	32	39	1450	279	32	39	1390	1:0.12:0.14:5.42	1:0.12:0.14:5.21	1:0.12:0.14:4.99
		56	279	31	40	1510	279	31	40	1450	279	31	40	1390	1:0.11:0.14:5.42	1:0.11:0.14:5.21	1:0.11:0.14:4.99
		57	279	31	41	1510	279	31	41	1450	279	31	41	1390	1:0.11:0.15:5.42	1:0.11:0.15:5.21	1:0.11:0.15:4.99
		58	279	30	41	1510	279	30	41	1450	279	30	41	1390	1:0.11:0.15:5.42	1:0.11:0.15:5.21	1:0.11:0.15:4.99
		59	279	29	42	1510	279	29	42	1450	279	29	42	1390	1:0.11:0.15:5.42	1:0.11:0.15:5.21	1:0.11:0.15:4.99
		60	279	29	43	1510	279	29	43	1450	279	29	43	1390	1:0.10:0.15:5.42	1:0.10:0.15:5.21	1:0.10:0.15:4.99

砂浆强度等级：M20　　施工水平：较差　　配制强度：25.00MPa

水泥强度等级	水泥实际强度(MPa)	沸石粉掺量(%)	材料用量（kg/m³） 粗砂 水泥 Q_{C0}	石灰 Q_{D0}	沸石粉 Q_{Z0}	砂 Q_{S0}	中砂 水泥 Q_{C0}	石灰 Q_{D0}	沸石粉 Q_{Z0}	砂 Q_{S0}	细砂 水泥 Q_{C0}	石灰 Q_{D0}	沸石粉 Q_{Z0}	砂 Q_{S0}	配合比（重量比） 粗砂 水泥:石灰:沸石粉:砂 $Q_C:Q_D:Q_Z:Q_S$	中砂 水泥:石灰:沸石粉:砂 $Q_C:Q_D:Q_Z:Q_S$	细砂 水泥:石灰:沸石粉:砂 $Q_C:Q_D:Q_Z:Q_S$
52.5	52.5	50	252	49	49	1510	252	49	50	1450	252	49	49	1390	1:0.19:0.19:5.99	1:0.19:0.19:5.75	1:0.19:0.19:5.52
		51	252	48	50	1510	252	48	50	1450	252	48	50	1390	1:0.19:0.20:5.99	1:0.19:0.20:5.75	1:0.19:0.20:5.52
		52	252	47	51	1510	252	47	51	1450	252	47	51	1390	1:0.19:0.20:5.99	1:0.19:0.20:5.75	1:0.19:0.20:5.52
		53	252	46	52	1510	252	46	52	1450	252	46	52	1390	1:0.18:0.21:5.99	1:0.18:0.21:5.75	1:0.18:0.21:5.52
		54	252	45	53	1510	252	45	53	1450	252	45	53	1390	1:0.18:0.21:5.99	1:0.18:0.21:5.75	1:0.18:0.21:5.52
		55	252	44	54	1510	252	44	54	1450	252	44	54	1390	1:0.17:0.21:5.99	1:0.17:0.21:5.75	1:0.17:0.21:5.52
		56	252	43	55	1510	252	43	55	1450	252	43	55	1390	1:0.17:0.22:5.99	1:0.17:0.22:5.75	1:0.17:0.22:5.52
		57	252	42	56	1510	252	42	56	1450	252	42	56	1390	1:0.17:0.22:5.99	1:0.17:0.22:5.75	1:0.17:0.22:5.52
		58	252	41	57	1510	252	41	57	1450	252	41	57	1390	1:0.16:0.23:5.99	1:0.16:0.23:5.75	1:0.16:0.23:5.52
		59	252	40	58	1510	252	40	58	1450	252	40	58	1390	1:0.16:0.23:5.99	1:0.16:0.23:5.75	1:0.16:0.23:5.52
		60	252	39	59	1510	252	39	59	1450	252	39	59	1390	1:0.16:0.23:5.99	1:0.16:0.23:5.75	1:0.16:0.23:5.52
	57.5	50	230	60	60	1510	230	60	60	1450	230	60	60	1390	1:0.26:0.26:6.56	1:0.26:0.26:6.30	1:0.26:0.26:6.04
		51	230	59	61	1510	230	59	61	1450	230	59	61	1390	1:0.26:0.27:6.56	1:0.26:0.27:6.30	1:0.26:0.27:6.04
		52	230	58	62	1510	230	58	62	1450	230	58	62	1390	1:0.25:0.27:6.56	1:0.25:0.27:6.30	1:0.25:0.27:6.04
		53	230	56	64	1510	230	56	64	1450	230	56	64	1390	1:0.24:0.28:6.56	1:0.24:0.28:6.30	1:0.24:0.28:6.04
		54	230	55	65	1510	230	55	65	1450	230	55	65	1390	1:0.24:0.28:6.56	1:0.24:0.28:6.30	1:0.24:0.28:6.04
		55	230	54	66	1510	230	54	66	1450	230	54	66	1390	1:0.23:0.29:6.56	1:0.23:0.29:6.30	1:0.23:0.29:6.04
		56	230	53	67	1510	230	53	67	1450	230	53	67	1390	1:0.23:0.29:6.56	1:0.23:0.29:6.30	1:0.23:0.29:6.04
		57	230	52	68	1510	230	52	68	1450	230	52	68	1390	1:0.22:0.30:6.56	1:0.22:0.30:6.30	1:0.22:0.30:6.04
		58	230	50	70	1510	230	50	70	1450	230	50	70	1390	1:0.22:0.30:6.56	1:0.22:0.30:6.30	1:0.22:0.30:6.04
		59	230	49	71	1510	230	49	71	1450	230	49	71	1390	1:0.21:0.31:6.56	1:0.21:0.31:6.30	1:0.21:0.31:6.04
		60	230	48	72	1510	230	48	72	1450	230	48	72	1390	1:0.21:0.31:6.56	1:0.21:0.31:6.30	1:0.21:0.31:6.04

五、水泥砂浆配合比

表中符号说明:

Q_{C0}——每立方米砂浆的水泥用量(kg);

Q_{S0}——每立方米砂浆的砂子用量(kg);

Q_C——水泥用量;

Q_S——砂子用量。

M5.0 水泥砂浆配合比

砂浆强度等级：M5.0　　施工水平：优良　　配制强度：5.75MPa

水泥强度等级	砂子含水率（%）	材料用量（kg/m³）						配合比（重量比）		
		粗 砂		中 砂		细 砂		粗 砂	中 砂	细 砂
		水泥 Q_{C0}	砂 Q_{S0}	水泥 Q_{C0}	砂 Q_{S0}	水泥 Q_{C0}	砂 Q_{S0}	水泥:砂 $Q_C:Q_S$	水泥:砂 $Q_C:Q_S$	水泥:砂 $Q_C:Q_S$
32.5	0.00	200	1510	205	1450	210	1390	1:7.5	1:7.07	1:6.62
	0.50	200	1518	205	1457	210	1397	1:7.59	1:7.11	1:6.65
	1.00	200	1525	205	1465	210	1404	1:7.63	1:7.14	1:6.69
	1.50	200	1533	205	1472	210	1411	1:7.66	1:7.18	1:6.72
	2.00	200	1540	205	1479	210	1418	1:7.70	1:7.21	1:6.75
	2.50	200	1548	205	1486	210	1425	1:7.74	1:7.25	1:6.78
	3.00	200	1555	205	1494	210	1432	1:7.78	1:7.29	1:6.82
	3.50	200	1563	205	1501	210	1439	1:7.81	1:7.32	1:6.85
	4.00	200	1570	205	1508	210	1446	1:7.85	1:7.36	1:6.88
	4.50	200	1578	205	1515	210	1453	1:7.89	1:7.39	1:6.92
	5.00	200	1586	205	1523	210	1460	1:7.93	1:7.43	1:6.95

砂浆强度等级：M5.0　　施工水平：一般　　配制强度：6.00MPa

水泥强度等级	砂子含水率（%）	材料用量（kg/m³）						配合比（重量比）		
		粗　砂		中　砂		细　砂		粗　砂	中　砂	细　砂
		水泥 Q_{C0}	砂 Q_{S0}	水泥 Q_{C0}	砂 Q_{S0}	水泥 Q_{C0}	砂 Q_{S0}	水泥:砂 $Q_C:Q_S$	水泥:砂 $Q_C:Q_S$	水泥:砂 $Q_C:Q_S$
32.5	0.00	215	1510	220	1450	225	1390	1:7.02	1:6.59	1:6.18
	0.50	215	1518	220	1457	225	1397	1:7.06	1:6.62	1:6.21
	1.00	215	1525	220	1465	225	1404	1:7.09	1:6.66	1:6.24
	1.50	215	1533	220	1472	225	1411	1:7.13	1:6.69	1:6.27
	2.00	215	1540	220	1479	225	1418	1:7.16	1:6.72	1:6.30
	2.50	215	1548	220	1486	225	1425	1:7.20	1:6.76	1:6.33
	3.00	215	1555	220	1494	225	1432	1:7.23	1:6.79	1:6.36
	3.50	215	1563	220	1501	225	1439	1:7.27	1:6.82	1:6.39
	4.00	215	1570	220	1508	225	1446	1:7.30	1:6.85	1:6.42
	4.50	215	1578	220	1515	225	1453	1:7.34	1:6.89	1:6.46
	5.00	215	1586	220	1523	225	1460	1:7.37	1:6.92	1:6.49

砂浆强度等级：M5.0　　施工水平：较差　　配制强度：6.25MPa

水泥强度等级	砂子含水率（%）	材料用量（kg/m³）						配合比（重量比）		
		粗 砂		中 砂		细 砂		粗 砂	中 砂	细 砂
		水泥 Q_{C0}	砂 Q_{S0}	水泥 Q_{C0}	砂 Q_{S0}	水泥 Q_{C0}	砂 Q_{S0}	水泥:砂 $Q_C:Q_S$	水泥:砂 $Q_C:Q_S$	水泥:砂 $Q_C:Q_S$
32.5	0.00	230	1510	235	1450	240	1390	1:6.57	1:6.17	1:5.79
	0.50	230	1518	235	1457	240	1397	1:6.60	1:6.20	1:5.82
	1.00	230	1525	235	1465	240	1404	1:6.63	1:6.23	1:5.85
	1.50	230	1533	235	1472	240	1411	1:6.66	1:6.26	1:5.88
	2.00	230	1540	235	1479	240	1418	1:6.70	1:6.29	1:5.91
	2.50	230	1548	235	1486	240	1425	1:6.73	1:6.32	1:5.94
	3.00	230	1555	235	1494	240	1432	1:6.76	1:6.36	1:5.97
	3.50	230	1563	235	1501	240	1439	1:6.80	1:6.39	1:5.99
	4.00	230	1570	235	1508	240	1446	1:6.83	1:6.42	1:6.02
	4.50	230	1578	235	1515	240	1453	1:6.86	1:6.45	1:6.05
	5.00	230	1586	235	1523	240	1460	1:6.89	1:6.48	1:6.08

M7.5 水泥砂浆配合比

砂浆强度等级：M7.5　　施工水平：优良　　配制强度：8.63MPa

水泥强度等级	砂子含水率(%)	材料用量 (kg/m³)						配合比（重量比）		
		粗砂		中砂		细砂		粗砂	中砂	细砂
		水泥 Q_{C0}	砂 Q_{S0}	水泥 Q_{C0}	砂 Q_{S0}	水泥 Q_{C0}	砂 Q_{S0}	水泥:砂 $Q_C:Q_S$	水泥:砂 $Q_C:Q_S$	水泥:砂 $Q_C:Q_S$
32.5	0.00	230	1510	238	1450	246	1390	1:6.57	1:6.09	1:5.65
	0.50	230	1518	238	1457	246	1397	1:6.60	1:6.12	1:5.68
	1.00	230	1525	238	1465	246	1404	1:6.63	1:6.15	1:5.71
	1.50	230	1533	238	1472	246	1411	1:6.66	1:6.18	1:5.74
	2.00	230	1540	238	1479	246	1418	1:6.70	1:6.21	1:5.76
	2.50	230	1548	238	1486	246	1425	1:6.73	1:6.24	1:5.79
	3.00	230	1555	238	1494	246	1432	1:6.76	1:6.28	1:5.82
	3.50	230	1563	238	1501	246	1439	1:6.80	1:6.31	1:5.85
	4.00	230	1570	238	1508	246	1446	1:6.83	1:6.34	1:5.88
	4.50	230	1578	238	1515	246	1453	1:6.86	1:6.37	1:5.90
	5.00	230	1586	238	1523	246	1460	1:6.89	1:6.40	1:5.93

砂浆强度等级：M7.5   施工水平：一般   配制强度：9.00MPa

水泥强度等级	砂子含水率（％）	材料用量（kg/m³）						配合比（重量比）		
		粗砂		中砂		细砂		粗砂	中砂	细砂
		水泥 Q_{C0}	砂 Q_{S0}	水泥 Q_{C0}	砂 Q_{S0}	水泥 Q_{C0}	砂 Q_{S0}	水泥:砂 $Q_C:Q_S$	水泥:砂 $Q_C:Q_S$	水泥:砂 $Q_C:Q_S$
32.5	0.00	245	1510	253	1450	261	1390	1:6.16	1:5.73	1:5.33
	0.50	245	1518	253	1457	261	1397	1:6.19	1:5.76	1:5.35
	1.00	245	1525	253	1465	261	1404	1:6.22	1:5.79	1:5.38
	1.50	245	1533	253	1472	261	1411	1:6.26	1:5.82	1:5.41
	2.00	245	1540	253	1479	261	1418	1:6.29	1:5.85	1:5.43
	2.50	245	1548	253	1486	261	1425	1:6.32	1:5.87	1:5.46
	3.00	245	1555	253	1494	261	1432	1:6.35	1:5.90	1:5.49
	3.50	245	1563	253	1501	261	1439	1:6.38	1:5.93	1:5.51
	4.00	245	1570	253	1508	261	1446	1:6.41	1:5.96	1:5.54
	4.50	245	1578	253	1515	261	1453	1:6.44	1:5.99	1:5.57
	5.00	245	1586	253	1523	261	1460	1:6.47	1:6.02	1:5.59

砂浆强度等级：M7.5　　施工水平：较差　　配制强度：9.38MPa

水泥强度等级	砂子含水率（%）	材料用量（kg/m³）						配合比（重量比）		
		粗砂		中砂		细砂		粗砂	中砂	细砂
		水泥Q_{C0}	砂Q_{S0}	水泥Q_{C0}	砂Q_{S0}	水泥Q_{C0}	砂Q_{S0}	水泥:砂$Q_C:Q_S$	水泥:砂$Q_C:Q_S$	水泥:砂$Q_C:Q_S$
32.5	0.00	260	1510	268	1450	276	1390	1:5.81	1:5.41	1:5.04
	0.50	260	1518	268	1457	276	1397	1:5.84	1:5.44	1:5.06
	1.00	260	1525	268	1465	276	1404	1:5.87	1:5.46	1:5.09
	1.50	260	1533	268	1472	276	1411	1:5.89	1:5.49	1:5.11
	2.00	260	1540	268	1479	276	1418	1:5.92	1:5.52	1:5.14
	2.50	260	1548	268	1486	276	1425	1:5.95	1:5.55	1:5.16
	3.00	260	1555	268	1494	276	1432	1:5.98	1:5.57	1:5.19
	3.50	260	1563	268	1501	276	1439	1:6.01	1:5.60	1:5.21
	4.00	260	1570	268	1508	276	1446	1:6.04	1:5.63	1:5.24
	4.50	260	1578	268	1515	276	1453	1:6.07	1:5.65	1:5.26
	5.00	260	1586	268	1523	276	1460	1:6.10	1:5.68	1:5.29

M10 水泥砂浆配合比

砂浆强度等级：M10　　施工水平：优良　　配制强度：11.50MPa

水泥强度等级	砂子含水率（%）	材料用量（kg/m³）						配合比（重量比）		
		粗砂		中砂		细砂		粗砂	中砂	细砂
		水泥 Q_{C0}	砂 Q_{S0}	水泥 Q_{C0}	砂 Q_{S0}	水泥 Q_{C0}	砂 Q_{S0}	水泥:砂 $Q_C:Q_S$	水泥:砂 $Q_C:Q_S$	水泥:砂 $Q_C:Q_S$
32.5	0.00	260	1510	270	1450	280	1390	1:5.81	1:5.37	1:4.96
	0.50	260	1518	270	1457	280	1397	1:5.84	1:5.40	1:4.99
	1.00	260	1525	270	1465	280	1404	1:5.87	1:5.42	1:5.01
	1.50	260	1533	270	1472	280	1411	1:5.89	1:5.45	1:5.04
	2.00	260	1540	270	1479	280	1418	1:5.92	1:5.48	1:5.06
	2.50	260	1548	270	1486	280	1425	1:5.95	1:5.50	1:5.09
	3.00	260	1555	270	1494	280	1432	1:5.98	1:5.53	1:5.11
	3.50	260	1563	270	1501	280	1439	1:6.01	1:5.56	1:5.14
	4.00	260	1570	270	1508	280	1446	1:6.04	1:5.59	1:5.16
	4.50	260	1578	270	1515	280	1453	1:6.07	1:5.61	1:5.19
	5.00	260	1586	270	1523	280	1460	1:6.10	1:5.64	1:5.21

砂浆强度等级：M10　　施工水平：一般　　配制强度：12.00MPa

水泥强度等级	砂子含水率（%）	材料用量（kg/m³）						配合比（重量比）		
		粗砂		中砂		细砂		粗砂	中砂	细砂
		水泥 Q_{C0}	砂 Q_{S0}	水泥 Q_{C0}	砂 Q_{S0}	水泥 Q_{C0}	砂 Q_{S0}	水泥:砂 $Q_C:Q_S$	水泥:砂 $Q_C:Q_S$	水泥:砂 $Q_C:Q_S$
32.5	0.00	275	1510	285	1450	295	1390	1:5.49	1:5.09	1:4.71
	0.50	275	1518	285	1457	295	1397	1:5.52	1:5.11	1:4.74
	1.00	275	1525	285	1465	295	1404	1:5.55	1:5.14	1:4.76
	1.50	275	1533	285	1472	295	1411	1:5.57	1:5.16	1:4.78
	2.00	275	1540	285	1479	295	1418	1:5.60	1:5.19	1:4.81
	2.50	275	1548	285	1486	295	1425	1:5.63	1:5.21	1:4.83
	3.00	275	1555	285	1494	295	1432	1:5.66	1:5.24	1:4.85
	3.50	275	1563	285	1501	295	1439	1:5.68	1:5.27	1:4.88
	4.00	275	1570	285	1508	295	1446	1:5.71	1:5.29	1:4.90
	4.50	275	1578	285	1515	295	1453	1:5.74	1:5.32	1:4.92
	5.00	275	1586	285	1523	295	1460	1:5.77	1:5.34	1:4.95

砂浆强度等级：M10　　施工水平：较差　　配制强度：12.50MPa

水泥强度等级	砂子含水率(%)	材料用量（kg/m³）						配合比（重量比）		
		粗砂		中砂		细砂		粗砂	中砂	细砂
		水泥 Q_{C0}	砂 Q_{S0}	水泥 Q_{C0}	砂 Q_{S0}	水泥 Q_{C0}	砂 Q_{S0}	水泥:砂 $Q_C:Q_S$	水泥:砂 $Q_C:Q_S$	水泥:砂 $Q_C:Q_S$
32.5	0.00	290	1510	300	1450	310	1390	1:5.21	1:4.83	1:4.48
	0.50	290	1518	300	1457	310	1397	1:5.23	1:4.86	1:4.51
	1.00	290	1525	300	1465	310	1404	1:5.26	1:4.88	1:4.53
	1.50	290	1533	300	1472	310	1411	1:5.29	1:4.91	1:4.55
	2.00	290	1540	300	1479	310	1418	1:5.31	1:4.93	1:4.57
	2.50	290	1548	300	1486	310	1425	1:5.34	1:4.95	1:4.60
	3.00	290	1555	300	1494	310	1432	1:5.36	1:4.98	1:4.62
	3.50	290	1563	300	1501	310	1439	1:5.39	1:5.00	1:4.64
	4.00	290	1570	300	1508	310	1446	1:5.42	1:5.03	1:4.66
	4.50	290	1578	300	1515	310	1453	1:5.44	1:5.05	1:4.69
	5.00	290	1586	300	1523	310	1460	1:5.47	1:5.08	1:4.71

M15 水泥砂浆配合比

砂浆强度等级：M15　　施工水平：优良　　配制强度：17.25MPa

水泥强度等级	砂子含水率(%)	材料用量（kg/m³）						配合比（重量比）		
		粗砂		中砂		细砂		粗砂	中砂	细砂
		水泥 Q_{C0}	砂 Q_{S0}	水泥 Q_{C0}	砂 Q_{S0}	水泥 Q_{C0}	砂 Q_{S0}	水泥:砂 $Q_C:Q_S$	水泥:砂 $Q_C:Q_S$	水泥:砂 $Q_C:Q_S$
32.5	0.00	290	1510	300	1450	310	1390	1:5.21	1:4.83	1:4.48
	0.50	290	1518	300	1457	310	1397	1:5.23	1:4.86	1:4.51
	1.00	290	1525	300	1465	310	1404	1:5.26	1:4.88	1:4.53
	1.50	290	1533	300	1472	310	1411	1:5.29	1:4.91	1:4.55
	2.00	290	1540	300	1479	310	1418	1:5.31	1:4.93	1:4.57
	2.50	290	1548	300	1486	310	1425	1:5.34	1:4.95	1:4.60
	3.00	290	1555	300	1494	310	1432	1:5.36	1:4.98	1:4.62
	3.50	290	1563	300	1501	310	1439	1:5.39	1:5.00	1:4.64
	4.00	290	1570	300	1508	310	1446	1:5.42	1:5.03	1:4.66
	4.50	290	1578	300	1515	310	1453	1:5.44	1:5.05	1:4.69
	5.00	290	1586	300	1523	310	1460	1:5.47	1:5.08	1:4.71

砂浆强度等级：M15　　施工水平：一般　　配制强度：18.00MPa

水泥强度等级	砂子含水率（%）	材料用量（kg/m³）						配合比（重量比）		
		粗砂		中砂		细砂		粗砂	中砂	细砂
		水泥 Q_{C0}	砂 Q_{S0}	水泥 Q_{C0}	砂 Q_{S0}	水泥 Q_{C0}	砂 Q_{S0}	水泥:砂 $Q_C:Q_S$	水泥:砂 $Q_C:Q_S$	水泥:砂 $Q_C:Q_S$
32.5	0.00	310	1510	320	1450	330	1390	1:4.87	1:4.53	1:4.21
	0.50	310	1518	320	1457	330	1397	1:4.90	1:4.55	1:4.23
	1.00	310	1525	320	1465	330	1404	1:4.92	1:4.58	1:4.25
	1.50	310	1533	320	1472	330	1411	1:4.94	1:4.60	1:4.28
	2.00	310	1540	320	1479	330	1418	1:4.97	1:4.62	1:4.30
	2.50	310	1548	320	1486	330	1425	1:4.99	1:4.64	1:4.32
	3.00	310	1555	320	1494	330	1432	1:5.02	1:4.67	1:4.34
	3.50	310	1563	320	1501	330	1439	1:5.04	1:4.69	1:4.36
	4.00	310	1570	320	1508	330	1446	1:5.07	1:4.71	1:4.38
	4.50	310	1578	320	1515	330	1453	1:5.09	1:4.74	1:4.40
	5.00	310	1586	320	1523	330	1460	1:5.11	1:4.76	1:4.42

砂浆强度等级：M15　　施工水平：较差　　配制强度：18.75MPa

水泥强度等级	砂子含水率（%）	材料用量（kg/m³）						配合比（重量比）		
		粗 砂		中 砂		细 砂		粗 砂	中 砂	细 砂
		水泥 Q_{C0}	砂 Q_{S0}	水泥 Q_{C0}	砂 Q_{S0}	水泥 Q_{C0}	砂 Q_{S0}	水泥:砂 $Q_C:Q_S$	水泥:砂 $Q_C:Q_S$	水泥:砂 $Q_C:Q_S$
32.5	0.00	330	1510	340	1450	350	1390	1:4.58	1:4.26	1:3.97
	0.50	330	1518	340	1457	350	1397	1:4.60	1:4.29	1:3.99
	1.00	330	1525	340	1465	350	1404	1:4.62	1:4.31	1:4.01
	1.50	330	1533	340	1472	350	1411	1:4.64	1:4.33	1:4.03
	2.00	330	1540	340	1479	350	1418	1:4.67	1:4.35	1:4.05
	2.50	330	1548	340	1486	350	1425	1:4.69	1:4.37	1:4.07
	3.00	330	1555	340	1494	350	1432	1:4.71	1:4.39	1:4.09
	3.50	330	1563	340	1501	350	1439	1:4.74	1:4.41	1:4.11
	4.00	330	1570	340	1508	350	1446	1:4.76	1:4.44	1:4.13
	4.50	330	1578	340	1515	350	1453	1:4.78	1:4.46	1:4.15
	5.00	330	1586	340	1523	350	1460	1:4.80	1:4.48	1:4.17

M20 水泥砂浆配合比

砂浆强度等级：M20　　施工水平：优良　　配制强度：23.00MPa

水泥强度等级	砂子含水率（%）	材料用量（kg/m³）						配合比（重量比）		
		粗 砂		中 砂		细 砂		粗 砂	中 砂	细 砂
		水泥 Q_{C0}	砂 Q_{S0}	水泥 Q_{C0}	砂 Q_{S0}	水泥 Q_{C0}	砂 Q_{S0}	水泥:砂 $Q_C:Q_S$	水泥:砂 $Q_C:Q_S$	水泥:砂 $Q_C:Q_S$
42.5	0.00	340	1510	350	1450	360	1390	1:4.44	1:4.14	1:3.86
	0.50	340	1518	350	1457	360	1397	1:4.46	1:4.16	1:3.88
	1.00	340	1525	350	1465	360	1404	1:4.49	1:4.18	1:3.90
	1.50	340	1533	350	1472	360	1411	1:4.51	1:4.21	1:3.92
	2.00	340	1540	350	1479	360	1418	1:4.53	1:4.23	1:3.94
	2.50	340	1548	350	1486	360	1425	1:4.55	1:4.25	1:3.96
	3.00	340	1555	350	1494	360	1432	1:4.57	1:4.27	1:3.98
	3.50	340	1563	350	1501	360	1439	1:4.60	1:4.29	1:4.00
	4.00	340	1570	350	1508	360	1446	1:4.62	1:4.31	1:4.02
	4.50	340	1578	350	1515	360	1453	1:4.64	1:4.03	1:4.03
	5.00	340	1586	350	1523	360	1460	1:4.66	1:4.35	1:4.05

砂浆强度等级：M20　　施工水平：一般　　配制强度：24.00MPa

水泥强度等级	砂子含水率（%）	材料用量（kg/m³）						配合比（重量比）		
		粗砂		中砂		细砂		粗砂	中砂	细砂
		水泥 Q_{C0}	砂 Q_{S0}	水泥 Q_{C0}	砂 Q_{S0}	水泥 Q_{C0}	砂 Q_{S0}	水泥:砂 $Q_C:Q_S$	水泥:砂 $Q_C:Q_S$	水泥:砂 $Q_C:Q_S$
42.5	0.00	370	1510	380	1450	390	1390	1:4.08	1:3.82	1:3.56
	0.50	370	1518	380	1457	390	1397	1:4.10	1:3.83	1:3.58
	1.00	370	1525	380	1465	390	1404	1:4.12	1:3.85	1:3.60
	1.50	370	1533	380	1472	390	1411	1:4.14	1:3.87	1:3.62
	2.00	370	1540	380	1479	390	1418	1:4.16	1:3.89	1:3.64
	2.50	370	1548	380	1486	390	1425	1:4.18	1:3.91	1:3.65
	3.00	370	1555	380	1494	390	1432	1:4.20	1:3.93	1:3.67
	3.50	370	1563	380	1501	390	1439	1:4.22	1:3.95	1:3.69
	4.00	370	1570	380	1508	390	1446	1:4.24	1:3.97	1:3.71
	4.50	370	1578	380	1515	390	1453	1:4.26	1:3.99	1:3.72
	5.00	370	1586	380	1523	390	1460	1:4.29	1:4.01	1:3.74

砂浆强度等级：M20　　施工水平：较差　　配制强度：25.00MPa

水泥强度等级	砂子含水率（%）	材料用量（kg/m³）						配合比（重量比）		
		粗　砂		中　砂		细　砂		粗　砂	中　砂	细　砂
		水泥 Q_{C0}	砂 Q_{S0}	水泥 Q_{C0}	砂 Q_{S0}	水泥 Q_{C0}	砂 Q_{S0}	水泥:砂 $Q_C:Q_S$	水泥:砂 $Q_C:Q_S$	水泥:砂 $Q_C:Q_S$
42.5	0.00	400	1510	410	1450	420	1390	1:3.78	1:3.54	1:3.31
	0.50	400	1518	410	1457	420	1397	1:3.79	1:3.55	1:3.33
	1.00	400	1525	410	1465	420	1404	1:3.81	1:3.57	1:3.34
	1.50	400	1533	410	1472	420	1411	1:3.83	1:3.59	1:3.36
	2.00	400	1540	410	1479	420	1418	1:3.85	1:3.61	1:3.38
	2.50	400	1548	410	1486	420	1425	1:3.87	1:3.63	1:3.39
	3.00	400	1555	410	1494	420	1432	1:3.89	1:3.64	1:3.41
	3.50	400	1563	410	1501	420	1439	1:3.91	1:3.66	1:3.43
	4.00	400	1570	410	1508	420	1446	1:3.93	1:3.68	1:3.44
	4.50	400	1578	410	1515	420	1453	1:3.94	1:3.70	1:3.46
	5.00	400	1586	410	1523	420	1460	1:3.96	1:3.71	1:3.48

M25 水泥砂浆配合比

砂浆强度等级：M25   施工水平：优良   配制强度：28.75MPa

水泥强度等级	砂子含水率(%)	材料用量（kg/m³）						配合比（重量比）		
		粗砂		中砂		细砂		粗砂	中砂	细砂
		水泥 Q_{C0}	砂 Q_{S0}	水泥 Q_{C0}	砂 Q_{S0}	水泥 Q_{C0}	砂 Q_{S0}	水泥:砂 $Q_C:Q_S$	水泥:砂 $Q_C:Q_S$	水泥:砂 $Q_C:Q_S$
42.5	0.00	360	1510	370	1450	380	1390	1:4.19	1:3.92	1:3.66
	0.50	360	1518	370	1457	380	1397	1:4.22	1:3.94	1:3.68
	1.00	360	1525	370	1465	380	1404	1:4.24	1:3.96	1:3.69
	1.50	360	1533	370	1472	380	1411	1:4.26	1:3.98	1:3.71
	2.00	360	1540	370	1479	380	1418	1:4.28	1:4.00	1:3.73
	2.50	360	1548	370	1486	380	1425	1:4.30	1:4.02	1:3.75
	3.00	360	1555	370	1494	380	1432	1:4.32	1:4.04	1:3.77
	3.50	360	1563	370	1501	380	1439	1:4.34	1:4.06	1:3.79
	4.00	360	1570	370	1508	380	1446	1:4.36	1:4.08	1:3.80
	4.50	360	1578	370	1515	380	1453	1:4.38	1:4.10	1:3.82
	5.00	360	1586	370	1523	380	1460	1:4.40	1:4.11	1:3.84

砂浆强度等级：M25　　施工水平：一般　　配制强度：30.00MPa

水泥强度等级	砂子含水率（%）	材料用量（kg/m³）						配合比（重量比）		
		粗　砂		中　砂		细　砂		粗　砂	中　砂	细　砂
		水泥 Q_{C0}	砂 Q_{S0}	水泥 Q_{C0}	砂 Q_{S0}	水泥 Q_{C0}	砂 Q_{S0}	水泥:砂 $Q_C:Q_S$	水泥:砂 $Q_C:Q_S$	水泥:砂 $Q_C:Q_S$
42.5	0.00	385	1510	395	1450	405	1390	1:3.92	1:3.67	1:3.43
	0.50	385	1518	395	1457	405	1397	1:3.94	1:3.69	1:3.45
	1.00	385	1525	395	1465	405	1404	1:3.96	1:3.71	1:3.47
	1.50	385	1533	395	1472	405	1411	1:3.98	1:3.73	1:3.48
	2.00	385	1540	395	1479	405	1418	1:4.00	1:3.74	1:3.50
	2.50	385	1548	395	1486	405	1425	1:4.02	1:3.76	1:3.52
	3.00	385	1555	395	1494	405	1432	1:4.04	1:3.78	1:3.54
	3.50	385	1563	395	1501	405	1439	1:4.06	1:3.80	1:3.55
	4.00	385	1570	395	1508	405	1446	1:4.08	1:3.82	1:3.57
	4.50	385	1578	395	1515	405	1453	1:4.10	1:3.84	1:3.59
	5.00	385	1586	395	1523	405	1460	1:4.12	1:3.85	1:3.60

砂浆强度等级：M25　　施工水平：较差　　配制强度：31.25MPa

水泥强度等级	砂子含水率(%)	材料用量（kg/m³）						配合比（重量比）		
		粗砂		中砂		细砂		粗砂	中砂	细砂
		水泥 Q_{C0}	砂 Q_{S0}	水泥 Q_{C0}	砂 Q_{S0}	水泥 Q_{C0}	砂 Q_{S0}	水泥:砂 $Q_C:Q_S$	水泥:砂 $Q_C:Q_S$	水泥:砂 $Q_C:Q_S$
	0.00	410	1510	420	1450	430	1390	1:3.68	1:3.45	1:3.23
	0.50	410	1518	420	1457	430	1397	1:3.70	1:3.47	1:3.25
	1.00	410	1525	420	1465	430	1404	1:3.72	1:3.49	1:3.26
	1.50	410	1533	420	1472	430	1411	1:3.74	1:3.50	1:3.28
	2.00	410	1540	420	1479	430	1418	1:3.76	1:3.52	1:3.30
42.5	2.50	410	1548	420	1486	430	1425	1:3.78	1:3.54	1:3.31
	3.00	410	1555	420	1494	430	1432	1:3.79	1:3.56	1:3.33
	3.50	410	1563	420	1501	430	1439	1:3.81	1:3.57	1:3.35
	4.00	410	1570	420	1508	430	1446	1:3.83	1:3.59	1:3.36
	4.50	410	1578	420	1515	430	1453	1:3.85	1:3.61	1:3.38
	5.00	410	1586	420	1523	430	1460	1:3.87	1:3.63	1:3.39

M30 水泥砂浆配合比

砂浆强度等级：M30　　施工水平：优良　　配制强度：34.50MPa

水泥强度等级	砂子含水率（%）	材料用量（kg/m³）						配合比（重量比）		
		粗砂		中砂		细砂		粗砂	中砂	细砂
		水泥 Q_{C0}	砂 Q_{S0}	水泥 Q_{C0}	砂 Q_{S0}	水泥 Q_{C0}	砂 Q_{S0}	水泥:砂 $Q_C:Q_S$	水泥:砂 $Q_C:Q_S$	水泥:砂 $Q_C:Q_S$
42.5	0.00	430	1510	440	1450	450	1390	1:3.51	1:3.30	1:3.09
	0.50	430	1518	440	1457	450	1397	1:3.53	1:3.31	1:3.10
	1.00	430	1525	440	1465	450	1404	1:3.55	1:3.33	1:3.12
	1.50	430	1533	440	1472	450	1411	1:3.56	1:3.34	1:3.14
	2.00	430	1540	440	1479	450	1418	1:3.58	1:3.36	1:3.15
	2.50	430	1548	440	1486	450	1425	1:3.60	1:3.38	1:3.17
	3.00	430	1555	440	1494	450	1432	1:3.62	1:3.39	1:3.18
	3.50	430	1563	440	1501	450	1439	1:3.63	1:3.41	1:3.20
	4.00	430	1570	440	1508	450	1446	1:3.65	1:3.43	1:3.21
	4.50	430	1578	440	1515	450	1453	1:3.67	1:3.44	1:3.23
	5.00	430	1586	440	1523	450	1460	1:3.69	1:3.46	1:3.24

砂浆强度等级：M30　　施工水平：一般　　配制强度：36.00MPa

水泥强度等级	砂子含水率（%）	材料用量（kg/m³）						配合比（重量比）		
		粗　砂		中　砂		细　砂		粗　砂	中　砂	细　砂
		水泥 Q_{C0}	砂 Q_{S0}	水泥 Q_{C0}	砂 Q_{S0}	水泥 Q_{C0}	砂 Q_{S0}	水泥:砂 $Q_C:Q_S$	水泥:砂 $Q_C:Q_S$	水泥:砂 $Q_C:Q_S$
42.5	0.00	455	1510	465	1450	475	1390	1:3.32	1:3.12	1:2.93
	0.50	455	1518	465	1457	475	1397	1:3.34	1:3.13	1:2.94
	1.00	455	1525	465	1465	475	1404	1:3.35	1:3.15	1:2.96
	1.50	455	1533	465	1472	475	1411	1:3.37	1:3.17	1:2.97
	2.00	455	1540	465	1479	475	1418	1:3.39	1:3.18	1:2.98
	2.50	455	1548	465	1486	475	1425	1:3.40	1:3.20	1:3.00
	3.00	455	1555	465	1494	475	1432	1:3.42	1:3.21	1:3.01
	3.50	455	1563	465	1501	475	1439	1:3.43	1:3.23	1:3.03
	4.00	455	1570	465	1508	475	1446	1:3.45	1:3.24	1:3.04
	4.50	455	1578	465	1515	475	1453	1:3.47	1:3.26	1:3.06
	5.00	455	1586	465	1523	475	1460	1:3.48	1:3.27	1:3.07

砂浆强度等级：M30　　施工水平：较差　　配制强度：37.50MPa

水泥强度等级	砂子含水率（%）	材料用量（kg/m³）						配合比（重量比）		
		粗　砂		中　砂		细　砂		粗　砂	中　砂	细　砂
		水泥 Q_{C0}	砂 Q_{S0}	水泥 Q_{C0}	砂 Q_{S0}	水泥 Q_{C0}	砂 Q_{S0}	水泥:砂 $Q_C:Q_S$	水泥:砂 $Q_C:Q_S$	水泥:砂 $Q_C:Q_S$
42.5	0.00	480	1510	490	1450	500	1390	1:3.15	1:2.96	1:2.78
	0.50	480	1518	490	1457	500	1397	1:3.16	1:2.97	1:2.79
	1.00	480	1525	490	1465	500	1404	1:3.18	1:2.99	1:2.81
	1.50	480	1533	490	1472	500	1411	1:3.19	1:3.00	1:2.82
	2.00	480	1540	490	1479	500	1418	1:3.21	1:3.02	1:2.84
	2.50	480	1548	490	1486	500	1425	1:3.22	1:3.03	1:2.85
	3.00	480	1555	490	1494	500	1432	1:3.24	1:3.05	1:2.86
	3.50	480	1563	490	1501	500	1439	1:3.26	1:3.06	1:2.88
	4.00	480	1570	490	1508	500	1446	1:3.27	1:3.08	1:2.89
	4.50	480	1578	490	1515	500	1453	1:3.29	1:3.09	1:2.91
	5.00	480	1586	490	1523	500	1460	1:3.30	1:3.11	1:2.92

六、粉煤灰水泥砂浆配合比

表中符号说明：

Q_{C0}——每立方米砂浆的水泥用量（kg）；

Q_{f0}——每立方米砂浆的粉煤灰用量（kg）；

Q_{S0}——每立方米砂浆的砂子用量（kg）；

Q_{C}——水泥用量；

Q_{f}——粉煤灰用量；

Q_{S}——砂子用量。

M5.0 粉煤灰水泥砂浆配合比

砂浆强度等级：M5.0　　施工水平：优良　　配制强度：5.75MPa　　粉煤灰取代水泥率：20%、25%、30%

水泥强度等级	粉煤灰超量系数	材料用量（kg/m³）								配合比（重量比）		
		粗 砂			中 砂			细 砂			粗 砂	中 砂	细 砂
		水泥 Q_{C0}	粉煤灰 Q_{f0}	砂 Q_{S0}	水泥 Q_{C0}	粉煤灰 Q_{f0}	砂 Q_{S0}	水泥 Q_{C0}	粉煤灰 Q_{f0}	砂 Q_{S0}	水泥:粉煤灰:砂 $Q_C:Q_f:Q_S$	水泥:粉煤灰:砂 $Q_C:Q_f:Q_S$	水泥:粉煤灰:砂 $Q_C:Q_f:Q_S$
32.5	1.3	168	55	1497	172	56	1437	176	57	1377	1:0.33:8.91	1:0.33:8.36	1:0.33:7.82
	1.4	168	59	1493	172	60	1433	176	62	1372	1:0.35:8.89	1:0.35:8.33	1:0.35:7.80
	1.5	168	63	1489	172	65	1429	176	66	1368	1:0.38:8.86	1:0.38:8.31	1:0.38:7.77
	1.6	168	67	1485	172	69	1424	176	70	1364	1:0.40:8.84	1:0.40:8.28	1:0.40:7.75
	1.7	168	71	1481	172	73	1420	176	75	1359	1:0.43:8.81	1:0.43:8.26	1:0.43:7.72
	1.8	168	76	1476	172	77	1416	176	79	1355	1:0.45:8.79	1:0.45:8.23	1:0.45:7.70
	1.9	168	80	1472	172	82	1411	176	84	1350	1:0.48:8.76	1:0.48:8.21	1:0.48:7.67
	2	168	84	1468	172	86	1407	176	88	1346	1:0.50:8.74	1:0.50:8.19	1:0.50:7.65
	1.3	158	68	1494	161	70	1434	165	72	1374	1:0.43:9.49	1:0.43:8.89	1:0.43:8.32
	1.4	158	74	1489	161	75	1429	165	77	1368	1:0.47:9.45	1:0.47:8.86	1:0.47:8.29
	1.5	158	79	1484	161	81	1423	165	83	1363	1:0.50:9.42	1:0.50:8.83	1:0.50:8.26
	1.6	158	84	1479	161	86	1418	165	88	1357	1:0.53:9.39	1:0.53:8.79	1:0.53:8.22
	1.7	158	89	1473	161	91	1412	165	94	1352	1:0.57:9.35	1:0.57:8.76	1:0.57:8.19
	1.8	158	95	1468	161	97	1407	165	99	1346	1:0.60:9.32	1:0.60:8.73	1:0.60:8.16
	1.9	158	100	1463	161	102	1402	165	105	1341	1:0.63:9.29	1:0.63:8.69	1:0.63:8.12
	2	158	105	1458	161	108	1396	165	110	1335	1:0.67:8.69	1:0.67:8.66	1:0.67:8.09
	1.3	147	82	1491	151	84	1431	154	86	1370	1:0.56:10.14	1:0.56:9.51	1:0.56:8.90
	1.4	147	88	1485	151	90	1424	154	92	1364	1:0.60:10.10	1:0.60:9.46	1:0.60:8.85
	1.5	147	95	1479	151	97	1418	154	99	1357	1:0.64:10.06	1:0.64:9.42	1:0.64:8.81
	1.6	147	101	1472	151	103	1411	154	106	1350	1:0.69:10.01	1:0.69:9.38	1:0.69:8.77
	1.7	147	107	1466	151	110	1405	154	112	1344	1:0.73:9.97	1:0.73:9.33	1:0.73:8.73
	1.8	147	113	1460	151	116	1398	154	119	1337	1:0.77:9.93	1:0.77:9.29	1:0.77:8.68
	1.9	147	120	1453	151	123	1392	154	125	1331	1:0.81:9.89	1:0.81:9.25	1:0.81:8.64
	2	147	126	1447	151	129	1386	154	132	1324	1:0.86:9.84	1:0.86:9.21	1:0.86:8.60

砂浆强度等级：M5.0　　施工水平：一般　　配制强度：6.00MPa　　粉煤灰取代水泥率：20%、25%、30%

水泥强度等级	粉煤灰超量系数	材料用量（kg/m³）									配合比（重量比）		
		粗砂			中砂			细砂			粗砂	中砂	细砂
		水泥 Q_{C0}	粉煤灰 Q_{f0}	砂 Q_{S0}	水泥 Q_{C0}	粉煤灰 Q_{f0}	砂 Q_{S0}	水泥 Q_{C0}	粉煤灰 Q_{f0}	砂 Q_{S0}	水泥:粉煤灰:砂 $Q_C:Q_f:Q_S$	水泥:粉煤灰:砂 $Q_C:Q_f:Q_S$	水泥:粉煤灰:砂 $Q_C:Q_f:Q_S$
32.5	1.3	180	59	1497	184	60	1436	188	61	1376	1:0.33:8.31	1:0.33:7.81	1:0.33:7.32
	1.4	180	63	1492	184	64	1432	188	66	1371	1:0.35:8.29	1:0.35:7.78	1:0.35:7.29
	1.5	180	68	1488	184	69	1427	188	71	1367	1:0.38:8.26	1:0.38:7.76	1:0.38:7.27
	1.6	180	72	1483	184	74	1422	188	75	1362	1:0.40:8.24	1:0.40:7.73	1:0.40:7.24
	1.7	180	77	1479	184	78	1418	188	80	1357	1:0.43:8.21	1:0.43:7.71	1:0.43:7.22
	1.8	180	81	1474	184	83	1413	188	85	1352	1:0.45:8.19	1:0.45:7.68	1:0.45:7.19
	1.9	180	86	1470	184	87	1409	188	89	1348	1:0.48:8.16	1:0.48:7.66	1:0.48:7.17
	2	180	90	1465	184	92	1404	188	94	1343	1:0.50:8.14	1:0.50:7.63	1:0.50:7.14
	1.3	169	73	1493	173	75	1433	176	76	1372	1:0.43:8.85	1:0.43:8.31	1:0.43:7.79
	1.4	169	79	1488	173	81	1427	176	82	1367	1:0.47:8.81	1:0.47:8.27	1:0.47:7.75
	1.5	169	84	1482	173	86	1421	176	88	1361	1:0.50:8.78	1:0.50:8.24	1:0.50:7.72
	1.6	169	90	1476	173	92	1416	176	94	1355	1:0.53:8.75	1:0.53:8.21	1:0.53:7.69
	1.7	169	96	1471	173	98	1410	176	100	1349	1:0.57:8.71	1:0.57:8.17	1:0.57:7.65
	1.8	169	101	1465	173	104	1404	176	106	1343	1:0.60:8.68	1:0.60:8.14	1:0.60:7.62
	1.9	169	107	1459	173	109	1398	176	112	1337	1:0.63:8.65	1:0.63:8.11	1:0.63:7.59
	2	169	113	1454	173	115	1393	176	118	1331	1:0.67:8.61	1:0.67:8.07	1:0.67:7.55
	1.3	158	88	1490	161	90	1429	165	92	1369	1:0.56:9.46	1:0.56:8.88	1:0.56:8.32
	1.4	158	95	1483	161	97	1422	165	99	1362	1:0.60:9.42	1:0.60:8.83	1:0.60:8.28
	1.5	158	101	1476	161	104	1416	165	106	1355	1:0.64:9.37	1:0.64:8.79	1:0.64:8.24
	1.6	158	108	1470	161	110	1409	165	113	1348	1:0.69:9.33	1:0.69:8.75	1:0.69:8.19
	1.7	158	115	1463	161	117	1402	165	120	1341	1:0.73:9.29	1:0.73:8.71	1:0.73:8.15
	1.8	158	122	1456	161	124	1395	165	127	1334	1:0.77:9.24	1:0.77:8.66	1:0.77:8.11
	1.9	158	128	1449	161	131	1388	165	134	1327	1:0.81:9.20	1:0.81:8.62	1:0.81:8.06
	2	158	135	1443	161	138	1381	165	141	1320	1:0.86:9.16	1:0.86:8.58	1:0.86:8.02

砂浆强度等级：M5.0　　施工水平：较差　　配制强度：6.25MPa　　粉煤灰取代水泥率：20％、25％、30％

水泥强度等级	粉煤灰超量系数	材料用量（kg/m³）									配 合 比（重量比）		
		粗 砂			中 砂			细 砂			粗 砂	中 砂	细 砂
		水泥 Q_{C0}	粉煤灰 Q_{f0}	砂 Q_{S0}	水泥 Q_{C0}	粉煤灰 Q_{f0}	砂 Q_{S0}	水泥 Q_{C0}	粉煤灰 Q_{f0}	砂 Q_{S0}	水泥:粉煤灰:砂 $Q_C:Q_f:Q_S$	水泥:粉煤灰:砂 $Q_C:Q_f:Q_S$	水泥:粉煤灰:砂 $Q_C:Q_f:Q_S$
32.5	1.3	192	62	1496	196	64	1435	200	65	1375	1:0.33:7.79	1:0.33:7.32	1:0.33:6.88
	1.4	192	67	1491	196	69	1430	200	70	1370	1:0.35:7.76	1:0.35:7.30	1:0.35:6.85
	1.5	192	72	1486	196	74	1426	200	75	1365	1:0.38:7.74	1:0.38:7.27	1:0.38:6.83
	1.6	192	77	1481	196	78	1421	200	80	1360	1:0.40:7.71	1:0.40:7.25	1:0.40:6.80
	1.7	192	82	1476	196	83	1416	200	85	1355	1:0.43:7.69	1:0.43:7.22	1:0.43:6.78
	1.8	192	86	1472	196	88	1411	200	90	1350	1:0.45:7.66	1:0.45:7.20	1:0.45:6.75
	1.9	192	91	1467	196	93	1406	200	95	1345	1:0.48:7.64	1:0.48:7.17	1:0.48:6.73
	2	192	96	1462	196	98	1401	200	100	1340	1:0.50:7.61	1:0.50:7.15	1:0.50:6.70
	1.3	180	78	1492	184	80	1432	188	81	1371	1:0.43:8.29	1:0.43:7.79	1:0.43:7.31
	1.4	180	84	1486	184	86	1426	188	88	1365	1:0.47:8.26	1:0.47:7.76	1:0.47:7.28
	1.5	180	90	1480	184	92	1419	188	94	1359	1:0.50:8.22	1:0.50:7.72	1:0.50:7.25
	1.6	180	96	1474	184	98	1413	188	100	1353	1:0.53:8.19	1:0.53:7.69	1:0.53:7.21
	1.7	180	102	1468	184	104	1407	188	106	1346	1:0.57:8.16	1:0.57:7.66	1:0.57:7.18
	1.8	180	108	1462	184	110	1401	188	113	1340	1:0.60:8.12	1:0.60:7.62	1:0.60:7.15
	1.9	180	114	1456	184	116	1395	188	119	1334	1:0.63:8.09	1:0.63:7.59	1:0.63:7.11
	2	180	120	1450	184	123	1389	188	125	1328	1:0.67:8.06	1:0.67:7.56	1:0.67:7.08
	1.3	168	94	1488	172	96	1428	175	98	1368	1:0.56:8.86	1:0.56:8.33	1:0.56:7.81
	1.4	168	101	1481	172	103	1421	175	105	1360	1:0.60:8.82	1:0.60:8.28	1:0.60:7.77
	1.5	168	108	1474	172	110	1413	175	113	1353	1:0.64:8.77	1:0.64:8.24	1:0.64:7.73
	1.6	168	115	1467	172	118	1406	175	120	1345	1:0.69:8.73	1:0.69:8.20	1:0.69:7.69
	1.7	168	122	1460	172	125	1399	175	128	1338	1:0.73:8.69	1:0.73:8.15	1:0.73:7.64
	1.8	168	130	1452	172	132	1391	175	135	1330	1:0.77:8.65	1:0.77:8.11	1:0.77:7.60
	1.9	168	137	1445	172	140	1384	175	143	1323	1:0.81:8.60	1:0.81:8.07	1:0.81:7.56
	2	168	144	1438	172	147	1377	175	150	137.5	1:0.86:8.56	1:0.86:8.03	1:0.86:7.51

M7.5 粉煤灰水泥砂浆配合比

砂浆强度等级：M7.5　　施工水平：优良　　配制强度：8.65MPa　　粉煤灰取代水泥率：15%

水泥强度等级	粉煤灰超量系数	材料用量（kg/m³）									配合比（重量比）		
		粗 砂			中 砂			细 砂			粗 砂	中 砂	细 砂
		水泥 Q_{C0}	粉煤灰 Q_{f0}	砂 Q_{S0}	水泥 Q_{C0}	粉煤灰 Q_{f0}	砂 Q_{S0}	水泥 Q_{C0}	粉煤灰 Q_{f0}	砂 Q_{S0}	水泥:粉煤灰:砂 $Q_C:Q_f:Q_S$	水泥:粉煤灰:砂 $Q_C:Q_f:Q_S$	水泥:粉煤灰:砂 $Q_C:Q_f:Q_S$
32.5	1.2	204	43	1503	211	45	1443	218	46	1382	1:0.21:7.37	1:0.21:6.84	1:0.21:6.35
	1.25	204	45	1501	211	47	1441	218	48	1380	1:0.22:7.36	1:0.22:6.83	1:0.22:6.34
	1.3	204	47	1499	211	48	1439	218	50	1378	1:0.23:7.35	1:0.23:6.83	1:0.23:6.33
	1.35	204	49	1497	211	50	1437	218	52	1377	1:0.24:7.34	1:0.24:6.82	1:0.24:6.33
	1.4	204	50	1496	211	52	1435	218	54	1375	1:0.25:7.33	1:0.25:6.81	1:0.25:6.32
	1.45	204	52	1494	211	54	1433	218	56	1373	1:0.26:7.32	1:0.26:6.80	1:0.26:6.31
	1.5	204	54	1492	211	56	1431	218	58	1371	1:0.26:7.31	1:0.26:6.79	1:0.26:6.30
	1.55	204	56	1490	211	58	1430	218	60	1369	1:0.27:7.30	1:0.27:6.78	1:0.27:6.29
	1.6	204	58	1488	211	60	1428	218	61	1367	1:0.28:7.30	1:0.28:6.77	1:0.28:6.28
	1.65	204	59	1487	211	61	1426	218	63	1365	1:0.29:7.29	1:0.29:6.76	1:0.29:6.27
	1.7	204	61	1485	211	63	1424	218	65	1363	1:0.30:7.28	1:0.30:6.76	1:0.30:6.26

砂浆强度等级 M7.5　　施工水平：一般　　配制强度：9.00MPa　　粉煤灰取代水泥率：15%

水泥强度等级	粉煤灰超量系数（MPa）	材料用量（kg/m³）									配合比（重量比）		
		粗砂			中砂			细砂			粗砂	中砂	细砂
		水泥 Q_{C0}	粉煤灰 Q_{f0}	砂 Q_{S0}	水泥 Q_{C0}	粉煤灰 Q_{f0}	砂 Q_{S0}	水泥 Q_{C0}	粉煤灰 Q_{f0}	砂 Q_{S0}	水泥：粉煤灰：砂 $Q_C:Q_f:Q_S$	水泥：粉煤灰：砂 $Q_C:Q_f:Q_S$	水泥：粉煤灰：砂 $Q_C:Q_f:Q_S$
32.5	1.2	217	46	1502	224	47	1442	230	49	1382	1:0.21:6.93	1:0.21:6.45	1:0.21:6.00
	1.25	217	48	1500	224	49	1440	230	51	1380	1:0.22:6.92	1:0.22:6.44	1:0.22:5.99
	1.3	217	50	1499	224	51	1438	230	53	1378	1:0.23:6.91	1:0.23:6.43	1:0.23:5.98
	1.35	217	52	1497	224	53	1436	230	55	1376	1:0.24:6.90	1:0.24:6.42	1:0.24:5.97
	1.4	217	54	1495	224	55	1434	230	57	1374	1:0.25:6.90	1:0.25:6.42	1:0.25:5.96
	1.45	217	55	1493	224	57	1432	230	59	1372	1:0.26:6.89	1:0.26:6.41	1:0.26:5.95
	1.5	217	57	1491	224	59	1430	230	61	1370	1:0.26:6.88	1:0.26:6.40	1:0.26:5.95
	1.55	217	59	1489	224	61	1428	230	63	1368	1:0.27:6.87	1:0.27:6.39	1:0.27:5.94
	1.6	217	61	1487	224	63	1426	230	65	1366	1:0.28:6.86	1:0.28:6.38	1:0.28:5.93
	1.65	217	63	1485	224	65	1424	230	67	1364	1:0.29:6.85	1:0.29:6.37	1:0.29:5.92
	1.7	217	65	1483	224	67	1422	230	69	1362	1:0.30:6.84	1:0.30:6.36	1:0.30:5.91

砂浆强度等级：M7.5　　施工水平：较差　　配制强度：9.38MPa　　粉煤灰取代水泥率：15%

水泥强度等级	粉煤灰超量系数（MPa）	材料用量（kg/m³）								配合比（重量比）		
		粗砂			中砂			细砂			粗砂	中砂	细砂
		水泥 Q_{C0}	粉煤灰 Q_{f0}	砂 Q_{S0}	水泥 Q_{C0}	粉煤灰 Q_{f0}	砂 Q_{S0}	水泥 Q_{C0}	粉煤灰 Q_{f0}	砂 Q_{S0}	水泥：粉煤灰：砂 $Q_C:Q_f:Q_S$	水泥：粉煤灰：砂 $Q_C:Q_f:Q_S$	水泥：粉煤灰：砂 $Q_C:Q_f:Q_S$
32.5	1.2	230	49	1502	236	50	1442	243	51	1381	1:0.21:6.54	1:0.21:6.10	1:0.21:5.68
	1.25	230	51	1500	236	52	1440	243	54	1379	1:0.22:6.54	1:0.22:6.09	1:0.22:5.67
	1.3	230	53	1498	236	54	1437	243	56	1377	1:0.23:6.53	1:0.23:6.08	1:0.23:5.66
	1.35	230	55	1496	236	56	1435	243	58	1375	1:0.24:6.52	1:0.24:6.07	1:0.24:5.66
	1.4	230	57	1494	236	58	1433	243	60	1373	1:0.25:6.51	1:0.25:6.07	1:0.25:5.65
	1.45	230	59	1492	236	60	1431	243	62	1371	1:0.26:6.50	1:0.26:6.06	1:0.26:5.64
	1.5	230	61	1490	236	63	1429	243	64	1369	1:0.26:6.49	1:0.26:6.05	1:0.26:5.63
	1.55	230	63	1488	236	65	1427	243	66	1366	1:0.27:6.48	1:0.27:6.04	1:0.27:5.62
	1.6	230	65	1486	236	67	1425	243	69	1364	1:0.28:6.47	1:0.28:6.03	1:0.28:5.61
	1.65	230	67	1484	236	69	1423	243	71	1362	1:0.29:6.46	1:0.29:6.02	1:0.29:5.60
	1.7	230	69	1482	236	71	1421	243	73	1360	1:0.30:6.46	1:0.30:6.01	1:0.30:5.59

砂浆强度等级：M7.5　　施工水平：优良　　配制强度：8.63MPa　　粉煤灰取代水泥率：20%

水泥强度等级	粉煤灰超量系数（MPa）	材料用量（kg/m³）									配合比（重量比）		
		粗砂			中砂			细砂			粗砂	中砂	细砂
		水泥 Q_{C0}	粉煤灰 Q_{f0}	砂 Q_{S0}	水泥 Q_{C0}	粉煤灰 Q_{f0}	砂 Q_{S0}	水泥 Q_{C0}	粉煤灰 Q_{f0}	砂 Q_{S0}	水泥:粉煤灰:砂 $Q_C:Q_f:Q_S$	水泥:粉煤灰:砂 $Q_C:Q_f:Q_S$	水泥:粉煤灰:砂 $Q_C:Q_f:Q_S$
32.5	1.2	192	58	1500	198	60	1440	205	61	1380	1:0.30:7.81	1:0.30:7.26	1:0.30:6.74
	1.25	192	60	1498	198	62	1438	205	64	1377	1:0.31:7.80	1:0.31:7.25	1:0.31:6.72
	1.3	192	62	1496	198	64	1435	205	67	1375	1:0.33:7.79	1:0.33:7.23	1:0.33:6.71
	1.35	192	65	1493	198	67	1433	205	69	1372	1:0.34:7.78	1:0.34:7.22	1:0.34:6.70
	1.4	192	67	1491	198	69	1430	205	72	1370	1:0.35:7.76	1:0.35:7.21	1:0.35:6.69
	1.45	192	70	1488	198	72	1428	205	74	1367	1:0.36:7.75	1:0.36:7.20	1:0.36:6.67
	1.5	192	72	1486	198	74	1425	205	77	1364	1:0.38:7.74	1:0.38:7.18	1:0.38:6.66
	1.55	192	74	1484	198	77	1423	205	79	1362	1:0.39:7.73	1:0.39:7.17	1:0.39:6.65
	1.6	192	77	1481	198	79	1420	205	82	1359	1:0.40:7.71	1:0.40:7.16	1:0.40:6.64
	1.65	192	79	1479	198	82	1418	205	84	1357	1:0.41:7.70	1:0.41:7.15	1:0.41:6.62
	1.7	192	82	1476	198	84	1415	205	87	1354	1:0.43:7.69	1:0.43:7.13	1:0.43:6.61

砂浆强度等级：M7.5　　施工水平：一般　　配制强度：9.00MPa　　粉煤灰取代水泥率：20%

水泥强度等级	粉煤灰超量系数（MPa）	材料用量（kg/m³）									配合比（重量比）		
		粗砂			中砂			细砂			粗砂	中砂	细砂
		水泥 Q_{C0}	粉煤灰 Q_{f0}	砂 Q_{S0}	水泥 Q_{C0}	粉煤灰 Q_{f0}	砂 Q_{S0}	水泥 Q_{C0}	粉煤灰 Q_{f0}	砂 Q_{S0}	水泥:粉煤灰:砂 $Q_C:Q_f:Q_S$	水泥:粉煤灰:砂 $Q_C:Q_f:Q_S$	水泥:粉煤灰:砂 $Q_C:Q_f:Q_S$
32.5	1.2	204	61	1500	210	63	1439	217	65	1379	1:0.30:7.35	1:0.30:6.84	1:0.30:6.36
	1.25	204	64	1497	210	66	1437	217	68	1376	1:0.31:7.34	1:0.31:6.83	1:0.31:6.35
	1.3	204	66	1495	210	68	1434	217	70	1374	1:0.33:7.33	1:0.33:6.82	1:0.33:6.34
	1.35	204	69	1492	210	71	1432	217	73	1371	1:0.34:7.31	1:0.34:6.80	1:0.34:6.32
	1.4	204	71	1490	210	74	1429	217	76	1368	1:0.35:7.30	1:0.35:6.79	1:0.35:6.31
	1.45	204	74	1487	210	76	1426	217	79	1366	1:0.36:7.29	1:0.36:6.78	1:0.36:6.30
	1.5	204	77	1485	210	79	1424	217	81	1363	1:0.38:7.28	1:0.38:6.77	1:0.38:6.29
	1.55	204	79	1482	210	82	1421	217	84	1360	1:0.39:7.26	1:0.39:6.75	1:0.39:6.27
	1.6	204	82	1479	210	84	1418	217	87	1357	1:0.40:7.25	1:0.40:6.74	1:0.40:6.26
	1.65	204	84	1477	210	87	1416	217	89	1355	1:0.41:7.24	1:0.41:6.73	1:0.41:6.25
	1.7	204	87	1474	210	89	1413	217	92	1352	1:0.43:7.23	1:0.43:6.72	1:0.43:6.24

砂浆强度等级：M7.5　　施工水平：较差　　配制强度：9.38MPa　　粉煤灰取代水泥率：20%

水泥强度等级	粉煤灰超量系数（MPa）	材料用量（kg/m³）								配合比（重量比）		
		粗砂			中砂			细砂			粗砂	中砂	细砂
		水泥 Q_{C0}	粉煤灰 Q_{f0}	砂 Q_{S0}	水泥 Q_{C0}	粉煤灰 Q_{f0}	砂 Q_{S0}	水泥 Q_{C0}	粉煤灰 Q_{f0}	砂 Q_{S0}	水泥:粉煤灰:砂 $Q_C:Q_f:Q_S$	水泥:粉煤灰:砂 $Q_C:Q_f:Q_S$	水泥:粉煤灰:砂 $Q_C:Q_f:Q_S$
32.5	1.2	216	65	1499	222	67	1439	229	69	1379	1:0.30:6.94	1:0.30:6.47	1:0.30:6.03
	1.25	216	68	1497	222	70	1436	229	72	1376	1:0.31:6.93	1:0.31:6.46	1:0.31:6.01
	1.3	216	70	1494	222	72	1433	229	74	1373	1:0.33:6.92	1:0.33:6.44	1:0.33:6.00
	1.35	216	73	1491	222	75	1431	229	77	1370	1:0.34:6.90	1:0.34:6.43	1:0.34:5.99
	1.4	216	76	1488	222	78	1428	229	80	1367	1:0.35:6.89	1:0.35:6.42	1:0.35:5.98
	1.45	216	78	1486	222	81	1425	229	83	1364	1:0.36:6.88	1:0.36:6.41	1:0.36:5.96
	1.5	216	81	1483	222	83	1422	229	86	1361	1:0.38:6.87	1:0.38:6.39	1:0.38:5.95
	1.55	216	84	1480	222	86	1419	229	89	1359	1:0.39:6.85	1:0.39:6.38	1:0.39:5.94
	1.6	216	86	1478	222	89	1417	229	92	1356	1:0.40:6.84	1:0.40:6.37	1:0.40:5.93
	1.65	216	89	1475	222	92	1414	229	94	1353	1:0.41:6.83	1:0.41:6.36	1:0.41:5.91
	1.7	216	92	1472	222	95	1411	229	97	1350	1:0.43:6.82	1:0.43:6.34	1:0.43:5.90

砂浆强度等级：M7.5　　施工水平：优良　　配制强度：8.63MPa　　粉煤灰取代水泥率：25%

水泥强度等级	粉煤灰超量系数(MPa)	材料用量（kg/m³）								配合比（重量比）		
		粗砂			中砂			细砂		粗砂	中砂	细砂
		水泥 Q_{C0}	粉煤灰 Q_{f0}	砂 Q_{S0}	水泥 Q_{C0}	粉煤灰 Q_{f0}	砂 Q_{S0}	水泥 Q_{C0}	粉煤灰 Q_{f0}	砂 Q_{S0}	水泥:粉煤灰:砂 $Q_C:Q_f:Q_S$	水泥:粉煤灰:砂 $Q_C:Q_f:Q_S$	水泥:粉煤灰:砂 $Q_C:Q_f:Q_S$
32.5	1.2	180	72	1498	186	74	1438	192	77	1377	1:0.40:8.32	1:0.40:7.73	1:0.40:7.17
	1.25	180	75	1495	186	78	1435	192	80	1374	1:0.42:8.31	1:0.42:7.71	1:0.42:7.16
	1.3	180	78	1492	186	81	1431	192	83	1371	1:0.43:8.29	1:0.43:7.70	1:0.43:7.14
	1.35	180	81	1489	186	84	1428	192	86	1368	1:0.45:8.27	1:0.45:7.68	1:0.45:7.12
	1.4	180	84	1486	186	87	1425	192	90	1364	1:0.47:8.26	1:0.47:7.66	1:0.47:7.11
	1.45	180	87	1483	186	90	1422	192	93	1361	1:0.48:8.24	1:0.48:7.65	1:0.48:7.09
	1.5	180	90	1480	186	93	1419	192	96	1358	1:0.50:8.22	1:0.50:7.63	1:0.50:7.07
	1.55	180	93	1477	186	96	1416	192	99	1355	1:0.52:8.21	1:0.52:7.61	1:0.52:7.06
	1.6	180	96	1474	186	99	1413	192	102	1352	1:0.53:8.19	1:0.53:7.60	1:0.53:7.04
	1.65	180	99	1471	186	102	1410	192	106	1348	1:0.55:8.17	1:0.55:7.58	1:0.55:7.02
	1.7	180	102	1468	186	105	1407	192	109	1345	1:0.57:8.16	1:0.57:7.56	1:0.57:7.01

砂浆强度等级：M7.5　　施工水平：一般　　配制强度：9.00MPa　　粉煤灰取代水泥率：25％

水泥强度等级	粉煤灰超量系数（MPa）	材料用量（kg/m³）									配合比（重量比）		
		粗砂			中砂			细砂			粗砂	中砂	细砂
		水泥 Q_{C0}	粉煤灰 Q_{f0}	砂 Q_{S0}	水泥 Q_{C0}	粉煤灰 Q_{f0}	砂 Q_{S0}	水泥 Q_{C0}	粉煤灰 Q_{f0}	砂 Q_{S0}	水泥:粉煤灰:砂 $Q_C:Q_f:Q_S$	水泥:粉煤灰:砂 $Q_C:Q_f:Q_S$	水泥:粉煤灰:砂 $Q_C:Q_f:Q_S$
32.5	1.2	191	77	1497	197	79	1437	203	81	1376	1:0.40:7.83	1:0.40:7.28	1:0.40:6.77
	1.25	191	80	1494	197	82	1434	203	85	1373	1:0.42:7.81	1:0.42:7.27	1:0.42:6.76
	1.3	191	83	1491	197	85	1430	203	88	1370	1:0.43:7.80	1:0.43:7.25	1:0.43:6.74
	1.35	191	86	1488	197	89	1427	203	91	1366	1:0.45:7.78	1:0.45:7.23	1:0.45:6.72
	1.4	191	89	1485	197	92	1424	203	95	1363	1:0.47:7.76	1:0.47:7.22	1:0.47:6.71
	1.45	191	92	1481	197	95	1420	203	98	1360	1:0.48:7.75	1:0.48:7.20	1:0.48:6.69
	1.5	191	96	1478	197	99	1417	203	102	1356	1:0.50:7.73	1:0.50:7.18	1:0.50:6.67
	1.55	191	99	1475	197	102	1414	203	105	1353	1:0.52:7.71	1:0.52:7.17	1:0.52:6.66
	1.6	191	102	1472	197	105	1411	203	108	1349	1:0.53:7.70	1:0.53:7.15	1:0.53:6.64
	1.65	191	105	1469	197	108	1407	203	112	1346	1:0.55:7.68	1:0.55:7.13	1:0.55:6.62
	1.7	191	108	1465	197	112	1404	203	115	1343	1:0.57:7.66	1:0.57:7.12	1:0.57:6.61

砂浆强度等级：M7.5　　施工水平：较差　　配制强度：9.38MPa　　粉煤灰取代水泥率：25%

水泥强度等级	粉煤灰超量系数 (MPa)	材料用量（kg/m³）									配合比（重量比）		
		粗砂			中砂			细砂			粗砂	中砂	细砂
		水泥 Q_{C0}	粉煤灰 Q_{f0}	砂 Q_{S0}	水泥 Q_{C0}	粉煤灰 Q_{f0}	砂 Q_{S0}	水泥 Q_{C0}	粉煤灰 Q_{f0}	砂 Q_{S0}	水泥:粉煤灰:砂 $Q_C:Q_f:Q_S$	水泥:粉煤灰:砂 $Q_C:Q_f:Q_S$	水泥:粉煤灰:砂 $Q_C:Q_f:Q_S$
32.5	1.2	203	81	1497	209	83	1436	215	86	1376	1:0.40:7.39	1:0.40:6.89	1:0.40:6.41
	1.25	203	84	1493	209	87	1433	215	89	1372	1:0.42:7.37	1:0.42:6.87	1:0.42:6.40
	1.3	203	88	1490	209	90	1429	215	93	1369	1:0.43:7.36	1:0.43:6.85	1:0.43:6.38
	1.35	203	91	1486	209	94	1426	215	97	1365	1:0.45:7.34	1:0.45:6.84	1:0.45:6.36
	1.4	203	95	1483	209	97	1422	215	100	1361	1:0.47:7.32	1:0.47:6.82	1:0.47:6.35
	1.45	203	98	1480	209	101	1419	215	104	1358	1:0.48:7.31	1:0.48:6.80	1:0.48:6.33
	1.5	203	101	1476	209	104	1415	215	107	1354	1:0.50:7.29	1:0.50:6.79	1:0.50:6.31
	1.55	203	105	1473	209	108	1412	215	111	1351	1:0.52:7.27	1:0.52:6.77	1:0.52:6.30
	1.6	203	108	1470	209	111	1408	215	114	1347	1:0.53:7.26	1:0.53:6.75	1:0.53:6.28
	1.65	203	111	1466	209	115	1405	215	118	1344	1:0.55:7.24	1:0.55:6.74	1:0.55:6.26
	1.7	203	115	1463	209	118	1401	215	122	1340	1:0.57:7.22	1:0.57:6.72	1:0.57:6.25

M10 粉煤灰水泥砂浆配合比

砂浆强度等级：M10　　施工水平：优良　　配制强度：11.50MPa　　粉煤灰取代水泥率：10%

水泥强度等级	粉煤灰超量系数 (MPa)	材料用量 (kg/m³)								配合比（重量比）		
		粗　砂			中　砂			细　砂			粗　砂	中　砂	细　砂
		水泥 Q_{C0}	粉煤灰 Q_{f0}	砂 Q_{S0}	水泥 Q_{C0}	粉煤灰 Q_{f0}	砂 Q_{S0}	水泥 Q_{C0}	粉煤灰 Q_{f0}	砂 Q_{S0}	水泥:粉煤灰:砂 $Q_C:Q_f:Q_S$	水泥:粉煤灰:砂 $Q_C:Q_f:Q_S$	水泥:粉煤灰:砂 $Q_C:Q_f:Q_S$
	1.2	243	32	1505	252	34	1444	261	35	1384	1:0.13:6.19	1:0.13:5.73	1:0.13:5.30
	1.25	243	34	1503	252	35	1443	261	36	1383	1:0.14:6.19	1:0.14:5.73	1:0.14:5.30
	1.3	243	35	1502	252	36	1442	261	38	1381	1:0.14:6.18	1:0.14:5.72	1:0.14:5.29
	1.35	243	36	1501	252	38	1440	261	39	1380	1:0.15:6.18	1:0.15:5.72	1:0.15:5.29
	1.4	243	38	1499	252	39	1439	261	41	1378	1:0.16:6.17	1:0.16:5.71	1:0.16:5.28
32.5	1.45	243	39	1498	252	41	1437	261	42	1377	1:0.16:6.16	1:0.16:5.70	1:0.16:5.28
	1.5	243	41	1497	252	42	1436	261	44	1376	1:0.17:6.16	1:0.17:5.70	1:0.17:5.27
	1.55	243	42	1495	252	43	1435	261	45	1374	1:0.17:6.15	1:0.17:5.69	1:0.17:5.26
	1.6	243	43	1494	252	45	1433	261	46	1373	1:0.18:6.15	1:0.18:5.69	1:0.18:5.26
	1.65	243	45	1492	252	46	1432	261	48	1371	1:0.18:6.14	1:0.18:5.68	1:0.18:5.25
	1.7	243	46	1491	252	48	1430	261	49	1370	1:0.19:6.14	1:0.19:5.68	1:0.19:5.25

砂浆强度等级：M10　　施工水平：一般　　配制强度：12.00MPa　　粉煤灰取代水泥率：10%

水泥强度等级	粉煤灰超量系数（MPa）	材料用量（kg/m³）								配合比（重量比）		
		粗砂			中砂			细砂		粗砂	中砂	细砂
		水泥 Q_{C0}	粉煤灰 Q_{f0}	砂 Q_{S0}	水泥 Q_{C0}	粉煤灰 Q_{f0}	砂 Q_{S0}	水泥 Q_{C0}	粉煤灰 Q_{f0}	砂 Q_{S0}	水泥:粉煤灰:砂 $Q_C:Q_f:Q_S$	水泥:粉煤灰:砂 $Q_C:Q_f:Q_S$	水泥:粉煤灰:砂 $Q_C:Q_f:Q_S$
32.5	1.2	257	34	1504	266	35	1444	275	37	1384	1:0.13:5.86	1:0.13:5.44	1:0.13:5.04
	1.25	257	36	1503	266	37	1443	275	38	1382	1:0.14:5.86	1:0.14:5.43	1:0.14:5.04
	1.3	257	37	1501	266	38	1441	275	40	1381	1:0.14:5.85	1:0.14:5.43	1:0.14:5.03
	1.35	257	38	1500	266	40	1440	275	41	1379	1:0.15:5.85	1:0.15:5.42	1:0.15:5.02
	1.4	257	40	1499	266	41	1438	275	43	1378	1:0.16:5.84	1:0.16:5.42	1:0.16:5.02
	1.45	257	41	1497	266	43	1437	275	44	1376	1:0.16:5.84	1:0.16:5.41	1:0.16:5.01
	1.5	257	43	1496	266	44	1435	275	46	1375	1:0.17:5.83	1:0.17:5.41	1:0.17:5.01
	1.55	257	44	1494	266	46	1434	275	47	1373	1:0.17:5.83	1:0.17:5.40	1:0.17:5.00
	1.6	257	46	1493	266	47	1432	275	49	1372	1:0.18:5.82	1:0.18:5.39	1:0.18:5.00
	1.65	257	47	1491	266	49	1431	275	50	1370	1:0.18:5.81	1:0.18:5.39	1:0.18:4.99
	1.7	257	48	1490	266	50	1429	275	52	1369	1:0.19:5.81	1:0.19:5.38	1:0.19:4.99

砂浆强度等级：M10　　施工水平：较差　　配制强度：12.50MPa　　粉煤灰取代水泥率：10%

水泥强度等级	粉煤灰超量系数 (MPa)	材料用量（kg/m³）									配合比（重量比）					
		粗 砂			中 砂			细 砂			粗 砂		中 砂		细 砂	
		水泥 Q_{C0}	粉煤灰 Q_{f0}	砂 Q_{S0}	水泥 Q_{C0}	粉煤灰 Q_{f0}	砂 Q_{S0}	水泥 Q_{C0}	粉煤灰 Q_{f0}	砂 Q_{S0}	水泥:粉煤灰:砂 $Q_C:Q_f:Q_S$		水泥:粉煤灰:砂 $Q_C:Q_f:Q_S$		水泥:粉煤灰:砂 $Q_C:Q_f:Q_S$	
32.5	1.2	270	36	1504	279	37	1444	288	38	1384	1:0.13:5.57		1:0.13:5.17		1:0.13:4.80	
	1.25	270	38	1503	279	39	1442	288	40	1382	1:0.14:5.56		1:0.14:5.17		1:0.14:4.80	
	1.3	270	39	1501	279	40	1441	288	42	1380	1:0.14:5.56		1:0.14:5.16		1:0.14:4.79	
	1.35	270	41	1500	279	42	1439	288	43	1379	1:0.15:5.55		1:0.15:5.16		1:0.15:4.79	
	1.4	270	42	1498	279	43	1438	288	45	1377	1:0.16:5.55		1:0.16:5.15		1:0.16:4.78	
	1.45	270	44	1497	279	45	1436	288	46	1376	1:0.16:5.54		1:0.16:5.15		1:0.16:4.78	
	1.5	270	45	1495	279	47	1435	288	48	1374	1:0.17:5.54		1:0.17:5.14		1:0.17:4.77	
	1.55	270	47	1494	279	48	1433	288	50	1372	1:0.17:5.53		1:0.17:5.14		1:0.17:4.77	
	1.6	270	48	1492	279	50	1431	288	51	1371	1:0.18:5.53		1:0.18:5.13		1:0.18:4.76	
	1.65	270	50	1491	279	51	1430	288	53	1369	1:0.18:5.52		1:0.18:5.12		1:0.18:4.75	
	1.7	270	51	1489	279	53	1428	288	54	1368	1:0.19:5.51		1:0.19:5.12		1:0.19:4.75	

砂浆强度等级：M10　　施工水平：优良　　配制强度：11.50MPa　　粉煤灰取代水泥率：15%

水泥强度等级	粉煤灰超量系数（MPa）	材料用量（kg/m³）									配合比（重量比）		
		粗　砂			中　砂			细　砂			粗　砂	中　砂	细　砂
		水泥 Q_{C0}	粉煤灰 Q_{f0}	砂 Q_{S0}	水泥 Q_{C0}	粉煤灰 Q_{f0}	砂 Q_{S0}	水泥 Q_{C0}	粉煤灰 Q_{f0}	砂 Q_{S0}	水泥:粉煤灰:砂 $Q_C:Q_f:Q_S$	水泥:粉煤灰:砂 $Q_C:Q_f:Q_S$	水泥:粉煤灰:砂 $Q_C:Q_f:Q_S$
32.5	1.2	230	49	1502	238	50	1442	247	52	1381	1:0.21:6.54	1:0.21:6.06	1:0.21:5.60
	1.25	230	51	1500	238	53	1440	247	54	1379	1:0.22:6.54	1:0.22:6.05	1:0.22:5.59
	1.3	230	53	1498	238	55	1437	247	57	1377	1:0.23:6.53	1:0.23:6.04	1:0.23:5.59
	1.35	230	55	1496	238	57	1435	247	59	1375	1:0.24:6.52	1:0.24:6.03	1:0.24:5.58
	1.4	230	57	1494	238	59	1433	247	61	1373	1:0.25:6.51	1:0.25:6.02	1:0.25:5.57
	1.45	230	59	1492	238	61	1431	247	63	1370	1:0.26:6.50	1:0.26:6.01	1:0.26:5.56
	1.5	230	61	1490	238	63	1429	247	65	1368	1:0.26:6.49	1:0.26:6.00	1:0.26:5.55
	1.55	230	63	1488	238	65	1427	247	67	1366	1:0.27:6.48	1:0.27:6.00	1:0.27:5.54
	1.6	230	65	1486	238	67	1425	247	70	1364	1:0.28:6.47	1:0.28:5.99	1:0.28:5.53
	1.65	230	67	1484	238	69	1423	247	72	1362	1:0.29:6.46	1:0.29:5.98	1:0.29:5.52
	1.7	230	69	1482	238	71	1421	247	74	1360	1:0.30:6.46	1:0.30:5.97	1:0.30:5.52

砂浆强度等级：M10　　施工水平：一般　　配制强度：12.00MPa　　粉煤灰取代水泥率：15％

水泥强度等级	粉煤灰超量系数（MPa）	材料用量（kg/m³）									配合比（重量比）		
		粗 砂			中 砂			细 砂			粗 砂	中 砂	细 砂
		水泥 Q_{C0}	粉煤灰 Q_{f0}	砂 Q_{S0}	水泥 Q_{C0}	粉煤灰 Q_{f0}	砂 Q_{S0}	水泥 Q_{C0}	粉煤灰 Q_{f0}	砂 Q_{S0}	水泥:粉煤灰:砂 $Q_C:Q_f:Q_S$	水泥:粉煤灰:砂 $Q_C:Q_f:Q_S$	水泥:粉煤灰:砂 $Q_C:Q_f:Q_S$
32.5	1.2	242	51	1501	251	53	1441	259	55	1381	1:0.21:6.20	1:0.21:5.75	1:0.21:5.33
	1.25	242	53	1499	251	55	1439	259	57	1379	1:0.22:6.19	1:0.22:5.74	1:0.22:5.32
	1.3	242	56	1497	251	58	1437	259	59	1376	1:0.23:6.18	1:0.23:5.73	1:0.23:5.31
	1.35	242	58	1495	251	60	1435	259	62	1374	1:0.24:6.17	1:0.24:5.72	1:0.24:5.30
	1.4	242	60	1493	251	62	1432	259	64	1372	1:0.25:6.16	1:0.25:5.71	1:0.25:5.29
	1.45	242	62	1491	251	64	1430	259	66	1369	1:0.26:6.15	1:0.26:5.70	1:0.26:5.28
	1.5	242	64	1489	251	66	1428	259	69	1367	1:0.26:6.14	1:0.26:5.69	1:0.26:5.27
	1.55	242	66	1486	251	69	1426	259	71	1365	1:0.27:6.14	1:0.27:5.69	1:0.27:5.26
	1.6	242	68	1484	251	71	1423	259	73	1363	1:0.28:6.13	1:0.28:5.68	1:0.28:5.26
	1.65	242	71	1482	251	73	1421	259	75	1360	1:0.29:6.12	1:0.29:5.67	1:0.29:5.25
	1.7	242	73	1480	251	75	1419	259	78	1358	1:0.30:6.11	1:0.30:5.66	1:0.30:5.24

砂浆强度等级：M10　　施工水平：较差　　配制强度：12.50MPa　　粉煤灰取代水泥率：15%

水泥强度等级	粉煤灰超量系数（MPa）	材料用量（kg/m³）									配合比（重量比）		
		粗砂			中砂			细砂			粗砂	中砂	细砂
		水泥 Q_{C0}	粉煤灰 Q_{f0}	砂 Q_{S0}	水泥 Q_{C0}	粉煤灰 Q_{f0}	砂 Q_{S0}	水泥 Q_{C0}	粉煤灰 Q_{f0}	砂 Q_{S0}	水泥：粉煤灰：砂 $Q_C:Q_f:Q_S$	水泥：粉煤灰：砂 $Q_C:Q_f:Q_S$	水泥：粉煤灰：砂 $Q_C:Q_f:Q_S$
32.5	1.2	255	54	1501	264	56	1441	272	58	1380	1:0.21:5.89	1:0.21:5.47	1:0.21:5.08
	1.25	255	56	1499	264	58	1438	272	60	1378	1:0.22:5.88	1:0.22:5.46	1:0.22:5.07
	1.3	255	59	1497	264	60	1436	272	62	1376	1:0.23:5.87	1:0.23:5.45	1:0.23:5.06
	1.35	255	61	1494	264	63	1434	272	65	1373	1:0.24:5.86	1:0.24:5.44	1:0.24:5.05
	1.4	255	63	1492	264	65	1431	272	67	1371	1:0.25:5.85	1:0.25:5.43	1:0.25:5.04
	1.45	255	65	1490	264	67	1429	272	70	1368	1:0.26:5.84	1:0.26:5.42	1:0.26:5.03
	1.5	255	68	1488	264	70	1427	272	72	1366	1:0.26:5.83	1:0.26:5.41	1:0.26:5.02
	1.55	255	70	1485	264	72	1424	272	74	1364	1:0.27:5.82	1:0.27:5.41	1:0.27:5.01
	1.6	255	72	1483	264	74	1422	272	77	1361	1:0.28:5.82	1:0.28:5.40	1:0.28:5.00
	1.65	255	74	1481	264	77	1420	272	79	1359	1:0.29:5.81	1:0.29:5.39	1:0.29:5.00
	1.7	255	77	1479	264	79	1417	272	82	1356	1:0.30:5.80	1:0.30:5.38	1:0.30:4.99

砂浆强度等级：M10　　施工水平：优良　　配制强度：11.50MPa　　粉煤灰取代水泥率：20%

水泥强度等级	粉煤灰超量系数 (MPa)	材料用量（kg/m³）								配合比（重量比）		
		粗砂			中砂			细砂			粗砂	中砂	细砂
		水泥 Q_{C0}	粉煤灰 Q_{f0}	砂 Q_{S0}	水泥 Q_{C0}	粉煤灰 Q_{f0}	砂 Q_{S0}	水泥 Q_{C0}	粉煤灰 Q_{f0}	砂 Q_{S0}	水泥:粉煤灰:砂 $Q_C:Q_f:Q_S$	水泥:粉煤灰:砂 $Q_C:Q_f:Q_S$	水泥:粉煤灰:砂 $Q_C:Q_f:Q_S$
32.5	1.2	216	65	1499	224	67	1439	232	70	1378	1:0.30:6.94	1:0.30:6.42	1:0.30:5.94
	1.25	216	68	1497	224	70	1436	232	73	1376	1:0.31:6.93	1:0.31:6.41	1:0.31:5.93
	1.3	216	70	1494	224	73	1433	232	75	1373	1:0.33:6.92	1:0.33:6.40	1:0.33:5.92
	1.35	216	73	1491	224	76	1430	232	78	1370	1:0.34:6.90	1:0.34:6.39	1:0.34:5.90
	1.4	216	76	1488	224	78	1428	232	81	1367	1:0.35:6.89	1:0.35:6.37	1:0.35:5.89
	1.45	216	78	1486	224	81	1425	232	84	1364	1:0.36:6.88	1:0.36:6.36	1:0.36:5.88
	1.5	216	81	1483	224	84	1422	232	87	1361	1:0.38:6.87	1:0.38:6.35	1:0.38:5.87
	1.55	216	84	1480	224	87	1419	232	90	1358	1:0.39:6.85	1:0.39:6.34	1:0.39:5.85
	1.6	216	86	1478	224	90	1416	232	93	1355	1:0.40:6.84	1:0.40:6.32	1:0.40:5.84
	1.65	216	89	1475	224	92	1414	232	96	1352	1:0.41:6.83	1:0.41:6.31	1:0.41:5.83
	1.7	216	92	1472	224	95	1411	232	99	1349	1:0.43:6.82	1:0.43:6.30	1:0.43:5.82

砂浆强度等级：M10　　施工水平：一般　　配制强度：12.00MPa　　粉煤灰取代水泥率：20%

水泥强度等级	粉煤灰超量系数（MPa）	材料用量（kg/m³）								配合比（重量比）		
		粗砂			中砂			细砂			粗砂	中砂	细砂
		水泥 Q_{C0}	粉煤灰 Q_{f0}	砂 Q_{S0}	水泥 Q_{C0}	粉煤灰 Q_{f0}	砂 Q_{S0}	水泥 Q_{C0}	粉煤灰 Q_{f0}	砂 Q_{S0}	水泥：粉煤灰：砂 $Q_C:Q_f:Q_S$	水泥：粉煤灰：砂 $Q_C:Q_f:Q_S$	水泥：粉煤灰：砂 $Q_C:Q_f:Q_S$
32.5	1.2	228	68	1499	236	71	1438	244	73	1378	1:0.30:6.57	1:0.30:6.09	1:0.30:5.65
	1.25	228	71	1496	236	74	1435	244	76	1375	1:0.31:6.56	1:0.31:6.08	1:0.31:5.63
	1.3	228	74	1493	236	77	1432	244	79	1372	1:0.33:6.57	1:0.33:6.07	1:0.33:5.62
	1.35	228	77	1490	236	80	1429	244	82	1369	1:0.34:6.54	1:0.34:6.06	1:0.34:5.61
	1.4	228	80	1487	236	83	1426	244	85	1366	1:0.35:6.52	1:0.35:6.04	1:0.35:5.60
	1.45	228	83	1484	236	86	1423	244	88	1363	1:0.36:6.51	1:0.36:6.03	1:0.36:5.58
	1.5	228	86	1482	236	89	1421	244	92	1360	1:0.38:6.50	1:0.38:6.02	1:0.38:5.57
	1.55	228	88	1479	236	91	1418	244	95	1356	1:0.39:6.49	1:0.39:6.01	1:0.39:5.56
	1.6	228	91	1476	236	94	1415	244	98	1353	1:0.40:6.47	1:0.40:5.99	1:0.40:5.55
	1.65	228	94	1473	236	97	1412	244	101	1350	1:0.41:6.46	1:0.41:5.98	1:0.41:5.53
	1.7	228	97	1470	236	100	1409	244	104	1347	1:0.43:6.45	1:0.43:5.97	1:0.43:5.52

砂浆强度等级：M10　　施工水平：较差　　配制强度：12.50MPa　　粉煤灰取代水泥率：20%

水泥强度等级	粉煤灰超量系数 (MPa)	材料用量（kg/m³）									配合比（重量比）		
		粗砂			中砂			细砂			粗砂	中砂	细砂
		水泥 Q_{C0}	粉煤灰 Q_{f0}	砂 Q_{S0}	水泥 Q_{C0}	粉煤灰 Q_{f0}	砂 Q_{S0}	水泥 Q_{C0}	粉煤灰 Q_{f0}	砂 Q_{S0}	水泥:粉煤灰:砂 $Q_C:Q_f:Q_S$	水泥:粉煤灰:砂 $Q_C:Q_f:Q_S$	水泥:粉煤灰:砂 $Q_C:Q_f:Q_S$
32.5	1.2	240	72	1498	248	74	1438	256	77	1377	1:0.30:6.24	1:0.30:5.80	1:0.30:5.38
	1.25	240	75	1495	248	78	1435	256	80	1374	1:0.31:6.23	1:0.31:5.78	1:0.31:5.37
	1.3	240	78	1492	248	81	1431	256	83	1371	1:0.33:6.22	1:0.33:5.77	1:0.33:5.35
	1.35	240	81	1489	248	84	1428	256	86	1368	1:0.34:6.20	1:0.34:5.76	1:0.34:5.34
	1.4	240	84	1486	248	87	1425	256	90	1364	1:0.35:6.19	1:0.35:5.75	1:0.35:5.33
	1.45	240	87	1483	248	90	1422	256	93	1361	1:0.36:6.18	1:0.36:5.73	1:0.36:5.32
	1.5	240	90	1480	248	93	1419	256	96	1358	1:0.38:6.17	1:0.38:5.72	1:0.38:5.30
	1.55	240	93	1477	248	96	1416	256	99	1355	1:0.39:6.15	1:0.39:5.71	1:0.39:5.29
	1.6	240	96	1474	248	99	1413	256	102	1352	1:0.40:6.14	1:0.40:5.70	1:0.40:5.28
	1.65	240	99	1471	248	102	1410	256	106	1348	1:0.41:6.13	1:0.41:5.68	1:0.41:5.27
	1.7	240	102	1468	248	105	1407	256	109	1345	1:0.43:6.12	1:0.43:5.67	1:0.43:5.25

M15 粉煤灰水泥砂浆配合比

砂浆强度等级：M15　　施工水平：优良　　配制强度：17.25MPa　　粉煤灰取代水泥率：10%

水泥强度等级	粉煤灰超量系数(MPa)	材料用量（kg/m³）									配合比（重量比）		
		粗砂			中砂			细砂			粗砂	中砂	细砂
		水泥 Q_{C0}	粉煤灰 Q_{f0}	砂 Q_{S0}	水泥 Q_{C0}	粉煤灰 Q_{f0}	砂 Q_{S0}	水泥 Q_{C0}	粉煤灰 Q_{f0}	砂 Q_{S0}	水泥:粉煤灰:砂 $Q_C:Q_f:Q_S$	水泥:粉煤灰:砂 $Q_C:Q_f:Q_S$	水泥:粉煤灰:砂 $Q_C:Q_f:Q_S$
32.5	1.2	270	36	1504	279	37	1444	288	38	1384	1:0.13:5.57	1:0.13:5.17	1:0.13:4.80
	1.25	270	38	1503	279	39	1442	288	40	1382	1:0.14:5.56	1:0.14:5.17	1:0.14:4.80
	1.3	270	39	1501	279	40	1441	288	42	1380	1:0.14:5.56	1:0.14:5.16	1:0.14:4.79
	1.35	270	41	1500	279	42	1439	288	43	1379	1:0.15:5.55	1:0.15:5.16	1:0.15:4.79
	1.4	270	42	1498	279	43	1438	288	45	1377	1:0.16:5.55	1:0.16:5.15	1:0.16:4.78
	1.45	270	44	1497	279	45	1436	288	46	1376	1:0.16:5.54	1:0.16:5.15	1:0.16:4.78
	1.5	270	45	1495	279	47	1435	288	48	1374	1:0.17:5.54	1:0.17:5.14	1:0.17:4.77
	1.55	270	47	1494	279	48	1433	288	50	1372	1:0.17:5.53	1:0.17:5.14	1:0.17:4.77
	1.6	270	48	1492	279	50	1431	288	51	1371	1:0.18:5.53	1:0.18:5.13	1:0.18:4.76
	1.65	270	50	1491	279	51	1430	288	53	1369	1:0.18:5.52	1:0.18:5.12	1:0.18:4.75
	1.7	270	51	1489	279	53	1428	288	54	1368	1:0.19:5.51	1:0.19:5.12	1:0.19:4.75

砂浆强度等级：M15　　施工水平：一般　　配制强度：18.00MPa　　粉煤灰取代水泥率：10%

水泥强度等级	粉煤灰超量系数（MPa）	材料用量（kg/m³）								配合比（重量比）		
		粗砂			中砂			细砂		粗砂	中砂	细砂
		水泥 Q_{C0}	粉煤灰 Q_{f0}	砂 Q_{S0}	水泥 Q_{C0}	粉煤灰 Q_{f0}	砂 Q_{S0}	水泥 Q_{C0}	粉煤灰 Q_{f0}	砂 Q_{S0}	水泥:粉煤灰:砂 $Q_C:Q_f:Q_S$	水泥:粉煤灰:砂 $Q_C:Q_f:Q_S$	水泥:粉煤灰:砂 $Q_C:Q_f:Q_S$
	1.2	288	38	1504	297	40	1443	306	41	1383	1:0.13:5.22	1:0.13:4.86	1:0.13:4.52
	1.25	288	40	1502	297	41	1442	306	43	1382	1:0.14:5.22	1:0.14:4.85	1:0.14:4.51
	1.3	288	42	1500	297	43	1440	306	44	1380	1:0.14:5.21	1:0.14:4.85	1:0.14:4.51
	1.35	288	43	1499	297	45	1438	306	46	1378	1:0.15:5.20	1:0.15:4.84	1:0.15:4.50
	1.4	288	45	1497	297	46	1437	306	48	1376	1:0.16:5.20	1:0.16:4.84	1:0.16:4.50
32.5	1.45	288	46	1496	297	48	1435	306	49	1375	1:0.16:5.19	1:0.16:4.83	1:0.16:4.49
	1.5	288	48	1494	297	50	1434	306	51	1373	1:0.17:5.19	1:0.17:4.83	1:0.17:4.49
	1.55	288	50	1492	297	51	1432	306	53	1371	1:0.17:5.18	1:0.17:4.82	1:0.17:4.48
	1.6	288	51	1491	297	53	1430	306	54	1370	1:0.18:5.18	1:0.18:4.82	1:0.18:4.48
	1.65	288	53	1489	297	54	1429	306	56	1368	1:0.18:5.17	1:0.18:4.81	1:0.18:4.47
	1.7	288	54	1488	297	56	1427	306	58	1366	1:0.19:5.17	1:0.19:4.80	1:0.19:4.46

砂浆强度等级：M15　　施工水平：较差　　配制强度：18.75MPa　　粉煤灰取代水泥率：10%

水泥强度等级	粉煤灰超量系数（MPa）	材料用量（kg/m³）								配合比（重量比）		
		粗　砂			中　砂			细　砂			粗　砂	中　砂	细　砂
		水泥 Q_{C0}	粉煤灰 Q_{f0}	砂 Q_{S0}	水泥 Q_{C0}	粉煤灰 Q_{f0}	砂 Q_{S0}	水泥 Q_{C0}	粉煤灰 Q_{f0}	砂 Q_{S0}	水泥:粉煤灰:砂 $Q_C:Q_f:Q_S$	水泥:粉煤灰:砂 $Q_C:Q_f:Q_S$	水泥:粉煤灰:砂 $Q_C:Q_f:Q_S$
32.5	1.2	306	41	1503	37.5	42	1443	324	43	1383	1:0.13:4.91	1:0.13:4.58	1:0.13:4.27
	1.25	306	43	1502	37.5	44	1441	324	45	1381	1:0.14:4.91	1:0.14:4.58	1:0.14:4.26
	1.3	306	44	1500	37.5	46	1440	324	47	1379	1:0.14:4.90	1:0.14:4.57	1:0.14:4.26
	1.35	306	46	1498	37.5	47	1438	324	49	1377	1:0.15:4.90	1:0.15:4.56	1:0.15:4.25
	1.4	306	48	1496	37.5	49	1436	324	50	1376	1:0.16:4.89	1:0.16:4.56	1:0.16:4.25
	1.45	306	49	1495	37.5	51	1434	324	52	1374	1:0.16:4.88	1:0.16:4.55	1:0.16:4.24
	1.5	306	51	1493	37.5	53	1433	324	54	1372	1:0.17:4.87	1:0.17:4.55	1:0.17:4.23
	1.55	306	53	1491	37.5	54	1431	324	56	1370	1:0.17:4.87	1:0.17:4.54	1:0.17:4.23
	1.6	306	54	1490	37.5	56	1429	324	58	1368	1:0.18:4.87	1:0.18:4.54	1:0.18:4.22
	1.65	306	56	1488	37.5	58	1427	324	59	1367	1:0.18:4.86	1:0.18:4.53	1:0.18:4.22
	1.7	306	58	1486	37.5	60	1426	324	61	1365	1:0.19:4.86	1:0.19:4.53	1:0.19:4.21

砂浆强度等级：M15　　施工水平：优良　　配制强度：17.25MPa　　粉煤灰取代水泥率：15%

水泥强度等级	粉煤灰超量系数（MPa）	材料用量（kg/m³）									配合比（重量比）		
		粗砂			中砂			细砂			粗砂	中砂	细砂
		水泥 Q_{C0}	粉煤灰 Q_{f0}	砂 Q_{S0}	水泥 Q_{C0}	粉煤灰 Q_{f0}	砂 Q_{S0}	水泥 Q_{C0}	粉煤灰 Q_{f0}	砂 Q_{S0}	水泥:粉煤灰:砂 $Q_C:Q_f:Q_S$	水泥:粉煤灰:砂 $Q_C:Q_f:Q_S$	水泥:粉煤灰:砂 $Q_C:Q_f:Q_S$
32.5	1.2	255	54	1501	264	56	1441	272	58	1380	1:0.21:5.89	1:0.21:5.47	1:0.21:5.08
	1.25	255	56	1499	264	58	1438	272	60	1378	1:0.22:5.88	1:0.22:5.46	1:0.22:5.07
	1.3	255	59	1497	264	60	1436	272	62	1376	1:0.23:5.87	1:0.23:5.45	1:0.23:5.06
	1.35	255	61	1494	264	63	1434	272	65	1373	1:0.24:5.86	1:0.24:5.44	1:0.24:5.05
	1.4	255	63	1492	264	65	1431	272	67	1371	1:0.25:5.85	1:0.25:5.43	1:0.25:5.04
	1.45	255	65	1490	264	67	1429	272	70	1368	1:0.26:5.84	1:0.26:5.42	1:0.26:5.03
	1.5	255	68	1488	264	70	1427	272	72	1366	1:0.26:5.83	1:0.26:5.41	1:0.26:5.02
	1.55	255	70	1485	264	72	1424	272	74	1364	1:0.27:5.82	1:0.27:5.41	1:0.27:5.01
	1.6	255	72	1483	264	74	1422	272	77	1361	1:0.28:5.82	1:0.28:5.40	1:0.28:5.00
	1.65	255	74	1481	264	77	1420	272	79	1359	1:0.29:5.81	1:0.29:5.39	1:0.29:5.00
	1.7	255	77	1479	264	79	1417	272	82	1356	1:0.30:5.80	1:0.30:5.38	1:0.30:4.99

砂浆强度等级：M15　　施工水平：一般　　配制强度：18.00MPa　　粉煤灰取代水泥率：15%

水泥强度等级（MPa）	粉煤灰超量系数	材料用量（kg/m³）									配 合 比（重量比）		
		粗 砂			中 砂			细 砂			粗 砂	中 砂	细 砂
		水泥 Q_{C0}	粉煤灰 Q_{f0}	砂 Q_{S0}	水泥 Q_{C0}	粉煤灰 Q_{f0}	砂 Q_{S0}	水泥 Q_{C0}	粉煤灰 Q_{f0}	砂 Q_{S0}	水泥:粉煤灰:砂 $Q_C:Q_f:Q_S$	水泥:粉煤灰:砂 $Q_C:Q_f:Q_S$	水泥:粉煤灰:砂 $Q_C:Q_f:Q_S$
32.5	1.2	272	58	1500	281	59	1440	289	61	1380	1:0.21:5.52	1:0.21:5.13	1:0.21:4.77
	1.25	272	60	1498	281	62	1438	289	64	1377	1:0.22:5.51	1:0.22:5.13	1:0.22:4.77
	1.3	272	62	1496	281	64	1435	289	66	1375	1:0.23:5.50	1:0.23:5.12	1:0.23:4.76
	1.35	272	65	1493	281	67	1433	289	69	1372	1:0.24:5.49	1:0.24:5.11	1:0.24:4.75
	1.4	272	67	1491	281	69	1430	289	71	1370	1:0.25:5.48	1:0.25:5.10	1:0.25:4.74
	1.45	272	70	1488	281	72	1428	289	74	1367	1:0.26:5.47	1:0.26:5.09	1:0.26:4.73
	1.5	272	72	1486	281	74	1425	289	77	1365	1:0.26:5.46	1:0.26:5.08	1:0.26:4.72
	1.55	272	74	1484	281	77	1423	289	79	1362	1:0.27:5.45	1:0.27:5.07	1:0.27:4.71
	1.6	272	77	1481	281	79	1420	289	82	1359	1:0.28:5.45	1:0.28:5.06	1:0.28:4.70
	1.65	272	79	1479	281	82	1418	289	84	1357	1:0.29:5.44	1:0.29:5.05	1:0.29:4.69
	1.7	272	82	1476	281	84	1415	289	87	354	1:0.30:5.43	1:0.30:5.05	1:0.30:4.69

砂浆强度等级：M15　　施工水平：较差　　配制强度：18.75MPa　　粉煤灰取代水泥率：15%

水泥强度等级	粉煤灰超量系数 (MPa)	材料用量（kg/m³）									配合比（重量比）		
		粗　砂			中　砂			细　砂			粗　砂	中　砂	细　砂
		水泥 Q_{C0}	粉煤灰 Q_{f0}	砂 Q_{S0}	水泥 Q_{C0}	粉煤灰 Q_{f0}	砂 Q_{S0}	水泥 Q_{C0}	粉煤灰 Q_{f0}	砂 Q_{S0}	水泥:粉煤灰:砂 $Q_C:Q_f:Q_S$	水泥:粉煤灰:砂 $Q_C:Q_f:Q_S$	水泥:粉煤灰:砂 $Q_C:Q_f:Q_S$
32.5	1.2	289	61	1500	298	63	1440	306	65	1379	1:0.21:5.19	1:0.21:4.84	1:0.21:4.51
	1.25	289	64	1497	298	66	1437	306	68	1377	1:0.22:5.18	1:0.22:4.83	1:0.22:4.50
	1.3	289	66	1495	298	68	1434	306	70	1374	1:0.23:5.17	1:0.23:4.82	1:0.23:4.49
	1.35	289	69	1492	298	71	1432	306	73	1371	1:0.24:5.16	1:0.24:4.81	1:0.24:4.48
	1.4	289	71	1490	298	74	1429	306	76	1368	1:0.25:5.15	1:0.25:4.80	1:0.25:4.47
	1.45	289	74	1487	298	76	1426	306	78	1366	1:0.26:5.15	1:0.26:4.79	1:0.26:4.46
	1.5	289	77	1485	298	79	1424	306	81	1363	1:0.26:5.14	1:0.26:4.79	1:0.26:4.45
	1.55	289	79	1482	298	81	1421	306	84	1360	1:0.27:5.13	1:0.27:4.78	1:0.27:4.45
	1.6	289	82	1479	298	84	1419	306	86	1358	1:0.28:5.12	1:0.28:4.77	1:0.28:4.44
	1.65	289	84	1477	298	87	1416	306	89	1355	1:0.29:5.11	1:0.29:4.76	1:0.29:4.43
	1.7	289	87	1474	298	89	1413	306	92	1352	1:0.30:5.10	1:0.30:4.75	1:0.30:4.42

砂浆强度等级：M15　　施工水平：优良　　配制强度：17.25MPa　　粉煤灰取代水泥率：20%

水泥强度等级	粉煤灰超量系数（MPa）	材料用量（kg/m³）									配合比（重量比）		
		粗砂			中砂			细砂			粗砂	中砂	细砂
		水泥 Q_{C0}	粉煤灰 Q_{f0}	砂 Q_{S0}	水泥 Q_{C0}	粉煤灰 Q_{f0}	砂 Q_{S0}	水泥 Q_{C0}	粉煤灰 Q_{f0}	砂 Q_{S0}	水泥：粉煤灰：砂 $Q_C:Q_f:Q_S$	水泥：粉煤灰：砂 $Q_C:Q_f:Q_S$	水泥：粉煤灰：砂 $Q_C:Q_f:Q_S$
32.5	1.2	240	72	1498	248	74	1438	256	77	1377	1:0.30:6.24	1:0.30:5.80	1:0.30:5.38
	1.25	240	75	1495	248	78	1435	256	80	1374	1:0.31:6.23	1:0.31:5.78	1:0.31:5.37
	1.3	240	78	1492	248	81	1431	256	83	1371	1:0.33:6.22	1:0.33:5.77	1:0.33:5.35
	1.35	240	81	1489	248	84	1428	256	86	1368	1:0.34:6.20	1:0.34:5.76	1:0.34:5.34
	1.4	240	84	1486	248	87	1425	256	90	1364	1:0.35:6.19	1:0.35:5.75	1:0.35:5.33
	1.45	240	87	1483	248	90	1422	256	93	1361	1:0.36:6.18	1:0.36:5.73	1:0.36:5.32
	1.5	240	90	1480	248	93	1419	256	96	1358	1:0.38:6.17	1:0.38:5.72	1:0.38:5.30
	1.55	240	93	1477	248	96	1416	256	99	1355	1:0.39:6.15	1:0.39:5.71	1:0.39:5.29
	1.6	240	96	1474	248	99	1413	256	102	1352	1:0.40:6.14	1:0.40:5.70	1:0.40:5.28
	1.65	240	99	1471	248	102	1410	256	106	1348	1:0.41:6.13	1:0.41:5.68	1:0.41:5.27
	1.7	240	102	1468	248	105	1407	256	109	1345	1:0.43:6.12	1:0.43:5.67	1:0.43:5.25

砂浆强度等级：M15　　施工水平：一般　　配制强度：18.00MPa　　粉煤灰取代水泥率：20%

水泥强度等级	粉煤灰超量系数 (MPa)	材料用量（kg/m³）									配合比（重量比）		
		粗砂			中砂			细砂			粗砂	中砂	细砂
		水泥 Q_{C0}	粉煤灰 Q_{f0}	砂 Q_{S0}	水泥 Q_{C0}	粉煤灰 Q_{f0}	砂 Q_{S0}	水泥 Q_{C0}	粉煤灰 Q_{f0}	砂 Q_{S0}	水泥:粉煤灰:砂 $Q_C:Q_f:Q_S$	水泥:粉煤灰:砂 $Q_C:Q_f:Q_S$	水泥:粉煤灰:砂 $Q_C:Q_f:Q_S$
32.5	1.2	256	77	1497	264	79	1437	272	82	1376	1:0.30:5.85	1:0.30:5.44	1:0.30:5.06
	1.25	256	80	1494	264	83	1434	272	85	1373	1:0.31:5.84	1:0.31:5.43	1:0.31:5.05
	1.3	256	83	1491	264	86	1430	272	88	1370	1:0.33:5.82	1:0.33:5.42	1:0.33:5.04
	1.35	256	86	1488	264	89	1427	272	92	1366	1:0.34:5.81	1:0.34:5.40	1:0.34:5.02
	1.4	256	90	1484	264	92	1424	272	95	1363	1:0.35:5.80	1:0.35:5.39	1:0.35:5.01
	1.45	256	93	1481	264	96	1420	272	99	1359	1:0.36:5.79	1:0.36:5.38	1:0.36:5.00
	1.5	256	96	1478	264	99	1417	272	102	1356	1:0.38:5.77	1:0.38:5.37	1:0.38:4.99
	1.55	256	99	1475	264	102	1414	272	105	1353	1:0.39:5.76	1:0.39:5.35	1:0.39:4.97
	1.6	256	102	1472	264	106	1410	272	109	1349	1:0.40:5.75	1:0.40:5.34	1:0.40:4.96
	1.65	256	106	1468	264	109	1407	272	112	1346	1:0.41:5.74	1:0.41:5.33	1:0.41:4.95
	1.7	256	109	1465	264	112	1404	272	116	1342	1:0.43:5.72	1:0.43:5.32	1:0.43:4.94

砂浆强度等级：M15　　施工水平：较差　　配制强度：18.75MPa　　粉煤灰取代水泥率：20%

水泥强度等级	粉煤灰超量系数（MPa）	材料用量（kg/m³）									配合比（重量比）		
		粗砂			中砂			细砂			粗砂	中砂	细砂
		水泥 Q_{C0}	粉煤灰 Q_{f0}	砂 Q_{S0}	水泥 Q_{C0}	粉煤灰 Q_{f0}	砂 Q_{S0}	水泥 Q_{C0}	粉煤灰 Q_{f0}	砂 Q_{S0}	水泥:粉煤灰:砂 $Q_C:Q_f:Q_S$	水泥:粉煤灰:砂 $Q_C:Q_f:Q_S$	水泥:粉煤灰:砂 $Q_C:Q_f:Q_S$
32.5	1.2	272	82	1496	280	84	1436	288	86	1376	1:0.30:5.50	1:0.30:5.13	1:0.30:4.78
	1.25	272	85	1493	280	88	1433	288	90	1372	1:0.31:5.49	1:0.31:5.12	1:0.31:4.76
	1.3	272	88	1490	280	91	1429	288	94	1368	1:0.33:5.48	1:0.33:5.10	1:0.33:4.75
	1.35	272	92	1486	280	95	1426	288	97	1365	1:0.34:5.46	1:0.34:5.09	1:0.34:4.74
	1.4	272	95	1483	280	98	1422	288	101	1361	1:0.35:5.45	1:0.35:5.08	1:0.35:4.73
	1.45	272	99	1479	280	102	1419	288	104	1358	1:0.36:5.44	1:0.36:5.07	1:0.36:4.71
	1.5	272	102	1476	280	105	1415	288	108	1354	1:0.38:5.43	1:0.38:5.05	1:0.38:4.70
	1.55	272	105	1473	280	109	1412	288	112	1350	1:0.39:5.41	1:0.39:5.04	1:0.39:4.69
	1.6	272	109	1469	280	112	1408	288	115	1347	1:0.40:5.40	1:0.40:5.03	1:0.40:4.68
	1.65	272	112	1466	280	116	1405	288	119	1343	1:0.41:5.39	1:0.41:5.02	1:0.41:4.66
	1.7	272	116	1462	280	119	1401	288	122	1340	1:0.43:5.38	1:0.43:5.00	1:0.43:4.65

七、沸石粉水泥砂浆配合比

表中符号说明：

Q_{C0}——每立方米砂浆的水泥用量（kg）；

Q_{Z0}——每立方米砂浆的沸石粉用量（kg）；

Q_{S0}——每立方米砂浆的砂子用量（kg）；

Q_C——水泥用量；

Q_Z——沸石粉；

Q_S——砂子用量。

M5.0沸石粉水泥砂浆配合比

砂浆强度等级：M5.0　　施工水平：优良　　配制强度：5.75MPa

水泥强度等级	沸石粉掺量（%）	材料用量（kg/m³）									配合比（重量比）		
		粗砂			中砂			细砂			粗砂	中砂	细砂
		水泥 Q_{C0}	沸石粉 Q_{Z0}	砂 Q_{S0}	水泥 Q_{C0}	沸石粉 Q_{Z0}	砂 Q_{S0}	水泥 Q_{C0}	沸石粉 Q_{Z0}	砂 Q_{S0}	水泥:沸石粉:砂 $Q_C:Q_Z:Q_S$	水泥:沸石粉:砂 $Q_C:Q_Z:Q_S$	水泥:沸石粉:砂 $Q_C:Q_Z:Q_S$
32.5	20	200	40	1470	205	41	1409	210	42	1348	1:0.20:7.35	1:0.20:6.87	1:0.20:6.42
	21	200	42	1468	205	43.05	1407	210	44.1	1346	1:0.21:7.34	1:0.21:6.86	1:0.21:6.41
	22	200	44	1466	205	45.1	1405	210	46.2	1344	1:0.22:7.33	1:0.22:6.85	1:0.22:6.40
	23	200	46	1464	205	47.15	1403	210	48.3	1342	1:0.23:7.32	1:0.23:6.84	1:0.23:6.39
	24	200	48	1462	205	49.2	1401	210	50.4	1340	1:0.24:7.31	1:0.24:6.83	1:0.24:6.38
	25	200	50	1460	205	51.25	1399	210	52.5	1338	1:0.25:7.30	1:0.25:6.82	1:0.25:6.37
	26	200	52	1458	205	53.3	1397	210	54.6	1335	1:0.26:7.29	1:0.26:6.81	1:0.26:6.36
	27	200	54	1456	205	55.35	1395	210	56.7	1333	1:0.27:7.28	1:0.27:6.80	1:0.27:6.35
	28	200	56	1454	205	57.4	1393	210	58.8	1331	1:0.28:7.27	1:0.28:6.79	1:0.28:6.34
	29	200	58	1452	205	59.45	1391	210	60.9	1329	1:0.29:7.26	1:0.29:6.78	1:0.29:6.33
	30	200	60	1450	205	61.5	1389	210	63	1327	1:0.30:7.25	1:0.30:6.77	1:0.30:6.32

砂浆强度等级：M5.0　　施工水平：一般　　配制强度：6.00MPa

水泥强度等级	沸石粉掺量（%）	材料用量（kg/m³）									配合比（重量比）		
		粗　砂			中　砂			细　砂			粗　砂	中　砂	细　砂
		水泥 Q_{C0}	沸石粉 Q_{Z0}	砂 Q_{S0}	水泥 Q_{C0}	沸石粉 Q_{Z0}	砂 Q_{S0}	水泥 Q_{C0}	沸石粉 Q_{Z0}	砂 Q_{S0}	水泥:沸石粉:砂 $Q_C:Q_Z:Q_S$	水泥:沸石粉:砂 $Q_C:Q_Z:Q_S$	水泥:沸石粉:砂 $Q_C:Q_Z:Q_S$
32.5	20	215	43	1467	220	44	1406	225	45	1345	1:0.20:6.82	1:0.20:6.39	1:0.20:5.98
	21	215	45.15	1465	220	46.2	1404	225	47.25	1343	1:0.21:6.81	1:0.21:6.38	1:0.21:5.97
	22	215	47.3	1463	220	48.4	1402	225	49.5	1341	1:0.22:6.80	1:0.22:6.37	1:0.22:5.96
	23	215	49.45	1461	220	50.6	1399	225	51.75	1338	1:0.23:6.79	1:0.23:6.36	1:0.23:5.95
	24	215	51.6	1458	220	52.8	1397	225	54	1336	1:0.24:6.78	1:0.24:6.35	1:0.24:5.94
	25	215	53.75	1456	220	55	1395	225	56.25	1334	1:0.25:6.77	1:0.25:6.34	1:0.25:5.93
	26	215	55.9	1454	220	57.2	1393	225	58.5	1332	1:0.26:6.76	1:0.26:6.33	1:0.26:5.92
	27	215	58.05	1452	220	59.4	1391	225	60.75	1329	1:0.27:6.75	1:0.27:6.32	1:0.27:5.91
	28	215	60.2	1450	220	61.6	1388	225	63	1327	1:0.28:6.74	1:0.28:6.31	1:0.28:5.90
	29	215	62.35	1448	220	63.8	1386	225	65.25	1325	1:0.29:6.73	1:0.29:6.30	1:0.29:5.89
	30	215	64.5	1446	220	66	1384	225	67.5	1323	1:0.30:6.72	1:0.30:6.29	1:0.30:5.88

砂浆强度等级：M5.0　　施工水平：较差　　配制强度：6.25MPa

水泥强度等级	沸石粉掺量(%)	材料用量（kg/m³）								配合比（重量比）		
		粗 砂			中 砂			细 砂			粗 砂	中 砂	细 砂
		水泥 Q_{C0}	沸石粉 Q_{Z0}	砂 Q_{S0}	水泥 Q_{C0}	沸石粉 Q_{Z0}	砂 Q_{S0}	水泥 Q_{C0}	沸石粉 Q_{Z0}	砂 Q_{S0}	水泥:沸石粉:砂 $Q_C:Q_Z:Q_S$	水泥:沸石粉:砂 $Q_C:Q_Z:Q_S$	水泥:沸石粉:砂 $Q_C:Q_Z:Q_S$
	20	230	46	1464	235	47	1403	240	48	1342	1:0.20:6.37	1:0.20:5.97	1:0.20:5.59
	21	230	48.3	1462	235	49.35	1401	240	50.4	1340	1:0.21:6.36	1:0.21:5.96	1:0.21:5.58
	22	230	50.6	1459	235	51.7	1398	240	52.8	1337	1:0.22:6.35	1:0.22:5.95	1:0.22:5.57
	23	230	52.9	1457	235	54.05	1396	240	55.2	1335	1:0.23:6.34	1:0.23:5.94	1:0.23:5.56
	24	230	55.2	1455	235	56.4	1394	240	57.6	1332	1:0.24:6.33	1:0.24:5.93	1:0.24:5.55
32.5	25	230	57.5	1453	235	58.75	1391	240	60	1330	1:0.25:6.32	1:0.25:5.92	1:0.25:5.54
	26	230	59.8	1450	235	61.1	1389	240	62.4	1328	1:0.26:6.31	1:0.26:5.91	1:0.26:5.53
	27	230	62.1	1448	235	63.45	1387	240	64.8	1325	1:0.27:6.30	1:0.27:5.90	1:0.27:5.52
	28	230	64.4	1446	235	65.8	1384	240	67.2	1323	1:0.28:6.29	1:0.28:5.89	1:0.28:5.51
	29	230	66.7	1443	235	68.15	1382	240	69.6	1320	1:0.29:6.28	1:0.29:5.88	1:0.29:5.50
	30	230	69	1441	235	70.5	1380	240	72	1318	1:0.30:6.27	1:0.30:5.87	1:0.30:5.49

M7.5沸石粉水泥砂浆配合比

砂浆强度等级：M7.5　　施工水平：优良　　配制强度：8.63MPa

水泥强度等级	沸石粉掺量(%)	材料用量（kg/m³）									配合比（重量比）		
		粗砂			中砂			细砂			粗砂	中砂	细砂
		水泥 Q_{C0}	沸石粉 Q_{Z0}	砂 Q_{S0}	水泥 Q_{C0}	沸石粉 Q_{Z0}	砂 Q_{S0}	水泥 Q_{C0}	沸石粉 Q_{Z0}	砂 Q_{S0}	水泥:沸石粉:砂 $Q_C:Q_Z:Q_S$	水泥:沸石粉:砂 $Q_C:Q_Z:Q_S$	水泥:沸石粉:砂 $Q_C:Q_Z:Q_S$
32.5	20	230	46	1464	238	47.6	1402	246	49.2	1341	1:0.20:6.37	1:0.20:5.89	1:0.20:5.45
	21	230	48.3	1462	238	49.98	1400	246	51.66	1338	1:0.21:6.36	1:0.21:5.88	1:0.21:5.44
	22	230	50.6	1459	238	52.36	1398	246	54.12	1336	1:0.22:6.35	1:0.22:5.87	1:0.22:5.43
	23	230	52.9	1457	238	54.74	1395	246	56.58	1333	1:0.23:6.34	1:0.23:5.86	1:0.23:5.42
	24	230	55.2	1455	238	57.12	1393	246	59.04	1331	1:0.24:6.33	1:0.24:5.85	1:0.24:5.41
	25	230	57.5	1453	238	59.5	1391	246	61.5	1329	1:0.25:6.32	1:0.25:5.84	1:0.25:5.40
	26	230	59.8	1450	238	61.88	1388	246	63.96	1326	1:0.26:6.31	1:0.26:5.83	1:0.26:5.39
	27	230	62.1	1448	238	64.26	1386	246	66.42	1324	1:0.27:6.30	1:0.27:5.82	1:0.27:5.38
	28	230	64.4	1446	238	66.64	1383	246	68.88	1321	1:0.28:6.29	1:0.28:5.81	1:0.28:5.37
	29	230	66.7	1443	238	69.02	1381	246	71.34	1319	1:0.29:6.28	1:0.29:5.80	1:0.29:5.36
	30	230	69	1441	238	71.4	1379	246	73.8	1316	1:0.30:6.27	1:0.30:5.79	1:0.30:5.35

砂浆强度等级：M7.5　　施工水平：一般　　配制强度：9.00MPa

水泥强度等级	沸石粉掺量（%）	材料用量（kg/m³）								配合比（重量比）		
		粗砂			中砂			细砂			粗砂	中砂	细砂
		水泥 Q_{C0}	沸石粉 Q_{Z0}	砂 Q_{S0}	水泥 Q_{C0}	沸石粉 Q_{Z0}	砂 Q_{S0}	水泥 Q_{C0}	沸石粉 Q_{Z0}	砂 Q_{S0}	水泥:沸石粉:砂 $Q_C:Q_Z:Q_S$	水泥:沸石粉:砂 $Q_C:Q_Z:Q_S$	水泥:沸石粉:砂 $Q_C:Q_Z:Q_S$
	20	245	49	1461	253	50.6	1399	261	52.2	1338	1:0.20:5.96	1:0.20:5.53	1:0.20:5.13
	21	245	51.45	1459	253	53.13	1397	261	54.81	1335	1:0.21:5.95	1:0.21:5.52	1:0.21:5.12
	22	245	53.9	1456	253	55.66	1394	261	57.42	1333	1:0.22:5.94	1:0.22:5.51	1:0.22:5.11
	23	245	56.35	1454	253	58.19	1392	261	60.03	1330	1:0.23:5.93	1:0.23:5.50	1:0.23:5.10
	24	245	58.8	1451	253	60.72	1389	261	62.64	1327	1:0.24:5.92	1:0.24:5.49	1:0.24:5.09
32.5	25	245	61.25	1449	253	63.25	1387	261	65.25	1325	1:0.25:5.91	1:0.25:5.48	1:0.25:5.08
	26	245	63.7	1446	253	65.78	1384	261	67.86	1322	1:0.26:5.90	1:0.26:5.47	1:0.26:5.07
	27	245	66.15	1444	253	68.31	1382	261	70.47	1320	1:0.27:5.89	1:0.27:5.46	1:0.27:5.06
	28	245	68.6	1441	253	70.84	1379	261	73.08	1317	1:0.28:5.88	1:0.28:5.45	1:0.28:5.05
	29	245	71.05	1439	253	73.37	1377	261	75.69	1314	1:0.29:5.87	1:0.29:5.44	1:0.29:5.04
	30	245	73.5	1437	253	75.9	1374	261	78.3	1312	1:0.30:5.86	1:0.30:5.43	1:0.30:5.03

砂浆强度等级：M7.5　　施工水平：较差　　配制强度：9.38MPa

水泥强度等级	沸石粉掺量（%）	材料用量（kg/m³）								配合比（重量比）		
		粗砂			中砂			细砂			粗砂	中砂	细砂
		水泥 Q_{C0}	沸石粉 Q_{Z0}	砂 Q_{S0}	水泥 Q_{C0}	沸石粉 Q_{Z0}	砂 Q_{S0}	水泥 Q_{C0}	沸石粉 Q_{Z0}	砂 Q_{S0}	水泥:沸石粉:砂 $Q_C:Q_Z:Q_S$	水泥:沸石粉:砂 $Q_C:Q_Z:Q_S$	水泥:沸石粉:砂 $Q_C:Q_Z:Q_S$
32.5	20	260	52	1458	268	53.6	1396	276	55.2	1335	1:0.20:5.61	1:0.20:5.21	1:0.20:4.84
	21	260	54.6	1455	268	56.28	1394	276	57.96	1332	1:0.21:5.60	1:0.21:5.20	1:0.21:4.83
	22	260	57.2	1453	268	58.96	1391	276	60.72	1329	1:0.22:5.59	1:0.22:5.19	1:0.22:4.82
	23	260	59.8	1450	268	61.64	1388	276	63.48	1327	1:0.23:5.58	1:0.23:5.18	1:0.23:4.81
	24	260	62.4	1448	268	64.32	1386	276	66.24	1324	1:0.24:5.57	1:0.24:5.17	1:0.24:4.80
	25	260	65	1445	268	67	1383	276	69	1321	1:0.25:5.56	1:0.25:5.16	1:0.25:4.79
	26	260	67.6	1442	268	69.68	1380	276	71.76	1318	1:0.26:5.55	1:0.26:5.15	1:0.26:4.78
	27	260	70.2	1440	268	72.36	1378	276	74.52	137.5	1:0.27:5.54	1:0.27:5.14	1:0.27:4.77
	28	260	72.8	1437	268	75.04	1375	276	77.28	1313	1:0.28:5.53	1:0.28:5.13	1:0.28:4.76
	29	260	75.4	1435	268	77.72	1372	276	80.04	1310	1:0.29:5.52	1:0.29:5.12	1:0.29:4.75
	30	260	78	1432	268	80.4	1370	276	82.8	1307	1:0.30:5.51	1:0.30:5.11	1:0.30:4.74

M10沸石粉水泥砂浆配合比

砂浆强度等级：M10　　施工水平：优良　　配制强度：11.50MPa

水泥强度等级	沸石粉掺量（%）	材料用量（kg/m³）								配合比（重量比）		
		粗砂			中砂			细砂			粗砂	中砂	细砂
		水泥 Q_{C0}	沸石粉 Q_{Z0}	砂 Q_{S0}	水泥 Q_{C0}	沸石粉 Q_{Z0}	砂 Q_{S0}	水泥 Q_{C0}	沸石粉 Q_{Z0}	砂 Q_{S0}	水泥:沸石粉:砂 $Q_C:Q_Z:Q_S$	水泥:沸石粉:砂 $Q_C:Q_Z:Q_S$	水泥:沸石粉:砂 $Q_C:Q_Z:Q_S$
32.5	20	260	52	1458	270	54	1396	280	56	1334	1:0.20:5.61	1:0.20:5.17	1:0.20:4.76
	21	260	54.6	1455	270	56.7	1393	280	58.8	1331	1:0.21:5.60	1:0.21:5.16	1:0.21:4.75
	22	260	57.2	1453	270	59.4	1391	280	61.6	1328	1:0.22:5.59	1:0.22:5.15	1:0.22:4.74
	23	260	59.8	1450	270	62.1	1388	280	64.4	1326	1:0.23:5.58	1:0.23:5.14	1:0.23:4.73
	24	260	62.4	1448	270	64.8	1385	280	67.2	1323	1:0.24:5.57	1:0.24:5.13	1:0.24:4.72
	25	260	65	1445	270	67.5	1383	280	70	1320	1:0.25:5.56	1:0.25:5.12	1:0.25:4.71
	26	260	67.6	1442	270	70.2	1380	280	72.8	1317	1:0.26:5.55	1:0.26:5.11	1:0.26:4.70
	27	260	70.2	1440	270	72.9	1377	280	75.6	1314	1:0.27:5.54	1:0.27:5.10	1:0.27:4.69
	28	260	72.8	1437	270	75.6	1374	280	78.4	1312	1:0.28:5.53	1:0.28:5.09	1:0.28:4.68
	29	260	75.4	1435	270	78.3	1372	280	81.2	1309	1:0.29:5.52	1:0.29:5.08	1:0.29:4.67
	30	260	78	1432	270	81	1369	280	84	1306	1:0.30:5.51	1:0.30:5.07	1:0.30:4.66

砂浆强度等级：M10　　施工水平：一般　　配制强度：12.00MPa

水泥强度等级	沸石粉掺量（%）	材料用量（kg/m³）									配合比（重量比）		
		粗砂			中砂			细砂			粗砂	中砂	细砂
		水泥 Q_{C0}	沸石粉 Q_{Z0}	砂 Q_{S0}	水泥 Q_{C0}	沸石粉 Q_{Z0}	砂 Q_{S0}	水泥 Q_{C0}	沸石粉 Q_{Z0}	砂 Q_{S0}	水泥:沸石粉:砂 $Q_C:Q_Z:Q_S$	水泥:沸石粉:砂 $Q_C:Q_Z:Q_S$	水泥:沸石粉:砂 $Q_C:Q_Z:Q_S$
	20	275	55	1455	285	57	1393	295	59	1331	1:0.20:5.29	1:0.20:4.89	1:0.20:4.51
	21	275	57.75	1452	285	59.85	1390	295	61.95	1328	1:0.21:5.28	1:0.21:4.88	1:0.21:4.50
	22	275	60.5	1450	285	62.7	1387	295	64.9	1325	1:0.22:5.27	1:0.22:4.87	1:0.22:4.49
	23	275	63.25	1447	285	65.55	1384	295	67.85	1322	1:0.23:5.26	1:0.23:4.86	1:0.23:4.48
	24	275	66	1444	285	68.4	1382	295	70.8	1319	1:0.24:5.25	1:0.24:4.85	1:0.24:4.47
32.5	25	275	68.75	1441	285	71.25	1379	295	73.75	1316	1:0.25:5.24	1:0.25:4.84	1:0.25:4.46
	26	275	71.5	1439	285	74.1	1376	295	76.7	1313	1:0.26:5.23	1:0.26:4.83	1:0.26:4.45
	27	275	74.25	1436	285	76.95	1373	295	79.65	1310	1:0.27:5.22	1:0.27:4.82	1:0.27:4.44
	28	275	77	1433	285	79.8	1370	295	82.6	1307	1:0.28:5.21	1:0.28:4.81	1:0.28:4.43
	29	275	79.75	1430	285	82.65	1367	295	85.55	1304	1:0.29:5.20	1:0.29:4.80	1:0.29:4.42
	30	275	82.5	1428	285	85.5	1365	295	88.5	1302	1:0.30:5.19	1:0.30:4.79	1:0.30:4.41

砂浆强度等级：M10　　施工水平：较差　　配制强度：12.50MPa

水泥强度等级	沸石粉掺量（%）	材料用量（kg/m³）									配合比（重量比）					
		粗砂			中砂			细砂			粗砂	中砂	细砂
		水泥 Q_{C0}	沸石粉 Q_{Z0}	砂 Q_{S0}	水泥 Q_{C0}	沸石粉 Q_{Z0}	砂 Q_{S0}	水泥 Q_{C0}	沸石粉 Q_{Z0}	砂 Q_{S0}	水泥:沸石粉:砂 $Q_C:Q_Z:Q_S$	水泥:沸石粉:砂 $Q_C:Q_Z:Q_S$	水泥:沸石粉:砂 $Q_C:Q_Z:Q_S$
32.5	20	290	58	1452	300	60	1390	310	62	1328	1:0.20:5.01	1:0.20:4.63	1:0.20:4.28
	21	290	60.9	1449	300	63	1387	310	65.1	1325	1:0.21:5.00	1:0.21:4.62	1:0.21:4.27
	22	290	63.8	1446	300	66	1384	310	68.2	1322	1:0.22:4.99	1:0.22:4.61	1:0.22:4.26
	23	290	66.7	1443	300	69	1381	310	71.3	1319	1:0.23:4.98	1:0.23:4.60	1:0.23:4.25
	24	290	69.6	1440	300	72	1378	310	74.4	1316	1:0.24:4.97	1:0.24:4.59	1:0.24:4.24
	25	290	72.5	1438	300	75	1375	310	77.5	1313	1:0.25:4.96	1:0.25:4.58	1:0.25:4.23
	26	290	75.4	1435	300	78	1372	310	80.6	1309	1:0.26:4.95	1:0.26:4.57	1:0.26:4.22
	27	290	78.3	1432	300	81	1369	310	83.7	1306	1:0.27:4.94	1:0.27:4.56	1:0.27:4.21
	28	290	81.2	1429	300	84	1366	310	86.8	1303	1:0.28:4.93	1:0.28:4.55	1:0.28:4.20
	29	290	84.1	1426	300	87	1363	310	89.9	1300	1:0.29:4.92	1:0.29:4.54	1:0.29:4.19
	30	290	87	1423	300	90	1360	310	93	1297	1:0.30:4.91	1:0.30:4.53	1:0.30:4.18

M15 沸石粉水泥砂浆配合比

砂浆强度等级：M15　　　施工水平：优良　　　配制强度：17.25MPa

水泥强度等级	沸石粉掺量(%)	材料用量 (kg/m³)								配合比（重量比）		
		粗砂			中砂			细砂			粗砂	中砂	细砂
		水泥 Q_{C0}	沸石粉 Q_{Z0}	砂 Q_{S0}	水泥 Q_{C0}	沸石粉 Q_{Z0}	砂 Q_{S0}	水泥 Q_{C0}	沸石粉 Q_{Z0}	砂 Q_{S0}	水泥：沸石粉：砂 $Q_C:Q_Z:Q_S$	水泥：沸石粉：砂 $Q_C:Q_Z:Q_S$	水泥：沸石粉：砂 $Q_C:Q_Z:Q_S$
32.5	20	290	58	1452	300	60	1390	310	62	1328	1:0.20:5.01	1:0.20:4.63	1:0.20:4.28
	21	290	60.9	1449	300	63	1387	310	65.1	1325	1:0.21:5.00	1:0.21:4.62	1:0.21:4.27
	22	290	63.8	1446	300	66	1384	310	68.2	1322	1:0.22:4.99	1:0.22:4.61	1:0.22:4.26
	23	290	66.7	1443	300	69	1381	310	71.3	1319	1:0.23:4.98	1:0.23:4.60	1:0.23:4.25
	24	290	69.6	1440	300	72	1378	310	74.4	1316	1:0.24:4.97	1:0.24:4.59	1:0.24:4.24
	25	290	72.5	1438	300	75	1375	310	77.5	1313	1:0.25:4.96	1:0.25:4.58	1:0.25:4.23
	26	290	75.4	1435	300	78	1372	310	80.6	1309	1:0.26:4.95	1:0.26:4.57	1:0.26:4.22
	27	290	78.3	1432	300	81	1369	310	83.7	1306	1:0.27:4.94	1:0.27:4.56	1:0.27:4.21
	28	290	81.2	1429	300	84	1366	310	86.8	1303	1:0.28:4.93	1:0.28:4.55	1:0.28:4.20
	29	290	84.1	1426	300	87	1363	310	89.9	1300	1:0.29:4.92	1:0.29:4.54	1:0.29:4.19
	30	290	87	1423	300	90	1360	310	93	1297	1:0.30:4.91	1:0.30:4.53	1:0.30:4.18

砂浆强度等级：M15　　施工水平：一般　　配制强度：18.00MPa

水泥强度等级	沸石粉掺量（%）	材料用量（kg/m³）									配合比（重量比）		
		粗砂			中砂			细砂			粗砂	中砂	细砂
		水泥 Q_{C0}	沸石粉 Q_{Z0}	砂 Q_{S0}	水泥 Q_{C0}	沸石粉 Q_{Z0}	砂 Q_{S0}	水泥 Q_{C0}	沸石粉 Q_{Z0}	砂 Q_{S0}	水泥:沸石粉:砂 $Q_C:Q_Z:Q_S$	水泥:沸石粉:砂 $Q_C:Q_Z:Q_S$	水泥:沸石粉:砂 $Q_C:Q_Z:Q_S$
32.5	20	310	62	1448	320	64	1386	330	66	1324	1:0.20:4.67	1:0.20:4.33	1:0.20:4.01
	21	310	65.1	1445	320	67.2	1383	330	69.3	1321	1:0.21:4.66	1:0.21:4.32	1:0.21:4.00
	22	310	68.2	1442	320	70.4	1380	330	72.6	1317	1:0.22:4.65	1:0.22:4.31	1:0.22:3.99
	23	310	71.3	1439	320	73.6	1376	330	75.9	1314	1:0.23:4.64	1:0.23:4.30	1:0.23:3.98
	24	310	74.4	1436	320	76.8	1373	330	79.2	1311	1:0.24:4.63	1:0.24:4.29	1:0.24:3.97
	25	310	77.5	1433	320	80	1370	330	82.5	1308	1:0.25:4.62	1:0.25:4.28	1:0.25:3.96
	26	310	80.6	1429	320	83.2	1367	330	85.8	1304	1:0.26:4.61	1:0.26:4.27	1:0.26:3.95
	27	310	83.7	1426	320	86.4	1364	330	89.1	1301	1:0.27:4.60	1:0.27:4.26	1:0.27:3.94
	28	310	86.8	1423	320	89.6	1360	330	92.4	1298	1:0.28:4.59	1:0.28:4.25	1:0.28:3.93
	29	310	89.9	1420	320	92.8	1357	330	95.7	1294	1:0.29:4.58	1:0.29:4.24	1:0.29:3.92
	30	310	93	1417	320	96	1354	330	99	1291	1:0.30:4.57	1:0.30:4.23	1:0.30:3.91

砂浆强度等级：M15　　施工水平：较差　　配制强度：18.75MPa

水泥强度等级	沸石粉掺量（%）	材料用量（kg/m³）									配合比（重量比）					
		粗砂			中砂			细砂			粗砂	中砂	细砂
		水泥 Q_{C0}	沸石粉 Q_{Z0}	砂 Q_{S0}	水泥 Q_{C0}	沸石粉 Q_{Z0}	砂 Q_{S0}	水泥 Q_{C0}	沸石粉 Q_{Z0}	砂 Q_{S0}	水泥:沸石粉:砂 $Q_C:Q_Z:Q_S$	水泥:沸石粉:砂 $Q_C:Q_Z:Q_S$	水泥:沸石粉:砂 $Q_C:Q_Z:Q_S$
32.5	20	330	66	1444	340	68	1382	350	70	1320	1:0.20:4.38	1:0.20:4.06	1:0.20:3.77
	21	330	69.3	1441	340	71.4	1379	350	73.5	1317	1:0.21:4.37	1:0.21:4.05	1:0.21:3.76
	22	330	72.6	1437	340	74.8	1375	350	77	1313	1:0.22:4.36	1:0.22:4.04	1:0.22:3.75
	23	330	75.9	1434	340	78.2	1372	350	80.5	1310	1:0.23:4.35	1:0.23:4.03	1:0.23:3.74
	24	330	79.2	1431	340	81.6	1368	350	84	1306	1:0.24:4.34	1:0.24:4.02	1:0.24:3.73
	25	330	82.5	1428	340	85	1365	350	87.5	1303	1:0.25:4.33	1:0.25:4.01	1:0.25:3.72
	26	330	85.8	1424	340	88.4	1362	350	91	1299	1:0.26:4.32	1:0.26:4.00	1:0.26:3.71
	27	330	89.1	1421	340	91.8	1358	350	94.5	1296	1:0.27:4.31	1:0.27:3.99	1:0.27:3.70
	28	330	92.4	1418	340	95.2	1355	350	98	1292	1:0.28:4.30	1:0.28:3.98	1:0.28:3.69
	29	330	95.7	1414	340	98.6	1351	350	101.5	1289	1:0.29:4.29	1:0.29:3.97	1:0.29:3.68
	30	330	99	1411	340	102	1348	350	105	1285	1:0.30:4.28	1:0.30:3.96	1:0.30:3.67

M20沸石粉水泥砂浆配合比

砂浆强度等级：M20　　施工水平：优良　　配制强度：23.00MPa

水泥强度等级	沸石粉掺量(%)	材料用量（kg/m³）									配合比（重量比）		
		粗砂			中砂			细砂			粗砂	中砂	细砂
		水泥 Q_{C0}	沸石粉 Q_{Z0}	砂 Q_{S0}	水泥 Q_{C0}	沸石粉 Q_{Z0}	砂 Q_{S0}	水泥 Q_{C0}	沸石粉 Q_{Z0}	砂 Q_{S0}	水泥:沸石粉:砂 $Q_C:Q_Z:Q_S$	水泥:沸石粉:砂 $Q_C:Q_Z:Q_S$	水泥:沸石粉:砂 $Q_C:Q_Z:Q_S$
32.5	20	340	68	1442	350	70	1380	360	72	1318	1:0.20:4.24	1:0.20:3.94	1:0.20:3.66
	21	340	71.4	1439	350	73.5	1377	360	75.6	1314	1:0.21:4.23	1:0.21:3.93	1:0.21:3.65
	22	340	74.8	1435	350	77	1373	360	79.2	1311	1:0.22:4.22	1:0.22:3.92	1:0.22:3.64
	23	340	78.2	1432	350	80.5	1370	360	82.8	1307	1:0.23:4.21	1:0.23:3.91	1:0.23:3.63
	24	340	81.6	1428	350	84	1366	360	86.4	1304	1:0.24:4.20	1:0.24:3.90	1:0.24:3.62
	25	340	85	1425	350	87.5	1363	360	90	1300	1:0.25:4.19	1:0.25:3.89	1:0.25:3.61
	26	340	88.4	1422	350	91	1359	360	93.6	1296	1:0.26:4.18	1:0.26:3.88	1:0.26:3.60
	27	340	91.8	1418	350	94.5	1356	360	97.2	1293	1:0.27:4.17	1:0.27:3.87	1:0.27:3.59
	28	340	95.2	1415	350	98	1352	360	100.8	1289	1:0.28:4.16	1:0.28:3.86	1:0.28:3.58
	29	340	98.6	1411	350	101.5	1349	360	104.4	1286	1:0.29:4.15	1:0.29:3.85	1:0.29:3.57
	30	340	102	1408	350	105	1345	360	108	1282	1:0.30:4.14	1:0.30:3.84	1:0.30:3.56

砂浆强度等级：M20　　施工水平：一般　　配制强度：24.00MPa

水泥强度等级	沸石粉掺量（%）	材料用量（kg/m³）									配合比（重量比）		
		粗砂			中砂			细砂			粗砂	中砂	细砂
		水泥 Q_{C0}	沸石粉 Q_{Z0}	砂 Q_{S0}	水泥 Q_{C0}	沸石粉 Q_{Z0}	砂 Q_{S0}	水泥 Q_{C0}	沸石粉 Q_{Z0}	砂 Q_{S0}	水泥:沸石粉:砂 $Q_C:Q_Z:Q_S$	水泥:沸石粉:砂 $Q_C:Q_Z:Q_S$	水泥:沸石粉:砂 $Q_C:Q_Z:Q_S$
32.5	20	370	74	1436	380	76	1374	390	78	1312	1:0.20:3.88	1:0.20:3.62	1:0.20:3.36
	21	370	77.7	1432	380	79.8	1370	390	81.9	1308	1:0.21:3.87	1:0.21:3.61	1:0.21:3.35
	22	370	81.4	1429	380	83.6	1366	390	85.8	1304	1:0.22:3.86	1:0.22:3.60	1:0.22:3.34
	23	370	85.1	1425	380	87.4	1363	390	89.7	1300	1:0.23:3.85	1:0.23:3.59	1:0.23:3.33
	24	370	88.8	1421	380	91.2	1359	390	93.6	1296	1:0.24:3.84	1:0.24:3.58	1:0.24:3.32
	25	370	92.5	1418	380	95	1355	390	97.5	1293	1:0.25:3.83	1:0.25:3.57	1:0.25:3.31
	26	370	96.2	1414	380	98.8	1351	390	101.4	1289	1:0.26:3.82	1:0.26:3.56	1:0.26:3.30
	27	370	99.9	1410	380	102.6	1347	390	105.3	1285	1:0.27:3.81	1:0.27:3.55	1:0.27:3.29
	28	370	103.6	1406	380	106.4	1344	390	109.2	1281	1:0.28:3.80	1:0.28:3.54	1:0.28:3.28
	29	370	107.3	1403	380	110.2	1340	390	113.1	1277	1:0.29:3.79	1:0.29:3.53	1:0.29:3.27
	30	370	111	1399	380	114	1336	390	117	1273	1:0.30:3.78	1:0.30:3.52	1:0.30:3.26

砂浆强度等级：M20　　施工水平：较差　　配制强度：25.00MPa

水泥强度等级	沸石粉掺量（%）	材料用量（kg/m³）									配合比（重量比）		
		粗砂			中砂			细砂			粗砂	中砂	细砂
		水泥 Q_{C0}	沸石粉 Q_{Z0}	砂 Q_{S0}	水泥 Q_{C0}	沸石粉 Q_{Z0}	砂 Q_{S0}	水泥 Q_{C0}	沸石粉 Q_{Z0}	砂 Q_{S0}	水泥:沸石粉:砂 $Q_C:Q_Z:Q_S$	水泥:沸石粉:砂 $Q_C:Q_Z:Q_S$	水泥:沸石粉:砂 $Q_C:Q_Z:Q_S$
32.5	20	400	80	1430	410	82	1368	420	84	1306	1:0.20:3.58	1:0.20:3.34	1:0.20:3.11
	21	400	84	1426	410	86.1	1364	420	88.2	1302	1:0.21:3.57	1:0.21:3.33	1:0.21:3.10
	22	400	88	1422	410	90.2	1360	420	92.4	1298	1:0.22:3.56	1:0.22:3.32	1:0.22:3.09
	23	400	92	1418	410	94.3	1356	420	96.6	1293	1:0.23:3.55	1:0.23:3.31	1:0.23:3.08
	24	400	96	1414	410	98.4	1352	420	100.8	1289	1:0.24:3.54	1:0.24:3.30	1:0.24:3.07
	25	400	100	1410	410	102.5	1348	420	105	1285	1:0.25:3.53	1:0.25:3.29	1:0.25:3.06
	26	400	104	1406	410	106.6	1343	420	109.2	1281	1:0.26:3.52	1:0.26:3.28	1:0.26:3.05
	27	400	108	1402	410	110.7	1339	420	113.4	1277	1:0.27:3.51	1:0.27:3.27	1:0.27:3.04
	28	400	112	1398	410	114.8	1335	420	117.6	1272	1:0.28:3.50	1:0.28:3.26	1:0.28:3.03
	29	400	116	1394	410	118.9	1331	420	121.8	1268	1:0.29:3.49	1:0.29:3.25	1:0.29:3.02
	30	400	120	1390	410	123	1327	420	126	1264	1:0.30:3.48	1:0.30:3.24	1:0.30:3.01

M25 沸石粉水泥砂浆配合比

砂浆强度等级：M25　　施工水平：优良　　配制强度：28.75MPa

水泥强度等级	沸石粉掺量（%）	材料用量（kg/m³）									配合比（重量比）		
		粗砂			中砂			细砂			粗砂	中砂	细砂
		水泥 Q_{C0}	沸石粉 Q_{Z0}	砂 Q_{S0}	水泥 Q_{C0}	沸石粉 Q_{Z0}	砂 Q_{S0}	水泥 Q_{C0}	沸石粉 Q_{Z0}	砂 Q_{S0}	水泥:沸石粉:砂 $Q_C:Q_Z:Q_S$	水泥:沸石粉:砂 $Q_C:Q_Z:Q_S$	水泥:沸石粉:砂 $Q_C:Q_Z:Q_S$
32.5	20	360	72	1438	370	74	1376	380	76	1314	1:0.20:3.99	1:0.20:3.72	1:0.20:3.46
	21	360	75.6	1434	370	77.7	1372	380	79.8	1310	1:0.21:3.98	1:0.21:3.71	1:0.21:3.45
	22	360	79.2	1431	370	81.4	1369	380	83.6	1306	1:0.22:3.97	1:0.22:3.70	1:0.22:3.44
	23	360	82.8	1427	370	85.1	1365	380	87.4	1303	1:0.23:3.96	1:0.23:3.69	1:0.23:3.43
	24	360	86.4	1424	370	88.8	1361	380	91.2	1299	1:0.24:3.95	1:0.24:3.68	1:0.24:3.42
	25	360	90	1420	370	92.5	1358	380	95	1295	1:0.25:3.94	1:0.25:3.67	1:0.25:3.41
	26	360	93.6	1416	370	96.2	1354	380	98.8	1291	1:0.26:3.93	1:0.26:3.66	1:0.26:3.40
	27	360	97.2	1413	370	99.9	1350	380	102.6	1287	1:0.27:3.92	1:0.27:3.65	1:0.27:3.39
	28	360	100.8	1409	370	103.6	1346	380	106.4	1284	1:0.28:3.91	1:0.28:3.64	1:0.28:3.38
	29	360	104.4	1406	370	107.3	1343	380	110.2	1280	1:0.29:3.90	1:0.29:3.63	1:0.29:3.37
	30	360	108	1402	370	111	1339	380	114	1276	1:0.30:3.89	1:0.30:3.62	1:0.30:3.36

砂浆强度等级：M25　　施工水平：一般　　配制强度：30.00MPa

水泥强度等级	沸石粉掺量（%）	材料用量（kg/m³）								配合比（重量比）		
		粗 砂			中 砂			细 砂			粗 砂	中 砂	细 砂
		水泥 Q_{C0}	沸石粉 Q_{Z0}	砂 Q_{S0}	水泥 Q_{C0}	沸石粉 Q_{Z0}	砂 Q_{S0}	水泥 Q_{C0}	沸石粉 Q_{Z0}	砂 Q_{S0}	水泥:沸石粉:砂 $Q_C:Q_Z:Q_S$	水泥:沸石粉:砂 $Q_C:Q_Z:Q_S$	水泥:沸石粉:砂 $Q_C:Q_Z:Q_S$
32.5	20	385	77	1433	395	79	1371	405	81	1309	1:0.20:3.72	1:0.20:3.47	1:0.20:3.23
	21	385	80.85	1429	395	82.95	1367	405	85.05	1305	1:0.21:3.71	1:0.21:3.46	1:0.21:3.22
	22	385	84.7	1425	395	86.9	1363	405	89.1	1301	1:0.22:3.70	1:0.22:3.45	1:0.22:3.21
	23	385	88.55	1421	395	90.85	1359	405	93.15	1297	1:0.23:3.69	1:0.23:3.44	1:0.23:3.20
	24	385	92.4	1418	395	94.8	1355	405	97.2	1293	1:0.24:3.68	1:0.24:3.43	1:0.24:3.19
	25	385	96.25	1414	395	98.75	1351	405	101.25	1289	1:0.25:3.67	1:0.25:3.42	1:0.25:3.18
	26	385	100.1	1410	395	102.7	1347	405	105.3	1285	1:0.26:3.66	1:0.26:3.41	1:0.26:3.17
	27	385	103.95	1406	395	106.65	1343	405	109.35	1281	1:0.27:3.65	1:0.27:3.40	1:0.27:3.16
	28	385	107.8	1402	395	110.6	1339	405	113.4	1277	1:0.28:3.64	1:0.28:3.39	1:0.28:3.15
	29	385	111.65	1398	395	114.55	1335	405	117.45	1273	1:0.29:3.63	1:0.29:3.38	1:0.29:3.14
	30	385	115.5	1395	395	118.5	1332	405	121.5	1269	1:0.30:3.62	1:0.30:3.37	1:0.30:3.13

砂浆强度等级：M25　　施工水平：较差　　配制强度：31.25MPa

水泥强度等级	沸石粉掺量（%）	材料用量（kg/m³）									配合比（重量比）		
		粗砂			中砂			细砂			粗砂	中砂	细砂
		水泥 Q_{C0}	沸石粉 Q_{Z0}	砂 Q_{S0}	水泥 Q_{C0}	沸石粉 Q_{Z0}	砂 Q_{S0}	水泥 Q_{C0}	沸石粉 Q_{Z0}	砂 Q_{S0}	水泥:沸石粉:砂 $Q_C:Q_Z:Q_S$	水泥:沸石粉:砂 $Q_C:Q_Z:Q_S$	水泥:沸石粉:砂 $Q_C:Q_Z:Q_S$
32.5	20	410	82	1428	420	84	1366	430	86	1304	1:0.20:3.48	1:0.20:3.25	1:0.20:3.03
	21	410	86.1	1424	420	88.2	1362	430	90.3	1300	1:0.21:3.47	1:0.21:3.24	1:0.21:3.02
	22	410	90.2	1420	420	92.4	1358	430	94.6	1295	1:0.22:3.46	1:0.22:3.23	1:0.22:3.01
	23	410	94.3	1416	420	96.6	1353	430	98.9	1291	1:0.23:3.45	1:0.23:3.22	1:0.23:3.00
	24	410	98.4	1412	420	100.8	1349	430	103.2	1287	1:0.24:3.44	1:0.24:3.21	1:0.24:2.99
	25	410	102.5	1408	420	105	1345	430	107.5	1283	1:0.25:3.43	1:0.25:3.20	1:0.25:2.98
	26	410	106.6	1403	420	109.2	1341	430	111.8	1278	1:0.26:3.42	1:0.26:3.19	1:0.26:2.97
	27	410	110.7	1399	420	113.4	1337	430	116.1	1274	1:0.27:3.41	1:0.27:3.18	1:0.27:2.96
	28	410	114.8	1395	420	117.6	1332	430	120.4	1270	1:0.28:3.40	1:0.28:3.17	1:0.28:2.95
	29	410	118.9	1391	420	121.8	1328	430	124.7	1265	1:0.29:3.39	1:0.29:3.16	1:0.29:2.94
	30	410	123	1387	420	126	1324	430	129	1261	1:0.30:3.38	1:0.30:3.15	1:0.30:2.93

M30沸石粉水泥砂浆配合比

砂浆强度等级：M30　　施工水平：优良　　配制强度：34.50MPa

水泥强度等级	沸石粉掺量(%)	材料用量（kg/m³）								配合比（重量比）		
		粗砂			中砂			细砂			粗砂	中砂	细砂
		水泥 Q_{C0}	沸石粉 Q_{Z0}	砂 Q_{S0}	水泥 Q_{C0}	沸石粉 Q_{Z0}	砂 Q_{S0}	水泥 Q_{C0}	沸石粉 Q_{Z0}	砂 Q_{S0}	水泥:沸石粉:砂 $Q_C:Q_Z:Q_S$	水泥:沸石粉:砂 $Q_C:Q_Z:Q_S$	水泥:沸石粉:砂 $Q_C:Q_Z:Q_S$
32.5	20	430	86	1424	440	88	1362	450	90	1300	1:0.20:3.31	1:0.20:3.10	1:0.20:2.89
	21	430	90.3	1420	440	92.4	1358	450	94.5	1296	1:0.21:3.30	1:0.21:3.09	1:0.21:2.88
	22	430	94.6	1415	440	96.8	1353	450	99	1291	1:0.22:3.29	1:0.22:3.08	1:0.22:2.87
	23	430	98.9	1411	440	101.2	1349	450	103.5	1287	1:0.23:3.28	1:0.23:3.07	1:0.23:2.86
	24	430	103.2	1407	440	105.6	1344	450	108	1282	1:0.24:3.27	1:0.24:3.06	1:0.24:2.85
	25	430	107.5	1403	440	110	1340	450	112.5	1278	1:0.25:3.26	1:0.25:3.05	1:0.25:2.84
	26	430	111.8	1398	440	114.4	1336	450	117	1273	1:0.26:3.25	1:0.26:3.04	1:0.26:2.83
	27	430	116.1	1394	440	118.8	1331	450	121.5	1269	1:0.27:3.24	1:0.27:3.03	1:0.27:2.82
	28	430	120.4	1390	440	123.2	1327	450	126	1264	1:0.28:3.23	1:0.28:3.02	1:0.28:2.81
	29	430	124.7	1385	440	127.6	1322	450	130.5	1260	1:0.29:3.22	1:0.29:3.01	1:0.29:2.80
	30	430	129	1381	440	132	1318	450	135	1255	1:0.30:3.21	1:0.30:3.00	1:0.30:2.79

砂浆强度等级：M30　　施工水平：一般　　配制强度：36.00MPa

水泥强度等级	沸石粉掺量（%）	材料用量（kg/m³）									配合比（重量比）		
		粗砂			中砂			细砂			粗砂	中砂	细砂
		水泥 Q_{C0}	沸石粉 Q_{Z0}	砂 Q_{S0}	水泥 Q_{C0}	沸石粉 Q_{Z0}	砂 Q_{S0}	水泥 Q_{C0}	沸石粉 Q_{Z0}	砂 Q_{S0}	水泥:沸石粉:砂 $Q_C:Q_Z:Q_S$	水泥:沸石粉:砂 $Q_C:Q_Z:Q_S$	水泥:沸石粉:砂 $Q_C:Q_Z:Q_S$
32.5	20	455	91	1419	465	93	1357	475	95	1295	1:0.20:3.12	1:0.20:2.92	1:0.20:2.73
	21	455	95.55	1414	465	97.65	1352	475	99.75	1290	1:0.21:3.11	1:0.21:2.91	1:0.21:2.72
	22	455	100.1	1410	465	102.3	1348	475	104.5	1286	1:0.22:3.10	1:0.22:2.90	1:0.22:2.71
	23	455	104.65	1405	465	106.95	1343	475	109.25	1281	1:0.23:3.09	1:0.23:2.89	1:0.23:2.70
	24	455	109.2	1401	465	111.6	1338	475	114	1276	1:0.24:3.08	1:0.24:2.88	1:0.24:2.69
	25	455	113.75	1396	465	116.25	1334	475	118.75	1271	1:0.25:3.07	1:0.25:2.87	1:0.25:2.68
	26	455	118.3	1392	465	120.9	1329	475	123.5	1267	1:0.26:3.06	1:0.26:2.86	1:0.26:2.67
	27	455	122.85	1387	465	125.55	1324	475	128.25	1262	1:0.27:3.05	1:0.27:2.85	1:0.27:2.66
	28	455	127.4	1383	465	130.2	1320	475	133	1257	1:0.28:3.04	1:0.28:2.84	1:0.28:2.65
	29	455	131.95	1378	465	134.85	137.5	475	137.75	1252	1:0.29:3.03	1:0.29:2.83	1:0.29:2.64
	30	455	136.5	1374	465	139.5	1311	475	142.5	1248	1:0.30:3.02	1:0.30:2.82	1:0.30:2.63

砂浆强度等级：M30　　施工水平：较差　　配制强度：37.50MPa

水泥强度等级	沸石粉掺量（%）	材料用量（kg/m³）									配合比（重量比）		
		粗砂			中砂			细砂			粗砂	中砂	细砂
		水泥 Q_{C0}	沸石粉 Q_{Z0}	砂 Q_{S0}	水泥 Q_{C0}	沸石粉 Q_{Z0}	砂 Q_{S0}	水泥 Q_{C0}	沸石粉 Q_{Z0}	砂 Q_{S0}	水泥:沸石粉:砂 $Q_C:Q_Z:Q_S$	水泥:沸石粉:砂 $Q_C:Q_Z:Q_S$	水泥:沸石粉:砂 $Q_C:Q_Z:Q_S$
32.5	20	480	96	1414	490	98	1352	500	100	1290	1:0.20:2.95	1:0.20:2.76	1:0.20:2.58
	21	480	100.8	1409	490	102.9	1347	500	105	1285	1:0.21:2.94	1:0.21:2.75	1:0.21:2.57
	22	480	105.6	1404	490	107.8	1342	500	110	1280	1:0.22:2.93	1:0.22:2.74	1:0.22:2.56
	23	480	110.4	1400	490	112.7	1337	500	115	1275	1:0.23:2.92	1:0.23:2.73	1:0.23:2.55
	24	480	115.2	1395	490	117.6	1332	500	120	1270	1:0.24:2.91	1:0.24:2.72	1:0.24:2.54
	25	480	120	1390	490	122.5	1328	500	125	1265	1:0.25:2.90	1:0.25:2.71	1:0.25:2.53
	26	480	124.8	1385	490	127.4	1323	500	130	1260	1:0.26:2.89	1:0.26:2.70	1:0.26:2.52
	27	480	129.6	1380	490	132.3	1318	500	135	1255	1:0.27:2.88	1:0.27:2.69	1:0.27:2.51
	28	480	134.4	1376	490	137.2	1313	500	140	1250	1:0.28:2.87	1:0.28:2.68	1:0.28:2.50
	29	480	139.2	1371	490	142.1	1308	500	145	1245	1:0.29:2.86	1:0.29:2.67	1:0.29:2.49
	30	480	144	1366	490	147	1303	500	150	1240	1:0.30:2.85	1:0.30:2.66	1:0.30:2.48

"建筑砂浆配合比设计软件"使用说明
2011-11a 版

一、正版购书初始用户

用户登录窗口输入密码,密码为 admin;点击主界面"免费注册"在弹出"注册"窗口→点击"获得申请号",通过申请号获取注册码(各机注册号均不同,后续升级作品将对使用用户范围进行控制,未经过注册使用将产生不正确数据等问题)。

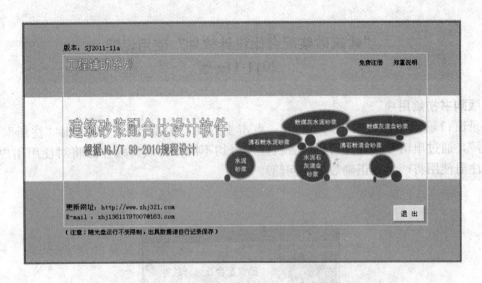
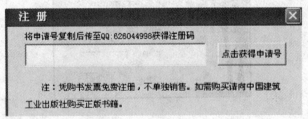

二、砂浆类型说明

类型包括：水泥石灰混合砂浆、粉煤灰混合砂浆、沸石粉混合砂浆、水泥砂浆、粉煤灰水泥砂浆、沸石粉水泥砂浆，软件中水泥砂浆、粉煤灰水泥砂浆、沸石粉水泥砂浆参照规程参考数据取值（说明略）。混合类砂浆按规程公式取值，其中可自定义砂堆积密度，并增加了根据细度模数计算堆积密度的参考。

三、点击"基本信息"

基本信息依次填写砌筑类型、施工水平、砂浆等级、砂浆类型及稠度信息。

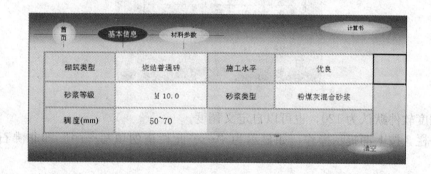

四、点击"材料参数"

1. 依次填写胶凝材料用量。

2. 水泥强度等级、富余系数（未填写系统默认为1.0）。

3. 砂类型、含水率及自定义堆积密度（砂堆积密度默认粗砂 1600kg/m³，中砂 1450kg/m³，细砂 1300kg/m³，由于现实当中极致的类型均不常使用，因此在使用时可自定义也可以点击软件自编制的"砂堆积密度参考"根据砂的细度模数选取适当的堆积密度）。

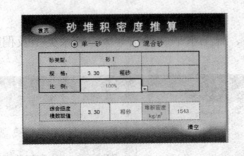

4. 石灰膏稠度软件默认为120，也可以自定义稠度。

5. 沸石粉一栏，按上面提示操作，如显示为"……此栏请勿填写……"即非沸石粉混合砂浆时，必须进行清空。

6. 粉煤灰一栏，粉煤灰掺量及超量系数填写。如果对此不甚了解，建议参考《粉煤灰在混凝土与砂浆中应用技术规程》（JGJ 28—86）相关资料。

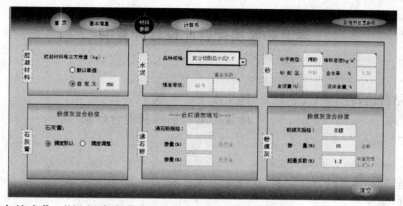

五、以上"基本信息"、"材料参数"设置完成后点击"计算书"

混合砂浆类配合比设计计算书

一、基本信息

砌筑类型：烧结普通砖　　　　　　施工水平：一般

砂浆等级：M7.5　　　　　　　　　砂浆类型：粉煤灰混合砂浆

稠度（mm）：70～90

二、材料参数

①水泥：复合硅酸盐水泥 P.C　　　强度等级：32.5

②拌合用水：自来水

③砂子：中砂　　　　　　　　　　堆积密度：$1450kg/m^3$

④石灰膏：稠度 120

⑤粉煤灰：Ⅱ级　　　粉煤灰掺量：20%　　　超量系数：1.2

三、参照标准

《砌筑砂浆配合比设计规程》JGJ/T 98—2010

《天然沸石粉在混凝土与砂浆中应用技术规程》JGJ/T 112—97

《粉煤灰在混凝土与砂浆中应用技术规程》JGJ 28—86

四、特别说明：本配合比仅是指导砂浆试配的参考，如采用本软件中数据，也应加强混凝土的试配验证工作，确实有效后实施，如有与国家规范、标准不符，则应按国家规范和标准执行。2.《砌筑砂浆配合比设计规程》JGJ/T 98—2010 以下简称"规程"。

五、计算书：

类 目	计算取值	自定义取值	默认取值	公 式	计算式及定义
$f_{m,0}$——砂浆的试配强度（MPa）	9.00		9.00	$f_{m,0}=kf_2$	规程表"5.1.1-1"$=1.2\times7.5=9$
f_2——砂浆强试等级值（MPa）	7.50		7.50		按规程"表5.1.1"取值
k——系数	1.20		1.20		按规程"表5.1.1"取值
Q_A——每立方米砂浆的水泥石灰膏用量（kg）	350.00		350.00		根据规程"5.1.1-5"取水泥石灰膏总用量：350kg
Q_C——每立方米砂浆的水泥用量（kg）	195.70		244.63	$Q_C=1000(f_{m,0}-\beta)/(\alpha\cdot f_{ce})$	规程"表5.1.1-3"取值、扣除粉煤灰的取代量
f_{ce}——水泥的实测强度（MPa）	32.50		32.50	$f_{ce}=\gamma_c\cdot f_{ce,k}$	规程"表5.1.1-4"$=1\times32.5=32.5$
$f_{ce,k}$——水泥强度等级值（MPa）	32.50		32.50		水泥强度等级值为：32.5
γ_c——水泥强度值的富余系数	1.00		1.00		根据规程当无统计资料时水泥等级值的富余系数取1.0

续表

类 目		计算取值	自定义取值	默认取值	公 式	计算式及定义
α——砂浆的特征系数		3.03		3.03		根据规程砂浆特征系数 α 取值为 3.03
β——砂浆的特征系数		−15.09		−15.09		根据规程砂浆特征系数 β 取值为 −15.09
Q_D——每立方米砂浆的石灰膏用量（kg）		105.37		105.37	$Q_D=Q_A-Q_C$（不含沸石粉） $Q_D=Q_A-Q_C-Q_Z$（含沸石粉）	=350−244.63=105.37
石灰膏	稠度	120.00	120.00	120	120.00		根据实际所采用的石灰膏稠度为：120
	调整系数	1				稠度不在 120±5mm 范围，进行调整
	折算用量（kg）	105.37				稠度不在 120±5mm 范围，进行调整后的混合砂浆中所需石灰膏的用量
Q_f——每立方米砂浆的粉煤灰用量（kg）		58.71				根据规程"表 5.1.2-2"、"JGJ 28—86、表 6.2.1"

续表

类 目		计算取值	自定义取值	默认取值	公 式	计算式及定义
粉煤灰	粉煤灰掺量	20%				按规程"表5.1.2-2"取值
	超量系数	1.2				按JGJ 28—86"表6.2.1"取值
沸石粉	Q_Z——每立方米砂浆的沸石粉用量（kg）	0.00				/
	沸石粉掺量					/
	Q_C——每立方米砂浆的水泥用量（kg）	244.63		244.63	$Q_C=1000(f_{m,0}-\beta)/(\alpha \cdot f_{ce})$	规程公式"5.1.1-3"=1000×(9-15.09)/(3.03×32.5)=244.63
	Q_S——每立方米砂浆的砂用量（kg）	1457.25	1450 kg/m³	1450		砂的堆积密度—粉煤灰的超量部分+砂含水率加量
	含水率%	0.5	0.5			

六、配合比表

类 目	水泥 Q_c	砂 Q_S	石灰膏 Q_D	粉煤灰 Q_f	沸石粉 Q_Z
每 m³ 砂浆材料用量（kg）	195.70	1457	105.37	59	
配合比（重量比）	1.00	7.45	0.54	0.30	

本系统基于 EXCEL+VBA 平台开发，作为砂浆配合比试验者的管理辅助参考，坚信做到了真正的实用、安全、简便。今后也将针对购书用户提供免费的下载更新！

注：本系统随书籍同步发行，不单行销售（唯一途径）。如试用后觉得本设计存在实用价值，请向中国建筑工业出版社联系购买正版书籍，请购买者在购买书籍后及时将购买信息及机器码反馈，今后的升级版本将相对应的注册码将直接写入后供免费直接下载使用。

郑重说明：由于时间仓促，局部功能仍待完善，仅供平常参考、比对！！虽然本系统绝不存在道德范围的任何破坏性数据，但仍存在对规程了解的疏漏，有待改进，因此实际使用前必须进行试配，并依据实际条件进行调整，如实际条件与本系统相同，仍应按相关要求进行检测，符合要求后方可使用，若觉得存在实用价值，仍需进行必要的试配，确定符合实践应用价值时方可参考使用。